高等学校电子信息类专业系列教材

嵌入式系统及其实践教程

主编　陈本彬

参编　王小英　徐　敏　刘福全

西安电子科技大学出版社

内 容 简 介

本书详细介绍了嵌入式系统的基本概念、原理及其工程应用实践。全书共分 12 章，主要内容包括：绪论，嵌入式系统软件开发环境，嵌入式系统硬件，嵌入式系统软件，嵌入式处理器，嵌入式系统存储器，I/O 设备与通信接口，嵌入式系统软件与操作系统，进程与线程及其通信，嵌入式网络与协议栈，嵌入式系统的测试、模拟与调试技术以及嵌入式系统工程与案例等。本书内容全面、新颖，结合最新的嵌入式工程实践，系统地阐述了嵌入式系统的基本知识、基础原理，突出了编译工具在嵌入式系统中的作用，采用示例或小贴士的方式讲解相关知识点，有助于读者尽快掌握嵌入式系统的基础理论知识，提升实践能力。

本书可作为高等院校计算机、电子、自动化与电气等相关专业的嵌入式开发类课程的教材，也可作为研究生与工程技术人员的参考用书。

图书在版编目(CIP)数据

嵌入式系统及其实践教程 / 陈本彬主编. —— 西安：西安电子科技大学出版社，2021.3
ISBN 978-7-5606-5768-4

Ⅰ. ① 嵌… Ⅱ. ① 陈… Ⅲ. ① 微型计算机—系统设计—高等学校—教材 Ⅳ. ① TP360.21

中国版本图书馆 CIP 数据核字(2020)第 122675 号

策划编辑 秦志峰
责任编辑 秦志峰
出版发行 西安电子科技大学出版社(西安市太白南路 2 号)
电　　话 (029)88242885　88201467　　　邮　　编　710071
网　　址 www.xduph.com　　　　　电子邮箱　xdupfxb001@163.com
经　　销 新华书店
印刷单位 陕西天意印务有限责任公司
版　　次 2021 年 3 月第 1 版　　2021 年 3 月第 1 次印刷
开　　本 787 毫米×1092 毫米　1/16　印 张　20.5
字　　数 487 千字
印　　数 1～3000 册
定　　价 48.00 元

ISBN 978-7-5606-5768-4 / TP

XDUP 6070001-1

前　言

　　嵌入式技术已经成为 21 世纪发展最快的 IT 技术之一，成为后微型计算机(PC)时代的主宰。在国家大力推动人工智能、物联网、互联网+及工业 4.0 发展的大背景下，嵌入式系统及其应用越来越广泛。为适应企业与市场对嵌入式系统人才日益增长的需求，满足企业与国家战略需要，笔者在充分了解国内外已经出版的多部嵌入式系统相关书籍的基础上，结合多年来在嵌入式系统领域的教学和工程实践，编写了本教材。

　　本教材内容全面、新颖，结合企业实际，强调实用性与嵌入式工程能力培养；在系统阐述嵌入式系统的基本知识与原理的基础上，重点阐述嵌入式系统的硬件系统及其设计方法、软件编程、操作系统与软件协议等相关内容，突出编译工具在嵌入式系统中的作用；最后，从工程实践角度，结合案例，总结嵌入式系统项目的开发过程。本教材是 G12 联盟(全国十二所一般本科院校联盟)嵌入式系统领域的指定教材之一。

　　本教材总结工程项目开发的已有经验以及嵌入式开发工程师在嵌入式项目开发过程中应该具备的基本软硬件知识，既注重阐述嵌入式领域应该掌握的相关知识，又兼顾应用与实战，同时采用大量的示例、小贴士等形式拓展大家对嵌入式软硬件与工程实践的认识，以培养嵌入式领域的专门人才并指导其嵌入式工程实战。全书共分为 12 章，主要内容如下：

　　第一章为绪论，描述嵌入式系统的概念、特点、分类与应用，阐述嵌入式硬件、软件及其编译开发工具，论述它们之间的关系，引出本书的后续章节。

　　第二章至第四章分别介绍嵌入式系统的软件开发环境、嵌入式系统硬件开发工具和过程以及嵌入式系统软件编程质量，特别是 C 语言编程的特点及编码规范化等内容。

　　第五章至第七章从嵌入式处理器入手，介绍嵌入式处理器相关的知识、嵌入式存储器以及 I/O 设备与各类通信接口。

　　第八章至第十章从嵌入式系统软件与操作系统入手，介绍嵌入式系统软件、操作系统、进程与线程及其通信、嵌入式网络与协议栈等软件方法与技术。

　　第十一章主要介绍嵌入式软硬件调试技术。

　　第十二章为嵌入式系统工程与案例，介绍嵌入式系统工程方法以及如何运用如上方法完整地完成一个嵌入式产品的开发过程。

　　本教材的最大特点是内容全面、新颖，结合最新的嵌入式工程实践，阐述嵌入式系统的基本知识与原理；突出编译工具在嵌入式系统中的作用，注重软件编程能力提升与工程素质培养；采用示例或小贴士的方式讲解相关知识点，有助于读者尽快掌握理论基础，提升实践能力。

陈本彬担任本教材的主编，参与了本书所有章节内容的编写，并做了统稿工作。本书的编写人员还有王小英老师、徐敏教授和刘福全高级工程师。其中，王小英老师完成了第五章至第七章及第十章的初稿，刘福全高级工程师参与了第三章的编写，徐敏教授参与了第四章的编写。同时，陈震、马煜皓、史昊、周坤、钱辉祖、王玉祥、许家良、唐文传、张波、涂萱等研究生与本科生也参与了本书的编写、校对等工作。图书的出版不可能一蹴而就，其间几经增删修改，着实不易，在此感谢各位的辛勤付出。

由于嵌入式技术的飞速发展，新技术不断涌现，加上作者水平有限，时间仓促，书中难免会有疏漏之处，恳请专家与读者批评指正。

联系邮箱：chenbenbin@163.com。

陈本彬

2020 年 7 月

目　　录

第一章　绪论 1
　1.1　嵌入式系统的概念 1
　　1.1.1　嵌入式系统的定义 1
　　1.1.2　通用计算机系统与嵌入式系统 2
　1.2　嵌入式系统的特点 4
　1.3　嵌入式系统的硬件 5
　　1.3.1　嵌入式处理器 5
　　1.3.2　嵌入式存储器与外设 6
　1.4　嵌入式系统的软件 7
　　1.4.1　嵌入式系统软件的编写 8
　　1.4.2　嵌入式系统设备端软件 10
　1.5　嵌入式系统的开发及工具 13
　　1.5.1　嵌入式系统的编译器 13
　　1.5.2　交叉编译与重定向编译器 14
　　1.5.3　嵌入式系统的软件工具 15
　1.6　嵌入式系统的发展与分类 16
　　1.6.1　嵌入式处理器的发展 16
　　1.6.2　嵌入式软件的发展 18
　　1.6.3　嵌入式系统的分类 21
　1.7　嵌入式系统的应用 22
　习题 23

第二章　嵌入式系统软件开发环境 24
　2.1　编译器与开发环境 24
　　2.1.1　程序编译过程 24
　　2.1.2　编译器与嵌入式编译器 25
　　2.1.3　集成开发环境 27
　2.2　STM32 下 MDK 开发环境 28
　　2.2.1　Keil μVision5 介绍 28
　　2.2.2　Keil μVision5 安装 29
　　2.2.3　使用工程实例验证安装 31
　2.3　Linux 交叉编译环境 34
　　2.3.1　Ubuntu 系统介绍 34
　　2.3.2　下载和安装 VirtualBox 35

　　2.3.3　创建虚拟机 36
　　2.3.4　下载安装 Ubuntu 系统 38
　　2.3.5　交叉编译工具安装验证 41
　　2.3.6　在 Windows 上运行 Linux 系统 42
　2.4　GCC 程序编译过程 46
　习题 51

第三章　嵌入式系统硬件 52
　3.1　嵌入式系统硬件开发及其工具 52
　　3.1.1　嵌入式系统硬件的 4 个层次 52
　　3.1.2　嵌入式系统硬件开发工具 53
　　3.1.3　嵌入式电路板组成 56
　　3.1.4　嵌入式电路板设计 57
　3.2　嵌入式系统硬件设计 58
　　3.2.1　需求分析 58
　　3.2.2　原理图设计 59
　　3.2.3　PCB 设计 61
　3.3　设计一个 51 单片机系统 62
　　3.3.1　元器件库的建立 64
　　3.3.2　规则设定 66
　　3.3.3　布局和布线分析 67
　习题 69

第四章　嵌入式系统软件 70
　4.1　软件质量 70
　　4.1.1　软件质量的基本概念 70
　　4.1.2　软件质量的基本属性 71
　　4.1.3　高质量软件开发方法 74
　4.2　嵌入式 C 语言编程 77
　　4.2.1　C 语言的发展与标准 77
　　4.2.2　嵌入式 C 语言编程 77
　4.3　规范化编程 88
　　4.3.1　程序排版 88
　　4.3.2　代码注释 92
　　4.3.3　标识符名称 97

习题 99

第五章　嵌入式处理器 100
5.1　概述 100
5.1.1　嵌入式处理器的物理结构 100
5.1.2　嵌入式处理器的特点 102
5.1.3　常见的嵌入式处理器 102
5.1.4　嵌入式处理器的发展 104
5.1.5　嵌入式处理器和通用 CPU 的
　　　　分析比较 104
5.2　ARM 嵌入式处理器指令集 106
5.2.1　指令集 106
5.2.2　ARM 指令集 108
5.2.3　Thumb 指令集 110
5.2.4　Jazelle 指令集 110
5.3　嵌入式处理器的架构 111
5.3.1　ARM 处理器 111
5.3.2　MIPS 处理器 116
5.3.3　PowerPC 处理器 118
5.3.4　ARC 处理器 119
5.3.5　Xtensa 处理器 121
5.3.6　x86 系列处理器 122
习题 124

第六章　嵌入式系统存储器 125
6.1　概述 125
6.1.1　存储器系统的层次结构 125
6.1.2　存储器的主要性能指标 127
6.1.3　存储设备分类 128
6.1.4　嵌入式系统的存储子系统 129
6.2　嵌入式系统的存储设备 130
6.2.1　主存的基本结构 130
6.2.2　随机存取存储器 131
6.2.3　只读存储器 134
6.2.4　闪速型存储器 136
6.2.5　磁表面存储器 137
6.3　嵌入式系统的 Cache 138
6.3.1　Cache 的基本结构及原理 138
6.3.2　Cache 的能耗 139
6.4　新型存储器 140

6.4.1　存储器新分类——基于电荷的
　　　　传统存储器和基于电阻的
　　　　新型存储器 140
6.4.2　铁电存储器 140
6.4.3　磁阻存储器 141
6.4.4　相变存储器 142
6.4.5　阻变存储器 143
6.4.6　各存储器分析比较 144
习题 145

第七章　I/O 设备与通信接口 146
7.1　概述 146
7.1.1　I/O 接口寄存器的映射方式 146
7.1.2　I/O 设备分类 148
7.1.3　并行通信与串行通信 148
7.1.4　同步通信与异步通信 149
7.2　串行通信基础 150
7.2.1　串行通信的传输方向 150
7.2.2　传输速率 151
7.2.3　串行通信的错误校验 151
7.2.4　常见串行通信协议 152
7.3　串行异步通信 152
7.4　I²C 总线 154
7.4.1　I²C 总线的历史概况 154
7.4.2　I²C 总线的典型电路 155
7.4.3　I²C 总线数据通信协议 156
7.4.4　I²C 编程基本方法 159
7.5　SPI 总线 160
7.5.1　SPI 通信时序 160
7.5.2　模拟 SPI 161
7.5.3　SPI 编程基本方法 162
7.6　USB 总线 162
7.6.1　USB 简介 163
7.6.2　USB 硬件接口 163
7.6.3　USB 的典型连接 164
7.6.4　USB 通信协议 165
7.6.5　USB 通信中的事务处理 166
7.6.6　USB 的传输模式 167
习题 169

第八章　嵌入式系统软件与操作系统 170
　　8.1　嵌入式系统软件 170
　　　　8.1.1　嵌入式软件的特点 170
　　　　8.1.2　嵌入式软件的设计方法 170
　　　　8.1.3　嵌入式软件的层次与功能 177
　　8.2　嵌入式操作系统 178
　　　　8.2.1　嵌入式操作系统的概念 179
　　　　8.2.2　嵌入式实时操作系统的
　　　　　　　　特点与功能 181
　　　　8.2.3　嵌入式操作系统的体系结构 ...186
　　8.3　常用的嵌入式操作系统 189
　　　　8.3.1　常用的嵌入式操作系统 189
　　　　8.3.2　嵌入式 Linux 系统的软件 193
　　8.4　μC/OS-II 操作系统介绍 197
　　　　8.4.1　μC/OS-II 组织结构 198
　　　　8.4.2　μC/OS-II 内核 200
　　　　8.4.3　μC/OS-II 任务管理 201
　　　　8.4.4　μC/OS-II 时间管理 205
　　　　8.4.5　μC/OS-II 内存管理 207
　　　　8.4.6　μC/OS-II 任务之间的通信与
　　　　　　　　同步 209
　　习题 215

第九章　进程与线程及其通信 216
　　9.1　进程 216
　　　　9.1.1　什么是进程 216
　　　　9.1.2　进程的创建 217
　　　　9.1.3　进程的终止 218
　　　　9.1.4　exec 族函数 221
　　　　9.1.5　守护进程 222
　　　　9.1.6　进程间通信 224
　　9.2　线程 233
　　　　9.2.1　什么是线程 233
　　　　9.2.2　进程与线程对比 234
　　　　9.2.3　线程的基本操作函数 234
　　　　9.2.4　用线程编译程序 238
　　　　9.2.5　线程间通信 238
　　　　9.2.6　互斥 238
　　　　9.2.7　变化条件 239

　　　　9.2.8　分割问题 240
　　9.3　调度 241
　　　　9.3.1　公平性与确定性 241
　　　　9.3.2　分时策略 242
　　　　9.3.3　实时策略 243
　　　　9.3.4　选择策略 243
　　　　9.3.5　选择实时优先级 244
　　习题 244

第十章　嵌入式网络与协议栈 245
　　10.1　嵌入式网络概述 245
　　10.2　嵌入式 Internet 的接入 246
　　　　10.2.1　嵌入式系统通过网关间接
　　　　　　　　接入 Internet 246
　　　　10.2.2　嵌入式系统直接接入 Internet ...247
　　10.3　TCP/IP 协议族 248
　　　　10.3.1　应用层(Application Layer) ...249
　　　　10.3.2　传输层(Transport Layer) ...249
　　　　10.3.3　网络层(Internet Layer) 250
　　　　10.3.4　网络接口层(Network Access
　　　　　　　　Layer) 250
　　　　10.3.5　物理层(Physical Layer)和数据
　　　　　　　　链路层(Data Link Layer) ...250
　　10.4　嵌入式网络无线通信技术 251
　　　　10.4.1　蓝牙通信 251
　　　　10.4.2　Wi-Fi 通信 253
　　　　10.4.3　IrDA 红外通信 254
　　　　10.4.4　NFC 近场通信 255
　　　　10.4.5　ZigBee 通信 256
　　　　10.4.6　NB-IoT 窄带物联网通信 257
　　10.5　嵌入式网络协议栈 258
　　　　10.5.1　嵌入式 TCP/IP 网络协议栈 ...258
　　　　10.5.2　LwIP 网络协议栈 259
　　　　10.5.3　Contiki 网络协议栈 260
　　　　10.5.4　embOS/IP 网络协议栈 262
　　　　10.5.5　μC/IP 网络协议栈 262
　　　　10.5.6　FreeRTOS-TCP 网络协议栈 ...263
　　　　10.5.7　RL-TCPnet 网络协议栈 263
　　　　10.5.8　嵌入式网络协议栈的选择 264

10.6 嵌入式 Internet 的应用 264
    10.6.1 嵌入式 Internet 的应用领域 ...264
    10.6.2 智能家居系统的应用 264
    10.6.3 健康智能家居系统示例 1——
          云平台及语音交互 265
    10.6.4 健康智能家居系统示例 2——
          以安防监控为主 267
习题 269

第十一章　嵌入式系统的测试、模拟与
**　　　　调试技术** 270
11.1 测试嵌入式系统 270
    11.1.1 在宿主机上进行测试 270
    11.1.2 可测试性的设计 271
    11.1.3 硬件检查 271
    11.1.4 自测的设计 271
    11.1.5 测试工具 272
11.2 测试方法与模型 272
    11.2.1 错误跟踪 274
    11.2.2 单元测试 275
    11.2.3 回归测试 275
    11.2.4 选择测试用例 276
    11.2.5 功能测试 276
    11.2.6 覆盖测试 277
    11.2.7 性能测试 278
11.3 模拟器调试技术 279
    11.3.1 模拟器 279
    11.3.2 模拟器的特性 279
    11.3.3 模拟器的局限性 280

11.4 试验工具和目标硬件的调试 280
    11.4.1 电路内置仿真器(ICE) 280
    11.4.2 逻辑分析仪 282
11.5 GDB 调试技术 283
    11.5.1 GDB 调试应用程序概述 283
    11.5.2 基本调试技术 284
    11.5.3 printk 打印调试信息 288
习题 289

第十二章　嵌入式系统工程与案例 290
12.1 嵌入式系统工程步骤及模型 290
    12.1.1 嵌入式系统工程步骤 290
    12.1.2 嵌入式系统开发过程模型 ...291
    12.1.3 嵌入式系统设计方法 294
12.2 嵌入式系统工程过程 295
    12.2.1 需求分析 295
    12.2.2 系统设计 297
    12.2.3 系统软硬件研发 299
    12.2.4 系统测试 304
    12.2.5 产品生产 306
    12.2.6 系统维护 307
12.3 微型投影仪工程案例 308
    12.3.1 微型投影仪需求 308
    12.3.2 微型投影仪系统设计 313
    12.3.3 微型投影仪软硬件研发 314
    12.3.4 系统测试、生产与维护 317
习题 318

参考文献 319

第一章　绪　论

　　本章首先介绍嵌入式系统的概念、特点，接着简述嵌入式系统的硬件、软件及与其开发相关的交叉编译环境与工具，最后介绍嵌入式系统的发展、分类与趋势，并列举了嵌入式系统的主要应用。

1.1　嵌入式系统的概念

　　数字化、网络化与智能化融合发展的今天，以人工智能、移动通信、物联网等技术为代表的新一代信息技术正在加速推进发展中，嵌入式系统(Embedded System)作为计算机技术与电子技术的重要分支，已经渗入到工业、国防与日常生活的各个方面。嵌入式主芯片(或称嵌入式处理器)的实际应用量远超通用计算机芯片的使用量，嵌入式技术已经成为21世纪发展最快的 IT 技术之一，成为后微型计算机(PC)时代的主宰。

　　嵌入式系统包含嵌入式处理器、支撑硬件和嵌入式软件，主要由硬件系统、软件系统两部分组成，如图 1.1 所示。作为现代计算机技术发展的两大分支之一，嵌入式计算机系统(即嵌入式系统)与通用计算机系统的技术发展方向有很大的不同。嵌入式处理器是嵌入式系统的核心，其经历了由早期依托通用处理器(如 80x86)技术到独立发展的过程；嵌入式软件包含可选的嵌入式操作系统及运行在操作系统或者嵌入式系统硬件上的各种应用软件等。

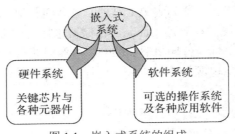

图 1.1　嵌入式系统的组成

1.1.1　嵌入式系统的定义

　　嵌入式系统可以理解为嵌入到更大产品中的信息处理系统。关于嵌入式系统的定义比较多，本书采纳了比较常用的两种定义。

　　定义 1.1(IEEE(国际电气和电子工程师协会)的定义)　嵌入式系统是用于控制、监视或者辅助操作机器和设备的装置(Devices used to control, monitor, or assist the operation of equipment, machinery or plants)。

定义 1.2(国内一般定义)　　嵌入式系统是以应用为中心,以计算机技术为基础,软件硬件可裁剪,对功能、可靠性、成本、体积、功耗等有严格要求的专用计算机系统。

可以认为,嵌入式系统是任何一个包含可编程计算机的设备,但是它本身并不是一个通用计算机,或者理解为嵌入式系统是一种包含微处理器或者微控制器的电子系统。嵌入式系统是将计算机隐藏或者嵌入在某一专用的系统中,即隐藏在任一产品中的一个计算机系统。虽然嵌入式系统的定义不一而足,但定义 1.2 是目前国内业界和学术界对嵌入式系统定义的普遍看法。根据定义,我们列举嵌入式系统的例子如示例 1-1。

示例 1-1:嵌入式系统举例。

　　1. 教室里的投影仪、红外笔、遥控空调等都是嵌入式系统产品,而很多教室里的机械风扇则不是嵌入式系统产品。

　　2. 日常用的手机、平板电脑,家里用的机顶盒、数码相机、媒体播放器、电饭煲等也是嵌入式系统产品。

　　3. 一台通用计算机的外部设备,如显示器、调制解调器、打印机、扫描仪以及鼠标等亦是嵌入式系统产品。

随着微型计算机技术的发展,人们自然考虑到将微型计算机嵌入到一个对象体系中,实现对象体系的智能化控制。例如,将微型计算机安装到大型舰船中构成自动驾驶仪或轮机状态检测系统,可显著提高设备的性能。但此时,计算机便失去了原来的形态与通用的计算机功能。为了区别于原有的通用计算机系统,这种嵌入到对象体系中用于实现对象体智能化控制的计算机,被称作嵌入式计算机系统,此即早期的嵌入式系统。

1.1.2　通用计算机系统与嵌入式系统

一台通用计算机应该包括 CPU(Central Processing Unit)、主板(Mainboard)、存储器(Memory)与各种外围设备(Peripherals),以及实现它们之间联系的数据总线、控制总线及地址总线,如图 1.2 所示。CPU 也称为中央处理器,主要包括算术逻辑运算单元 (Arithmetic Logic Unit,ALU)和高速缓冲存储器 Cache。存储器包括内部存储器与外部存储器。外围设备包括显示器、键盘、鼠标与打印机等。CPU、内部存储器和输入/输出(I/O)设备合称为计算机三大核心部件,但除电源与主板以外,运行一台通用计算机的最小系统,仅需 CPU 与内部存储器参与即可。

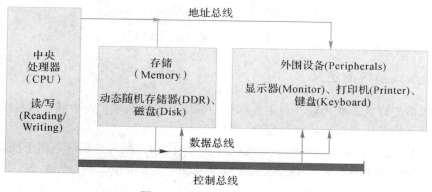

图 1.2　通用计算机系统组成

为了说明通用计算机系统与嵌入式系统的异同，我们先回顾一下单片机，即微控制器(Microcontroller)，看看它与通用计算机系统的差异。微控制器内嵌中央处理器(CPU)、只读存储器(ROM)、随机存取存储器(RAM)、输入和输出接口(I/O)、定时器(Timer)、串行接口(Serial COM Port，简称串口)等，如图1.3所示。从图1.2与图1.3中可以看出通用计算机系统与微控制器的差异。

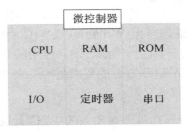

图1.3 微控制器组成

通用计算机中的CPU主要包括算术逻辑运算单元、高速缓冲存储器，并通过总线(包括控制总线(Control Bus)、地址总线(Address Bus)与数据总线(Data Bus))控制与访问CPU以外的各种资源，如内存硬盘、声卡、显卡、显示器与键盘等。因此，通用计算机一般通过主板(又称为主机板、接口及扩展插槽)和各种接口与设备进行插接。主板采用了开放式结构，保证了更大的灵活性。

微控制器则不同，它将CPU、RAM(Random Access Memory)、ROM (Read Only Memory)、定时器(Timer)、I/O接口电路与各种控制器(如串口)等集成在一个芯片上，即将微处理器与外设集于一身。微控制器诞生于20世纪70年代中期，一般采用精简指令集计算机(Reduced Instruction Set Computer，RISC)架构精简优化指令集，因此，成本和功耗较低，为开发小型化与低功耗产品提供了重要保障。然而，微控制器一旦投产，其芯片的RAM、ROM等资源就被固定，一般无法改变。

嵌入式系统和通用计算机系统的主要区别如表1.1所示。

表 1.1 嵌入式系统和通用计算机系统的主要区别

	嵌入式系统	通用计算机系统
架构与分类	多采用 RISC 架构，形式多样，应用领域广泛，按应用有不同分类，常为"看不见"的计算机	按运算速度和规模可分为大型机、中型机、小型机和微型计算机
软硬件组成	采用面向特定应用的微处理器，总线和外设一般集成于处理器内部，软硬件针对特定的应用设计，兼容性不强	采用通用微处理器、标准总线及兼容的外设，软硬件相对通用，兼容性强
系统资源	系统资源根据具体应用搭配，编译器和开发环境与采用的处理器相关，一般由芯片厂家配套	系统资源充足，能够满足不同的应用需求，采用通用的编译器、集成开发环境与调试器
开发方式	采用交叉编译方式，开发平台为通用计算机，目标平台是嵌入式系统	开发平台和目标平台都为通用计算机
发展目标	专用计算机系统，实现"普适计算"	以通用处理为目的

1.2　嵌入式系统的特点

嵌入式系统是一种软硬件可裁剪，对可靠性、功能、成本、功耗、体积和时效等有严格要求的专用计算机系统，其有效性评估主要包括代码量(Code-size)、功耗(Energy)、运行(Run-time)有效性，有时还需兼顾重量(Weight)、成本(Cost)及嵌入式系统快速部署上市的需求。嵌入式系统也是面向用户、面向产品、面向应用的计算机系统，因此，它也会受到用户特定需求、电磁兼容等产品认证方面的要求制约。嵌入式系统主要有以下几个特点。

1. 嵌入性

由于嵌入式系统一般要嵌入到具体对象系统中，因此必须满足对象系统的环境要求，如物理环境(体积小)、电气环境(可靠性高)与成本(价廉)等要求。另外，嵌入式系统还需要满足对温度、湿度与压力等自然环境的要求，如器件的工作温度范围，一般商业级是0℃～+70℃，工业级是 −40℃～+85℃，军品级是 −55℃～+150℃，等等。

2. 专用性

嵌入式系统的硬件与软件均是面向特定应用对象和任务设计的，具有很强的专用性。嵌入式系统提供的功能及其面对的应用和过程都是预知的，通过对硬件和软件的裁剪，满足对象要求的最小硬件和软件配置。嵌入式系统一般不具有兼容性。

小贴士： 主要器件与模块兼容性

通常可以通过替换更大存储容量的 DDR(或硬盘)或加装 DDR(或硬盘)来扩展微型计算机的存储。但一般情况下，比如手机，我们很难扩充其内存与 Flash 存储，因为除存储芯片焊接不易外，存储芯片兼容性还与存储芯片型号、引脚是否兼容及嵌入式软件是否适配有关。

---

3. 特殊计算机系统

嵌入式系统是特殊的计算机系统，它配置的是与对象系统相适应的处理器与接口电路，如 A/D 接口、D/A 接口、PWM 接口、LCD 接口、SPI 接口及 I²C 接口等，但其基本原理与属性来源于计算机系统。

4. 软件代码的高质量与高可靠性

嵌入式软件，特别是底层软件，一般都是针对具体的硬件独立开发的。因此，嵌入式软件的针对性强，不需要考虑通用性，能够保证代码的高质量与高可靠性。同时，尽管半导体技术的发展使处理器速度不断提高、片上存储器容量不断增加，但在大多数应用中，嵌入式存储空间仍然宝贵，因此要求有高质量的程序代码和编译工具，以保证二进制代码质量，提高执行效率。

5. 软件固态化存储

正因为嵌入式系统的专用性，其硬件与软件均是面向特定应用对象和任务而设计的，因此，嵌入式系统中的软件一般都固化在存储器芯片或嵌入式微控制器中。我们一般将存储于设备中的电可擦除只读存储器(Electrically Erasable Programmable ROM，EEPROM)或 Flash 芯片中的程序称为固件(Firmware)。

6. 实时性

实时性可以定义为在规定时间内系统的反应能力。实时系统的正确性不仅依赖于系统计算的逻辑结果，还依赖于产生这个结果的时间。很多嵌入式系统，如电梯系统，要求具有在一定的时刻和/或一定的时间内自外部环境收集信息并及时作出响应的能力，这依赖于相应的硬件与软件支撑。因此，如何保证嵌入式系统的实时性是一项重要的研究课题。

7. 低功耗

近年来，随着嵌入式处理器性能的不断提升，低功耗技术成为嵌入式系统有别于通用计算机系统的重要技术。嵌入式系统往往要求在低功耗下有效运行，其系统性能评价指标由传统的 IPC(每一时钟周期指令数)进一步偏向于对 IPW(每瓦指令数)的评价。特别是在采用电池供电的消费类电子产品中，产品运行与待机下的低功耗成为用户的关注点。

8. 集成性

嵌入式系统是将先进的计算机技术、半导体技术和电子技术与各个行业的具体应用相结合后的产物，这就决定了它必然是一个技术密集、资金密集、不断创新的知识集成系统，不仅涉及软件开发，还需要针对对象来设计相应的硬件，是一种软硬件高度集成的产品。

1.3　嵌入式系统的硬件

嵌入式系统的硬件(或称嵌入式硬件)包括嵌入式处理器、存储器、I/O 设备、通信模块以及电源等必要的外围接口。嵌入式处理器是嵌入式系统硬件的核心部件。通常，嵌入式系统的硬件配置非常精简，除了微处理器和基本的外围电路外，其余的电路都可根据需要和成本进行裁剪、定制。

1.3.1　嵌入式处理器

处理器(Processor)是 IC(Integrated Circuit)芯片的形式，可以是专用集成电路(Application Specific Integrated Circuit, ASIC)或片上系统(System on Chip，SoC)中的一个核。嵌入式处理器是嵌入式系统的核心，它经历了由早期依托通用处理器(如 80x86)技术到独立发展的过程。嵌入式处理器种类繁多，且与嵌入式系统本身的需求密切相关，甚至能够定制特定的嵌入式处理器。本节简述几种嵌入式处理器或芯片。

1. 通用处理器

通用处理器(General Purpose Processor，GPP)主要包括微处理器与嵌入式微处理器，典型的如 80x86、ARM、SPARC 微处理器系列。通用处理器的指令集并非为特定的应用专门设计。

2. 专用指令集处理器

专用指令集处理器(Application Specific Instruction-set Processor，ASIP)主要是针对特定

应用设计的指令集处理器，兼具针对特定应用的高有效性、低功耗及通用处理器可编程的高灵活性等优点。

3. 附加处理的专用处理器

附加处理的专用处理器主要包括协处理器(Coprocessor)、加速器(Accelerator)、各种控制器(如 DMA 控制器)等辅助功能处理器。

4. FPGA 核

FPGA 核使用一个或多个处理器单元，具有可编程门阵列，作为一种可配置处理器，能够对芯片功能进行改进。

5. 多核处理器或多处理器

使用多核处理器或多处理器可执行多项不同的任务，进一步满足嵌入式系统对性能的需求。

> **小贴士**：指令集与 IP 核
>
> 　　指令集是存储在 CPU 内部，用来引导 CPU 进行加减运算和控制计算机操作的一系列指令的集合。Intel 主要有 x86 等指令集，AMD 主要有 x86、x86-64 指令集。
>
> 　　IP 核(Intellectual Property Core)是一段具有特定电路功能的硬件描述语言程序，该程序与集成电路工艺无关，可以利用不同的半导体工艺生产出具体的集成电路芯片。

采用通用处理器虽然能够满足一些对体积、功耗、成本及实时性没有特殊要求的嵌入式应用，但由于嵌入式系统的"嵌入性""专用性"等特点，专用指令集处理器作为嵌入式系统独立发展的处理器，能够适应复杂多样的嵌入式应用对处理器的需求，在嵌入式处理器领域占有重要的地位。通常 ASIP 包含如下类型的处理器：微控制器(MCU)、数字信号处理器(DSP)、网络处理器、特定领域可编程处理器等。

微控制器(也称为"单片机"或"微计算机")是具有处理器、存储器和其他一些硬件单元的集成芯片，典型的微控制器有 MCS-51 系列。作为一种 ASIP 处理器，微控制器经历了 SCM、MCU、SoC 三大独立发展过程。

(1) SCM(Single Chip Microcomputer，单片微型计算机)阶段。SCM 针对嵌入式系统的目标体系结构，寻求最佳的单片微型计算机形态并嵌入到具体的目标系统中。

(2) MCU(Micro Controller Unit，微控制器)阶段。MCU 是具有处理器、存储器和其他一些硬件单元的集成芯片，它不断扩展，以满足嵌入式应用的需求，突显其适应具体应用对象的智能化控制能力。

(3) SoC(System on Chip，片上系统)阶段。SoC 是 VLSI(Very Large Scale Integration，超大规模集成)芯片上的系统，它将嵌入式系统设计到单个硅片上，作为嵌入式系统的一个新设计，含数字电路、处理器和软件。

1.3.2　嵌入式存储器与外设

1. 嵌入式存储器

按照掉电后数据是否消失，可将存储器分为易失性存储器和非易失性存储器。下面分别介绍这两种存储器。

(1) 嵌入式易失性存储器。RAM 的全名为随机存取存储器,用来临时存储程序与数据。当电源关闭时,RAM 是不能保存数据的,如果需要保存数据,就必须把它们写入到一个能够长期存储的存储器中(例如硬盘)。正因为如此,有时也将 RAM 称作"可变存储器"或内存,将硬盘称作外存。RAM 内存可以进一步分为静态 RAM(SRAM)和动态 RAM(DRAM)两大类。

SRAM(Static RAM)是一种具有静止存取功能的存储器,采取多重晶体管设计,不需要刷新电路即能保存它内部存储的数据,其特点是性能好、集成度低、速度快。

DRAM(Dynamic RAM)中的动态是指存储阵列需要周期性刷新,以保证数据不丢失。DRAM 中每个存储单元由配对出现的晶体管和电容器构成,其基本原理是利用电容内存储的电荷量来代表 0 和 1,所以 DRAM 必须周期性地刷新(预充电)。DRAM 具有较低的单位容量价格,同步动态随机存取存储器(Synchronous Dynamic Random Access Memory,SDRAM)、双倍数据速率(Double Data Rate,DDR)SDRAM 都是从 DRAM 发展而来的。

(2) 嵌入式非易失性存储器。非易失性存储器是在突然、意外关闭系统电源时,数据不会丢失的存储器。常见的非易失性存储器有 ROM、PROM、EPROM 及 Flash 等。ROM 为只读存储器,断电后信息不丢失。PROM(Programmable ROM)与 EPROM(Erasable Programmable ROM)为可读存储器,用户可以用专用的编程器将自己的程序写入 PROM,但只能写入一次,而 EPROM 可实现多次擦除写入。Flash 是目前嵌入式系统最常用的非易失性存储器,又分为 NOR Flash 和 NAND Flash 两种。NAND Flash 可以和 CPU 一起装配在电路板上,也可以应用在 U 盘、电子盘(或称固态盘)等存储器中。片上 Flash 允许修改软件,其灵活性大大提高了软件开发的速度,并且在整个产品开发周期中,Flash 也有利于系统维护、软件在线更新升级。嵌入式 Flash 和微控制器、嵌入式微处理器组合在一起,广泛应用于手机、笔记本、掌上电脑、数码相机等领域。

2. 外设

(1) 输入/输出设备。嵌入式系统的输入设备用于数据的输入,常见的输入设备有键盘、鼠标、触摸屏、扫描仪、绘图仪、数码相机、媒体视频捕获卡等。

嵌入式系统的输出设备用于数据的输出,常见的输出设备有液晶显示器(Liquice Crystal Display,LCD)、打印机、声卡、音箱等。

(2) 外围接口。嵌入式系统与外界交互需要一定形式的外部 I/O 接口。目前,绝大多数外部 I/O 接口都可以直接在嵌入式系统中应用,常用的外围接口有 GPIO、串口、I^2C、USB、IEEE1394 等。

1.4　嵌入式系统的软件

嵌入式系统的软件(或称嵌入式软件)包括嵌入式应用程序、操作系统、中间件以及支撑软件。支撑软件包括嵌入式系统的开发、下载、生产与调试工具等,是嵌入式系统开发的重要组成部分。本书将嵌入式软件分为嵌入式系统设备端软件与(PC 端)支撑软件,为了适应通常的描述,亦将嵌入式软件狭义地指为嵌入式系统设备端软件。

1.4.1　嵌入式系统软件的编写

1. 用机器语言编写软件

在还没有任何计算机开发语言前，怎么让机器"理解"人的要求，并将计算结果反馈给人，是一件非常麻烦的事情。最早的解决办法是采用机器语言(二进制语言)，并通过穿孔纸带(简称纸带)作为信息输入设备，纸带相当于程序或者数据存储器，人们将机器语言编好的程序，通过打孔的方式记录在纸带上，需要运行时就从纸带上读取。

早期程序员把每一条指令都打在纸带上，输入到计算机里，其中打孔代表 1，不打孔代表 0，一个有几百上千条指令的程序，需要程序员花费几天的时间在纸带上打孔。用这种编程方式把一个数学计算问题变成一个输入问题，通常需要花费大量的时间，且错误不易检查。同时，采用机器语言编写软件，要求程序员必须首先熟悉处理器的指令集，包括机器指令以及相应的二进制表示形式，对程序员要求较高且编程枯燥乏味。早期的嵌入式系统，如导弹系统，就采用过这种编程方式。

2. 用特定汇编语言编写软件

汇编语言(Assembly Language)是一种描述电子计算机、微处理器、微控制器或其他可编程器件的低级语言，亦称为符号语言。在汇编语言中，用助记符(Mnemonics)代替机器指令的操作码，用地址符号(Symbol)或标号(Label)代替指令或操作数的地址。不同的嵌入式处理器可能具有不同的架构形式及采用不同的指令集，汇编语言通过汇编过程将汇编程序转换成相应的机器指令。一般而言，特定的汇编语言和特定的机器语言指令集是一一对应的，不同平台之间不可直接移植，如 8051 架构的单片机与 ARM 架构的处理器的汇编格式有差异，且其对应的程序指令也不相同。示例 1-2 为一个 8051 单片机汇编程序。

示例 1-2：一个简单的 8051 单片机汇编程序。			
	ORG	0000H	;定义程序存放在 ROM 的什么位置
	LJMP	CONT	
	ORG	0030H	
CONT:	MOV	R1,#80 H	;给出一个负数
	MOV	R0,#02H	
	MOV	A,R0	;读低 8 位
	CPL	A	;取反
	ADD	A,#1	;加 1
	MOV	R2,A	;存低 8 位
	MOV	A,R1	;读高 8 位
	CPL	A	;取反
	ADDC	A,#80 H	;加进位及符号位
	MOV	R3,A	;存高 8 位
	SJMP	$	
	END		

在 8051 单片机中，汇编语句由标号、操作码、操作数与注释组成，格式如下：

标号：操作码〔(目的操作数), (源操作数)〕 ；注释

其中，标号为该指令的符号地址，可根据需要设置；操作码为用助记符表示的字符串，它规定了指令的操作功能；操作数是指参与操作的数据或数据地址，包括源操作数与目的操作数；注释是对该指令所做的说明，以便于阅读。

汇编语言通常被应用在资源紧缺的微控制器、设备驱动等底层代码以及对硬件操作要求高或程序优化要求高的场合。嵌入式操作系统启动代码的起始部分、设备驱动及实时运行的程序可采用汇编语言编写。

3. 用高级语言编写软件

用汇编语言编写程序仍然耗时耗力，随着技术的进步，嵌入式软件目前通常采用高级语言开发，常用的高级语言有 C、C++、Objective-C 或者 PHP、Java 等。多数操作系统内核(NK)及其板级支持包(BSP)主要采用 C 语言编写。在常用的高级语言中，Objective-C 主要针对苹果公司产品编写软件，PHP、Java 通常用于完成各种应用软件，如 Web 应用、Android 应用开发等。这些通过高级语言编写的软件，程序员不需要或很少需要了解汇编语言指令，除某些与硬件相关的驱动程序外，大部分高级语言编写软件与硬件无关或不直接相关，编程时可更多地关注应用逻辑与算法。示例 1-3 给出了 4 个不使用第三个变量完成两个数对换的简单算法。

示例 1-3：不使用第三个变量完成两个数对换。(注：本书示例较多，后续示例可能省去标题。)

```
方法一：算术算法
int a, b;
a = 10;
b = 12;
a = b - a;    //a = 2 ; b = 12        或        a=a+b;    //a=22; b=12
b =b-a;       //a=2;b=10                         b=a-b;    //a=22;b=10
a =b+a;       //a=12;b=10                        a=a-b;    //a=12;b=10
方法二：指针地址操作
int *a,*b;                //假设
*a=new int(10);
*b=new int(20);       //&a=0x00001000h,&b=0x00001200h
a =(int*)(b-a);        //&a=0x00000200h,&b=0x00001200h
b =(int*)(b-a);        //&a=0x00000200h,&b=0x00001000h
a =(int*)(b+int(a));   //&a=0x00001200h,&b=0x00001000h
方法三：位运算
int a = 10, b = 12;    // a = 1010,b = 1100
a = a ^ b;            //a=0110,b=1100
b = a ^ b;            // a = 0110,b = 1010
a = a ^ b;            // a = 1100,b = 1010
方法四：栈操作
```

```
int exchange(int x, int y)
{
    stack S;
    push(S, x);
    push(S, y);
    x = pop(S);
    y = pop(S);
}
```

(1) 方法一采用算术算法，它的思路是把 a、b 看作数轴上的点，围绕两点间的距离进行计算。具体过程为：第一句 "a=b-a" 求出两点间的距离，并且将其保存在 a 中；第二句 "b=b-a" 求出 a 到原点的距离(b 到原点的距离与两点间距离之差)，并且将其保存在 b 中；第三句 "a=b+a" 求出 b 到原点的距离(a 到原点的距离与两点间距离之和)，并且将其保存在 a 中。

(2) 方法二采用指针地址操作。因为对地址的操作实际上进行的是整数运算，如两个地址相减得到一个整数，表示两个变量在内存中的储存位置隔了多少个字节。地址和一个整数相加，即 "a+10" 表示以 a 为基地址且在 a 后 10 个 a 类数据单元的地址。所以理论上可以通过与算术算法类似的运算来完成地址的交换，以达到交换变量的目的。

(3) 方法三采用位运算，利用异或运算的特点，即通过异或运算能够使数据中的某些位翻转，其他位不变。这就意味着任意一个数与任意一个给定的值连续异或两次，值不变。

(4) 方法四采用栈操作，利用堆栈先进后出的特点完成运算。

以上算法均实现了不借助其他变量来完成两个变量值交换的功能，相比较而言，算术算法和位运算的计算量相当，地址算法的计算较复杂，却可以很轻松地实现大类型(比如自定义的类或结构)的交换，而前两种方法只能进行整型数据的交换(理论上重载运算符 "^" 也可以实现任意结构的交换)。在高级语言编程中，程序员经常需要考虑使用算法，并采用各种数据结构，如链表、队列、树与图等，通过软件编程解决各类实际问题。

出于对软件复用的渴望，为了 "不要重复发明轮子"，应用代码复用从最初的单个函数源代码的复用，发展到面向对象中类的复用(通常以类库的形式体现)，复用的抽象层次越来越高。现在应用程序的设计普遍采用类库与框架技术。

类库就是一些类的集合，框架则封装了某领域内处理流程的控制逻辑，如 MVC 框架。MVC(Model View Controller)是模型(Model)-视图(View)-控制器(Controller)的缩写，是一种将业务逻辑聚集到一个部件里面，实现业务逻辑、数据、界面显示分离的代码组织方法，将业务逻辑聚集到一个部件里面，因此，在改进和个性化定制界面及用户交互的同时，不需要重新编写业务逻辑。MVC 采用视图层和业务层分离的低耦合技术，具有高可重用性与适应性等特点。

1.4.2   嵌入式系统设备端软件

嵌入式系统设备端软件(简称嵌入式设备软件)的典型结构一般包含 4 个层次：板级支持包、嵌入式操作系统、中间件和应用软件，如图 1.4 所示。由于嵌入式系统本身的特点，嵌入式设备软件应该具有独特的实用性、灵活的适用性，其通常是可裁剪的。

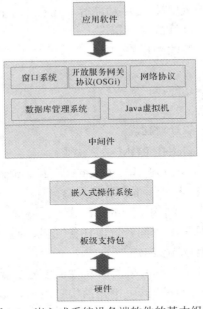

图 1.4 嵌入式系统设备端软件的基本组成

1. 板级支持包

板级支持包(Board Support Package，BSP)是介于主板硬件和操作系统之间的一层，主要实现对操作系统的支持，为上层的驱动程序提供访问硬件设备寄存器的函数包，使其与硬件主板能更好地匹配运行。BSP 是相对于操作系统而言的，不同的操作系统对应不同形式的 BSP，因此，为了能够良好地支持操作系统，需要根据操作系统的需要完成相应的 BSP 接口。在系统启动之初，BSP 所做的工作类似于通用计算机的 BIOS，主要负责初始化各种设备并加载操作系统。但是 BSP 与 BIOS 又是不同的，主要区别有以下几个方面：

(1) 软件开发人员可以对 BSP 做定制修改，但 BIOS 一般不能更改，因此，嵌入式开发人员对 BSP 的自主性更大。

(2) BSP 对应特定硬件与特定的嵌入式操作系统，而 BIOS 则对应特定硬件和多个操作系统。

(3) BSP 中可以加入非系统必需的东西，例如一些驱动程序甚至一些应用程序，但通用计算机主板的 BIOS 一般不会有这些东西。

总之，BSP 所做的主要工作是系统初始化和与硬件相关的设备驱动，它具有与操作系统和硬件相关的特点。

2. 嵌入式操作系统

嵌入式操作系统(Embedded Operating System，EOS)是一种用途广泛的系统软件，负责嵌入式系统的全部软件和硬件资源的分配、调度和控制协调并发活动。对于功能简单的嵌入式系统来说，可以不采用操作系统(有些硬件也不支持，仅支持应用程序和设备驱动程序)，但对于较为复杂的嵌入式系统来说，就需要通过操作系统来管理和控制内存、多任务及其硬件资源了。随着互联网技术的发展和信息家电的广泛应用，EOS 变得越来越强大，有逐步取代桌面操作系统的趋势。当前很多 EOS 不仅具备了一般操作系统最基本的功能，如任务调度、同步机制、中断处理、文件功能等，还有以下特点：

(1) 更好的硬件适应性，良好的可移植性；

(2) 操作方便、简单，友好的图形 GUI；

(3) 易于扩张与裁剪；

(4) 注重提供强大的网络功能；

(5) 注重实时性与稳定性；

(6) 提供统一规范的设备驱动接口；

(7) 操作系统和应用软件固化在 ROM 中。

常用的嵌入式操作系统有 µC/OS-Ⅱ、RTLinux、µCLinux、Windows CE、Palm OS、VxWorks、Symbian 和 Android 等，下面简介几种。

µC/OS-Ⅱ是一个源码开放、结构小巧的实时操作系统，它基于优先级的可抢占式的硬实时内核，提供任务管理与调度、时间管理、任务同步、通信、内存管理、中断服务等功能。µC/OS-Ⅱ内核最小可以编译至 2 KB 左右。

RTLinux 是一个源代码开放的具有硬实时特性的多任务操作系统，它在源代码开放的 Linux 内核与硬件中间加了一个精巧的可抢先的实时内核，多用于航天飞机的空间数据采集及科学仪器监控等实时环境。

µCLinux 是 Lineo 公司的主打产品，也是基于 Linux 改造而来的。µCLinux 主要是针对目标处理器没有 MMU 的嵌入式操作系统而设计的。由于没有 MMU 支持，其多任务实现需要采取一定的技巧。µCLinux 仍然保留了 Linux 的大多数优点，作为一种优秀的嵌入式操作系统，它的体积非常小，但却具有良好的稳定性与可移植性，具备优秀的网络功能，完备支持各种文件系统，且具有丰富的标准 API 接口。µCLinux 编译后的目标文件可控制在几百 KB。

Windows CE 是微软开发的嵌入式操作系统。由于是微软开发的，它继承了传统的 Windows 图形界面，并且在 Windows CE 平台上可以使用 Windows 上的编程工具，如 Visual Basic 和 Visual C++，使用同样的函数和同样的界面风格，使得 Windows 上的软件只需简单修改就可运行在 Windows CE 平台上。Windows CE 曾红极一时，但目前已经很少使用。

VxWorks 操作系统是美国 WindRiver 公司于 1983 年设计研发的一种嵌入式实时操作系统，有良好的持续发展能力、高性能的内核、友好的开发环境，但是收费昂贵，而且不提供源代码，只提供二进制代码，支持的硬件数量有限。

Android 是 Google 于 2007 年 11 月 5 日发布的基于 Linux 平台的开源手机操作系统。Android 由操作系统、中间件、用户界面和应用软件组成，是首个为移动终端打造的真正开放和完整的移动软件。Android 应用是基于 Java 语言开发的，并获得 Apache 许可。作为基于 Linux 免费开放源代码的操作系统，Android 为开发者带来了自由，当前普遍应用于手机、平板电脑、智能电视等消费电子领域。

3. 中间件

中间件(Middleware)位于操作系统和应用软件之间，它屏蔽了各种操作系统提供的不同应用程序接口的差异，向应用程序提供统一接口，便于用户开发应用程序，同时也使应用程序具有跨平台的特性。该层主要包括窗口系统、OSGi 服务接口、网络协议、数据库管理系统、Java 虚拟机等。

4. 应用软件

嵌入式应用软件运行于操作系统与中间件之上，利用操作系统与中间件提供的机制完成特定功能的嵌入式应用，不同的系统需要设计不同的嵌入式应用软件。嵌入式应用软件是针对特定应用而设计的，是用来达到用户预期目标的计算机软件。因此，嵌入式应用软件不仅要求在准确性、安全性和稳定性等方面能够满足实际应用的需要，而且还要尽可能地进行优化，以减少对系统资源的消耗，降低硬件成本或功耗。

除以上嵌入式系统设备端软件外，嵌入式开发工具在嵌入式软件开发过程中发挥着重要的桥梁和纽带作用，尤其在当前国家支持集成电路与芯片技术发展的大背景下。嵌入式开发工具，特别是支持嵌入式软件开发的编译器技术是支撑芯片技术发展的重要基础软件系统。

1.5 嵌入式系统的开发及工具

当前几乎所有的嵌入式软件的开发都是基于开发工具链(或集成开发环境)的开发。嵌入式系统的编译器(简称嵌入式编译器)作为嵌入式软硬件连接的桥梁和纽带，在嵌入式系统的开发过程中起着至关重要的作用，如图 1.5 所示。基于高级语言开发的嵌入式软件，经过嵌入式编译器分析处理，并经过汇编与链接后，最终转化为特定嵌入式硬件系统上可运行的程序。因此，在嵌入式系统的开发过程中，有必要了解或熟悉相应的嵌入式编译器，掌握其编译命令与参数。

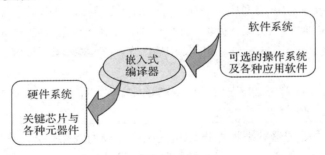

图 1.5 嵌入式软硬件连接的桥梁

1.5.1 嵌入式系统的编译器

编译器(Compiler)是能够阅读一种源语言(Source Language)并将其转换为另一种等价目标语言(Target Language)的系统软件，如图 1.6 所示。编译器的开发是一项十分庞大且复杂的工程。在 1957 年第一个基于 Fortran 语言的编译器诞生之前，人们采用汇编语言甚至是二进制语言编写程序，不仅程序编写效率低下，阅读理解困难，而且因依赖于特定机器而不易重用。高级语言(如 C 语言)编译器的出现，很好地解决了这个问题，提高了编程效率。

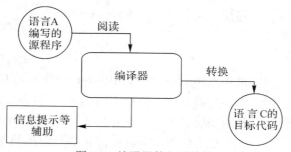

图 1.6　编译器的主要功能

编译器与目标处理器体系结构关系密切，典型的编译器主要是基于通用处理器开发的，如基于个人计算机(PC)架构开发的编译器。由于通用处理器结构相对稳定且向下兼容，因此通用处理器编译器(Visual Studio、VB 等)可以经过少量修改，甚至不加修改而直接应用于通用处理器系列，且能够针对处理器进行长期的编译器优化。

嵌入式系统诞生于微型机时代，早期的嵌入式系统编译器来源于通用处理器架构的编译器。人们采用通用处理器作为嵌入式系统核心，能够满足一些对体积、功耗、成本及实时性没有特殊要求的嵌入式应用。但由于嵌入式系统的"嵌入性""专用性"等特点，作为嵌入式系统独立发展的处理器，包括微控制器(MCU)在内的各种专用指令集处理器，能够更加适应复杂多样的嵌入式应用，在嵌入式处理器领域占据了更为重要的地位。嵌入式处理器，特别是 ASIP 的出现，满足了嵌入式系统对功能、性能、功耗和灵活性等的特殊需求，但由于嵌入式处理器一般具有特殊的架构及特定的指令集，因此，需要重新开发与之对应的嵌入式编译器等开发工具，如 Keil 集成开发环境和 GCC 工具链等。

> **小贴士：程序翻译**
>
> 　　程序翻译可以分为静态编译和动态解释(Interpreter)两类。嵌入式编译器也包括静态编译器和动态编译器。嵌入式 C 语言编译器是一种静态编译器；Java 编译器则是一种静态和动态相结合的编译器，它将 Java 源程序编译成 bytecodes 中间表示形式，再通过虚拟器解析执行，其好处是便于应用程序代码移植。
>
> 　　本书讲的嵌入式编译器主要是基于高级语言的静态编译技术，可以将嵌入式应用软件程序生成为特定目标平台的二进制代码。

虽然，针对通用处理器的编译器设计和优化已经较为成熟，但对嵌入式编译器仍需要考虑嵌入式系统的指令集形式、有限资源与低功耗等特殊性；同时，嵌入式系统本身不具备自开发能力，其软件系统还需要嵌入式交叉编译环境，才能将开发人员编写的高级语言程序编译成能够运行于目标平台上的程序。

实际上，嵌入式编译器除常见的基于高级语言的编译器能完成特定处理器目标代码的编译外，还有针对软硬件协同设计的编译器，如 VHDL、Verilog 语言的编译工具，这种编译工具可以完成对数字电子系统设计的编译与综合，以及各种安全检查等。

1.5.2　交叉编译与重定向编译器

简单地说，交叉编译是在一个平台上生成另一个平台的可执行代码。考虑到在嵌入式系统中普遍采用特定应用的 ASIP 处理器，资源往往都十分有限，无法直接在这些平台上搭建应用开发环境及其编译系统，因此，嵌入式系统编译环境往往都是交叉编译环境。交叉编译环境借助于处理器资源丰富的 Host 主机(宿主机，一般为 PC 机，含操作系统及各种开发工具)，使用特定的编译工具将某种语言 A 编写的程序编译成可以运行于嵌入式设备目标平台的某种语言 C 程序，从而完成应用程序的开发，其中语言 B 是编写编译工具的语言。这种以主机平台为目标平台生成可执行程序的方式叫作交叉编译，具有这种功能的编译器称作交叉编译器(Cross Compiler)。

嵌入式编译器一般需要具有交叉编译和交叉调试功能。交叉调试是在主机上借助编译器和调试工具直接调试目标机上的代码，通常需要通过 JTAG、USB 等工具连接目标平台。

总之，嵌入式系统本身不具备自开发能力，其软件系统需要嵌入式交叉编译环境提供开发工具，将开发人员编写的高级语言程序编译成能够运行于目标平台上的程序，如图 1.7 所示。

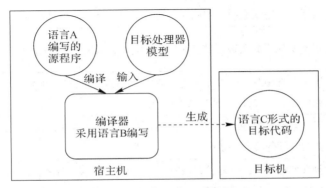

图 1.7　可重定向交叉编译图示

嵌入式芯片往往针对特定的应用领域，具有很强的时效性。基于传统的编译器动辄需要数年的开发，无法满足嵌入式系统快速部署上市的需求，这不仅影响嵌入式系统软件的开发，甚至影响到嵌入式芯片的成败，于是出现了可重定向编译器(Retargetable Compiler)。

可重定向编译器采用可扩展的处理器模型作为编译器的输入，通过修改目标处理器的模型产生相应的目标代码，从而不需要重新修改编译器的原代码框架。图 1.7 所示为可重定向交叉编译图示。早期嵌入式处理器领域的专用编译器，由于实现上的困难，一般没有采用重定向设计，使得编译器的使用范围狭窄，且需要耗费大量的资源开发与维护。在嵌入式领域使用可重定向编译器，不仅能够支持大量的目标体系结构，而且能够适应嵌入式特点，生成高效、低功耗的目标代码，利于其维护升级。

目前，已经出现的可重定向编译器有 GCC、LLVM、LCC 以及美国 NCI(National Compiler Infrastructure)项目的 SUIF 和 Zephyr 等。GCC 编译器是嵌入式系统广泛使用的编译器之一，本书将作为讨论的重点。

1.5.3　嵌入式系统的软件工具

嵌入式系统的软件开发、调试与运行依赖大量的软件开发工具。表 1.2 列出了汇编语言编程、高级语言编程、调试工具以及系统集成的部分工具及其应用。

表 1.2　设计嵌入式系统的软件模块和工具

软件工具	应　　用
编辑器	使用键盘编写 C 代码或者汇编代码，允许输入、增加、删除、插入、附加前面编写过的代码或者文件，在特定位置上合并记录和文件，创建源文件来存储编辑过的文件
解释器	依次将每个表达式(逐行)翻译为机器可执行代码
编译器	使用完整的代码集，其中可能还包含来自库例程的代码、函数和表达式。它创建称为目标文件的文件
汇编器	将汇编代码翻译为二进制操作代码，也就是翻译成称为二进制文件的可执行文件，产生可以打印的列表文件。列表文件具有地址、源代码(汇编语言代码)和十六进制的目标代码
模拟器	模拟嵌入式系统电路中的所有功能，包括附加的存储器和外设，它独立于特定的目标系统。它还会模拟代码在特定目标处理器上的执行过程
源代码设计软件	用于源代码的理解、导航和浏览、编辑、调试、配置(禁用或者启用特性)和编译
软件示波器	用于动态跟踪任一程序变量的变化。它可以跟踪任一参数的变化，演示执行的各种操作(任务、线程、服务例程)序列
跟踪示波器	用于帮助跟踪在时间 X 轴上的模块和任务中的变化，行为列表还创建了各种任务需要的时间粒度和期望时间
集成开发环境	包含模拟器、编辑器、编译器、汇编器、RTOS、调试器、软件示波器、跟踪器、仿真器、逻辑分析器、EPROM、EEPROM 应用代码的刻录，用于系统的集成开发

1.6　嵌入式系统的发展与分类

通过前面的学习，我们了解了什么是嵌入式系统、嵌入式系统的特点及嵌入式系统的软硬件系统、工具链技术，本节将重点介绍嵌入式系统的处理器发展、软件发展以及嵌入式系统的分类。

1.6.1　嵌入式处理器的发展

嵌入式处理器是嵌入式系统的核心，早期依托通用处理器(如 80x86)技术的发展，大致经历了如下几个阶段。

1. 以微控制器为代表的第一阶段

微控制器(MCU)又称单片微型计算机(Single Chip Micro-Computer，SCMC)，简称单片机，是随着大规模集成电路技术的发展，将计算机的 CPU、RAM、ROM、定时/计数器和多种 I/O 接口集成在一片芯片上形成的芯片级计算机。近几年，单片机的集成度更高，可将通用的 USB、CAN 以及以太网等现场总线接口集成于芯片内部。由于采用单片机的嵌入式系统具有硬件成本低、系统可靠性高、功耗低、性能更好、速度快、体积小及抗电磁辐射等特点，被广泛地应用在通信、航天和家电等领域。通常，一个系列的单片机具有多种衍生产品，每种衍生产品的处理器内核都是一样的，不同的是存储器和外设的配置及封装。例如，Motorola 公司的 MK 系列单片机，从 8 位到 32 位共有十几种。

微控制器诞生于 20 世纪 70 年代，经历了 SCM、MCU 和 SoC 等阶段。嵌入式微控制器的最大特点是单片化、体积小，从而使功耗和成本下降，可靠性提高。嵌入式微控制器适合于控制，是目前嵌入式系统工业控制的主流。嵌入式微控制器的品种和数量较多，比较具有代表性的有 MCS-51 系列、P51XA、MCS-251、MCS-96/196/296、MCS8HC05/11/12/16 等。

2. 以数字信号处理器为代表的第二阶段

数字信号处理器(DSP)是一种具有特殊功能的微处理器，其内部采用程序和数据分开存储的哈佛结构，具有专门的硬件乘法器，广泛采用流水线操作，提供特殊的数字信号处理指令，可以快速地实现各种数字信号处理算法。DSP 将接收的模拟信号转换为 0 或 1 形式的数字信号，再对数字信号进行修改、删除、强化等处理。DSP 实际运行速度可达每秒数以千万条复杂指令程序，远远超过同档次的通用微处理器。

DSP 芯片诞生于 20 世纪 80 年代，是数字化电子世界中重要的芯片平台。嵌入式数字信号处理器中比较有代表性的产品有 TI 公司的 TMS320 系列和 Motorola 公司的 DSP56000 系列。TMS320 系列包括用于控制的 TMS320F2XX 系列，用于移动通信的 TMS320C5_XXX/C6XXX 系列。DSP56000 系列已经发展成 DSP56000、DSP56100、DSP5S300 等不同系列的处理器。VLIW 结构、超标量体系结构和 DSP/MCU 混合处理器结构是 DSP 结构发展的新趋势。

3. 以嵌入式 SoC 为代表的第三阶段

SoC 是 20 世纪 90 年代出现的概念。SoC 称为系统级芯片，也称为片上系统，它是一种包含完整系统并有嵌入软件的专用目标集成电路。同时 SoC 又指一种技术，这种技术用以实现从确定系统功能开始，到软/硬件划分，并完成设计的整个过程。SoC 是集成电路设计从晶体管集成发展到逻辑门集成，又发展到现在的 IP 集成的产物。

随着半导体工艺技术的发展，SoC 也在不断地完善，现在的 SoC 芯片中包含处理器、存储器、模拟电路模块、数/模混合信号模块以及片上可编程逻辑模块。作为一种芯片设计技术，SoC 可以有效地降低电子、信息系统产品的开发成本，缩短开发周期，提高产品的竞争力。现在主流的手机、平板电脑、电视盒等基本上都是采用 SoC 芯片设计的嵌入式产品。

4. 以嵌入式双核处理器和嵌入式多核处理器为发展趋势的第四阶段

双核(Dual Core)处理器就是指在一个处理器芯片上拥有两个一样功能的处理器核心，即将两个物理处理器核心整合到一个内核中，通过协同运算来提升性能。这样做的优势在于：克服了传统处理器通过提升工作频率来提升处理器性能而导致耗电量越来越大以及热量越来越高的缺点；采用双核架构可以全面增加处理器的功能，两个处理器核心在共享芯片组存储界面的同时，可以独立地完成各自的工作，从而在平衡功耗的基础上大幅度提高 CPU 的性能。

在嵌入式领域，随着应用领域的扩大以及终端产品性能的日益丰富，人们对嵌入式系统的性能、功耗和成本提出了越来越高的要求，单核处理器已不能满足发展的需求。同时，随着处理器的进一步发展及半导体工艺的进步，处理器设计越来越复杂，由于时钟延迟、验证复杂度、过高功耗(芯片功耗和时钟频率成正比)及散热等问题，芯片时钟也不可能无限制增长。因此，单处理器性能不能无限制地发展。处理器结构面临新的变化，并逐渐朝多核方向发展，嵌入式领域追随消费者对性能的期望，也已逐渐步入多核时代。特别在消费电子领域，如华为、联发科(MTK)、Intel、三星、晶晨半导体(Amlogic)、瑞芯微电子(Rockchip)等嵌入式 SoC 供应商都提供了最新的 32 位多核嵌入式 SoC 处理器，并逐步迈向 64 位嵌入式多核处理器。图 1.8 为 MTK 嵌入式芯片供应商多年前的移动设备芯片路线图(Roadmap)，多核业已成为嵌入式移动市场的主流。

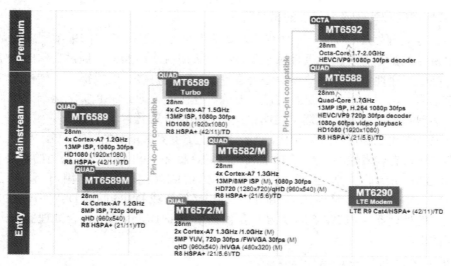

图 1.8　MTK 移动设备芯片路线图

1.6.2　嵌入式软件的发展

随着嵌入式系统应用的逐渐普及，为保证嵌入式系统的顺利运行，嵌入式软件得到了快速发展，成为软件业的一股重要力量。嵌入式软件是基于嵌入式系统设计的软件，与嵌入式系统应用场景密不可分，其内容丰富多样。嵌入式软件从层次上看，一般包括板级支持包、嵌入式操作系统、中间件和应用软件。本节重点讨论嵌入式操作系统及其发展。

嵌入式操作系统(EOS)作为一种支持嵌入式系统应用的系统软件，是嵌入式系统极为重要的组成部分，通常包括与硬件相关的底层驱动软件、系统内核、设备驱动接口、通信协议、图形界面、标准化浏览器等。嵌入式操作系统具有通用操作系统的基本特点，如能够有效管理越来越复杂的系统资源；能够把硬件虚拟化，使得开发人员从繁忙的驱动程序移植和维护中解脱出来；能够提供库函数、驱动程序、工具集以及应用程序。与通用操作系统相比，嵌入式操作系统在系统实时高效性、硬件的相关依赖性、软件固态化以及应用的专用性等方面具有较为突出的特点。

一般情况下，嵌入式操作系统可以分为两类：一类是面向控制、通信等领域的实时操作系统，如 WindRiver 公司的 VxWorks、ISI 的 pSOS、QNX 系统软件公司的 QNX、ATI 的

Nucleus 等；另一类是面向消费电子产品的非实时操作系统，这类产品包括个人数字助理(PDA)、移动电话、机顶盒、电子书、WebPhone 等，如 Window CE/Mobile 和 Android 等。

嵌入式软件系统，包括嵌入式操作系统，作为一种服务，都是一个不断完善的过程，是一种时间渐进式的改进优化过程。大体上，嵌入式操作系统伴随着嵌入式系统的发展经历了 4 个较明显的发展阶段。

1. 无操作系统嵌入算法阶段

这一阶段是以单芯片为核心的可编程控制器形式的系统，同时具有与监测、伺服、指示设备相配合的功能。这种系统大部分应用于一些专业性极强的工业控制系统中，一般没有操作系统的支持，通过程序对系统进行直接控制。这一阶段系统的主要特点是：系统结构和功能都相对单一，存储容量较小，几乎没有用户接口。由于这种嵌入式系统使用简便，价格很低，以前在国内工业领域应用较为普遍，但是已经远远不能适应高效的、需要大容量存储介质的现代化工业控制和新兴的信息家电等领域的需求。

2. 简单监控式操作系统阶段

第二阶段是以嵌入式处理器为基础，构建简单的嵌入式操作系统。该类操作系统根据特定应用与硬件特点(如处理器资源与能力限制)，仅具有操作系统的核心功能，不具有通用操作系统的完整属性。这一阶段系统的主要特点是：嵌入式处理器种类多，通用性比较差；系统开销小，效率高；一般配备系统仿真器，操作系统具有一定的兼容性和扩展性；应用软件较专业，用户界面不够友好；系统主要用来控制系统负载以及监控应用程序运行。

3. 通用嵌入式操作系统阶段

第三阶段为基本具备通用操作系统能力的嵌入式操作系统。这一阶段的嵌入式处理器能力逐渐增强，如增加 MMU(Memory Management Unit)单元，已经具备运行高级操作系统的能力，且易于裁剪和扩展。这一阶段系统的主要特点是：嵌入式操作系统能运行于各种不同类型的微处理器上，兼容性好；操作系统内核精小，效率高，并且具有高度的模块化和扩展性；具备文件和目录管理、设备支持、多任务、网络支持、图形窗口以及用户界面等功能，具有大量的应用程序接口(API)，开发应用程序简单；嵌入式应用软件丰富。

> **小贴士：MMU 与虚拟存储管理**
>
> 现代操作系统普遍采用虚拟内存管理(Virtual Memory Management)机制，这就需要内存管理单元(Memory Management Unit，MMU)的支持。有些嵌入式处理器没有 MMU，不能运行依赖于虚拟内存管理的操作系统。

4. 基于 Internet 嵌入式操作系统阶段

第四阶段是以基于 Internet 为标志的嵌入式系统。网络化正在迅速发展，当前的嵌入式操作系统很多都支持 TCP/IP 协议，支持 Internet 访问，如谷歌的 Android 和苹果的 iOS 嵌入式操作系统等。随着 Internet 的发展以及 Internet 技术与信息家电、工业控制技术等结合日益密切，嵌入式设备与 Internet 的结合将越来越普遍。

近年来，随着物联网(IOT)技术、互联网+概念的提出与发展，同时，根据嵌入式多核处理器的发展趋势可知，嵌入式操作系统将进一步向网络化、并行化、分布式操作系统的方向发展。嵌入式操作系统作为未来嵌入式系统中必不可少的组件，发展趋势如下：

(1) 定制化。嵌入式操作系统将面向特定应用提供简化型系统调用接口，专门支持一种或一类嵌入式应用。嵌入式操作系统同时将具备可伸缩性、可裁剪的系统体系结构，提供多层次的系统体系结构。嵌入式操作系统将包含各种即插即用的设备驱动接口。

(2) 网络化。面向网络、面向特定应用，嵌入式操作系统要求配备标准的网络通信接口。嵌入式操作系统的开发将越来越易于移植和联网。嵌入式操作系统将具有网络接入功能，提供 TCP/UDP/IP/PPP 协议支持及统一的 MAC 访问层接口，为各种移动计算设备预留接口。

(3) 并行化。由于过高功耗及散热问题，且处理器功耗和时钟频率成正比，嵌入式处理器将向多核方向发展。与之对应，嵌入式操作系统、编译器需要考虑合理利用嵌入式多核处理器资源，因此，软件与编程语言将逐步考虑分布式、并行化处理。

(4) 节能化。嵌入式操作系统继续采用微内核技术，实现小尺寸、微功耗、低成本以支持小型电子设备，同时提高产品的可靠性和可维护性。嵌入式操作系统将形成最小内核处理集，减小系统开销，提高运行效率，并可用于各种非计算机设备。

(5) 标准化。随着嵌入式操作系统的广泛应用以及信息交换、资源共享机会增多等问题的出现，需要建立相应的标准去规范其应用。

(6) 智能化。嵌入式操作系统将提供精巧的多媒体人机界面，更为智能的处理能力，以满足不断提高的用户需求，同时，网络化也有利于进一步提升嵌入式设备的智能化水平。

(7) 安全化。嵌入式操作系统应能提供安全保障机制，在智能化与网络化环境下，如何保证嵌入式设备的安全将是重要的议题，如物联网安全、信息安全、源码安全检测等。

嵌入式操作系统具有一定的实时性，易于裁剪和扩展，可以用于如 ARM 架构的各种嵌入式 SoC。实际上，嵌入式操作系统已经广泛应用于各类基于 ARM 核的嵌入式产品上，如手机、平板电脑、电视盒与机顶盒等。嵌入式操作系统日益完善，嵌入式软件也日益丰富。与之配套的，市场上也提供了大量的嵌入式操作系统或软件开发工具，如 GCC/GDB、KDE 或 Eclipe 开发环境、ARM 公司的 SDT/ADS 和 RealView 等。

随着嵌入式操作系统的发展及嵌入式应用的日益广泛与普及，嵌入式软件的开发工具也同步发展。首先，为解决嵌入式系统日益增长的复杂性，高级语言开发嵌入式软件成为必然趋势。其次，为满足嵌入式系统的内存结构、实时性和能耗最低等要求，嵌入式软件编译及优化不能仅仅考虑代码生成质量，而应综合考虑代码质量、功耗与安全等多种因素。同时，为应对各类嵌入式处理器及其并行化发展趋势，嵌入式软件编译将从特定处理器的编译器向可重定向编译器发展。多核并行编程语言与并行编译正迅速得到发展，如支持 OpenMP 编程模型与规范的并行编译器，包括 GCC、OMPi、Omni 及 Visual C++ 8.0 等。未来，嵌入式编译器并行化处理器能力将进一步增强，且更加智能化。

> **小贴士：计算机并行性**
>
> 　　计算机并行性主要包括指令级并行(ILP)、数据并行(DLP)和线程级并行(TLP)。其中，值预测、超标量、分支预测等并行属于指令级别的并行；向量机属于数据并行；线程或进程级并行是将任务划分为不同的线程或进程，以便充分利用多核处理器资源进行并行处理，是多核并行的主要手段之一。

1.6.3　嵌入式系统的分类

嵌入式系统种类繁多，根据不同的标准，嵌入式系统有不同的分类方法。

1. 按处理器位宽分类

按处理器位宽，可将嵌入式系统分为 4 位、8 位、16 位和 32 位系统，一般情况下，位宽越大，性能越强。

在通用计算机处理器的发展历程中，总是高位处理器取代低位处理器，而嵌入式处理器不同，千差万别的应用对嵌入式处理器的要求也不大相同。因此，不同性能的处理器都有各自的用武之地。

2. 按控制技术的复杂度分类

按控制技术的复杂度，嵌入式系统可分为无操作系统控制的嵌入式系统、小型操作系统控制的嵌入式系统、大型操作系统控制的嵌入式系统三种。

(1) 无操作系统控制的嵌入式系统的硬件主体由 IC 芯片或者 4 位/8 位单片机构成。这一类嵌入式系统的控制软件不含操作系统。

(2) 小型操作系统控制的嵌入式系统一般指的是硬件主体由 8 位/16 位单片机或者 32 位处理器构成，其控制软件主要由一个小型嵌入式操作系统内核和更小规模的应用程序组成。小型嵌入式操作系统内核的源代码一般不超过一万行。这类嵌入式系统的操作系统功能模块不齐全，并且无法为应用程序开发提供一个较为完备的应用程序编程接口。此外，它没有图形用户界面(GUI)，或者图形用户界面功能较弱，数据处理和联网通信功能也比较弱。

(3) 大型操作系统控制的嵌入式系统的硬件主体通常由 32 位/64 位处理器、32 位软核处理器或者 32 位片上系统组成。控制软件通常包含一个功能齐全的嵌入式操作系统以及封装良好的 API，其实时性能较强，具备 DSP 处理能力，具备良好的图形用户界面和网络互联功能，可运行多种数据处理功能较强的应用程序。

3. 按实时性分类

根据实时性要求，可将嵌入式系统分为硬实时系统和软实时系统两类。

在硬实时系统中，系统要确保事件在规定期限内得到及时处理，否则会导致致命的系统错误。

在软实时系统中，从统计的角度看，到达系统的事件能够在截止期限前得到处理，但系统不能时刻都满足这样的条件，当截止期限到达而事件偶尔没有得到及时处理时，并不会带来致命的系统错误。

4. 按应用分类

按照应用领域，可以把嵌入式系统分为军用、工业用、民用三大类。其中，军用和工业用嵌入式系统对运行环境的要求比较苛刻，往往要求耐高温、耐湿、耐冲击、耐强电磁干扰、耐粉尘、耐腐蚀等。民用嵌入式系统的需求往往体现在另外一些方面，如易于使用、易维护和标准化程度高等。

嵌入式系统应用在各行各业，按照具体应用的不同可将嵌入式系统分为多种类型，如信息家电、交通管理、商业领域、工业控制、环境工程与自然、机器人等。

1.7　嵌入式系统的应用

嵌入式系统已在国防、国民经济及社会生活等领域普遍采用，成为数字化电子信息产品的核心。随着嵌入式技术的不断发展，越来越多的嵌入式产品进入人们的日常生活中，例如，手机、PDA 等均属于手持的嵌入式产品，VCD 机、机顶盒也属于嵌入式产品，而全球定位系统(GPS)、数控机床、网络冰箱同样也都采用嵌入式系统。未来，使用嵌入式系统的情形会越来越多。

1. 信息家电

这是嵌入式系统最大的应用领域，具有用户界面、远程控制、智能管理的电器是当前的发展趋势，使用形态将以信息的获取为主要目的。冰箱、空调等的网络化、智能化将引领人们的生活步入一个崭新的空间。另外，在水、电、煤气等的远程自动抄表、安全防火、防盗系统中，嵌有专用控制芯片的系统将代替传统的人工检查，并实现更高、更准确、更安全的性能。

2. 交通管理

在车辆导航、流量控制、信息检测与汽车服务方面，嵌入式系统技术已经获得广泛应用，内嵌 GPS 模块、GSM 模块的移动定位终端已经在各种运输行业成功应用。目前 GPS 设备已从过去的高端产品进入了普通百姓的家庭。

3. 商业领域

嵌入式系统在商业领域的应用很广泛，用如各类收款机、POS 系统、电子秤、条形码阅读器、商用终端、银行点钞机、IC 卡输入设备、取款机、自动柜员机、自动服务终端、防盗系统、各种银行专业外围设备等。另外，公共交通无接触智能卡发行系统、公共电话卡发行系统、自动售货机及各种智能 ATM 终端已全面走入了人们的生活，人们手持一卡或一部手机就可以行遍天下。

4. 工业控制

基于嵌入式芯片的工业自动化设备将获得长足的发展，目前已有大量的 8 位、16 位、32 位嵌入式微控制器获得广泛应用。网络化是提高生产效率和产品质量、减少人力资源的主要途径，如工业过程控制、电网设备监测监控、石油化工系统监控等。在目前的工业控制设备中，工控机电产品的使用非常广泛。这些工控机一般采用的是工业级的处理器和各种设备。工控的要求一般较高，需要各种各样的设备接口，除了进行实时控制外，还需将设备状态、传感器的信息等在显示屏上实时显示。这些要求是 8 位单片机无法满足的，以前多数使用 16 位的处理器，随着处理器快速的发展，目前 32 位、64 位的处理器逐渐替代了 16 位处理器，成为工业控制设备的核心，进一步提升了系统性能。

5. 环境工程

嵌入式系统在环境工程中的应用包括水文资料实时监测系统、防洪体系及水土质量监测系统、堤坝安全监测系统、地震监测网、实时气象信息网、水源和空气污染监测系统等。

在很多环境恶劣、地况复杂的地区，嵌入式系统的应用将使无人监测得以实现。

6. 机器人

嵌入式芯片的发展将使机器人在微型化、高智能方面的优势更加明显，同时会大幅度降低机器人的价格，使其在工业领域和服务领域获得更广泛的应用。机器人技术的发展从来就是与嵌入式系统的发展紧密联系在一起的。最早的机器人技术是 20 世纪 50 年代 MIT 提出的数控技术，当时使用的器件还远远未达到芯片水平，只是简单的与非门逻辑电路。之后由于处理器和智能控制理论的发展缓慢，从 20 世纪 50 年代到 70 年代，机器人技术一直未能获得充分的发展。20 世纪 70 年代中后期，由于智能理论的发展及 MCU 的出现，机器人逐渐成为研究热点，并且获得了长足的发展。近年来，32 位处理器、Windows CE 等 32 位嵌入式操作系统的盛行，使得操控一个机器人只需要在手持 PDA 上获取远程机器人的信息，并且通过无线通信控制机器人的运行，与传统的采用工控机相比，要轻巧、便捷得多。随着嵌入式控制器越来越微型化、功能化，微型机器人、特种机器人等也将获得更大的发展机遇。

习　　题

1. 什么是嵌入式系统？嵌入式系统的特点是什么？
2. 通用计算机系统和嵌入式系统有什么区别？
3. 什么是处理器？简述几种类型的嵌入式处理器。
4. 简述嵌入式易失性与非易失性存储器的特点和主要用途。
5. 阐述二进制、汇编语言、高级语言编写软件的差异。
6. MVC 英文全名是什么，其主要意思是什么？
7. 简述嵌入式设备端软件的 4 个层次。
8. 什么是编译器？什么是交叉编译器和可重定向编译器？
9. 嵌入式处理器发展经历了哪 4 个阶段？
10. 简述嵌入式操作系统经历了哪 4 个较明显的阶段。
11. 简述嵌入式处理器的分类。
12. 按控制技术的复杂度，嵌入式系统可以分为哪几类？
13. 简述编译器在嵌入式系统软件开发中的作用。
14. 列举一两个生活中应用到嵌入式系统的例子。
15. 简述嵌入式系统的应用。

第二章　嵌入式系统软件开发环境

嵌入式系统的软件依托交叉编译环境，且一般基于个人电脑进行开发。一个高级语言编写的软件程序需要经过预处理、编译、汇编、链接过程，以生成目标平台上的二进制程序。本章首先介绍编译器及其集成开发环境的基本知识，然后分别介绍微控制器常用的 KEIL 开发环境与 Ubuntu 下的 GCC 工具链，最后举例说明一个 GCC 应用程序的编译过程。

2.1　编译器与开发环境

2.1.1　程序编译过程

一个高级语言的源程序(如 C 语言程序)要转换为一个可以运行在特定处理器上的目标程序(二进制程序)，这个过程实现起来并不简单。以 Linux 下的 GCC 为例，一个 C 语言程序需要经过预处理(Preprocessing)、编译(Compilation)、汇编(Assemble)和链接(Linking) 4 个阶段，并依赖相应的库函数支持，最终才能生成可在目标平台上执行的程序，如图 2.1 所示。

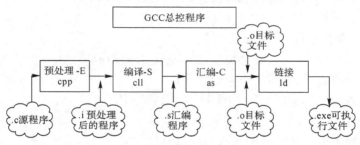

图 2.1　C 语言程序执行阶段

1. 预处理(Preprocessing)阶段

预处理也称为预编译，指源程序在正式的编译阶段之前进行代码文本的替换、修改源程序中的内容等工作，主要处理各种预处理指令，包括将头文件包含进引用文件、宏定义的展开、条件编译的选择，等等。#include 指令就是一个预处理指令，它把头文件的内容添加到 .c 文件中。

2. 编译(Compilation)阶段

编译是从源程序生成目标程序的过程，其间需要经过多个阶段的源程序识别、解析、转换的步骤，一般会生成各种形式的中间代码表示形式，如 GCC 的 RTL 形式，并进行各种程序优化，最终生成特定处理器的汇编程序。在编译源程序过程中，如果发现有错误(如语法错误)，编译器会给出相应的提示信息。

3. 汇编(Assemble)阶段

汇编阶段把作为编译输出的汇编语言翻译成了特定处理器的机器代码(二进制代码)，即目标代码。汇编后的程序文件虽然转换为了特定机器的二进制代码，但还不可以运行。

4. 链接(Linking)阶段

某个源文件中的函数可能引用了另一个源文件中定义的某个符号(如变量或者函数调用等)，同时在程序中可能调用了某个库文件中的函数，等等，程序的链接过程将解决这些问题。因此，链接主要处理可重定位文件，把它们的各种符号引用和符号定义转换为可执行文件中的合适信息(如虚拟内存地址)。链接又分为静态链接和动态链接，相应地有静态链接库和动态链接库。

(1) 静态链接库：将不同的可重定位模块打包成一个文件，在链接的时候会自动从这个文件中抽取用到的模块。

(2) 动态链接库：程序在运行的时候才去定位这个库，并且把这个库链接到进程的虚拟地址空间。对于某一个动态链接库而言，所有使用这个库的可执行文件都共享同一块物理地址空间，该物理地址空间在当前动态链接库第一次被链接时加载到内存中。

2.1.2　编译器与嵌入式编译器

编译器是能够将一种语言翻译为另一种语言的计算机程序，Intel 公司的 David Kuck 院士称编译器是"计算机科学与技术的皇后"，可见其在计算机系统中有着重要的作用。编译器内部采用"分治"的方法，将编译过程分为许多步骤或阶段(Phase)，不同的阶段执行不同的子任务，这种分阶段或分层次的思想，可将复杂的编译过程简单化。编译过程主要分为词法分析(Lexical Analysis)、语法分析(Syntax Analysis)、语义分析(Semantic Analysis)、中间代码优化(Code Optimization)、代码生成(Intermediate Code Generation)与目标代码优化(Target Code Optimization)6 个阶段，如图 2.2 所示。除了以上 6 个阶段，与编译过程相关的还有符号表(Symbol Table)管理和出错处理等。

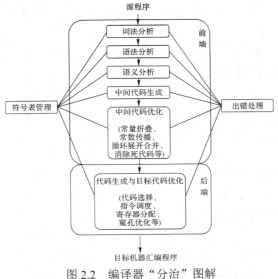

图 2.2　编译器"分治"图解

(1) 词法分析，将源程序输入的字符序列依据语言的词法特征扫描并收集为类似英语单词的记号(Token)，如标示符、关键字、常量、运算符等。与之相对应的编译器子程序通常称为扫描程序(Scanner)。词法分析阶段除了完成记号的识别和分类外，也结合符号表完成符号的输入。

(2) 语法分析，将词法分析获得的 Token 序列依据语言规则或文法获得类似于语句和表达式的语法单位，分析的结果通常以解析树(Parse Tree)等树形结构表示。对应于编译器语法分析的子程序称为语法分析程序(Parser)。在解析树的基础上，对所含信息进一步浓缩和抽取，可以产生抽象语法树(Abstract Syntax Tree，AST)，仅描述编译器关注的信息。抽象语法树亦简称为语法树。

(3) 语义分析，静态地分析语法单元的语言含义，包括声明和类型检查等，同时将一些额外的语义信息标识为属性(Attribute)，添加到语法树中。编译器通常在语义分析过程中构造带有注释的语法树等中间表示形式，对应的编译器子程序也称为语义分析程序(Semantic Analyzer)。

(4) 中间代码(Intermediate Code)优化或简称为代码优化，是将源程序表示为中间代码(中间代码生成)，按照占用空间较小、执行效率较高等优化目标，转化或优化为更加精简的形式。基于中间表示(Intermediate Representation, IR)的优化是高级编译器研究的核心问题之一。

(5) 代码生成，代码生成阶段将优化的中间代码翻译成目标机器特定的代码，一般为汇编代码，对应的编译器子程序也称为代码生成器(Code Generator)。

(6) 目标代码优化，相对于手工书写汇编代码时通过编译器优化生成的目标代码可能效率不高，目标代码优化是希望通过编译器的进一步优化处理，删除冗余代码，依据处理器的特点提高代码执行效率。

符号表几乎与编译器的各个阶段交互，编译器完成对符号表的插入及访问，记录变量、常量、函数等标示符信息及其数据类型。编译器对符号表操作频繁，需要保证针对其的插入、删除和访问操作的高效性。

以上通过阶段划分来表示编译器的内部逻辑，实践中，经常还用分析和综合、前端和后端、遍等来描述编译过程。

(1) 分析和综合。分析源程序及其特征的编译操作可归结为编译器分析(Analysis)，如词法分析、语法分析及语义分析，同时，将翻译生成目标代码的过程或操作称为综合(Synthesis)，如代码生成。

(2) 前端和后端。类似于分析和综合，编译器依据目标代码的相关性，分为前端和后端。前端包括词法分析、语法分析和语义分析，后端包括代码生成和目标代码优化。由于中间代码及其优化与目标代码无关，通常将其归为编译器的前端或独立描述为中间表示。

(3) 遍。通常在生成代码之前，编译器需要多次重复分析与处理源程序，这个重复过程称为遍(Pass)。从源程序分析构造出抽象语法树的过程即为一遍，中间代码的优化有时候需要经过多遍。虽然有些编译器可以只通过一遍就完成了整个的编译和代码生成，但大部分现代编译器都需要经过多遍才可以生成最后的优化目标代码。

编译器生成汇编代码后，通常还需要借助与编译器相对应的汇编器(Assembler)和能够链接相关函数库的链接器(Linker)，最终才能生成针对目标机器的可执行二进制代码。

为了嵌入到更大产品的信息处理系统，嵌入式系统以计算机技术为基础，并且软硬件可裁剪，对可靠性、功能、成本、功耗、体积有着严格的要求。虽然，针对通用处理器的编译器设计和优化已经较为成熟，但针对嵌入式编译器还需要考虑嵌入式系统的特殊性，主要表现为：

（1）嵌入式处理器架构通常有特别或专有的特征，要求编译器能够更好地利用这些特征以产生有效的目标代码。

（2）通常嵌入式处理器的资源有限，需要采用高级的优化技术以适应嵌入式系统对高效代码的需求，提高性能。

（3）嵌入式系统对实时性和低功耗的要求更高，允许编译器为保证系统的有效性和运行时的低功耗，在编译时间方面做适度的牺牲。

（4）各种嵌入式系统芯片拥有各种专有的指令集及其变种。嵌入式系统编译器通常需要考虑将指令集作为编译器输入，以产生特定目标平台的代码，即具有可重定向功能，以适应嵌入式系统变化和可裁剪的特点。

另外，嵌入式系统本身不具备自开发能力，其软件系统还需要嵌入式交叉编译环境，才能将开发人员编写的高级语言程序编译成能够运行于目标平台上的程序。

2.1.3　集成开发环境

集成开发环境(Integrated Development Environment，IDE)一般包括代码编辑器、编译器、调试器和图形用户界面等工具，集成了代码编写功能、分析功能、编译功能、调试功能等一体化的软件开发服务功能，是一款用于提供程序开发所需环境的应用程序，如微软的 Visual Studio 系列，Borland 的 C++ Builder、Delphi 系列等。IDE 可以独立运行，也可以和其他程序并用。IDE 通过将所开发的 C 语言交叉编译器集成到已有的 IDE 中，再通过对汇编器及链接器等工具的调用，可以组成一个完整的编译系统。

根据使用的 IDE 不同，应用 IDE 的软件开发流程会有差异，但主要步骤大致相同。对于使用宿主机(PC)的集成化开发环境，软件开发流程一般包括创建工程项目、添加项目文件、编译链接、下载调试等步骤，如图 2.3 所示。

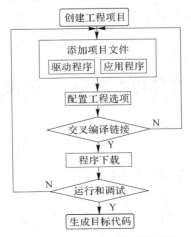

图 2.3　嵌入式软件开发流程

(1) 创建工程项目。在配置硬件设备和安装软件开发工具后，就可以开始创建工程项目，通常需要选择项目文件的存储位置及目标处理器。

(2) 添加项目文件。开发人员需要创建源程序文件，编写应用程序代码，并添加到工程项目中；还需要使用设备驱动程序的库文件，包括启动代码、头文件和一些外设控制函数，甚至中间件(Middleware)等，这些文件也需要添加到项目中。

(3) 配置工程选项。源于硬件设备的多样性和软件工具的复杂性，工程项目提供了不少选项，需要开发人员配置，如输出文件类型和位置、编译选项和优化类型等，还要根据选用的开发板和在线仿真器，配置代码调试和下载选项等。

(4) 交叉编译链接。利用开发软件工具对项目的多个文件分别编译，生成相应的目标文件，然后链接生成最终的可执行文件映像，以下载到目标设备的文件格式保存。如果编译链接有错误，则应返回修改；如果没有错误，则先进行软件模拟运行和调试，再下载到开发板运行和调试。

(5) 程序下载。目前，绝大多数微控制器都使用闪存(Flash Memory)保存程序。创建可执行文件映像后，使用在线仿真器(或串口、网口)将其下载到微控制器的闪存中，实现闪存的编程，还可以将可执行文件下载到 SRAM 中运行。

(6) 运行和调试。程序下载后，可以启动运行，看是否正常工作。如果有问题，则连接在线仿真器，借助软件开发工具的调试环境进行断点和单步调试，观察程序操作的详细过程。如果应用程序运行有错误，则应返回修改。

在 Linux 系统中，程序主要基于 GCC 工具链开发。GCC(GNU Compiler Collection)是广泛使用的编译程序集合，一直以开源的形式更新维护。GCC 前端支持多种程序语言，如 C、Objective-C、C++、Fortran、Ada、Java 等，后端支持 30 多种处理器，如 Intel、MIPS、IBM、Motorola、ATMEL 等公司的处理器。

嵌入式系统的交叉开发环境是由宿主机与目标板两套系统组成的。由文本编辑器、交叉编译器、仿真器、远程调试器、链接器、目标对象查看器、下载工具等组成的交叉开发环境，由于需要占用大量的计算机资源，通常运行在宿主机上。而目标板的软件是在宿主机上编辑、编译，然后下载到目标板上运行的。GCC 交叉编译工具链主要由 GCC、Binutils、glibc 库等几个部分组成。

2.2　STM32 下 MDK 开发环境

2.2.1　Keil μVision5 介绍

Keil 微控制器开发套件(MDK)是一个功能强大、易于学习和使用的开发系统。Keil 除了可以基于 51 单片机进行程序开发外，还可帮助开发者基于 ARM Cortex-M 处理器创建嵌入式应用。MDK 由 MDK Core 和特定设备的软件包组成，可以根据应用程序的要求下载和安装，如图 2.4 所示。

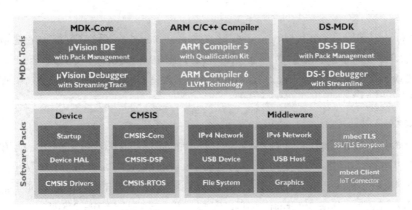

图 2.4　MDK 安装软件包

1. MDK 工具

MDK 工具包括为 ARM 微控制器设备创建、构建和调试嵌入式应用程序所需的所有组件。MDK-Core 基于真正的 Keil μVision IDE/Debugger，支持基于 Cortex-M 处理器的微控制器设备，包括新的 ARMv8-M 架构。DS-MDK 包含基于 Eclipse 的 DS-5 IDE/Debugger，为基于 32 位 Cortex-A 处理器的设备或具有 32 位 Cortex-A 和 Cortex-M 处理器的混合系统提供多处理器支持。

MDK 包括两个 ARM C/C++ 编译器，它们具有汇编器、链接器和高度优化的运行时库，可针对最佳代码大小和性能进行定制。

(1) ARM 编译器第 5 版参考 C/C++ 编译器，具有 TUV 认证的资格认证工具包，可长期支持与维护。

(2) ARM 编译器第 6 版基于创新的 LLVM 技术，支持最新的 C 语言标准，包括 C++ 11 和 C++ 14。

2. 软件包

软件包包含设备支持、CMSIS 库、中间件、板支持、代码模板和示例项目，可以随时添加到 MDK-Core 或 DS-MDK，从而使新设备支持和中间件更新独立于工具链。IDE 管理提供的软件组件可作为构建块用于应用程序。

2.2.2　Keil μVision5 安装

1. 软件与硬件要求

MDK 安装的最低软件和硬件要求：

(1) 一台运行微软(32 位或 64 位)系统的电脑。

(2) 4 GB 内存和 8 GB 硬盘空间。

(3) 1280×800 或更高的屏幕分辨率，鼠标或其他指针设备。

2. 安装 MDK-Core

(1) 从 www.keil.com/download 下载 MDK 版本 5，运行安装程序。

(2) 按照安装说明在本地计算机上安装 MDK-Core，添加 ARMCMSIS 和 MDK 中间件的软件包。

(3) 从 www.keil.com/mdk5/legacy 安装 Legacy Support 后，MDK Version5 能够使用 MDK 第 4 版项目，同时增加了对基于 ARM7、ARM9 和 Cortex-R 处理器的设备的支持。

MDK-Core 安装完成后，Pack Installer 会自动启动，允许添加补充软件包。这时，需要安装支持目标微控制器设备的软件包。

3. 安装软件包

Pack Installer 是一个用于管理本地计算机上的软件包的实用程序。Pack Installer 在安装过程中自动运行，但也可以使用菜单项 Project -Manage - Pack Installer 从 μVision 运行。要访问设备和示例项目，应安装与目标设备或评估板相关的软件包。位于底部的 Pack Installer 状态栏会显示有关 Internet 连接和安装进度的信息，如图 2.5 所示。

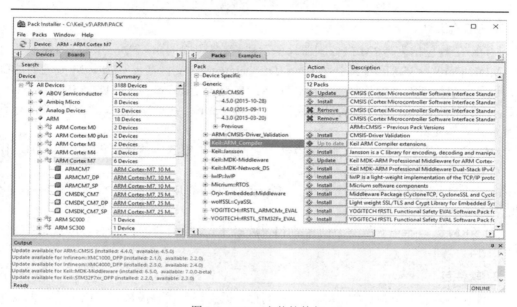

图 2.5　MDK 安装软件包

> **小贴士：**
>
> 　　www.keil.com/dd2 上的设备数据库列出了所有可用设备，并提供了相关软件包的下载访问权限。如果 Pack Installer 无法访问 www.keil.com/pack，可以使用菜单命令 File - Import 或双击* .PACK 文件手动安装软件包。

4. 试用 MDK 专业许可证

MDK 为 MDK-Professional 提供内置的 7 天免费试用许可证，删除了代码大小限制，可以全面地探索和测试中间件。

使用管理员权限启动 μVision 软件。

(1) 在 μVision 中，点击 "File-License Management..."，然后单击评估 MDK 专业版。

(2) 在弹出的屏幕上，单击 "开始 MDK Professional 评估 7 天"。安装后，屏幕显示有关激活到期时间和日期的信息，如图 2.6 所示。

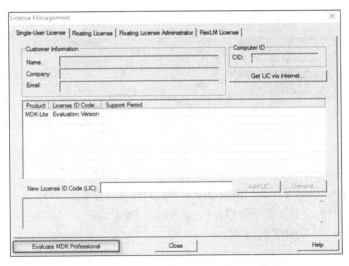

图 2.6　MDK 激活试用许可证

小贴士:

　　MDK-Professional 试用版激活后试用期为 7 天,试用结束后,运行代码上限为不能大于 32 KB,其他功能没有限制。

2.2.3　使用工程实例验证安装

　　选择设备,下载和安装软件包后,可以使用软件包中提供的 1 个示例验证安装。要验证软件包安装,建议使用 Blinky 示例,因为对该示例通常目标板上的 LED 会闪烁。

　　1. 复制一个工程实例

　　(1) 在 Pack Installer 中,选择 Examples 选项卡,使用工具栏中的过滤器缩小示例列表,如图 2.7 所示。

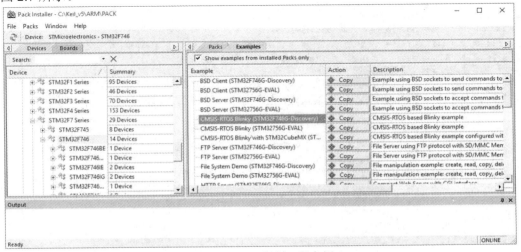

图 2.7　MDK 复制工程实例

(2) 单击"Copy"，然后输入工作目录的目标文件夹名称，如图 2.8 所示。

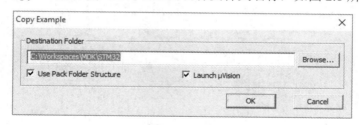

图 2.8　选择目标文件夹

(3) 启用"Launch μVision"，直接在 IDE 中打开示例项目。

(4) 启用"Use Pack Folder Structure"，将示例项目复制到公共文件夹中，可以避免覆盖其他示例项目中的文件。禁用"Use Pack Folder Structure"，可以降低示例路径的复杂性。

(5) 单击"OK"开始复制过程。

> **小贴士：**
>
> 您必须将示例项目复制到您选择的工作目录中。

2. 使用 μVision 工程实例

现在，μVision 启动并加载了示例项目，可以在界面上看到：

(1) ：用于构建应用程序，编译和链接相关的源文件。

(2) ：用于下载应用程序，通常是设备的片上 Flash ROM。

(3) ：使用此调试器可以在目标硬件上运行应用程序。

下面将分步说明并展示如何执行这些任务。复制示例后，μVision 启动后的界面看起来类似于图 2.9。

> **小贴士：**
>
> 查看 http://www.keil.com/mdk5 上的入门视频，其中介绍了如何连接和使用评估套件。

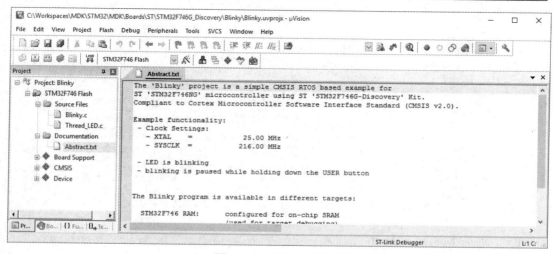

图 2.9　复制后工程实例

3. 构建应用程序

(1) 使用工具栏按钮 Rebuild 可构建应用程序。

(2) Build Output 窗口显示了有关构建过程的信息，没有错误构建并显示了有关程序大小的信息如图 2.10 所示。

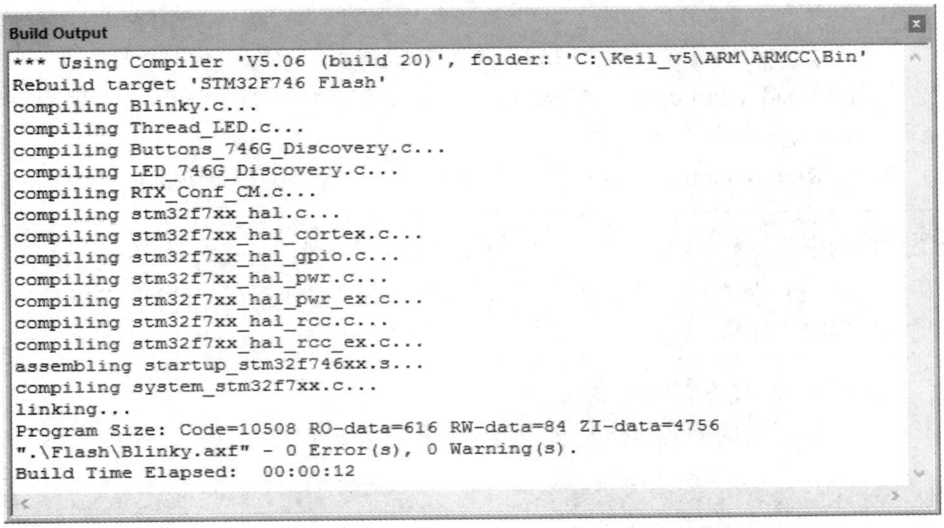

```
Build Output
*** Using Compiler 'V5.06 (build 20)', folder: 'C:\Keil_v5\ARM\ARMCC\Bin'
Rebuild target 'STM32F746 Flash'
compiling Blinky.c...
compiling Thread_LED.c...
compiling Buttons_746G_Discovery.c...
compiling LED_746G_Discovery.c...
compiling RTX_Conf_CM.c...
compiling stm32f7xx_hal.c...
compiling stm32f7xx_hal_cortex.c...
compiling stm32f7xx_hal_gpio.c...
compiling stm32f7xx_hal_pwr.c...
compiling stm32f7xx_hal_pwr_ex.c...
compiling stm32f7xx_hal_rcc.c...
compiling stm32f7xx_hal_rcc_ex.c...
assembling startup_stm32f746xx.s...
compiling system_stm32f7xx.c...
linking...
Program Size: Code=10508 RO-data=616 RW-data=84 ZI-data=4756
".\Flash\Blinky.axf" - 0 Error(s), 0 Warning(s).
Build Time Elapsed:  00:00:12
```

图 2.10　构建工程时输出信息

> **小贴士：**
>
> 　大多数示例项目都包含一个 Abstract.txt 文件，该文件包含有关操作和硬件配置的基本信息。

4. 下载应用程序

通常通过 USB 连接的调试适配器将目标硬件连接到计算机。使用评估板提供的板载调试适配器，如图 2.11 所示。

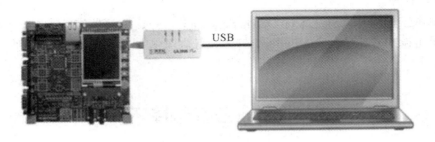

USB

图 2.11　硬件连接示意图

然后，查看调试适配器的设置。通常，示例项目已预先配置好用于评估工具包，因此，无需修改这些设置。

(1) 单击工具栏上的"Options for Target"，选择 Debug 选项卡验证是否已经选择并启用了评估板的调试适配器。例如，CMSIS-DAP Debugger 是一个调试适配器，它是几个入门工具包的一部分，如图 2.12 所示。

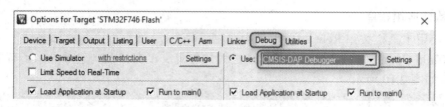

图 2.12　选择调试适配器

（2）启动"Load Application at Startup"，以便在启动调试会话时将应用程序加载到 μVision 调试器中。

（3）启用"Run to main()"，执行指令直到 main()函数的第一个可执行语句。

小贴士：
单击"Settings"按钮，可以验证通信设置并诊断目标硬件的问题。有关更多详细信息，请单击对话框中的"Help"按钮。

执行 RESET ⊗ 指令可重置调试。

（4）单击工具栏上的 Download ⇊，将应用程序加载到目标硬件，如图 2.13 所示。

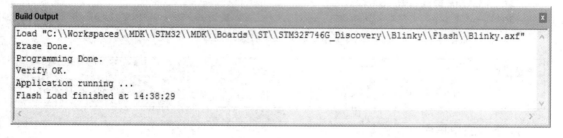

图 2.13　编译输出信息

Build Output 窗口用于显示有关下载进度的信息。

5. 运行软件

（1）单击工具栏上的 Start/Stop Debug Session，开始在硬件上调试应用程序。

（2）单击调试工具栏上的 Run，开始执行应用程序，可以看到目标硬件上的 LED 灯在闪烁。

2.3　Linux 交叉编译环境

2.3.1　Ubuntu 系统介绍

Ubuntu 是以桌面应用为主的 Linux 发行版，Ubuntu 由 Canonical 公司发布，同时提供商业支持。它的名称来自非洲南部祖鲁语或科萨语的"ubuntu"一词(译为乌班图)，意思是"人性""我的存在是因为大家的存在"。它是 2004 年首次发布的 Debain 代码库的一个分支，目的是创造一个易于使用的 Linux 版本，目前，有两种版本可以选择：桌面版和服务器版。

Ubuntu 每 6 个月发布一个版本，每 4 个版本就会有一个长期支持版本(LTS)。LTS 在 12.04 版本后发行的桌面版和服务器版本都支持 5 年的系统更新和技术支持。

2018 年发布的代号为"Bionic Beaver(仿生海狸)"的 Ubuntu 18.04 版本，支持时间提高到 10 年之久，如图 2.14 所示。

图 2.14　Ubuntu Desktop 18.04 LTS　"Bionic Beaver"系统

2.3.2　下载和安装 VirtualBox

Oracle VM VirtualBox 是一个跨平台的虚拟化应用程序，可以安装在基于 Intel 或 AMD 的计算机上，并且支持在 Windows、Mac、Linux 或者 Oracle Solaris 操作系统上运行。通过它可以同时建立多个虚拟机，运行不同的操作系统。例如，可以在 Mac 上运行 Windows 和 Linux，在 Linux 服务器上运行 Windows Server 2008，在 Windows PC 上运行 Linux，等等。只要有足够的磁盘空间和内存可供使用，都可以根据需要安装和运行任意数量的虚拟机。

Oracle VM VirtualBox 看似简单但功能强大，它可以在任何地方运行，从小型嵌入式系统或桌面类机器一直到数据中心部署甚至云环境。

1. VMwarePlayer 安装的最低软件和硬件要求

(1) 一台运行(32 位或 64 位)操作系统(Windows 或 MacOSX 或 Linux)的主机。

(2) 4 GB 内存和 40 GB 磁盘空间。

(3) 1280×800 或更高的屏幕分辨率，鼠标或其他指针设备。

2. 安装 VirtualBox

从 https://www.virtualbox.org/wiki/Downloads 下载 VirtualBox 并运行安装程序。按照安装说明在本地计算机上安装 VirtualBox，在安装过程中还会安装"OracleCorporation 通用串行总线控制器"，单击"确认"安装即可。安装完成后，初始化界面如图 2.15 所示。

图 2.15　初始启动后的 VirtualBox Manager 窗口

在窗口左侧，可以看到列出的所有虚拟机的窗格。由于尚未创建任何内容，因此列表为空。上面的一行按钮可以创建新的虚拟机或者导入现有的虚拟机。右侧窗格显示当前所选虚拟机的属性(如果有)。同样，由于还没有添加任何虚拟计算机，因此本窗格显示欢迎方面的消息。

2.3.3　创建虚拟机

我们将创建一个虚拟机，其软硬件配置如下：

(1) 一台运行 Ubuntu18.04 的 64 位计算机。

(2) 2048 MB 内存和 20 GB 虚拟硬盘空间。

单击 VirtualBox Manager 窗口顶部的"New"按钮，将显示一个向导，指导完成设置新虚拟机(VM)的操作。

1. 创建新的虚拟机：名称和操作系统

如图 2.16 所示，向导将询问创建 VM 所需的最少信息，特别是：

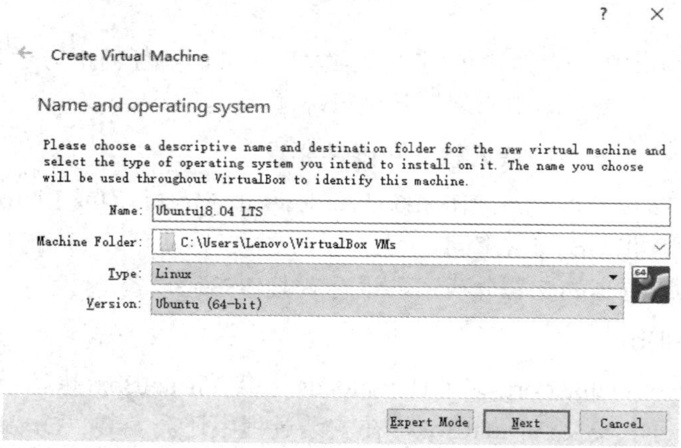

图 2.16　创建虚拟机名称并选择操作系统类型

　　(1) 虚拟机的名称"Name"会显示在 VirtualBox Manager 窗口计算机列表中，并以此命名磁盘上的虚拟文件。虽然可以使用任何名称，但是请记住你所创建的虚拟机的名称，如果你创建了许多虚拟机的话。推荐使用系统类型来命名虚拟机名称，例如"Ubuntu18.04 LTS"。

　　(2) 对于操作系统类型"Type"，请选择稍后要安装的操作系统。这里选择 Linux 系统，版本选择 Ubuntu(64-bit)。

　　(3) 在下一页上，选择每次启动虚拟机时 Oracle VM VirtualBox 应分配的内存(RAM)，这里选择 2048 MB。

> **小贴士：**
>
> 　　仔细选择虚拟内存的大小设置。当 VM 运行时，提供给 VM 的内存将无法供主机操作系统使用，因此请不要指定超出备用内存的内存。

　　(4) 为 VM 指定虚拟硬盘。

2. 创建新的虚拟机：硬盘

如图 2.17 所示，有以下选项：

(1) 单击"Create a virtual hard disk now"按钮，创建新的空虚拟硬盘。

(2) 选择现有的磁盘映像文件。

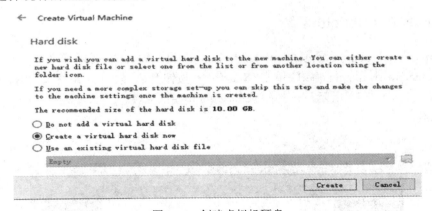

图 2.17　创建虚拟机硬盘

当第一次使用 Oracle VM VirtualBox 时，需要创建新的磁盘映像。

　　单击"Create"按钮，将显示另一个窗口，即"Create Virtual Hard Disk Wizard"向导。该向导可帮助你在新虚拟机的文件夹中创建新的磁盘映像文件。

　　选择 VDI(VirtualBox Disk Image)，创建虚拟硬盘。

Oracle VM VirtualBox 支持以下类型的映像文件：

　　① 动态分配的文件"dynamically allocated file"，该映像文件只会越来越庞大，以匹配实际存储在其虚拟硬盘上的数据。它最初在主机硬盘驱动器上很小，但只会增长到指定的大小，这时它充满了数据。

　　② 固定大小的文件"fixed-size file"，该映像文件会立即占据指定的文件，即使实际上只使用小部分虚拟硬盘空间。虽然占用了更多空间，但固定大小的文件产生的开销较少，因此比动态分配的文件速度略快。

选择或创建"Image"文件后，单击"Next"转到下一页。

3. 创建新的虚拟机：文件位置和大小

创建新虚拟机的文件存储位置和大小如图 2.18 所示，单击"Create"后可以创建。创建成功后，VirtualBox Manager 窗口的左侧列表会显示图 2.16 所设置的虚拟机名。

图 2.18　创建虚拟机的文件存储位置和大小

2.3.4　下载安装 Ubuntu 系统

从 https://www.ubuntu.com/download/desktop 下载 Ubuntu 系统镜像文件。

在 VirtualBox Manager 窗口，单击"Start" 按钮开启虚拟机，系统弹出 Select start-up disk 对话框，如图 2.19 所示，选择下载的 Ubuntu 系统镜像文件，单击"Start"开始安装 Ubuntu 系统。

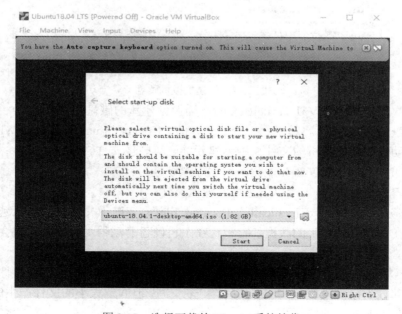

图 2.19　选择下载的 Ubuntu 系统镜像

Ubuntu 安装镜像正常启动后，会出现"欢迎"界面，如图 2.20 所示。

图 2.20　"欢迎"界面

（1）在左侧的列表选择"中文(简体)"，单击"安装 Ubuntu"按钮进入下一步安装。

（2）在键盘布局界面，键盘布局按默认选择汉语选项，单击"继续"按钮。

（3）在"更新和其他软件"界面，如图 2.21 所示，选择"正常安装"和"安装 Ubuntu 时下载更新"。如果取消"安装 Ubuntu 时下载更新"，系统安装过程不会下载更新软件，相应地，系统安装时间也会缩短。

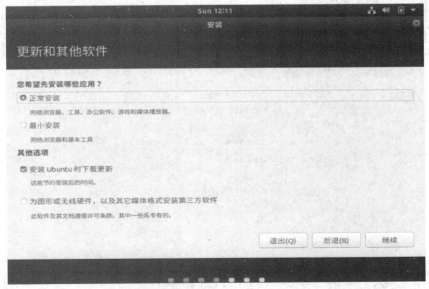

图 2.21　"更新和其他软件"界面

（4）在"安装类型"界面，如图 2.22 所示，默认选择"清除整个磁盘并安装 Ubuntu"，单击"继续"按钮，系统将会格式化虚拟硬盘。

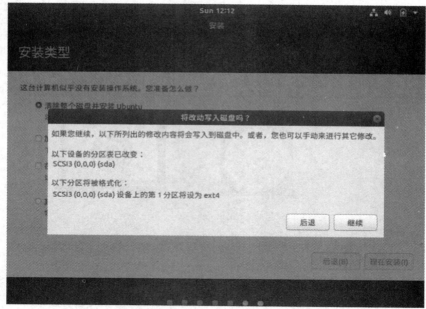

图 2.22　"安装类型"界面

(5) 下一个页面将会选择地理位置信息，默认选择"Shanghai"，虽然可以选择其他地区，但是本次选择会影响系统时间和语言环境。单击"继续"进行下一步安装。

(6) 此时，需要填写与用户相关的信息，如图 2.23 所示，设置：姓名"ubuntu"，计算机名"ubuntu-VirtualBox"，用户名"ubuntu"，密码"ubuntu"。忘记用户名与密码会影响后续系统使用，确保记住。

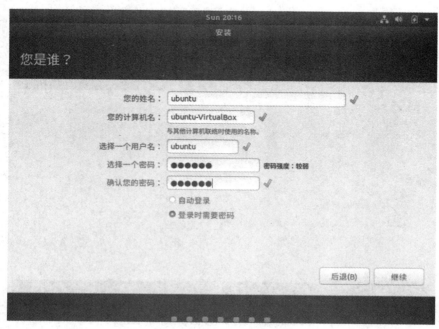

图 2.23　设置用户信息

(7) 设置完成后，单击"继续"按钮，然后等待系统安装完成，如图 2.24 所示。整个过程需要 30 min 到 1 h，安装时间长短也取决于计算机的性能。

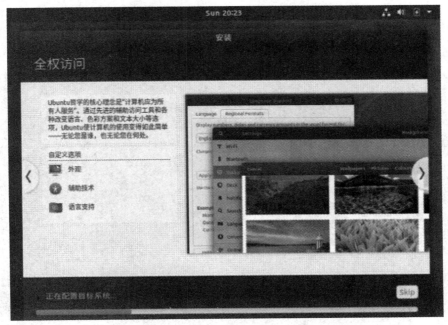

图 2.24　安装系统

（8）系统安装完成后，出现"安装完成"对话框，单击"现在重启"按钮，重启系统后进入 Ubuntu18.04 LTS 系统界面，此时表示系统已安装成功。

2.3.5　交叉编译工具安装验证

1. 安装主要的开发工具

Ubuntu Linux 把主要的开发工具打包放在一起，安装时直接安装一个软件包就可以把基本的开发工具和程序都安装到系统内。

（1）安装基本的开发工具。在桌面空白处，右键选择打开终端，在终端界面输入"sudo apt install build-essential"后按回车键，系统将要求输入"ubuntu"用户密码，输入"ubuntu"。由于 Ubuntu 系统的安全机制，输入密码并未显示出来，输入密码后按回车键，系统给出提示，如图 2.25 所示。

图 2.25　安装开发工具

当提示："你希望继续执行吗？[Y/N]"时，输入"Y"回车，或者直接按回车键开始安装软件包，等待几分钟后，安装完毕。

(2) 检查开发工具是否安装成功。在终端里输入"gcc --version"后按回车键，终端输出 gcc 版本号和一些其他信息，表明 gcc 编译器安装成功。gdb 调试器验证方法相同，如图 2.26 所示。

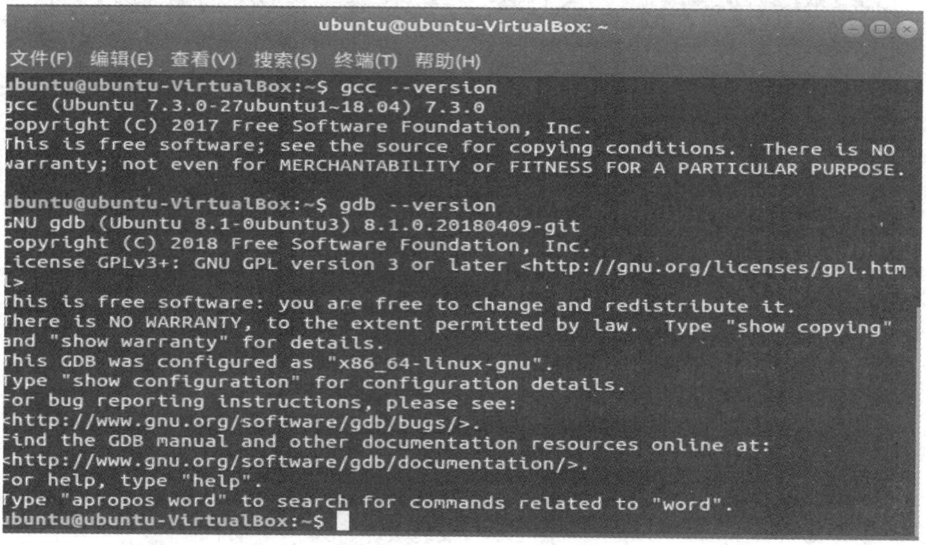

图 2.26   验证开发工具是否安装成功

2. 安装其他的开发工具和文档

主要开发工具安装完毕后，仅能保证编译和调试程序，但对于大部分开源软件来说，还需要 autoconf、automake 等工具和其他工具，安装命令如下：

sudo apt install autoconfautomake	// 安装 Makefile 工程管理工具
sudo apt install flex bison	// 词法扫描分析工具
sudo apt install binutils-doc cpp-doc gcc-doc glibc-doc stl-manual	//其他程序用户手册

以上程序的安装过程与开发工具的安装过程类似。

2.3.6 在 Windows 上运行 Linux 系统

1. Cygwin 软件介绍

Cygwin 是 Cygnus 公司开发的运行在 Windows 平台的 Linux 系统模型环境，是自由软件，对学习 Linux 使用以及 Windows 和 Linux 系统之间应用程序的移植都有很大的帮助。在嵌入式开发领域，Cygwin 已被越来越多的开发人员使用。

Cygwin 的设计思想十分巧妙。与其他工具不同的是，Cygwin 没有逐个把 Linux 下的工具移植到 Windows 系统，而是在 Windows 系统上设计了一个 Linux 系统调用中间层。Linux 系统调用中间层的作用是在 Windows 系统上模拟 Linux 的系统调用，之后只需把 Linux 下的工具在 Windows 系统下重新编译，做一些较小的修改即可移植到 Windows 系统。

Cygwin 几乎移植了 Linux 系统常用的所有开发工具到 Windows 系统，使用户感觉就好像在 Linux 系统下工作，为用户在 Windows 下开发 Linux 程序提供了保障。

2. 安装 Cygwin 开发环境

Cygwin 的安装比较简单，安装程序需要从其官方网址 http://www.cygwin.com 下载。Cygwin 支持网络在线安装和本地安装两种模式，这里选择在线安装的方式。

（1）双击 setup.exe 文件，启动 Cygwin 安装对话框，如图 2.27 所示，提示用户开始安装 Cygwin，图中显示了安装程序的版本为 2.895(64 bit)。

（2）单击"下一步"按钮，进入选择安装源对话框，如图 2.28 所示。在其中选择"Install from Internet"单选按钮，表示从网络安装。

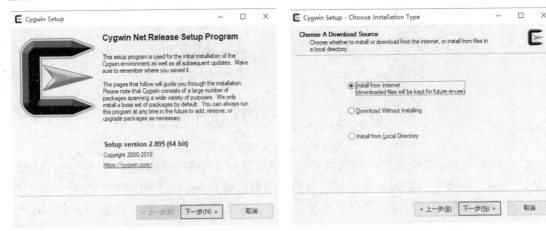

图 2.27　Cygwin 安装对话框　　　　　　　　图 2.28　选择安装源

（3）单击"下一步"按钮，进入安装目标选择对话框，如图 2.29 所示。默认的安装目录是 C:\cygwin，用户也可以自行选择其他目录，本书使用默认目录，其他的选项均使用默认。

（4）单击"下一步"按钮，进入选择软件包源路径对话框，本书使用默认目录。

（5）单击"下一步"按钮，进入选择网络连接对话框，在其中选择"Direct Connection"，表示从网络直接下载，如图 2.30 所示。

图 2.29　选择安装目录　　　　　　　　图 2.30　选择安装网络连接

（6）单击"下一步"按钮，进入选择下载网站对话框，在其中选择"http://mirror-hk.koddos.net"，如图 2.31 所示。

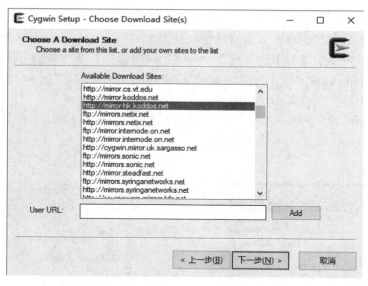

图 2.31　选择安装网站

（7）单击"下一步"按钮，进入软件包选择对话框，如图 2.32 所示。软件包可以使用默认的选项，如果不知道如何选择，可以选择所有的软件包。选择软件包的方法：单击软件包名称后面的默认字符串，字符串每单击一次会循环改变为 Install、Skip、Uninstall，分别表示安装、跳过、不安装。

我们选择安装 gcc、gdb、automake 软件开发包。

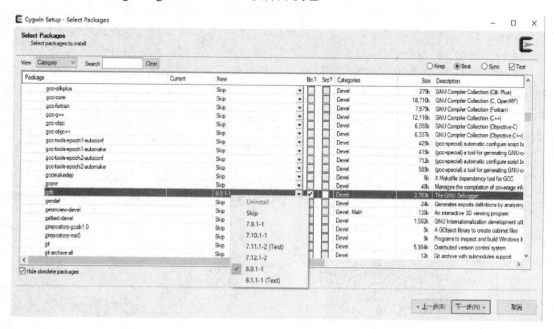

图 2.32　选择安装软件

（8）选择好软件包后，单击"下一步"按钮开始安装。按照选择软件包的多少，安装时间长短也会不同。安装完毕后，出现安装完成对话框，如图 2.33 所示。

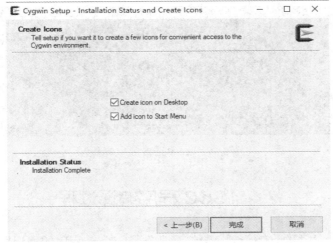

图 2.33　安装完成对话框

(9) 安装完成对话框中有两个复选框，一个表示是否向桌面添加快捷方式，另一个表示是否向"开始"按钮添加快捷方式，使用默认值即可。然后单击"完成"按钮完成安装。

(10) Cygwin 安装完成后，需要验证安装是否成功。点击桌面生成的图标，打开 Cygwin 软件，如图 2.34 所示。

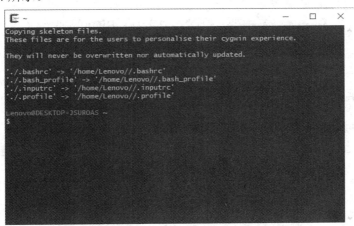

图 2.34　Cygwin 终端控制台界面

图 2.34 是 Cygwin 的终端控制台界面，该界面在 Windows 下模拟了 Linux 终端控制台的大部分操作，并且根据安装的软件包，可以在 Windows 系统下使用 Linux 的软件和命令。

3. 验证开发环境

Cygwin 在安装包中自带了绝大多数的 Linux 软件和工具在 Windows 系统中的移植版本。默认的软件包选项自带了基本的开发工具，安装好后无需配置就可以使用 GNU 的开发环境。为了验证开发环境是否安装成功，可查看各开发工具的版本，如图 2.35 所示。从 gcc 和 gdb 的版本信息可以看出，基本的开发工具已经能正常工作，用户可以在 Cygwin 环境下开发 Linux 系统的应用程序。

图 2.35　gcc 和 gdb 版本信息

2.4　GCC 程序编译过程

GCC 作为自由软件的旗舰项目，最初只是作为一个 C 程序的编译器项目。GCC 最初的意思也只是 GNU C Compiler，经过多年发展，逐步成为现在 GNU 编译器工具链集(GNU Compiler Collection)。如今的 GCC，前端支持多种主要编程语言，后端支持大部分的处理器，其编译效率高出其他编译系统 20%～30%，所以，在 Linux 开发领域，普遍采用 GCC 作为编译系统。

如图 2.1 所示，GCC 的程序编译过程可分为预处理、编译、汇编和链接 4 个阶段，对应地包含预处理器、编译器、汇编器、链接器等工具。Binutils 是 GCC 中包含汇编、链接以及一系列辅助工具的二进制工具集合，是 GCC 下的重要工具，如表 2.1 所示。

表 2.1　Binutils 工具集合

工具名称	说　　明
as	GNU 汇编器，用来将处理器的汇编代码换成可执行代码，并存储到目标文件.o 文件中
ld	GNU 链接器，用于将一个或多个目标文件、库文件组合成一个可执行程序，或者生成静态库和动态库
ar	归档工具，可以将多个文件组合成一个大文件，并且可以读取原始文件的内容
stripe	去除文件中的符号
nm	用于显示目标文件中的符号
objectcopy	转换二进制代码的工具
objdump	显示目标文件的反汇编工具
readelf	显示 ELF 文件中的各种信息
string	显示文件中的可打印字符
ranlib	产生归档文件的索引，并将其保存到归档文件中，同时列出归档文件各成员所定义的可重分配目标文件
addr2line	可以将一个可执行程序的地址映射到源文件的定义行
gprof	显示程序调用段的各种数据

GCC 完成从源程序向运行在特定 CPU 硬件上的目标代码的转换。对于通用计算机而言，一般使用 GCC 生成 x86 的可执行代码，而对于嵌入式开发板而言，使用 GCC 交叉编译生成目标机的可执行代码。GCC 默认处理的文件如表 2.2 所示。

表 2.2 GCC 默认处理的文件

文件类型	扩展名	文件说明
文本文件	*.c	C 语言源程序
	.C、.cxx、*.cc	C++ 语言源程序
	*.i	处理后的 C 语言源程序
	*.ii	预处理后的 C++ 语言源程序
	.s、.S	汇编语言
	*.h	头文件
二进制文件	.o	目标文件
	.so	动态库(共享库)
	.a	静态库(归档文件)

GCC 命令遵循一定格式，包含大量的命令参数，其基本格式如下：

GCC 命令格式及参数：

GCC 命令的使用格式为：

gcc [option | filename]

filename 是 GCC 要编译的文件，option 是 GCC 的编译选项。

GCC 对 C 语言程序的处理如图 2.1 所示，分成 4 步：

(1) 预处理：生成.i 的文件(由预处理器 cpp 完成)。

(2) 编译：将预处理后的文件转换成汇编语言，生成文件.s(由 GCC 下的 cc1 完成)。

(3) 汇编：由汇编代码生成目标代码，即机器代码，生成文件.o(由汇编器 as 完成)。

(4) 链接：由各个文件的目标代码生成可执行程序(由链接器 ld 完成)。

编写"hello world!"的 C 程序如下：

```c
// hello.c
#include <stdio.h>
int main()
{
    printf("hello world!\n");
}
```

编译过程：

```
$ gcc hello.c      # 编译
$ ./a.out          # 执行
hello world!
```

这个过程如此熟悉，以至于大家觉得编译是件很简单的事。事实真的如此吗？我们来细看一下 C 语言的编译过程到底是怎样的。

上述 GCC 命令其实依次执行了 4 步操作：预处理(Preprocessing)，编译(Compilation)，汇编(Assemble)，链接(Linking)。

为了使步骤讲解起来更方便，我们需要一个稍微复杂一点的例子。假设我们自定义了一个头文件 mymath.h，实现一些自己的数学函数，并把具体实现放在 mymath.c 中，然后写一个 hello.c 程序使用这些函数。

程序目录结构如下：

```
├──── hello.c
└──── inc
    ├──── mymath.h
    └──── mymath.c
```

代码如下：

```c
// hello.c
#include    <stdio.h>
#include    "mymath.h" // 自定义头文件
int main()
{
    int a = 2;
    int b = 3;
    int sum = add(a, b);
    printf("a=%d, b=%d, a+b=%d\n", a, b, sum);
}
```

头文件定义：

```c
// mymath.h
#ifndef MYMATH_H
#define MYMATH_H
int add(int a, int b);
int sub(int a, int b);
#endif
```

头文件实现：

```c
// mymath.c
int add(int a, int b)
{
    return a + b;
}
int sub(int a, int b)
```

```
{
    return a - b;
}
```

1. 预处理(Preprocessing)

预处理用于将所有的#include 头文件以及宏定义替换成其真正的内容。预处理之后得到的仍然是文本文件，但文件体积会大很多。gcc 的预处理是由预处理器 cpp 来完成的，可以通过如下命令对 hello.c 进行预处理：

```
$ gcc -E -I ./inc hello.c -o hello.i
```

或者直接调用 cpp 命令：

```
$ cpp test.c -I ./inc -o hello.i
```

上述命令中，"-E"是让编译器在预处理之后就退出，不进行后续编译过程；"-I"用于指定头文件目录，这里指定的是我们自定义的头文件目录；"-o"用于指定输出文件名。

经过预处理之后代码体积会大很多，如表 2.3 所示。

表 2.3 预处理前后比较

	文件名	文件大小	代码行数
预处理前	hello.c	146 B	9
预处理后	hello.i	17691 B	857

预处理之后的程序还是文本，可以用文本编辑器打开。

2. 编译(Compilation)

这里的编译不是指程序从源文件到二进制程序的全部过程，而是指将经过预处理之后的程序转换成特定汇编代码(Assembly Code)的过程。

```
$ gcc -S -I ./inc hello.c -o hello.s
```

上述命令中，"-S"让编译器在编译之后停止，不进行后续过程。编译过程完成后，将生成程序的汇编代码 hello.s，这也是文本文件。

```
//hello.c 汇编之后的结果 hello.s
.file      "hello.c"
.section.rodata
.LC0:
.string "a=%d, b=%d, a+b=%d\n"
.text
.globl    main
.type     main, @function
main :
    .LFB0 :
    .cfi_startproc
```

```
        pushl       % ebp
        .cfi_def_cfa_offset 8
        .cfi_offset 5, -8
        movl        % esp, % ebp
        .cfi_def_cfa_register 5
        andl        $ - 16, % esp
        subl        $32, % esp
        movl        $2, 20(% esp)
        movl        $3, 24(% esp)
        movl        24(% esp), % eax
        movl        % eax, 4(% esp)
        movl        20(% esp), % eax
        movl        % eax, (% esp)
        call        add
        movl        % eax, 28(% esp)
        movl        28(% esp), % eax
        movl        % eax, 12(% esp)
        movl        24(% esp), % eax
        movl        % eax, 8(% esp)
        movl        20(% esp), % eax
        movl        % eax, 4(% esp)
        movl        $.LC0, (% esp)
        call        printf
        leave
        .cfi_restore 5
        .cfi_def_cfa 4, 4
        ret
        .cfi_endproc
        .LFE0:
.size     main, . - main
.ident    "GCC: (Ubuntu 4.8.2-19ubuntu1) 4.8.2 "
.section.note.GNU - stack, "", @progbits
```

3. 汇编(Assemble)

汇编过程是将上一步的汇编代码转换成机器码(Machine Code)，这一步产生的文件叫作目标文件，是二进制格式。gcc 汇编过程通过 as 命令完成。

```
$ as hello.s -o hello.o
```

等价于：

```
gcc 汇编命令
gcc -c hello.s -o hello.o
```

这一步会为每一个源文件产生一个目标文件,因此mymath.c也需要产生一个mymath.o
文件。

4. 链接(Linking)

链接过程是将多个目标文件(.o)以及所需的库文件(.so 等)链接成最终的可执行文件
(Executable File)。注意,链接过程中用到了 mymath.o 文件,同样需要用上面的方法编译获得。

```
$ ld -o test.out hello.o inc/mymath.o
```

经过以上分析,我们发现编译过程并不像想象的那么简单,而是要经过预处理、编译、
汇编、链接。尽管我们平时使用 gcc 命令的时候没有关心中间结果,但每次程序的编译都少
不了这几个步骤。我们也不用为上述烦琐过程而烦恼,因为我们仍然可以通过如下命令实现:

```
$ gcc hello.c          # 编译
$ ./a.out              # 执行
```

习　　题

1. 简述一个程序的编译过程。
2. 简述编译器内部编译一个源程序的 6 个阶段。
3. 相对于通用处理器编译器,简述嵌入式编译器需要考虑的特殊性。
4. 什么是动态链接库? 什么是静态链接库?
5. 阐述 STM32 安装流程。
6. 阐述 Linux 交叉编译环境如何创建。
7. 简述 Ubuntu 安装流程。
8. 如何在 Windows 上运行 Linux 系统?
9. 具体阐述 GCC 编译一个源程序的 4 个步骤。

第三章　嵌入式系统硬件

　　嵌入式系统硬件是嵌入式系统软件程序赖以运行的基础。本章从嵌入式系统硬件构成入手，介绍嵌入式系统的硬件知识、EDA 工具及嵌入式硬件设计的一般过程。最后，介绍应用 EDA 工具进行最小系统硬件设计，包括原理图设计与 PCB 设计。

3.1　嵌入式系统硬件开发及其工具

　　嵌入式系统的硬件体系是整个嵌入式系统构建的根基，是嵌入式系统软件赖以运行的基础。以微控制器为核心的嵌入式系统的硬件体系的基本构成框图如图 3.1 所示。

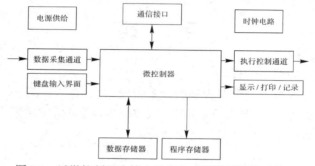

图 3.1　以微控制器为核心的嵌入式系统硬件体系构成

　　从图 3.1 可知，微控制器是此类嵌入式硬件构成的核心；微控制器、时钟电路和电源供给三位一体，构成一个简单的嵌入式系统，即嵌入式最小系统；数据存储器和程序存储器是嵌入式系统运行和存储的主要载体；键盘输入、显示、打印和记录等是重要的人机界面接口；数据采集通道和执行通道是嵌入式系统进行测量和控制的主要途径；通信接口(可以是并行或串行，可以是有线或无线)是嵌入式系统与外界进行数据交流联系的信息通道。

　　总体来说，嵌入式系统的硬件体系大致可划分为 3 类组成部件。

　　(1) 核心部件：主要是微控制器、时钟电路。

　　(2) 主要部件：主要是存储器件、测控通道器件、通信接口、人机接口。

　　(3) 基础部件：主要是电源供电电路、复位电路、电磁兼容与干扰抑制电路(EMC/EMI)。

3.1.1　嵌入式系统硬件的 4 个层次

　　嵌入式系统硬件分为 4 个层次：

　　(1) 第一层是芯片(集成电路)，包括微处理芯片、存储芯片、I/O 芯片等，芯片的集成主要由 EDA 技术来支撑。EDA 技术的发展经历了第一代 IC CAD 系统，其技术特点是电路模拟和版图的设计验证；第二代 IC CAD 系统，其技术特点是以原理图为基础，以仿真和自动布局布线为核心，自动综合器使被动地对设计结果的分析验证转为主动去选择一个最佳的设计结果；第三代 IC CAD 系统，其技术特点是在用户与设计者之间开发了一种虚拟环境，导致了各种硬件描述语言的出现(VHDL、Verilog HDL)以及高级抽象的设计构思手段(框图、状态图和流程图)。

　　EDA 技术发展将向更广(产品种类越来越多)、更快(设计周期越来越快)、更精(设计尺寸越来越精细)、更准(一次成功率越来越高)、更强(工艺适用性和设计自动化程度越来越高)的方向发展，但也面临着挑战。在深亚微米和超深亚微米工艺中，EDA 技术需要考虑互连线布线对延时的影响，并针对互连线模型进行分析。

小贴士：集成电路的规模

SSI (小规模集成电路)：每个芯片包含最多 100 个电子元件。

MSI (中规模集成电路)：每个芯片包含 100～300 个电子元件。

LSI (大规模集成电路)：每个芯片包含 300～100 000 个电子元件。

VLSI (超大规模集成电路)：每个芯片包含 100 000～1 000 000 个电子元件。

ULSI (特大规模集成电路)：每个芯片包含超过 1 000 000 个电子元件。

---

　　(2) 第二层是板卡，主要为电路板。在嵌入式设备中，所有硬件都位于电路板上，电路板也称为印制线路板(PWB)或者印制电路板(PCB)。PCB 通常由很薄的玻璃纤维层组成，电路中的电通路通过印制铜线来实现。

　　(3) 第三层是设备，主要为嵌入对象体，与其他部件(硬件标准化模块)相连。

　　(4) 第四层是网络，嵌入式设备通过联网，形成大大小小的网络，比如物联网、互联网、5G 网、智能家居网等。

3.1.2　嵌入式系统硬件开发工具

　　有多种嵌入式系统硬件开发工具，但比较常用的一种为 Altium 系列，另一种为 PADS 系列。

1. Altium 系列

　　Protel 无疑是电子类专业学生最早接触的 EDA 软件了，很多大学都有 Protel 软件课程。Protel 是早期的版本，目前在推的版本是 Altium 系列。Altium 公司主推过的软件版本主要有 Prote199se、DXP2004、Altium Designer6.9、Altium Designer Summer9、Altium Designer10，一直到 Altium Designer19、Altium Designer20 等。

　　Altium Designer 具有较好的软件集成环境，其基本功能包括原理图设计、电路信号的仿真、产生器件逻辑关系的网络表、PCB 的设计和信号完整性的分析(如信号的过冲、下冲、阻抗和信号斜率等)。

　　相比 Cadence 与 Mentor 系列的 EDA 软件，Altium 对设计的集成度要求相对要高，如在 Altium 中，不需要去关注焊盘的 Soldermask 和 Pastemask 层，在设计完成后，一般也不需要输出 Gerber 图纸，可以将设计的 PCB 源文件发给工厂(生成 Gerber 图纸的过程由厂家来完成)。因此，在新入手设计硬件 PCB 时，Altium 是一个不错的选择。在众多 PCB 设计软件中，Altium Designer 的 3D 视图做得相对较好，如图 3.2 所示。

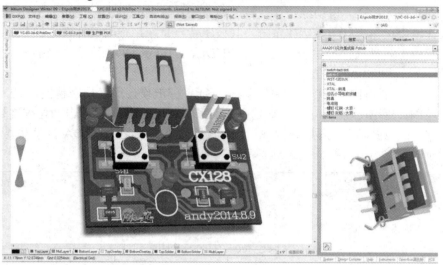

图 3.2　Altium Designer 的 3D 视图

2. PADS 系列

Mentor Graphics 公司的 PADS Layout/Router 环境作为业界主流的 PCB 设计平台，以其强大的交互式布局、布线功能和易学易用等特点，在通信、半导体、消费电子和医疗电子等当前最活跃的工业领域得到了广泛的应用。PADS Layout/Router 支持完整的 PCB 设计流程，涵盖了从原理图网表导入、规则驱动下的交互式布局与布线、DRC/DFT/DFM 校验与分析，直到最后的生产文件(Gerber)、装配文件及物料清单(BOM)输出等全方位的功能需求，确保 PCB 工程师高效率地完成设计任务。

PADS 按照其功能主要有原理图输入工具 PADS Logic、PCB 布局、布线工具 PADS Layout/Router 和仿真分析工具 Hyperlynx。

(1) 原理图输入工具 PADS Logic。PADS Logic 是 PADS 系列软件的原理图输入工具，如图 3.3 所示。它是一个界面友好、操作简单、功能齐全的原理图设计环境，PADS Logic 提供元器件库的管理、多页/层次式原理图设计、元器件与网络的浏览与检索、BOM 输出和网表输出等一系列常规原理图设计功能。

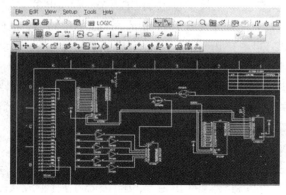

图 3.3　PADS Logic

(2) 布线工具 PADS Layout/Router。PADS Layout 是一个复杂的高级 PCB 工具，也是规则驱动的设计工具，还是一个强有力的基于形状化和规则驱动的布局、布线工具。它采用自动和交互式的布线方法，以及先进的目标连接与嵌入自动化功能，有机地集成了前后端的设计工具，包括最终的测试、准备和生产制造过程。PADS Router 是一个快速的交互式布线编辑器，它使用了功能强大的 PADS Auto Router (Blaze Router)算法，包括推挤、平滑布线、自动变线宽、焊盘入口质量和 Plowing 分等级的布线规则设置等。

(3) 仿真分析工具 Hyperlynx。Hyperlynx 的仿真分析工具界面如图 3.4 所示，分为 LineSim 布线前仿真和 BoardSim 布线后仿真。

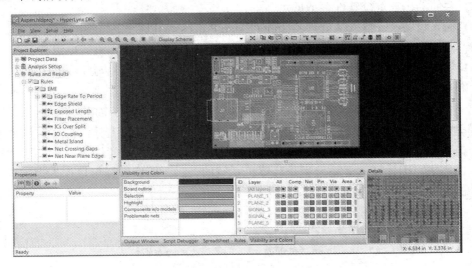

图 3.4　Hyperlynx 工具界面

用 LineSim 做布线前仿真，可以预测和消除信号完整性问题，如信号的反射、串扰等，根据得到的设计规则，可有效地约束布局，根据走线的阻抗特性及供电平面的要求设计 PCB 的径层结构，如图 3.5 所示。

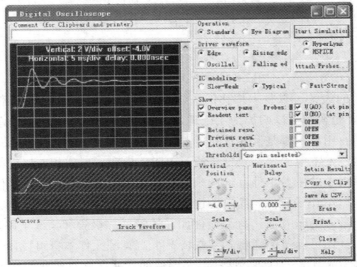

图 3.5　LineSim 界面

BoardSim 用于 PCB 设计完成后，首先验证设计中的信号完整性、电源完整性和电磁兼容性，以便在制板之前提前预知 PCB 设计中可能会出现的问题。

3.1.3　嵌入式电路板组成

图 3.1 给出了一种嵌入式硬件体系的基本构成，实际上，大多数电路板的组成都可以划分为 5 个主要类别：

(1) 中央处理器(CPU)——主处理器(Master Processor)。

(2) 存储器——系统软件存放的地方。

(3) 输入设备——输入从处理器(Input Slave Processor)以及相关的电组件。

(4) 输出设备——输出从处理器(Output Slave Processor)以及相关的电组件。

(5) 数据通路/总线——互连其他组件，提供数据从一个组件传输到另一个组件的高速通路，包括所有的导线、总线桥、总线控制器。

这 5 个类别的划分基于冯·诺依曼模型所定义的主要元素，如图 3.6 所示。冯·诺依曼模型是一个可以帮助理解任何电子设备的硬件体系结构的工具。冯·诺依曼模型是约翰·冯·诺依曼(John von Neumann)于 1945 发表的论文得出的结果，定义了通用电子计算机的需求。因为嵌入式系统也是计算机系统的一种，所以同样可以作为理解嵌入式系统硬件的一种方法。

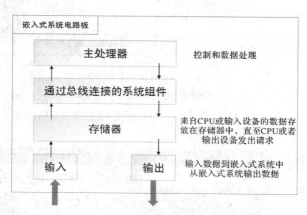

图 3.6　嵌入式系统电路板的组成

虽然电路板的设计可以是多样化的，但是这些嵌入式电路板(几乎任何嵌入式电路板)上的所有主要元素都可以归类为主处理器、存储器、输入/输出以及总线组件。嵌入式电路板上的所有组件，都是互相连接的基本电子器件(Basic Electronic Device)的一种或几种组合。这些基本电子器件包括导线、电阻、电容、电感和二极管等。这些电子器件还可以将电路板上的主要组件互连起来。从最高的层次来看，这些器件可以划分为无源(Passive)和有源(Active)元件。简单地说，无源元件如导线、电阻、电容和电感，只能接收或者存储能量。另一方面，有源元件如晶体管、二极管和集成电路(IC)不仅可接收和存储能量，而且还可以传递能量。某些情况下，有源元件本身可以由无源元件组成。在组件的有源和无源族系的内部，这些电路器件的本质区别在于它们如何对电压和电流作出响应。

与冯·诺依曼模型对应的另一种体系结构是哈佛结构。哈佛结构的微处理器架构通常具有较高的执行效率，其程序指令和数据指令是分开组织和储存的，执行时可以预先读取下一条指令。目前使用哈佛结构的中央处理器和微控制器有很多，包括 Microchip 公司的 PIC 系列芯片，之前 Motorola 公司的 MC68 系列、Zilog 公司的 Z8 系列、ATMEL 公司的 AVR 系列以及 ARM9 之后的如 ARM9、ARM10 和 ARM11 等一系列芯片。

小贴士：哈佛结构

1. 使用两个独立的存储器模块，分别存储指令和数据，每个存储模块都不允许指令和数据并存，以便实现并行处理。

2. 具有一条独立的地址总线和一条独立的数据总线，利用公用地址总线访问两个存储模块(程序存储模块和数据存储模块)，公用数据总线则被用来完成程序存储模块或数据存储模块与 CPU 之间的数据传输。

3.1.4　嵌入式电路板设计

嵌入式电路板设计的一般步骤如下：

(1) 启动一个硬件开发项目，原始推动力会来自很多方面，比如市场的需要，基于整个系统架构的需要，应用软件部门的功能实现需要，提高系统某方面能力的需要，等等。所以，作为一个硬件系统的设计者，要主动地去了解各个方面的需求，并且综合起来，提出最合适的硬件解决方案。比如 A 项目的原始推动力来自公司内部的一个高层软件小组，他们在实际当中发现原有的处理器板 IP 转发能力不能满足要求，给系统的配置和使用都会造成很大的不便，所以他们提出了对新硬件的需求。根据这个目标，硬件方案中就针对性地选用了两个高性能网络处理器，而且还需要深入地和软件设计者进行交流，确定内存大小、内部结构、对外接口和调试接口的数量及类型等细节。如果软件人员喜欢将控制信令通路和数据通路完全分开来，则在确定内部数据走向的时候就要慎重考虑。

(2) 画出方框图。方框图通常从系统的体系结构这一层面(或更高的层面)描述电路板上的主要组件(处理器、总线、I/O、存储器)，或者是描述单个组件(例如处理器)的内部结构。简单地说，方框图就是硬件的基本概述，它把硬件从具体实现细节中抽象出来。

(3) 设计原理图。原理图设计中要有"拿来主义"。现在的芯片厂家一般都可以提供参考设计的原理图，所以要尽量地借助这些资源，在充分理解参考设计的基础上，做一些自己的发挥。当主要的芯片选定以后，最关键的外围设计包括了电源、时钟和芯片间的互连。电源是保证硬件系统正常工作的基础，设计中要详细地分析，例如，系统能够提供的电源输入，单板需要产生的电源输出，各个电源需要提供的电流大小，电源电路效率，各个电源能够允许的波动范围，整个电源系统需要的上电顺序，等等。

(4) 设计 PCB。PCB 设计中要做到目的明确，对于重要的信号线要非常严格地要求布线的长度和处理的环路，而对于低速和不重要的信号线就可以放在稍低的布线优先级上。重要的部分包括电源的分割，内存的时钟线、控制线和数据线的长度要求，高速差分线的布线，等等。例如，DDR memory 的布线是非常关键的，要考虑控制线和地址线的拓扑分布，数据线和时钟线的长度差别控制等方面。在实现的过程中，可以根据芯片的数据手册和实际的工作频率得出具体的布线规则要求，比如同一组内的数据线长度相差不能超过多少个 mil，每个通路之间的长度相差不能超过多少个 mil，等等。如果设计中所有的重要布线要求都明确了，则可以转换成整体的布线约束。在功能上利用 CAD 中的自动布线工具软件可以实现 PCB 设计，这也是 PCB 设计中的一个发展趋势，只不过目前实际上自动布线还达不到设计指标的要求。

(5) 调试。调试一块板的时候，一定要先认真地做好目视检查，检查在焊接的过程中是否有可见的短路和管脚搭锡等故障，检查是否有元器件型号放置错误、第一脚放置错误、漏装配等问题，然后用万用表测量各个电源到地的电阻，以检查是否有短路，这个好习惯可以避免贸然上电后损坏单板。调试的过程中要有平和的心态，遇见问题是非常正常的，要做的就是多做比较和分析，逐步地排除可能的原因，要坚信"凡事都是有办法解决的"和"问题出现一定有它的原因"，保证最后调试成功。

总的来说，在明确硬件总体需求(比如 CPU 处理能力、存储容量及速度、I/O 端口的分配、接口要求、电平要求、特殊电路要求等)的情况下，要根据需求分析制定硬件总体方案，寻求关键器件及相关技术资料、技术途径和技术支持，充分考虑技术可行性、可靠性和成本控制，并对开发调试工具提出明确要求，关键器件可试着去索取样品。总体方案确定后，做硬件和软件的详细设计，包括绘制硬件原理图、软件功能框图、PCB 设计，同时完成开发元器件清单。做好 PCB 板后，对原理设计中的各个功能单元进行焊接调试，必要时修改原理图并做记录。软硬件系统联调后，调整原理图及 PCB 设计，需要二次投板。最后完成可靠性测试、稳定性测试，最终完成项目验收。

3.2　嵌入式系统硬件设计

3.2.1　需求分析

功能需求明确了设计的硬件系统所具备的功能，然后就可以针对要完成的功能选择不同厂家的芯片来实现这些功能。硬件系统常见的功能需求有供电方式及防护、输入与输出信号类别、无线通信功能等，另外还有整体性能要求、功耗要求、成本要求等。

1. 供电方式及防护

需要确定硬件系统的供电是采用内置电源板直接从市电供电，还是采用外置直流稳压电源供电。采用内置电源板供电，一般需要单独设计开关电源板，针对不同的应用行业开关电源的设计规格不同，需要根据不同的行业标准进行设计。采用外置直流稳压电源供电，能够简化硬件系统电源部分的设计，但需要一个外置的电源。

有些工控设备或医疗设备要求一部分功能电路的失效不会影响到整个硬件系统的稳定运转，因此对于此类需求的硬件系统，需要设计彼此隔离的供电和输入/输出电路模块。对各部分电路的供电可以选用不同规格的电源隔离 IC，对各部分电路的数据输入/输出可以采用数据通信隔离 IC。

2. 输入与输出信号类别

在硬件系统需求分析中,需要根据硬件系统所要处理的输入信号及输出信号来选定硬件设计的主方案及外围器件。

3. 无线通信功能

在进行硬件系统设计时,需要确定其应用领域,确定系统是否需要具备无线通信功能。在工控类和消费类电子领域,按照通信协议,目前的无线通信方式有 GPRS、Wi-Fi、ZigBee、Bluetooth、IrDA、NFC、UWB、CSS 和 RIFD,在进行产品设计方案选型时,需要根据硬件系统无线通信的方式进行设计选型。

4. 整体性能要求

系统整体性能要求包括对输入/输出数据处理能力的要求、系统工作对温度/湿度环境的要求及对系统无故障稳定工作时间、系统的能效等级和系统的自身防护性能等方面的要求。

5. 功耗要求

功耗指设备单位时间内所消耗的能源的数量。功耗要求是硬件系统电路设计中功率分配的依据,需要计算每一部分功率电路的最大功率,再根据每一部分电路的不同功率需求进行电源架构设计及相应的电源元器件选型。

6. 成本要求

硬件系统的成本分析是需求分析中至关重要的一部分。"Cost Down"是硬件工程师在产品需求和满足客户需求前提下的重要工作内容。生产产品的目的是获取最大的利润,硬件工程师在设计方案选型及系统设计的过程中,要保证每个元器件发挥最大的作用,避免无效元件存在,充分考虑所涉及的硬件系统的安全性与冗余度,保证 BOM 价较低。

3.2.2 原理图设计

1. 原理图封装库的设计

原理图封装库是进行原理图设计的第一步,需要对电路设计中用到的所有器件进行逻辑符号的建模。在进行原理图设计时,需要用到的逻辑符号包括电源网络、地网络、各类功能的 IC、二端元器件(如电阻、电容、二极管和发光二极管)、三端器件(如三极管、场效应管等)、接插件(如排针、排母、JTAG 接口、USB 接口、VGA 接口、DVI 接口、RJ45 网口等)、按键和定位孔等。

一般在原理图设计工具中,电源和接地网络都已经集成在原理图设计工具中了,在进行电路图设计时可以直接调用。对于电源来说,一般单板上的电源种类比较多,为便于对电源进行合理的区分,一般需要将电源根据电源的属性进行重命名,如 VCC5V0、VCC3V3、VCC1V5 等。在进行电源名称的命名时,最好不要命名 VCC3.3 V 这种格式,因为在进行图纸打印时,容易因打印的问题而遗漏 3.3 V 中间的点。对于接地网络来说、一般默认的都是 GND 属性的符号,会采用此属性的 GND 作为整个系统使用最多的接地网络,即被大多数 IC 的接地属性引脚、下拉电阻的接地端、去耦电容的接地端等用作多点接地的符号。

对于 IC 器件，需要根据 Datasheet 上对各个器件引脚的定义建立逻辑模型。在进行逻辑符号建模时，需要分清楚各个引脚的功能。根据引脚的属性，对引脚归纳如下：电源引脚(Power)、地引脚(GND)、输入引脚(IN)、输出引脚(OUT)、输入/输出引脚(I/O)、集电极开路型输出引脚(Open Collecter)、无源引脚(Passive)和高阻态引脚(Hiz)等。为了便于在绘制完原理图后使用原理图工具的查错功能，在进行原理图符号建模时，最好根据器件 Datasheet 上的引脚属性，对引脚进行设置；在对 CPU、RAM、ROM 和 Flash 等建立原理图模型时，为便于后面进行原理图的仿真分析，需要根据 Datesheet 上引脚的属性对引脚进行设置。从引脚的逻辑分配图中，需要明确建模的逻辑符号的引脚数量及各个引脚的功能，然后在原理图建库功能中，对应着建立原理图的封装库文件。在对引脚的属性进行定义时，还需要器件的 Datasheet 部分及引脚的功能描述部分的信息。

对于二端元器件，一般系统中都会集成现有的原理图，从开发者的角度来说，一般大型的公司都会对库进行专门的管理，因此在进行开发时，只需要使用相应的库就可以了。对大部分开发者来说，还是需要自己来维护库的。虽然对二端元器件、开发工具都集成了现成库，但拥有自己的库，不仅熟悉而且随着开发的进行，自己所使用的库会得到工程的实际检验，这不仅能验证原理图封装库的正确性，而且还能验证 PCB 封装库工艺的可用性。

2. 原理图的设计

方框图通常从系统的体系结构这一层面(或更高的层面)描述电路板上的主要组件(处理器、总线、I/O、存储器)，或者是描述单个组件(例如处理器)的内部结构。简单地说，方框图就是硬件的基本概述，它把硬件从具体实现细节中抽象出来。

在进行原理图设计时，一般都是先设计系统的框图，然后再根据系统的框图逐步地进行细化，设计每一部分的具体电路。每个功能框图之间的连接都是通过各类常用接口来实现的，如 SPI 总线接口、I^2C 总线接口、UART 串行通信接口、MII 接口、SGMII 通信接口、RGMII 通信接口、I^2S 总线接口、DMA 接口、LVDS 接口、PCI 接口和 PCIE 接口等。

图 3.7 所示为一个设计完成的基于 ARM9 S3C2416 核心板的系统框图。框图的设计过程描述如下：

(1) 系统供电部分是 5 V 输入，芯片工作需要的电压逻辑电平值是 3.3 V、1.8 V 和 1.2 V；根据功耗的分析，需要用到的电源芯片有 LDO 和 DC/DC。因为主 CPU 对上电的时序有一定的要求，所以为了控制 CPU 的供电，需要使用带 Enable 功能的 DC/DC 电源芯片；又因为核心板的面积较小，CPU 对电源的输出稳定性有一定的要求，所以在选择电源供电芯片时，要选择 DC/DC 体积小且输出纹波小的供电芯片。在这里，根据供电需求，完成电源部分的框图设计。

(2) 根据数据处理的需求，需要采用较大容量的 RAM 来完成数据的吞吐。根据 CPU 主芯片的方案可知，支持的 RAM 种类包括 SDRAM、DDP SDRAM 和 DDR2 SDRAM，根据数据处理速率的要求、RAM 的可批量采购性和成本要求等进行综合考虑，选定 DDR2 SDRAM 作为 CPU 的 RAM。选定 DDR2 作为存储器后，就可以根据 DDR2 芯片的特性，搭建符合 DDR2 工作的外围电路。根据数据处理速率、成本和采购周期等进行综合考虑后，选定 RAM 的型号，并完成其功能框图的设计。

(3) 根据设计需要，软件系统会采用 Linux 系统，因此需要选定系统存储的媒介。因为 CPU 支持 SD Card 和 Nand Flash 等，所以根据程序和数据对存储空间的需求及 PCB 贴装的便利性，选择 Nand Flash 作为程序和数据存储的媒介。选定 Nand Flash 作为存储器后，设计存储框图并根据 Nand Flash 设计外围匹配的电路。

(4) 系统的运行需要源源不断的时钟信号来完成数据的采样，而时钟信号的源泉一般是由晶体或晶振提供的。根据 CPU 时钟信号输入要求，需要配置 3 个晶振作为系统框图的一部分。

(5) 系统需要 JTAG 接口进行调试，JTAG 可以为标准的 JTAG 接口。为了节省 PCB 面积也可以采用非标准的接口，采用外接线的方式进行连接。

(6) 系统进行复位时，需要外接复位控制。一般复位信号都需要持续几百毫秒的低电平电位，一般主芯片的复位引脚都是外接专门的复位 IC，因此复位部分也作为系统框图的一个组件。

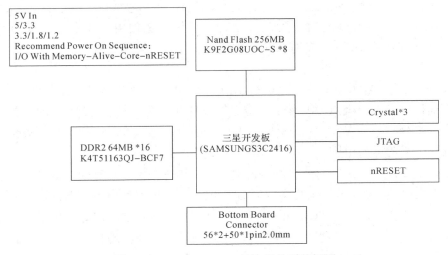

图 3.7　ARM9 S3C2416 核心板的系统框图

由此根据需求分析及系统框图的设计要点，完成图 3.7 所示的核心板系统框图。在完成框图的设计后，就可以根据电路的系统框图及各个部分电路的功能进行较为详细的电路原理图设计。

3.2.3　PCB 设计

PCB 设计是实现系统物理设计的过程，PCB 的设计不仅要满足产品的功能与性能，其设计过程也是一个艺术创作的过程。完成 PCB 图纸是按照需求对知识的提炼，是由电子系统设计方方面面的知识点构筑的大厦。在 PCB 设计中要综合考虑 PCB 各走线的信号完整性、信号走线的时序，以及各供电单元的电源完整性、PCB 的 EMC 和 EMI 特性、端口的 ESD 防护、系统局部和全局的散热处理、DFX 的要求等。

(1) 在原理图设计阶段考虑信号完整性问题时,是以理想传输线的模型来进行分析的,在实际的 PCB 设计中,走线主要有两种模型:微带线和带状线。

为保证信号的完整性,需要对信号进行量化分析。对于有信号完整性要求的信号,在进行 PCB 设计中,都有对应的特性阻抗的要求。在信号完整性分析中,解决了单端信号的信号完整性问题,也就解决了大部分的信号完整性问题。对于单端信号来说,信号的反射是影响信号完整性的一个重要因素。根据信号反射的机理可知,信号的反射是由于阻抗的不连续引起的,如果信号从发送端到接收端的路径都保持一致的阻抗特性,那么单端信号就不会出现信号完整性问题,也就没有了信号的反射,信号的完整性也就得到了保证。因此,对于 PCB 信号完整性来讲,在进行 PCB 设计时,需要保证走线的物理参数不变,即走线的宽度、走线的参考平面、走线距离参考平面的距离都保持一致。

(2) PCB 走线信号时序分析。目前应用最大的时序系统是源同步时序系统。从 PCB 的角度看,PCB 通过走线来调整彼此的时序,在对时序有要求的系统设计中,采用蛇形进行走线延时。蛇形线是 Layout 中经常使用的一类走线方式,其主要目的就是为了调节延时,满足系统时序的设计要求。但是,设计者首先要有这样的认识:蛇形线会破坏信号质量,改变传输延时,因此布线时要尽量避免使用。在实际设计中,为了保证信号有足够的保持时间,或为了减小同组信号之间的时间偏移,往往不得不故意进行绕线。

(3) PCB 设计与电源完整性。从 PCB 的角度考虑电源完整性设计主要从两个方面入手:电容的去耦特性和电源/地平面的去耦。电容的去耦存在去耦半径的问题,即容值与封装越小,其去耦半径越小,在 PCB 布局时,为保证小封装小电容对电源的有效去耦,电容应尽量靠近要去耦的电源引脚装置;容值与封装越大,其去耦半径越大,可以对较大区域的电源进行有效去耦,在大封装大容值的去耦电容布局时,可以同时管控多个电源引脚的去耦。小的去耦电容一般是陶瓷电容,大的去耦电容一般采用钽电容,无论是小的去耦电容还是大的去耦电容,在进行 PCB 布局时,都要均匀布置在 IC 的周边,从布局半径和均匀度着手,从而有效去耦,使噪声能够通过低阻抗路径及时流向地平面,使电源有较好的完整性,保证器件的正常工作。

(4) PCB 设计中的 EMC。PCB 设计中的每一步操作都与 EMC 息息相关,尤其是高速电路设计领域,在进行 PCB 的布局、布线过程中,每一步的操作都要时时注意可能因为布局、布线出现的天线效应而产生 EMC/EMI 的问题。

3.3 设计一个 51 单片机系统

本节应用 AD 工具举例说明一个 51 单片机系统的设计过程。51 单片机系统采用 RS232 串口通信,包含了 LCD 模块、LED 模块、矩阵键盘模块、蜂鸣器模块、红外以及数码管模块,同时引出 SPI 的通信接口,此外又用排针将单片机大部分引脚独立引出,可以进行系统拓展,能更方便地进行各种实验。图 3.8 给出了 51 单片机系统原理图。

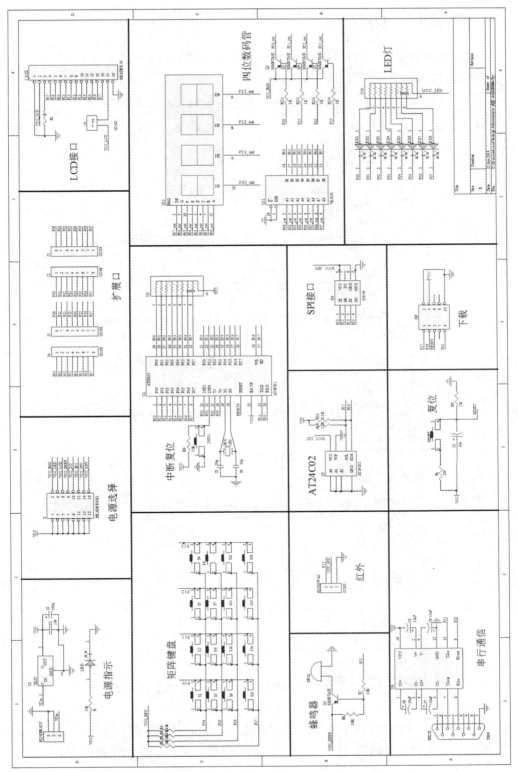

图 3.8　单片机系统原理图

3.3.1　元器件库的建立

(1) 建立原理图库：文件→New→Library→原理图库，如图 3.9 所示。

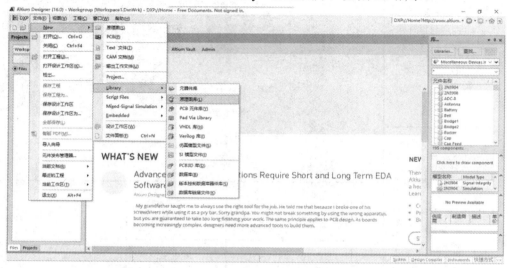

图 3.9　新建原理图库

(2) 建立 PCB 库：文件→新建→库→PCB 元件库，如图 3.10 所示。

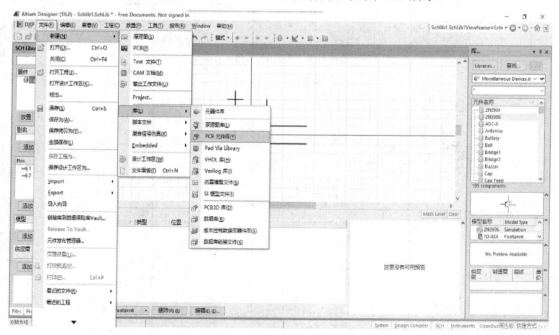

图 3.10　新建 PCB 图库

(3) 在原理图与 PCB 库按手册资料绘制好之后，应将二者结合起来，以后才可以使用。

步骤：在原理图库处找到 Add Footprint ，用鼠标单击，然后找到刚才画好的 PCB 对应元件，单击即可添加(如图 3.11 与图 3.12 所示)。

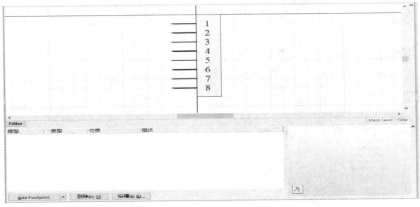

图 3.11　原理图元件外形

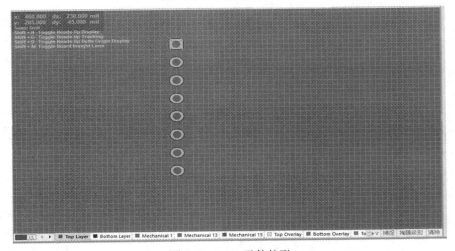

图 3.12　PCB 元件外形

为原理图添加封装，如图 3.13 所示。用同样的方法可绘制出各种所需元器件封装，而这些封装放在一个工程里，就形成了自制的封装库。

图 3.13　添加封装

3.3.2　规则设定

设定电源线宽为 50 mil，其他线宽为 15 mil，间距为 20 mil。

(1) 设置间距为 20 mil：单击设计规则中的 Clearance，如图 3.14 所示。

图 3.14　设置间距

(2) 设置线宽：单击设计规则中的 Width，如图 3.15 所示。

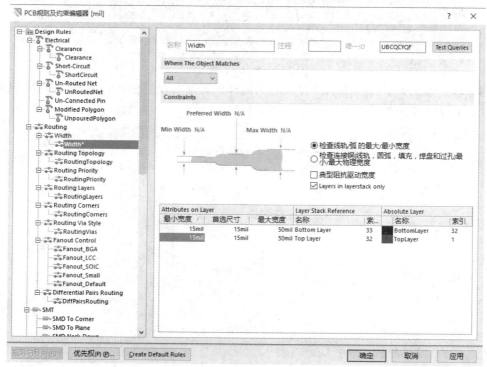

图 3.15　设置线宽

3.3.3 布局和布线分析

1. 布局分析

布局图如图 3.16 所示。

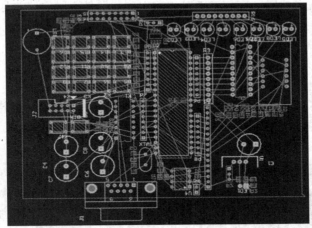

图 3.16 布局图

(1) 在功能能全部完成的前提下，布局时应尽量使布线更简洁，使引线尽量短。元器件摆放要尽量整齐，方便布线。需要注意的是，将各个模块的相关元件摆在一处，可以节省很多空间和引线，例如数码管应和 75HC245 几个三极管放在一处。

(2) LCD 与数码管最好放在边缘处，不能在其旁边放置太高的器件。

(3) 按键应排列整齐，且放在角落处，可用自动对齐功能。

(4) 晶振应放在 51 芯片管脚的旁边。

(5) 对应器件的电容应放在对应的器件引脚旁。

2. 布线分析

布线图如图 3.17 所示。

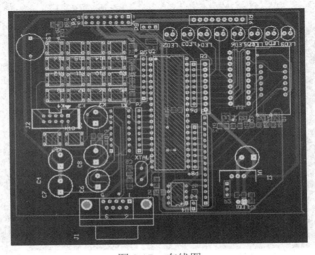

图 3.17 布线图

(1) 布线时首先要注意的是电源线，这是因为电源关乎系统全局。系统有很多模块，但电源只有一个，因此电源线至关重要。一般说来，电源线应尽量粗，特别是地线，这里要求线宽为 50 mil。

(2) 信号线应尽量避免使用 90° 折线，以减小高频信号以电磁波的方式发生辐射。

(3) 时钟线路在布线时，应使参考时钟输出到达器件引脚的路线尽量短。

(4) 信号线避免形成环路，若不可避免，环路应尽量小；信号线的过孔要尽量少，且尽量布在同一层。

(5) 覆铜时，应将 GND 连为网络，加大地面积，两层之间可额外多加一些对地的过孔，以减小阻抗。

(6) 添加泪滴可以让电路在 PCB 板上的连接更加稳固，提高可靠性，这样做出来的系统才会更稳定，所以在电路板中添加泪滴是很有必要的。

最终结果图如图 3.18 和图 3.19 所示，其中，图 3.18 为顶层图，图 3.19 为底层图。

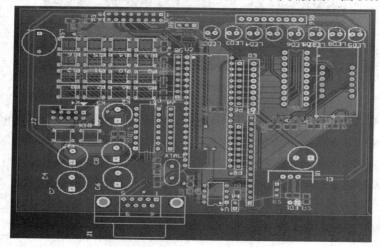

图 3.18　顶层图

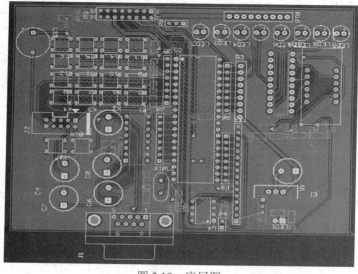

图 3.19　底层图

习　题

1. 嵌入式硬件可分为哪些组成部分？请举例说明。
2. 请简要阐述嵌入式硬件的四个层次。
3. 嵌入式硬件开发工具有哪些系列？
4. 如何设计嵌入式电路板？
5. 嵌入式硬件常见的功能需求有哪些？
6. 阐述嵌入式硬件设计经历的三个阶段。
7. PCB 设计需要考虑哪些内容？
8. 如何设计一个 51 单片机硬件系统？
9. 什么是 VLSI？集成电路按规模分类有哪些？

第四章　嵌入式系统软件

　　本章探讨软件质量的基本概念与基本属性，同时，针对嵌入式软件开发，以 C 语言为例，探讨嵌入式编程特点及其与 PC 编程的异同，最后，阐述软件编程规范，从更高的要求与层次提升、扩展编程者的认识与素养。

4.1　软件质量

4.1.1　软件质量的基本概念

　　CMM 将质量定义为一个系统、组件或过程符合特定需求的程度，或定义为一个系统、组件或过程符合客户或用户的要求或期望的程度。

> **小贴士**：什么是 CMM
>
> 　　CMM 是软件能力成熟度模型(Capability Maturity Model For Software，SW-CMM/CMMI)，是由美国卡内基梅隆大学软件工程研究所(CMU SEI)研究的一种用于评价软件承包商能力并帮助改善软件质量的方法，其目的是帮助软件企业对软件工程过程进行管理和改进，增强开发与改进能力，从而能按时地、不超预算地开发出高质量的软件。CMM 包括 5 个等级，共计 18 个过程域，52 个目标，300 多个关键实践，其中，5 个成熟度等级为初始级(Initial)、可重复级(Repeatable)、已定义级(Defined)、已管理级(Managed)、持续优化级(Optimizing)。

　　公司或软件开发实体开发软件产品具有盈利目标与压力，为了获得更多的利益，软件开发的出发点，不仅要求"做得好"，还需要"做得快，少花钱"，因此，软件质量并不是开发者唯一关注的问题。如何处理好质量、生产率和成本的关系，再加上开发者个人本身的差异与问题，人们有必要研究软件质量的基本属性，并研究提高软件质量的开发方法。

　　如何保证软件运行正确，即所谓的"正确性"，是保证软件质量的首要问题。程序员在软件开发过程中，往往只关注软件是否正确运行。"正确性"很重要，但正确的软件不一定就是高质量的软件，比如这个软件运行速度很慢，浪费内存资源严重，造成系统能耗消耗过大，就无法满足用户的需求，甚至出现正确性以外的其他严重问题。同时，如果软件代码编写得一塌糊涂，只有编程者自己看得懂，很难阅读与维护，也是一个有质量问题的软件。

　　不仅如此，软件的质量还有很多属性，比如正确性、精确性、健壮性、可靠性、容错性、性能、易用性、清晰性、安全性、可扩展性、可复用性、兼容性、可移植性、可测试性、可维护性、灵活性，等等。

我们可以将质量属性分成两大类：功能性属性与非功能性属性，如表 4.1 所示。将正确性、健壮性与可靠性列入功能性属性，其他列入非功能性属性。

表 4.1　软件质量属性

功　能　性	非　功　能　性
正确性(Correctness) 健壮性(Robustness) 可靠性(Reliability)	性能(Performance) 易用性(Usability) 清晰性(Clarity) 安全性(Security) 可扩展性(Extendibility) 兼容性(Compatibility) 可移植性(Portability)

4.1.2　软件质量的基本属性

对表 4.1 列出的软件质量的 10 类基本属性，具体描述如下。

1. 正确性

正确性是指软件按照需求正确执行任务的能力。这里"正确性"的语义涵盖了"精确性"。正确性是第一重要的软件质量属性，如果软件运行不正确，将会给用户造成不便甚至损失。技术评审和测试的第一关都是检查工作成果的正确性。

要保证软件的正确性不容易，因为从"需求开发"到"系统设计"再到"实现"，任何一个环节出现差错都会降低正确性。通常软件运行问题都是人(开发者)造成的，开发任何软件，开发者都要为"正确"两字竭尽全力。

2. 健壮性

健壮性是指在异常情况下，软件能够正常运行的能力。正确性与健壮性的区别是：前者描述软件在需求范围之内的行为，而后者描述软件在需求范围之外的行为。但实际操作时正常情况与异常情况并不容易区分，开发者往往要么没想到异常情况，要么把异常情况错当成正常情况而不加以处理，结果降低了健壮性。而用户并不管正确性与健壮性的区别，反正软件出了差错都是开发方的错。所以提高软件的健壮性也是开发者的义务。

健壮性有两层含义：一是容错能力，二是恢复能力。

(1) 容错是指发生异常情况时系统不出错误的能力，对于应用于航空航天、武器、金融等领域的这类高风险系统，容错设计非常重要。容错是非常健壮的意思，比如 UNIX 的容错能力就很强，很难搞死它。

(2) 恢复是指软件发生错误后(不论死活)重新运行时，能否恢复到没有发生错误前的状态的能力。从语义上理解，恢复不及容错那么健壮。恢复能力是很有价值的，Microsoft 公司早期的窗口系统和 Windows 3x 和 Windows 9x，很容易死机，其容错性较差。但它们的恢复能力还不错，机器重新启动后一般都能正常运行，当时人们也愿意将就着使用。

3. 可靠性

可靠性不同于正确性和健壮性，软件可靠性问题通常是由于设计中没有料到的异常和测试中没有暴露的代码缺陷引起的。可靠性是一个与时间相关的属性，指的是在一定环境下，在一定的时间段内，程序不出现故障的概率。因此，可靠性是一个统计量，通常用平均故障时间(Mean-time to Fault)来衡量。

可靠性本来是硬件领域的术语。比如某个电子设备在刚开始运作时挺好，但由于器件在工作中其物理性质会发生变化(如发热、老化等)，系统的功能或性能慢慢地就会失常。所以一个从设计到生产完全正确的硬件系统，在工作中未必就是可靠的。人们有时把可靠性叫作稳定性。

软件在运行时不会发生物理性质的变化，人们常以为如果软件的某个功能是正确的，那么它一辈子都是正确的。可是我们无法对软件进行彻底的测试，无法根除软件中潜在的错误。平时软件运行得好好的，说不准在哪一天就不正常了，如有千年来一回的"千年虫"问题、司空见惯的"内存泄漏"问题、"误差累积"问题，等等。因此把可靠性引入软件领域是很有意义的。

口语中的可靠性含义宽泛，几乎囊括了正确性和健壮性，只要人们发现系统有问题，便归结为可靠性差。从专业角度讲，这种说法是不对的，可是我们并不能要求所有的人都准确地把握质量属性的含义。

小贴士：区分"故障"和"错误"

"故障(fault)"在《现代英汉词典》中定义为：使设备、部件或元件不能按所要求的方式运行的一种意外情况，可能是物理的也可能是有逻辑的。故障是在经过日积月累，满足了一定的条件之后才出现的。如"千年虫"问题，"内存泄漏(吃内存)"导致内存耗尽问题，"误差累积"导致计算错误进而导致连锁反应问题，"性能开销积累"导致性能显著下降问题，等等。因此，故障通常都是不可预料的，且是灾难性的。

"错误"的含义要广泛得多，例如语法错误、语义错误、文件打开错误、动态存储分配失败等。一般来说，程序错误是可以预料的，因此可以预设错误处理程序，运行时这些错误一旦发生，就可以调用错误处理程序把它干掉，程序还可以继续运行。因此，错误的结果一般来说不是灾难性的。

---

4. 性能

性能通常是指软件的"时间-空间"效率，而不仅是指软件的运行速度。人们总希望软件的运行速度高些，并且占用资源少些。程序可以通过优化数据结构、算法和代码来提高软件的性能。

性能优化的目标是"既要马儿跑得快，又要马儿吃得少"，关键任务是找出限制性能的"瓶颈"，找出问题的关键点。同时，性能优化也好像从海绵里挤水一样，你不挤，水就不出来，你越挤，海绵越干。有些程序员认为现在的计算机不仅速度越来越高，而且内存越来越大，因此软件性能优化就没有必要了。这种看法是不对的，因为随着机器的升级，软件系统也越来越庞大和复杂了，性能优化仍然大有必要，特别对关键软件(如游戏引擎、底层驱动、各类库文件等)需要做精益的优化，以提升用户的体验感。

5. 易用性

易用性是指用户使用软件的容易程度。导致软件易用性差的原因有很多，从产品规划到项目管理，以及开发人员的素质、责任与意识。开发人员以为只要自己用起来方便，用户也一定会满意，犹如"王婆卖瓜，自卖自夸"。但是，软件的易用性可能受制于开发成本、开发周期等因素的影响，开发者往往首先推出 V1.0 版本的软件或推出软件的关键部分，而后逐步在使用过程中完善用户体验，推出 V2.0、V3.0 版本。

软件的易用性要让用户来评价。如果用户觉得软件很难用，开发人员不要有逆反心理。软件作为一种服务，应当体现在软件开发的整个过程中，只有当用户真正感到软件很好用时，才是对软件易用性最好的评价。

6. 清晰性

清晰意味着工作成果易读、易理解，这个质量属性表达了人们一种质朴的愿望：让我花钱买它或者用它，总得让我看明白它是什么东西。

开发人员只有在自己思路清晰的时候才可能写出让别人易读、易理解的程序和文档。可理解的东西通常是简洁的。一个可能很复杂的软件问题，高水平的程序开发者能够把软件系统设计得很简洁。如果软件系统臃肿不堪，它迟早会出问题。所以，简洁是人们对工作"精益求精"的结果。

7. 安全性

这里的安全性是指信息安全，英文是 Security，而不是 Safety。安全性是指防止系统被非法入侵的能力，既属于技术问题又属于管理问题。信息安全是一门比较深奥的学问，其发展是建立在正义与邪恶的斗争之上的。这世界似乎不存在绝对安全的系统，连美国军方的系统都频频遭黑客入侵。

对于大多数软件产品而言，杜绝非法入侵既不可能也没有必要，因为开发商和客户愿意为提高安全性而投入的资金是有限的，他们要考虑值不值得。究竟什么样的安全性是令人满意的呢？

一般地，如果黑客为非法入侵花费的代价(考虑时间、费用、风险等多种因素)高于得到的好处，那么这样的系统就可以认为是安全的。

8. 可扩展性

可扩展性反映了软件适应"变化"的能力。在软件开发过程中，"变化"是司空见惯的事情，如需求或设计的变化、算法的改进、程序的变化等。

由于软件是"软"的，是否它天生就容易修改以适应"变化"？关键要看软件的规模和复杂性。如果软件规模很小，问题很简单，那么修改起来的确比较容易，这时就无所谓"可扩展性"了。要是软件的代码只有 100 行，那么"软件工程"也就用不着了。如果软件规模很大，问题很复杂，倘若软件的可扩展性不好，那么该软件就像用卡片造成的房子，抽出或者塞进去一张卡片都有可能使房子倒塌。可扩展性是系统设计阶段要重点考虑的质量属性。

9. 兼容性

兼容性是指两个或两个以上的软件相互交换信息的能力。由于软件不是在"真空"里应用的，它需要具备与其他软件交互的能力。例如，如果两个字处理软件的文件格式兼容，那么它们都可以操作对方的文件，这种能力对用户很有好处。国内金山公司开发的汉字处理软件 WPS 就可以操作 Word 文件。

兼容性的商业规则是：弱者设法与强者兼容，否则无容身之地；强者应当避免被兼容，否则市场将被瓜分。所以 WPS 与 Word 兼容，但是 Word 不会与 WPS 兼容。

10. 可移植性

软件的可移植性指的是软件不经修改或稍加修改就可以运行于不同软硬件环境(CPU、OS 和编译器)的能力，主要体现为代码的可移植性。编程语言越低级，用它编写的程序越难移植，反之则越容易移植。这是因为，不同的硬件体系结构(如 Intel CPU 和 SPARC CPU)使用不同的指令集和字长，而 OS 和编译器可以屏蔽这种差异，所以高级语言的移植性更好。

Java 是一种高级语言，Java 程序号称"一次编译，到处运行"，具有很好的可移植性。C++/C 也是一种高级语言，它不仅具有灵活的位操作、指针操作能力，而且还可以直接嵌入汇编代码，比汇编语言具有更高的可移植性。

一般地，软件设计时应该将"设备相关程序"与"设备无关程序"分开，将"功能模块"与"用户界面"分开，这样可以提高可移植性。

4.1.3 高质量软件开发方法

1. 建立软件过程规范

人们逐渐意识到要顺利开发出高质量的软件产品，必须有条不紊地组织技术开发活动与开展项目管理活动。这些活动的组织形式被称为过程模型。虽然可能会存在个案，依靠个人能力的"游击战"的过程模式完成较高质量的软件开发，但谁都无法否认，软件企业应该根据产品的特征，建立一整套在企业范围内应用的有效软件开发模型或规范，并形成制度，以便组织开发与管理人员依照过程规范开展工作。

软件开发模型的研究兴起于 20 世纪 60 年代末与 70 年代初，70 年代提出了瀑布模型，同时，人们还提出了许多其他软件开发模型，比如常见的还有喷泉模型、增量模型、快速原型模型、螺旋模型、迭代模型，等等。

软件开发过程中，比较经典的是采用瀑布模型与迭代模型，而实际开发过程中，经常是各种模型混合使用。管理者应该根据企业的实际情况，并结合项目管理过程，灵活制定和采用一定的编程模型去指导开发。图 4.1 所示就是一种考虑到软件开发模型、项目管理与机构支撑的产品生命周期计划混合的软件开发模型。

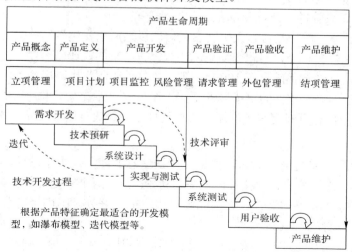

图 4.1　混合的软件开发模型

2. 复用

复用是利用现成的东西。复用的对象可以是有形的物体，也可以是无形的知识成果。复用有利于提高质量，提高生产效率，降低成本。人们总是在继承前人的成果，并不断加以利用、改进和创新。一个新的系统可以复用成熟且经过验证的比较可靠并具有高质量的单元模块，从而保证产品的快速实现并能保证质量。

软件开发过程的复用，称为软件复用。软件过程中复用函数、库、中间件等，不仅简化了软件开发的过程，而且减少了开发工作量与代码维护代价，在降低成本的同时提高了效率。另一方面，软件开发过程中也要注意设计的软件本身具有复用性。即，软件复用不仅要使自己拿来方便，同时也要让别人拿去方便。

复用的思想在技术开发活动与项目管理活动中同样适用，比如思想方法、经验、程序、文档等的复用。面向对象(Object Oriented)开发有一句名言："请不要发明相同的车轮子"，表达了复用技术在面向对象设计中的重要性。

3. 分治

分治是把一个复杂的问题分解为若干简单的问题，然后逐一解决，即分而治之。分治思想不仅适用于生活与工作中，在技术领域也同样适用。分治说起来容易，做起来却比较困难，比如存在如何分，如何治的问题。现实情况经常会出现"硬分硬治"等诸多问题。

软件中的分治，着重需要考虑将复杂问题分解后，每个问题是否能够通过程序模块实现。其次，实现后的程序模块，能否最终集成为一个有效的软件系统并解决原始的复杂问题，如图 4.2 所示。

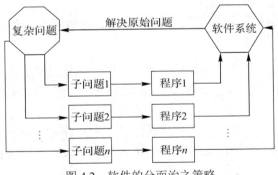

图 4.2　软件的分而治之策略

4. 优化与折中

软件优化工作不是可有可无的事情，而是软件开发设计过程中必须做的事情。软件优化主要是优化软件的各个质量属性，比如提高软件的运行速度，减少对内存资源的占用，使得用户界面更加友好，等等。只有将软件优化工作列入项目管理工作中，成为一种项目责任，软件才能不断地优化、完善。

但有时候，软件优化工作是无止境的，甚至有些软件质量属性的优化会影响到软件的其他质量属性。这时候就需要软件优化折中。折中指的是协调各个软件质量属性，实现整体质量的最优。为了避免"拆东墙补西墙"或"舍鱼而取熊掌"式的折中，我们需要为折中定一个原则：在保证其他质量属性较好的前提下，使某些重要的质量变得更好。

> **示例：编译器的优化等级与折中**
>
> 　　编译器在软件编译(或生产)的过程中，需要根据软件的空间(大小)与运行时间的关系以及程序的实际需要设置不同的编译优化等级(Optimization Level)，以生成不同优化质量的程序代码。
>
> 　　编译优化等级是编译器对应用程序的优化程度，通常设置 O_0 到 O_n 不同等级。n 越大，优化后的代码效率越高，但是可读性会比较差，且编译时间更长，同时还可能带来某些软件兼容问题等。因此，编译器通常不会将默认的优化等级设置为最高。
>
> 　　另外，单步调试时，我们经常发现代码和执行不匹配等问题，很大一部分原因是编译器执行的编译优化造成源代码与执行代码不一致。解决的办法是将编译优化等级设置为最低 O_0，即不优化。

5. 技术评审

技术评审最初是由 IBM 公司倡导的方法，目的是尽早发现工作成果中的缺陷，并帮助开发人员及时消除缺陷，以有效提高产品质量。技术评审是业界广泛采用的对提高产品质量行之有效的方法。作为软件开发的最佳实践之一，技术评审能够在产品开发的任何阶段进行，它能够尽早发现并消除工作成果中的缺陷，提高产品质量，降低产品的开发成本。

技术评审对参加评审的人员有较高的要求，评审人员应该有一定的专业能力并具有一定的代表性。为了确保产品质量，产品的所有工作成果理论上讲都应当接受技术评审，但实际执行过程中，人们往往有选择性地对工作成果进行技术评审。技术评审一般具有如下流程：

(1) 开发者介绍工作成果；

(2) 专家评审，问答并识别缺陷；

(3) 讨论缺陷并提出解决方案。

技术评审所发现的缺陷及提出的解决方案，在技术评审后，应该继续得到跟踪与落实。

6. 测试

解决问题的最好方法是事先发现并解决它，但大部分问题不是事先能够及时发现并解决的。因此，测试环境不可或缺，测试的目的是发现尽可能多的缺陷，在软件开发过程中，编程与测试紧密结合。

测试不是被动地进行，而应该在软件设计过程中有计划地开展测试工作。测试可以分为单元测试、集成测试、系统测试与验收测试等几个阶段，一般遵循如下流程：

(1) 制订测试计划；

(2) 设计测试用例；

(3) 执行测试；

(4) 反馈问题并撰写测试报告；

(5) 跟踪问题修改，并回到流程(3)。

7. 质量保证

质量保证是一种有计划、需要贯穿于整个产品生命周期的质量管理方法，它提供了一种有效的人员组织形式与管理形式，通过客观地检查和监控"过程质量"与"产品质量"来实现持续改进质量的目的。

由于过程质量与产品质量存在某种因果关系，即"好的过程"可能产生"好的产品"。

因此，质量保证通过有计划地检查"工作过程和工作成果"是否符合既定规范来监控与改进质量。质量保证人员即使不是技术专家，也能通过客观地检查和监控产品质量，达到保证质量的目的。

但单独的质量保证并不能保证产品的质量，质量保证需要将技术评审与测试有机结合，三者相辅相成以更有效地管理产品质量。企业一般有质量保证小组(Quality Assurance Group)，建议质量保证小组成员参与并监督重要的技术评审与测试工作，以实现技术评审、测试与质量保证有机结合，保证产品质量。

4.2　嵌入式 C 语言编程

4.2.1　C 语言的发展与标准

C 语言是一门面向过程、抽象化的高级程序设计语言，在保持高级语言跨平台特性的同时，提供了许多低级处理的功能，广泛应用于底层软件与系统软件开发。通过标准规格编写的 C 语言程序可在特定嵌入式处理器以及超级计算机等许多计算机平台上进行编译运行。

20 世纪 80 年代，美国国家标准协会(ANSI)为了避免各开发厂商用的 C 语言语法产生差异，给 C 语言制定了一套完整的美国国家标准，被称为 ANSI X3.159–1989"Programming Language C"。因为这个标准是 1989 年通过的，所以一般简称为 C89 标准或称为 ANSI C。作为 C 语言最初的标准版本，ANSI C 对 C 语言后续版本都具有较大的影响。

1990 年，国际标准化组织(ISO)和国际电工委员会(IEC)把 C89 标准定为 C 语言的国际标准，命名为 ISO/IEC 9899:1990，即 Programming languages—C。因为此标准是在 1990 年发布的，所以有些人把其简称为 C90 标准。不过大多数人依然称之为 C89 标准，因为此标准与 ANSI C89 标准完全等同。

1999 年，在做了一些必要的修正和完善后，ISO 发布了新的 C 语言标准，命名为 ISO/IEC 9899:1999，简称为"C99"。在 2011 年 12 月 8 日，ISO 又正式发布了新的标准，称为 ISO/IEC 9899:2011，简称为"C11"。

GCC 在不断升级维护以及影响力扩大的过程中，也逐渐形成了自己的 GNU C 标准。GNU C 除了支持 ANSI C 外，还对 C 语言进行了很多扩展，这些扩展对优化、目标代码布局、更安全地检查等方面提供了很强的支持。GNU 项目始于 1984 年，旨在开发一个类 UNIX 的完整操作系统自由软件。GCC 作为 GNU 中的一个项目，起初目的是编程开发一个开源的 C 语言编译器，如今的 GCC 可以处理 Fortran、Pascal、Objective-C、Java、Ada 以及 Go 等众多编程语言。在 Linux 下编程最常用的 C 编译器就是 GCC。

4.2.2　嵌入式 C 语言编程

由于嵌入式系统的特点，嵌入式编程更加注重代码的质量、效率和安全性。同时，由于嵌入式体系结构的差异，嵌入式编程有许多自己的特点。本节以 C 语言编程为例，从内存角度理解嵌入式编程。

1. 大端(Big-Endian)和小端(Little-Endian)

在计算机系统中，我们是以字节为单位的，每个地址单元都对应着一个字节，一个字节为 8 bit。但是在 C 语言中除了 8 bit 的 char 型之外，还有 16 bit 的 short 型，32 bit 的 long 型(要看具体的编译器)。另外，对于位数大于 8 位的处理器，例如 16 位或者 32 位的处理器，由于寄存器宽度大于一个字节，那么必然存在着一个如何安排多个字节的问题。因此就导致产生了大端存储模式和小端存储模式。大端格式是将字数据的高字节存储在低地址中，而字数据的低字节则存放在高地址中，如图 4.3 所示。

小端存储格式与大端存储格式相反，在低地址中存放的是字数据的低字节，高地址中存放的是字数据的高字节，如图 4.4 所示。

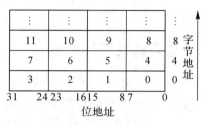

图 4.3　大端格式图例　　　　　　　　图 4.4　小端格式图例

示例：大端、小端举例。

　　常用的 x86 结构是小端模式，而 Keil C51 则为大端模式。ARM 既可以工作在大端模式，也可以工作在小端模式，常见 CPU 的字节序举例：

Big Endian : PowerPC、IBM、Sun

Little Endian : x86、DEC

那如何从软件角度判断大端与小端呢？在计算机系统中，我们可以编写一个小的测试程序来判断机器的大小端。

```
BOOL IsBigEndian()
{
    int a = 0x1234;
    char b = *(char*)& a;    //通过将 int 强制类型转换成 char 单字节来判断起始存储位置，以确定
是否为大端存储格式，即 b 取 a 的低地址部分
    if (b == 0x12)
    {
        return TRUE;
    }
    return FALSE;
}
```

2. 数据类型

数据类型是一个值的集合以及定义在这个值集上的一组操作。变量是用来存储值的所在处，它们有名字和数据类型。变量的数据类型决定了如何将其代表的这些值存储到计算

机的内存中。所有变量都具有数据类型，以决定能够存储哪种数据。

变量用于存储数据，而数据有各种类型，有的占用一个内存单元，有的占用多个内存单元，如果让程序员在定义变量时指定内存单元的个数，那是十分麻烦的。因此，在 C 语言中预先设置好了一些"模板"即数据类型，程序员只要指定变量的数据类型，系统就为其分配合适的存储空间。图 4.5 所示为 C 语言的数据类型，其中基本类型也称为内置数据类型。

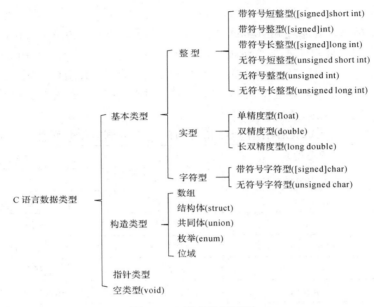

图 4.5　C 语言数据类型

因此，在定义变量时至少需要指定变量的数据类型和变量名，可以赋初值(称为初始化)，也可以不赋初值。

在传统的 Visual C++(简称 VC)编程中，通常认为基本数据类型定义的变量存储空间是恒定的。以 VC 为例，6 种基本数据类型及其内存占用情况如下：

(1) char：字符型，占 1 个字节。

(2) short = short int：短整型，占 2 个字节。

(3) int：整型，占 4 个字节。

(4) long = long int：长整型，占 4 个字节。

(5) float：单精度浮点型，占 4 个字节。

(6) double：双精度浮点型，占 8 个字节。

但在嵌入式编程中，基本数据类型及其存储空间大小可能会有差异，以面向 51 单片机的 Keil μVision4(简称 Keil C51)为例，可以理解为只存在如下 4 种基本数据类型，其中 int 类型仅占用 2 个字节而非 4 个字节的存储空间，具体如下：

(1) char：字符型。

(2) int = short = short int：整型，占 2 个字节。

(3) long = long int：长整型，占 4 个字节。

(4) float = double：单精度浮点型，占 4 个字节。

> **小贴士**：布尔型与 bit 类型
>
> 　　现在我们知道，在单片机中，int 类型只占用 2 个字节存储空间，而在 PC 编程中通常为 4 个字节。
>
> 　　在 Keil C51 中，bit 占用一个位的存储空间。布尔型只有 True 和 False，是否也只占用一个位的存储空间呢？实际上 Bool 变量占用了 1 个字节的内存，当值为 False 的时候，实际上存储的是 0x00；当值为 Ture 时，实际上存储的是 0x01。

　　当然，基本整型数据类型又可以通过 signed 关键词扩展为有符号的 signed char、signed int、signed long 类型，或通过 unsigned 关键词扩展为无符号的 unsigned char、unsigned int、unsigned long 类型；而对于不加关键词扩展的 char、int、long 本身，Keil μVision4 则一律认为是 signed 类型。同时，针对 51 单片机硬件的一些特点，Keil C51 还扩展了 bit、sbit、sfr、sfr16 等 4 种特殊基本数据类型，它们都是标准 C 中所没有的。表 4.2 展示了 Keil μVision4 面向 51 单片机的基本数据类型各种属性。

表 4.2　Keil μVision4 面向 51 单片机的基本数据类型各种属性一览表

类别	数据类型	长度	值域
字符型	unsigned char	1 字节	0～255
	signed char	1 字节	−128～127
	char	1 字节	−128～127
整型	unsigned short int	2 字节	0～65535
	signed short int	2 字节	−32 768～+32 767
	short int	2 字节	−32 768～+32 767
	unsigned short	2 字节	0～65 535
	signed short	2 字节	−32 768～+32 767
	short	2 字节	−32 768～+32 767
	unsigned int	2 字节	0～65 535
	signed int	2 字节	−32 768～+32 767
	int	2 字节	−32 768～+32 767
长整型	unsigned long int	4 字节	0～4 294 967 295
	signed long int	4 字节	−2 147 483 648～+2 147 483 647
	long int	4 字节	−2 147 483 648～+2 147 483 647
	unsigned long	4 字节	0～4 294 967 295
	signed long	4 字节	−2 147 483 648～+2 147 483 647
	long	4 字节	−2 147 483 648～+2 147 483 647
浮点型	float	4 字节	±1.754 94E−38～±3.402 823E+38
	double	4 字节	±1.754 94E−38～±3.402 823E+38
位型	bit	1 位	0,1
	sbit	1 位	0,1

3. 变量的作用域和变量在内存中的存储方式

1) 变量的作用域

变量的作用域指变量的有效范围。在一个程序中可能定义多个变量，根据其定义位置可分为局部变量和全局变量。

(1) 局部变量：在函数内部定义的变量为内部变量，它只在本函数范围内有效，在该函数以外不能使用这些变量，称之为局部变量。所以局部变量的作用域仅限于定义它的函数。

(2) 全局变量：在函数之外定义的变量为外部变量，它的作用域为从定义变量的位置开始到本源程序文件结束，称之为全局变量。所以全局变量的作用域仅限于定义它的源程序文件，在本源程序文件的所有函数中都可以使用其中定义的全局变量。例如：

```c
int n = 1;                  //全局变量 n
void fun()
{
    int n = 10;             //局部变量 n
    printf("%d", n);        //输出局部变量 n 的值 10
}
void main()
{
    fun();
    printf("%d\n", n);      //输出全局变量 n 的值 1
}
```

上述程序输出为"10，1"。fun 函数中的 printf 语句输出局部变量 n 的值 10，而主函数中的 printf 语句输出全局变量 n 的值 1，在相同作用域内不允许出现相同的变量名。

2) 变量的存储类别

在定义变量时还可以指定存储类别，主要的存储类别说明如下。

(1) auto：自动变量，在缺省情况下，编译器默认所有局部变量为自动变量。这种变量的存储空间由系统自动分配和释放，系统不会自动初始化。例如，以下程序执行时会输出 n 中没有意义的垃圾值，如输出"-858993460"，因为自动变量 n 没有初始化。例如：

```c
void main()
{
    int n;                  //n 默认为自动变量
    printf("%d\n", n);      //输出：-858993460
}
```

(2) register：寄存器变量，变量值存放在 CPU 的内部寄存器中，存取速度最快，通常只将需要频繁读的变量定义为寄存器变量，这类变量不能进行取变量地址操作。有的编译器会做优化处理，将计算量不大的寄存器变量也作为自动变量处理，如 Visual C++ 6.0。因为寄存器个数有限，所以一般不能在程序中定义很多寄存器变量。另外，只有局部自动变量和函数形参才可以定义为寄存器变量。

(3) extern：外部变量，外部变量和全局变量是对同一类变量的两种不同角度的提法。全局变量是从作用域提出的，外部变量是从存储类别提出的。

(4) static：静态变量，在函数内部用 static 关键字定义的变量称为静态局部变量，在函数外部用 static 关键字定义的变量称为静态全局变量。在程序执行期间，静态局部变量在内存的静态存储区中占据着永久性的存储单元，即使退出函数以后，下次再进入该函数时，静态局部变量仍使用原来的存储单元。对于在定义时初始化的静态局部变量，初始化仅仅执行一次；对于未初始化的静态局部变量，C 编译系统自动给它赋初值 0。例如：

```
void fun()
{
    static int n;          //定义静态局部变量 n，并自动初始化为 0
    n++;
    printf("%d\n", n);
}
void main()
{
    fun();                //调用时输出 1
    fun();                //调用时输出 2
    fun();                //调用时输出 3
}
```

在主函数中，第 1 次调用 fun()时，初始化静态局部变量 n 为 0，执行 n++，输出为 1。第 2 次调用 fun()时，静态局部变量 n 仍然存在，其值为 1，执行 n++，输出为 2。第 3 次调用 fun()时，输出为 3。在多次调用 fun()时，可以简单地理解为仅仅第 1 次执行"static int n;"语句。

在一般情况下，全局变量默认是外部的，即定义全局变量 n 的如下两种方式是等价的：

```
int n=1;
extern int n=1;        //如果不初始化，就变成声明变量 n 了
```

如下方式定义的全局变量 n 为静态全局变量：

```
static int n=1;
```

静态全局变量的作用域只限于本源程序文件。静态全局变量和普通全局变量的区别是静态全局变量只能初始化一次，以防止在其他源程序文件中被访问。

归纳起来，auto 和 register 变量属于动态存储类别的变量，而 extern 和 static 变量属于静态存储类别的变量。

3) 内存组织结构

尽管内存空间很大，但程序只能直接访问其中的一部分空间，内存的低地址空间被操作系统占用，其余的高地址空间划分为 4 个部分，大致结构如图 4.6 所示。

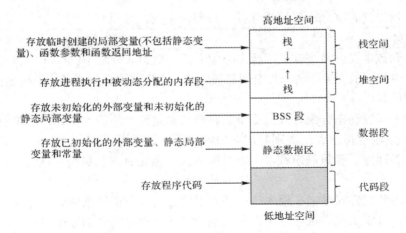

图 4.6　内存组织结构

(1) 代码段(Code Segment)：用来存放程序执行代码(编译后的代码)，又称为文本段(Text Segment)。这部分区域的大小在程序执行前就已经确定，并且该内存区域属于只读。

(2) 数据段(Data Segment)：用于存放程序执行中使用的那些变量的值，包含以符号开始的块(Block Started by Symbol，BSS)段和静态数据区两部分。BSS 段用来存放程序中未初始化的外部变量和未初始化的静态局部变量，在执行程序时，BSS 段会预先清空，所以存放在 BSS 段中的变量均默认初始化为 0。这就是为什么外部变量和静态局部变量可以不初始化，但是会被赋予默认值 0。另外的静态数据区用来存放程序中已初始化的外变量、静态局部变量和常量。

(3) 堆空间(Heap Segment)：堆用于存放进程中被动态分配的内存段，它的大小并不固定，可动态扩张或缩减。当进程调用 malloc()等函数分配内存时，新分配的内存就被动态添加到堆上(堆被扩张)；当利用 free()等函数释放内存时，被释放的内存从堆中被剔除(堆被缩减)。从堆分配的内存仅能通过指针访问。这里的堆与数据结构中队列的概念是不同的。

一般来讲，在 32 位系统中堆内存可以达到 4 GB 的空间，从这个角度来看堆内存几乎是没有什么限制的。对堆空间频繁地使用 malloc()/free()，会造成堆空间的不连续，从而造成大量的碎片，使程序效率降低。

堆空间是由动态分配函数分配的内存空间，一般速度比较慢，而且容易产生内存片。通常堆空间是向高地址方向生长的，程序员可以方便地管理堆空间。

(4) 栈空间(Stack Segment)：又称堆栈，用来存放程序中临时创建的局部变量(但不包括用 static 定义的静态变量)、函数参数和函数返回地址。在函数被调用时，其参数也会被压入发起调用的进程中，并且待到调用结束后，函数的返回值也会被存放回栈中。因为栈具有先进后出的特点，所以特别方便用来保存/恢复调用现场。从这个意义上讲，可以把栈看成一个存放、交换临时数据的内存区。栈的操作方式类似于数据结构中的根。一般地，栈空间有一定的大小，通常远小于堆空间。例如，在 VC++6.0 中默认的栈空间大小是 1 MB，程序员可以修改这个值。栈空间由系统自动分配，速度较快，程序员无法控制栈空间。

4) 变量静态分配和动态分配方式

变量静态分配方式是指在程序编译期间分配固定的存储空间的方式。该存储分配方式通常是在变量定义时就分配存储单元并一直保持不变，直至整个程序结束。例如：

```
int a[10];
```

一旦遇到该定义，系统就采用静态分配方式为数组 a 分配 10 个 int 整数空间。无论程序向数组 a 中放不放元素，这一片空间都被占用。它也属于自动变量，当超出作用范围时，系统自动释放其内存空间。

变量静态或者动态分配方式与变量的存储类别是两个不同的概念，程序中的每个变量都有存储类别(没有指出存储类别时均采用默认的存储类别)，存储类别确定了该变量存放在内存的什么地方。变量静态或者动态分配方式主要是针对指针变量(或者数组)指向的空间而言的。

变量动态分配方式是指在程序执行期间根据需要动态申请堆空间的方式。C 语言提供了一套机制，可以在程序执行时动态分配存储空间，常见的动态分配函数如表 4.3 所示，其中 size_t 为 unsigned int 类型的别名。

表 4.3　常见的动态分配函数

函数	使用格式	功　　能
malloc()	void *malloc(size_t t)	在堆空间中申请分配 t 字节的空间。返回分配空间的 void 类型首地址(需要强制转换为相应指针类型)，若没有足够的内存空间，则返回 NULL。其原型位于 malloc.h 头文件
calloc()	void *calloc(size_t num,size_t t)	在堆空间中申请分配 num 个长度为 t 的连续空间，并将每个字节都初始化为 0。所以它的结果是分配了 num×t 个字节长度的内存空间，并且每个字节的值都是 0
realloc()	void *realloc(void *p,size_t t)	修改或重新分配一块已经由 malloc()函数分配的内存空间。p 为以前分配的内存空间地址，t 为新空间的大小。新空间可能在新的内存位置
free()	void free(void* ptr)	用来释放动态分配的内存空间

例如：

```
char* p;
p = (char*)malloc(10 * sizeof(char));      //在堆空间中分配 10 个连续的字符空间
strcpy(p, "China");                         //将"China"存放到 p 所指向的空间中
printf("%c\n", *p);                         //输出字符 C
printf("%s\n", *p);                         //输出字符串"China"
free(p);                                    //释放 p 所指向的空间
```

上述代码先定义一个字符指针变量 p，然后使用 malloc()函数为其分配长度为 10 个字符的存储空间，将该存储空间的首地址赋给 p，再将字符串"China"放到这个存储空间中。所以第 1 个 printf 语句输出的是首地址的字符，即"C"，而第 2 个 printf 语句输出的是整个字符串，即"China"，最后的 free(p)语句用于释放 p 所指向的空间。如果程序员在程序中采用动态分配方式分配大量的内存空间，而用完后不及时释放，则会很快消耗完应用程序的内存空间，称之为内存泄漏。

归纳起来，变量静态分配和动态分配的差异如表 4.4 所示。

表 4.4 变量静态分配和动态分配的差异

静 态 分 配	动 态 分 配
静态分配是指在程序编译期间分配空间	动态分配是指在程序执行期间分配空间
静态分配的空间大小是固定的	动态分配的空间大小在执行时可以变化
静态分配的空间由系统自动释放(回收)	动态分配的空间需要程序员显式释放(回收)
静态分配的变量访问速度快	动态分配的变量访问速度慢
静态分配的变量存放在数据段或者栈空间中	动态分配的变量存放在堆栈空间中

例如给出以下程序的执行结果，说明各变量的存放位置：

```
include <stdio.h>
#include <string.h>
#include <malloc.h>
int x;
void main()
{
    static int n = 1;
    char* p;
    p = (char*)malloc(5 * sizeof(char));
    strcpy(p, "abc");
    int m = 10;
    printf( " x 的地址： % x\n " , &x);
    printf( " n 的地址： % x\n " , &n);
    printf( " p 所指数据的地址： % x\n " , p);
    printf( " p 的地址： % x\n " , & p);
    printf( " m 的地址： % x\n " , & m);
}
```

上述程序的输出结果如下：

x 的地址：427e50	//BBS 段
n 的地址：424b94	//静态数据区
p 所指数据的地址：392eb8	//堆空间
p 的地址：12ff44	//栈空间
m 的地址：12ff40	//栈空间

其中，x 为未初始化的全局变量，在 BBS 段中分配；n 为已初始化静态局部变量，在静态数据区中分配；p 所指的字符串"abc"在堆空间中分配。p 和 m 都是局部变量，在栈空间中分配。p、m 变量在同一段中分配，存储地址相差较小，而其他变量在不同段中分配，存储地址相差较大。

例如，分析以下程序中各变量的存放位置：

```
include <stdio.h>
include <malloc.h>
int n;                    //未初始化全局变量 n，在 BBS 段中分配
```

```
double x = 5.0;              //已初始化全局变量 x，在静态数据区中分配
void fun()
{
  static int n = 1;          //已初始化静态局部变量 n，在静态数据区中分配
  double* p;                 //局部变量 p，在栈中分配
  p = (double*)malloc(sizeof(double)); //p 指向的空间在堆中分配
  *p = 1.0;
  n++;
  x += *p;
  free(p);
}
void main()
{
  fun();
  printf("n=%d, x=%1f\n", n, x);      //输出:n＝0，x＝6.000000
}
```

上述程序中各变量的存放位置见程序中的注释。

4. 结构体变量的初始化

在结构体变量定义的同时可以给各个成员项赋初值，即结构体变量的初始化。结构体变量初始化的一般格式如下：

　　　　struct 结构体类型变量 = {初始数据表}

在对结构体变量赋初值时，C 编译程序按每个成员在结构体中的顺序一一对应赋初值，不允许跳过前面的成员给后面的成员赋初值，但可以只给前面的若干个成员赋初值，对于后面未赋初值的成员，以及数值型和字符型数据，系统会自动赋初值零。

例如，以下语句定义了一个 Student 结构体类型的变量 stud，并对该变量进行初始化：

    struct Student stud = {"李明", 'M', 20, 88, "2010－01 "}

如果一个结构体变量内又嵌套另一个结构体变量，则对该结构体变量初始化时仍按顺序写出各个初始值。

5. 结构体变量的内存分配

结构体变量的内存空间大小为所有成员空间大小之和，但需要考虑内存对齐问题。

内存对齐是计算机语言自动进行的，也是编译器所做的工作。但这并不意味着程序员不需要做任何事情，因为如果能够遵循某些规则，则可以让编译器做得更好。

处理器一般不是按字节块来存取内存的，而是以双字节、4 个字节、8 个字节甚至 32 个字节为单位来存取内存的，将这些存取单位称为内存存取粒度。

例如对于双字节存取粒度的处理器，若从地址 0 读取数据，其次数是单字节存取粒度处理器的一半，而从地址 1 读取数据时，由于地址 1 没有和内存存取边界对齐，故处理器会做一些额外的工作。由于每次内存存取都会产生一个固定的开销，因此最小化内存存取次数可提升程序的性能。像地址 1 这样的地址被称为非对齐地址，会减缓存取的速度。

　　VC++(32 位系统)中的内存对齐原则如下：

　　(1) 基本数据类型的自身对齐值：对于 char 型数据，其自身对齐值为 1 个字节，short 型为 2 个字节，对于 int、float 和 double 类型，其自身对齐值为 4 个字节。

　　(2) 结构体类型的自身对齐值：其成员中自身对齐值最大的那个值。

　　(3) 自定义对齐值：用宏命令#pragma pack(n)自定义对齐值为 n，用宏命令 #pragma pack()取消自定义对齐。

　　(4) 当指定自定义对齐值时，取自身对齐值和自定义对齐值中较小的那个值。

　　所谓有效对齐值 N，是最终用来决定数据存放地址方式的值，即表示"对齐在 N 上"，也就是说，该数据的"存放起始地址%N＝0"。结构体变量中的成员都是按定义的先后顺序排放的，第一个成员的起始地址就是该结构体变量的起始地址。结构体变量的成员要对齐排放,结构体变量本身也要根据自身的有效对齐值取整(就是结构体变量中成员占用的总长度须是结构体有效对齐值的整数倍)。例如定义以下结构体变量 x：

```
struct A
{
    int a;

    char b;

    short c;
} x;
```

　　结构体变量 x 中成员 a 的有效对齐值 N_1 为 4，成员 b 的有效对齐值 N_2 为 1，成员 c 的有效对齐值 N_3 为 2，x 的有效对齐值 N 为 max{4, 1, 2}＝4。

　　现在要分配 x 的内存空间，假设其起始地址为 0x12ff78(其地址值满足模 N_1 余 0)，先为成员 a 分配 4 个字节，其下一字节地址为 0x12ff7c，由于满足 0x12ff7c%N_2＝0，则为成员 b 分配 1 个字节，其下一字节地址为 0x12ff7d，而 0x12ff7d%N_3≠0，所以不能从该地址开始分配成员 c 的空间，向后跳过一个字节到地址 0x12ff7e，而 0x12ff7e%N_3＝0，从该地址开始分配成员 c 的空间，这样结构体变量 x 的内存分配如图 4.7 所示(图中从左到右表示地址从低到高)，其总空间为 2N＝8(一定是 N 的整数倍)。

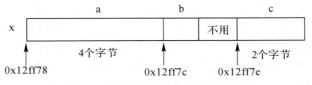

图 4.7　结构体变量 x 的内存分配

　　又如定义以下结构体变量 y：

```
struct A
{
    char a;

    int b;

    short c;
} y;
```

结构体变量 y 中成员 a 的有效对齐值 N_1 为 1，成员 b 的有效对齐值 N_2 为 4，成员 c 的有效对齐值 N_3 为 2，y 的有效对齐值 N 为 max{1,4,2}=4。

现在要分配 y 的内存空间，假设其起始地址为 0(其地址值满足模 N_1 余 0)，先为成员 a 分配 1 个字节，其下一字节地址为 1，而 $1\%N_2\neq0$，因而不能从此开始为成员 b 分配空间，后跳过 3 个字节到地址 4，满足 $4\%N_2=0$，所以从地址 4 开始为成员 b 分配 4 个字节，其下一字节地址为 8，满足 $8\%N_3=0$，因而从地址 8 开始为成员 c 分配 2 个字节。由于 y 的有效对齐值 N 为 4，采用取整规则，即任何结构体变量的大小为其有效对齐值 N 的整数倍，所以 y 共分配 3N(即 12)个字节，它的内存分配如图 4.8 所示。

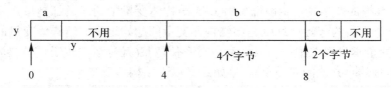

图 4.8　结构体变量 y 的内存分配

4.3　规范化编程

什么叫规范？在 C 语言中不遵守编译器的规定，编译器在编译时就会报错，这个规定叫作规则。但是有一种规定，它是一种人为的、约定俗成的，即使不按照规定做也不会出错，这种规定就叫作规范。

虽然我们不按照规范也不会出错，但是程序是让人看的，是要分享给队友或者其他人的，甚至是任何陌生的人。因此，程序写得规范，不仅看着整齐、舒服、有美感，还不容易出错。

那么代码如何写才能写得规范呢？代码的规范化不是一蹴而就的，里面细节很多，需要不停地练习，不断地领悟，才能逐渐掌握。代码规范化有很多内容，这里列举一些方法，以提升大家的认识。

4.3.1　程序排版

程序排版的要求如下：

(1) 程序块要采用缩进风格编写，缩进的空格数为 4 个。需要说明的是，由开发工具自动生成的代码可以有不一致。

(2) 相对独立的程序块之间、变量说明之后必须加空行。例如，下面的例子不符合规范。

```
if(!va1id__ni(ni))
{
…//程序代码
}
repssn_ind = ssn_data[indel].repssn_index;
repssn_ni = ssn_data [index]. ni;
```

应书写如下：

```
if(!va1id__ni(ni))
{
    …//程序代码
}


repssn_ind = ssn_data[indel].repssn_index;
repssn_ni = ssn_data [index]. ni;
```

(3) 较长的语句(＞80 字符)要分成多行书写，长表达式要在低优先级操作符处划分新行，操作符放在新行之首，划分出的新行要进行适当缩进，使排版整齐、语句可读。例如：

```
perm_count_msg. head. Len = NO7_TO_STAT_PERM_COUNT_LEN
                          + STAT_SIZE_PER_FRAM * sizeof( _UL );
act_task_table [frame_id * STAT_TASK_CHECK_NUMBER + index]. occupied
                          = stat_poi[index].occupied;
act_task_table[taskno]. duration_true_or_false
                          = SYS_get_sccp_statistic_state( stat_item );
report_or_not_flag = ((taskno<MAX_ACT_TASK_NUMBER)
                          && (n7stat_stat_item_valid (stat_item))
                          && (act_task_table[taskno].result_data != 0));
```

(4) 循环、判断等语句中若有较长的表达式或语句，则要进行适当的划分，长表达式要在低优先级操作符处划分新行，操作符放在新行之首。例如：

```
if    ((taskno<max_act_task_number) && (n7stat_stat_Item_valid(stat_item)))
{
    … //程序代码
}
for (i = 0 ,j = 0; (i<BufferKeyword[word_index].word_length)
                && (j <NewKeyword.word_length) ; i++ , j++)
{
    …//程序代码
}


for (i = 0, j = 0;(i<first_word_length) && (j <second_word_length);i++, j++)
{
    …//程序代码
}
```

(5) 若函数或过程中的参数较长，则要进行适当的划分。例如：

```
n7stat_str_compare ((BYTE * )    &stat_object,
```

```
            (BYTE * )   &   (act_task_table[taskno].stat_object),
            sizeof (_STAT_OBJECT));
            n7stat_flash_act_duration( stat_item, frame_id * STAT_TASK_CHECK_NUMBER
            + index, stat_object );
```

(6) 不允许把多个短语句写在一行中，即一行只写一条语句。例如，下面的例子不符合规范：

```
            rect.length = 0;   rect.width =0;
```

应书写如下：

```
            rect.length = 0;
            rect.width = 0;
```

(7) if、for、do、while、case、switch、default 等语句自占一行，且 if、for、do、while 等语句的执行语句部分无论多少都要加括号{}。例如，以下例子不符合规范：

```
            if (pUserCR ==   NULL)  return;
```

应书写如下：

```
            if (pUserCR ==   NULL)
            {
                return;
            }
```

(8) 对齐只使用空格键，不要使用 Tab 键，以免用不同的编译器阅读程序时，因 Tab 键所设置的空格数目不同而造成程序布局不整齐。同时，不要使用 BC 作为编译器合入版本，因为 BC 会自动将 8 个空格变成一个 Tab 键。因此使用 BC 合入的版本大多数会将缩进变乱。

(9) 函数或过程的开始、结构的定义及循环、判断等语句中的代码都要采用缩进风格，case 语句下的情况处理语句也要遵从语句缩进要求。

(10) 程序块的分界符(如 C/C++ 语言的大括号"{"和"}")应各独占一行并且位于同一列，同时与引用它们的语句左对齐。在函数体的开始、类的定义、结构的定义、枚举的定义，以及 if、for、do、while、switch、case 语句中的程序都要采用如上的缩进方式。例如，下面的例子不符合规范：

```
            for(…){
            …//程序代码
            }
            if (…){
            …//程序代码
            }

            void example_fun( void )
            {
```

```
    ···//程序代码
    }
```

应书写如下：

```
    for(···)
    {
        ···//程序代码
    }

    if (···)
    {
        ···//程序代码
    }

    void example_fun( void )
    {
        ···//程序代码
    }
```

(11) 对两个以上的关键字、变量、常量进行对等操作时，它们之间的操作符前后要加空格；进行非对等操作时，如果是关系密切的立即操作符(如"->"),后面不应加空格。需要说明的是，采用这种松散方式编写代码的目的是使代码更加清晰。

由于留空格所产生的清晰性是相对的，因此，在已经非常清晰的语句中没有必要再留空格，如果语句已足够清晰则括号内侧(即左括号后面和右括号前面)不需要加空格，多重括号间不必加空格，因为在 C/C++语言中括号已经是最清晰的标志了。

在长语句中，如果需要加的空格非常多，那么应该保持整体清晰，而在局部不加空格。给操作符留空格时不要连留两个以上空格。例如：

① 逗号、分号只在后面加空格，int a，b，c。

② 比较操作符、值操作符"="""+="、算术操作符"+"""%"、逻辑操作符"&&"""&"、位域操作符"<<"""^"等双目操作符的前后加空格。

```
    if (current_time>= MAX_TIME_VALUE)
    a = b + c;
    a *= 2;
    a = b ^ 2;
```

③ "!"""~"""++"""--"""&"(地址运算符)等单目操作符前后不加空格。

```
    *p = 'a';           //内容操作"*"与内容之间
    flag = !isEmpty;    //非操作"!"与内容之间
    p = &men;           //地址操作"&"与内容之间
    i++;                // "++"""--"与内容之间
```

④ "->" "." 前后不加空格。

```
p->id = pid;                    //"->" 指针前后不加空格
```

⑤ if、for、while、switch 等与后面的括号间应加空格，以使 if 等关键字更为突出、明显。

```
if (a >= b && c > d)
```

(12) 一行程序以小于 80 个字符为宜，不要写得过长。

4.3.2　代码注释

代码注释的要求如下：

(1) 一般情况下，源程序有效注释量必须在 20%以上。注释的原则是有助于对程序的阅读理解，在该加的地方都要加，注释不宜太多也不能太少，注释语言必须准确、易懂、简洁。

(2) 说明性文件(如头文件.h 文件、.inc 文件、.def 文件、编译说明文件.cfg 等)头部应进行注释，注释必须列出版权说明、版头号、生成日期、作者、内容、功能、与其他文件的关系、修改日志等，头文件的注释中还应有函数功能简要说明。下面这段头文件的头注释比较标准，当然，并不局限于此格式，但上述信息建议要包含在内。

```
/**************************************************************
Copyright (C), 1988-1999, Huawei Tech. Co., Ltd.
File name:       //文件名
Author:        Version:         Date:         //作者、版本及完成日期
Description: //用于详细说明此程序文件完成的主要功能，与其他模块或函数的接口、输出值、
            //取值范围、含义及参数间的控制、顺序、独立或依赖等关系
Others:         //其他内容的说明
Function List:      //主要函数列表，每条记录应包括函数名及功能简要说明
1. …
History:         //修改历史记录，每条修改记录应包括修改日期、修改者及修改内容简述
1. Date:
Author:
Modification:
2. …
**************************************************************/
```

(3) 源文件头部应进行注释，必须列出版权说明、版头号、生成日期、作者、模块目的/功能、主要函数及其功能、修改日志等。下面这段源文件的头注释比较标准，当然，并不局限于此格式，但上述信息建议要包含在内。

```
/*********************************************************

Copyright (C), 1988-1999, Huawei Tech. Co., Ltd.

File name: test.cpp

Author:          Version:         Date:

Description:     //模块描述

Version:         //版本信息

Function List:   //主要函数及其功能

1. ...

History:         //历史修改记录

<author><time><version><desc>

David    96/10/12    1.0    build this moudle

*********************************************************/
```

说明：Description 描述本文件的内容、功能、内部各部分之间的关系，以及本文件与其他文件的关系等；History 是修改历史记录列表，每条修改记录应包括修改日期、修改者和修改内容简述。

(4) 函数头部应进行注释，必须列出函数的目的/功能、输入参数、输出参数、返回值、调用关系(函数、表)等。例如，下面这段函数的注释比较准确，当然，并不局限于此格式，但上述信息建议要包含在内。

```
/*********************************************************

Function:        //函数名称

Description:     //函数功能、性能等的描述

Calls:           //被本函数调用的函数清单

Called By:       //调用本函数的函数清单

Table Accessed:  //被访问的表(此项仅对牵扯到数据库操作的程序)

Table Updated:   //被修改的表(此项仅对牵扯到数据库操作的程序)

Input:           //输入参数说明，包括每个参数的作用、取值及参数间的关系

Output:          //对输出参数的说明

Return:          //函数返回值的说明

Others:          //其他说明

*********************************************************/
```

(5) 边写代码边注释，修改代码的同时修改相应的注释，以保证注释与代码的一致性。不再有用的注释要删除。

(6) 注释的内容要清楚、明了，含义要准确，防止注释二义性。错误的注释不但无益反而有害。

(7) 避免在注释时使用缩写，特别是非常用的缩写。在使用缩写之前，应对缩写进行必要的说明。

(8) 注释应与其描述的代码相近，对代码的注释应放在其上方或右方(对单条语句的注释)相邻位置，不可放在下面，如放于上方则需与其上面的代码用空行隔开。例如，下面的

例子不符合规范：

```
repssn_ind = ssn_data[index].repssn_index;
repssn_ni = ssn_data[index].ni;
/* get replicate sub system index and net indicator */
```

应书写如下：

```
/* get replicate sub system index and net indicator */
repssn_ind = ssn_data[index].repssn_index;
repssn_ni = ssn_data[index].ni;
```

(9) 对于有物理含义的变量、常量，如果其命名不是自注释的，在声明时都必须加以注释，说明其物理含义。变量、常量、宏的注释应放在其上方相邻位置或右方。例如：

```
/* active statistic task number */
#define MAX_ACT_TASK_NUMBER 1000
```

或

```
#define MAX_ACT_TASK_NUMBER 1000 /* active statistic task number */
```

(10) 对于数据结构声明(包括数组、结构、类、枚举等)，如果其命名不是自注释的，则必须加以注释。对数据结构的注释应放在其上方相邻位置，不可放在下面；对结构中的每个域的注释放在此域的右方。例如，可按如下形式说明枚举、数据、联合结构。

```
/* sccp interface with sccp user primitive message name */
enum SCCP_USER_PRIMITIVE
{
    N_UNITDATA_IND,        /* sccp notify sccp user unit data come */
    N_NOTICE_IND,          /* sccp notify user the No. 7 network can not */
    /* transmission this message */
    N_UNITDATA_REQ,        /* sccp user's unit data transmission request */
}
```

(11) 全局变量要有较详细的注释，包括对其功能、取值范围、哪些函数或过程存取了它以及存取时注意事项等的说明。例如：

```
/* The ErrorCode when SCCP translate */
/* Global Title failure, as follows */      //变量作用、含义
/* 0 - SUCCESS 1 - GT Table error */
/* 2 - GT error others - no use */          //变量取值范围
/* only function SCCPTranslate() in */
/* this modual can modify it, and other */
/* module can visit it through call */
/* the function GetGTTransErrorCode() */     //使用方法
BYTE g_GTTranErrorCode;
```

(12) 注释与所描述内容进行同样的缩排。这样可使程序排版整齐，并方便注释的阅读

与理解。例如，下面的例子排列不整齐，阅读稍感不方便。

```
void example_fun( void )
{
/* code one comments */
    CodeBlock One

/* code two comments*/
    CodeBlock Two
}
```

应改为如下布局：

```
void example_fun( void )
{
    /* code one comments */
    CodeBlock One

    /* code two comments */
    CodeBlock Two
}
```

(13) 将注释与其上面的代码用空行隔开。例如，下面的例子就显得代码过于紧凑。

```
/* code one comments */
program code one
/* code two comments */
program code two
```

应书写如下：

```
/* code one comments */
program code one


/* code two comments */
program code two
```

(14) 对变量的定义和分支语句(条件分支、循环语句等)必须编写注释。这些语句往往是程序实现某一特定功能的关键，对于维护人员来说，良好的注释有助于更好地理解程序，有时甚至优于看设计文档。

(15) 对于 switch 语句下的 case 语句，如果因为特殊情况需要处理完一个 case 后进入下一个 case 处理，必须在该 case 语句处理完、下一个 case 语句前加上明确的注释。这样可以比较清楚地了解程序编写者的意图，能有效防止无故遗漏 break 语句。例如：

```
case CMD_UP:
```

```
        ProcessUp();
        break;
    case CMD_DONN:
        ProcessDown();
        break;
    case CMD_FWD:
        ProcessFWD();

        if (…)
        {
            …
            break;
        }
        else
        {
            ProcessCFW_B();        // now jump into case CMD_A
        }

    case CMD_A:
        ProcessA();
        break;
    case CMD_B:
        ProcessB();
        break;
    case CMD_C:
        ProcessC();
        break;
    case CMD_D:
        ProcessD();
        break;
        …
```

(16) 避免在一行代码或表达式的中间插入注释。除非必要,不应在代码或表达式的中间插入注释,否则容易使代码的可理解性变差。

(17) 通过对函数或过程、变量、结构等正确命名,以及合理地组织代码的结构,可使代码具有自注释功能。清晰准确的函数、变量等的命名,可增加代码可读性,并减少不必要的注释。

(18) 在代码的功能、意图层次上进行注释,以提供有用、额外的信息。注释的目的是解释代码的目的、功能和采用的方法,提供代码以外的信息,帮助读者理解代码,防止没必要的重复注释信息。下面的注释意义不大:

```
/* if receive_flag is TRUE */
if (receive_flag)
```

而下面的注释则给出了额外有用的信息：

```
/* if mtp receive a message from links */
if (receive_flag)
```

(19) 在程序块的结束行右方加注释标记，以表明某程序块的结束。当代码段较长，特别是多重嵌套时，这样做可以使代码更清晰，更便于阅读。例如：

```
if (…)
{
    //program code

    while (index < MAX_INDEX)
    {
        //program code
    }   /* end of while (index < MAX_INDEX) */   //指明该条 while 语句结束
}   /* end of if (…) */                          //指明是哪条 if 语句结束
```

(20) 注释格式尽量统一，建议使用"/*…*/"。

(21) 注释应考虑程序易读及外观排版的因素，使用的语言若是中、英兼有的，建议多使用中文，除非能用非常流利、准确的英文表达。注释语言不统一，影响程序的易读性和外观排版，出于对维护人员的考虑，建议使用中文。

4.3.3　标识符名称

标识符名称的要求如下：

(1) 标识符的命名要清晰、明了，有明确含义，同时使用完整的单词或大家基本可以理解的缩写，避免使人产生误解。较短的单词可通过去掉"元音"形成缩写，较长的单词可取单词的头几个字母形成缩写，一些单词有大家公认的缩写。

下面的单词缩写能够被大家基本认可：temp 可缩写为 tmp，flag 可缩写为 flg，statistic 可缩写为 stat，increment 可缩写为 inc，message 可缩写为 msg。

(2) 命名中若使用特殊约定或缩写，则要有注释说明。应该在源文件的开始之处，对文件中所使用的缩写或约定，特别是对于特殊的缩写，进行必要的注释说明。

(3) 自己特有的命名风格，要自始至终保持一致，不可来回变化。个人的命名风格，在符合所在项目组或产品组的命名规则的前提下，才可使用(即命名规则中没有规定到的地方才可有个人命名风格)。

(4) 对于变量命名，禁止取单个字符(如 i、j、k、…)，建议除了要有具体含义外，还要能表明其变量类型、数据类型等，但 i、j、k 作为局部循环变量是允许的。变量，尤其是局部变量，如果用单个字符表示，很容易出错(如 i 写成 j)，而编译时又检查不出来，有可能为了这个小小的错误而花费大量的查错时间。

　　例如，下面所示的局部变量名的定义方法可以借鉴。

```
int liv_width
```

其变量名解释如下：

l　　　　　局部变量(Local)　　(其他：g　　全局变量(Global)…)

i　　　　　数据类型(Interger)

v　　　　　变量(Variable)　　(其他：c　　常量(Const)…)

width　　　变量含义

这样可以防止局部变量与全局变量重名。

　　(5) 命名规范必须与所使用的系统风格保持一致，并在同一项目中统一。例如，采用 UNIX 的全小写加下划线的风格或大小写混排的方式，不要使用大小写与下划线混排的方式，用作特殊标识时，如标识成员变量或全局变量的 m_ 和 g_，其后加上大小写混排的方式是允许的。例如，Ad_ User 不允许，add_user、AddUser、m_AddUser 允许。

　　(6) 除非必要，不要用数字或较奇怪的字符来定义标识符。下面的命名可能会使人产生疑惑：

```
#define _EXAMPLE_O_TEST_
#define _EXAMPLE_1_TEST_
Void set_sls00 ( BYTE sls );
```

应改为有意义的单词命名，例如：

```
#define _EXAMPLE_UNIT_TEST_
#define _EXAMPLE_ASSERT_TEST_
void set_udt_msg_sls( BYTE sls );
```

　　(7) 在同一软件产品内，应规划好接口部分标识符(如变量、结构、函数及常量)的命名，防止编译、链接时产生冲突。对接口部分的标识符应该有更严格的限制，防止冲突。例如，可规定在接口部分的变量和常量之前加上"模块"标识等。

　　(8) 用正确的反义词组命名具有互斥意义的变量或相反动作的函数等。下面是一些在软件中常用的反义词组。

add / remove	begin / end	create / destroy
insert / delete	first / last	get / release
increment / decrement		put / get
add / delete	lock / unlock	open / close
min / max	old / new	start / stop
next / previous	source / target	show / hide
send / receive	source / destination	
cut / paste	up / down	

例如：

```
int min_sum;
int max_sum;
```

```
    int add_user( BYTE * user_name );
    int delete_user( BYTE * user_name);
```

(9) 除了诸如编译开关、头文件等特殊应用，应避免使用_EXAMPLE_TEST_之类以下划线开始和结尾的定义。

习　题

1. 软件质量的基本属性有哪些？
2. 什么是 CMM？
3. 高质量软件开发方法有哪些？
4. 软件测试可以分为哪几种？一般遵循哪些流程？
5. 简述大端存储模式和小端存储模式的定义和区别。
6. C 语言编程中，请描述基本数据类型及其在 PC 中的字节占用情况。
7. 请从内存占用角度，说明布尔型变量和 bit 变量的区别。
8. 简述 C 语言编程中局部变量和全局变量的定义和区别。
9. 请描述变量的存储类别。
10. 内存组织结构可分为哪几个部分？简述其作用。
11. 定义以下结构体变量 y，请描述其内存分配。

```
    struct A
    {
        char a;
        int b;
        short c;
    } y;
```

12. 阐述规范化编程的重要性和好处。
13. C 语言编程中，标识符名称的命名有哪些要求和规范？

第五章　嵌入式处理器

　　嵌入式处理器是嵌入式系统最核心的部分，是控制、辅助系统运行的硬件单元，直接关系到整个嵌入式系统的性能。本章主要介绍嵌入式处理器的相关知识，以及 ARM 嵌入式处理器指令集和嵌入式处理器的架构。

5.1　概　　述

　　通常情况下，嵌入式处理器被认为是嵌入式系统中运算和控制的核心器件，其应用范围十分广泛。从最早的 4 位处理器，到目前仍在大规模应用的 8 位单片机，再到最新的高性能、低功耗的 32 位、64 位嵌入式 CPU，每一种处理器都有其适合的应用场景。

　　世界上具有嵌入式功能特点的处理器已经超过 1000 种，流行体系结构有 30 多个系列。鉴于嵌入式系统广阔的发展前景，很多半导体制造商都大规模地生产嵌入式处理器，并且各公司自主设计处理器也已经成为未来嵌入式领域的一大趋势。其中单片机、DSP 和 FPGA 有着各式各样的品种，速度越来越快，性能越来越强，价格也越来越低。嵌入式处理器的寻址空间可以从 64 KB 到 16 MB，处理器速度也可以达到 2000 MIPS，封装从几个引脚到上百个引脚不等。

5.1.1　嵌入式处理器的物理结构

　　嵌入式处理器的物理结构是处理器的底层基础，决定着处理器的上层架构及性能发挥。

1. 冯·诺依曼体系结构

　　1945 年，冯·诺依曼首先提出了"存储程序"的概念和二进制原理，后来人们把利用这种概念和原理设计的电子计算机系统统称为"冯·诺依曼结构"计算机。

　　冯·诺依曼处理器结构是一种将指令存储器与数据存储器合并在一起的存储器结构，如图 5.1 所示。它具有以下几个特点：必须有一个存储器；必须有一个控制器；必须有一个运算器，用于完成算术运算和逻辑运算；必须有输入和输出设备，用于进行人机通信。另外，程序和数据统一存储并在程序控制下自动工作。

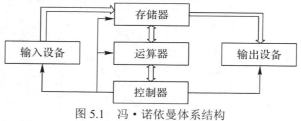

图 5.1　冯·诺依曼体系结构

因为指令存储地址和数据存储地址均指向同一个存储器的不同物理位置，所以程序指令与数据宽度相同。通常情况下，冯·诺依曼结构设计会较为简单，但执行指令的速度较慢，在实际应用中，往往需要在处理器中增加高速缓存以减少数据传输速度与 CPU 时钟频率的差距。

将 CPU 与内存分开并非十全十美，会导致所谓的冯·诺依曼瓶颈。CPU 与内存之间的流量与内存的容量相比起来相当小。在某些情况下，如当 CPU 需要在巨大的存储器上执行一些简单指令时，存储器就成了整体效率非常严重的限制，CPU 将会在读写存储器时闲置。由于 CPU 速度以及内存容量的成长速率远大于双方之间的流量，因此瓶颈问题越来越严重。

2. 哈佛体系结构

与冯·诺依曼结构相比较，哈佛体系结构是一种将程序指令储存和数据储存分开的存储器结构。哈佛结构处理器的突出特征如下：

(1) 使用两个独立的存储器模块，分别存储指令与数据，每个存储器模块都不允许指令与数据并存。

(2) 每个存储器模块都使用独立的两条总线，分别作为 CPU 与每个存储器之间的专用通信路径，而这两条总线之间毫无关联，如图 5.2 所示。

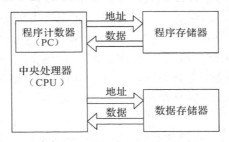

图 5.2　哈佛结构体系

在典型情况下，完成一条指令需要 3 个步骤：取指令、指令译码和执行指令。由于取指令和存取数据分别经过不同的存储模块和不同的总线，使得各条指令可以重叠执行，因此克服了冯·诺依曼结构下数据流传输的瓶颈，提高了运算速度。

在哈佛结构中，因为程序指令储存和数据储存分开，所以数据和指令的储存可以同时进行，可以使指令和数据有不同的数据宽度，如 Microchip 公司的 PIC16 芯片的程序指令是 14 位宽度，而数据是 8 位宽度。

目前使用哈佛结构的中央处理器和微控制器有很多，除了 Microchip 公司的 PIC 系列芯片，还有 Motorola 公司的 MC68 系列、Zilog 公司的 Z8 系列、ATMEL 公司的 AVR 系列和 ARM9、ARM10 和 ARM11 等。

3. 二者区别

根据冯·诺依曼体系结构构成的计算机，必须具有如下功能：能够把需要的程序和数据传送至计算机中；必须具有长期记忆程序、数据、中间结果及最终运算结果的能力；能够完成各种算术、逻辑运算；能够根据需要控制程序走向，并能根据指令控制机器的各部件协调操作；能够按照要求将处理结果输出给用户。

　　哈佛体系结构则是为了高速数据处理而采用的,因为可以同时读取指令和数据(分开存储的),大大提高了数据吞吐率,缺点是结构复杂。通用微机指令和数据是混合存储的,结构上简单,成本低。假设是哈佛结构,你就得在电脑上安装两块硬盘:一块装程序,一块装数据;安装两根内存,一根储存指令,一根存储数据。

　　至于所用嵌入式系统到底是什么体系结构,则要看总线的结构。51 单片机虽然数据和指令存储区是分开的,但总线是分时复用的,所以顶多算改进型的哈佛结构。ARM9 虽然是哈佛结构,但是之前的版本也还是冯·诺依曼结构。早期的 x86 能迅速占有市场,正是靠了冯·诺依曼这种实现简单、成本低的总线结构。处理器虽然外部总线上看是诺依曼结构的,但是由于内部 Cache 的存在,因此实际上内部来看已经算是改进型的哈佛结构了。至于缺点,就是哈佛结构复杂,对外围设备的连接与处理要求高,非常不适合外围存储器的扩展,所以早期通用 CPU 难以采用这种结构。而单片机,由于内部集成了所需的存储器,因此采用哈佛结构也未尝不可。处理器依托 Cache 的存在,已经很好地将二者统一起来了。

5.1.2　嵌入式处理器的特点

　　嵌入式微处理器与普通台式计算机的微处理器在设计原理上是相似的,但嵌入式微处理器的工作稳定性更高、功耗更小,对环境的适应能力更强,而且体积小、集成的功能多。在桌面计算机领域,对处理器进行比较时的主要指标就是计算速度,从 33 MHz 主频的 386 计算机到 3.6 GHz 主频的 Core i9 处理器,速度的提升是用户最主要关心的变化,但在嵌入式领域,情况则完全不同。嵌入式处理器的选择必须根据设计的需求,在性能、功耗、功能、尺寸和封装形式、SoC 程度、成本、商业考虑等诸多因素之中进行折中,择优选择。

　　嵌入式处理器作为嵌入式系统的核心,担负着控制系统工作的重要任务,可以使宿主设备功能智能化、设计灵活和操作简便。为合理高效地完成这些任务,嵌入式微处理器一般都具备以下 4 个特点:

　　(1) 对实时多任务有很强的支持能力,能完成多任务并且有较短的中断响应时间,从而使内部的代码和实时内核的执行时间减少到最低。

　　(2) 具有功能很强的存储区保护功能。这是由于嵌入式系统的软件结构已模块化,为了避免在软件模块之间出现错误的交叉作用,需要设计强大的存储区保护功能,同时这种做法也有利于软件诊断。

　　(3) 可扩展的处理器结构,能迅速地扩展出满足应用的最高性能的嵌入式微处理器。

　　(4) 必须功耗很低,尤其是用于便携式的无线及移动的计算和通信设备中靠电池供电的嵌入式系统,需要功耗只有毫瓦甚至微瓦级。

5.1.3　常见的嵌入式处理器

　　由于嵌入式系统有应用针对性的特点,不同的系统对处理器的要求千差万别,因此嵌入式处理器发展出众多功能各异的样式。据不完全统计,全世界嵌入式处理器的种类已经超过 1000 种,常见的嵌入式处理器如下。

1. MPU

微处理器(Micro Processor Unit，MPU)，由通用计算机中的 CPU 演变而来，在嵌入式系统中，可以实现多个 MPU 同时工作，目前大多合并成 2 颗，即南桥(South Bridge)芯片和北桥(North Bridge)芯片。MPU 的特征是具有 32 位以上的处理器，性能较强，价格也相对较高。与通用计算机处理器不同的是，微处理器在实际嵌入式应用中，只保留和嵌入式应用紧密相关的功能硬件，去除了其他的冗余功能，这样就可以最低的功耗和资源实现嵌入式应用的特殊要求。和工业控制计算机相比，嵌入式微处理器具有体积小、重量轻、成本低、可靠性高的优点。主要的嵌入式处理器类型有 AMD 公司的 Am186/88、386EX、SC-400、Power PC、68000、MIPS、ARM/StrongARM 系列等，其中 ARM/StrongARM 是专为手持设备开发的嵌入式微处理器，属于中档的价位。

2. MCU

嵌入式微控制器(Micro Controller Unit，MCU)的典型代表是单片机。单片机从 20 世纪 70 年代末出现到今天，虽然已经有了 40 多年的历史，但其架构并没有较大的变化，这种 8 位的电子器件在嵌入式设备中仍然有着极其广泛的应用。单片机芯片内部集成了 ROM/EPROM、RAM、总线、总线逻辑、定时/计数器、看门狗、I/O、串行口、脉宽调制输出、A/D、D/A、Flash RAM、EEPROM 等各种必要的功能和外设。和嵌入式微处理器(MPU)相比，微控制器的最大特点是单片化，由于体积减小，从而使功耗和成本下降，可靠性提高。微控制器是目前嵌入式系统工业的主流。微控制器的片上外设资源一般较丰富，适合于控制，因此称微控制器。

由于 MCU 低廉的价格、丰富的功能和较强的性能，因此其拥有的品种和数量最多，比较有代表性的包括 8051、MCS-251、MCS-96/196/296、P51XA、C166/167、68K 系列以及 MCU 8XC930/931、C540、C541，并且有支持 I^2C、CAN-Bus、LCD 的众多专用 MCU 和兼容系列。MCU 在嵌入式系统中约占 70%的市场份额。Atmel 出产的 Avr 单片机由于集成了 FPGA 等器件，因此具有很高的性价比，势必将推动单片机获得更高的发展。

3. DSP

嵌入式 DSP(Embedded Digital Signal Processor，EDSP)，是专门用于信号处理方面的处理器，其在系统结构和指令算法方面进行了特殊设计，具有很高的编译效率和指令的执行速度，在数字滤波、FFT、谱分析等各种仪器上获得了大规模的应用。

数字信号处理的理论算法在 20 世纪 70 年代就已经出现，但是由于专门的 DSP 处理器还未出现，因此这种理论算法只能通过 MPU 等分立元件实现。MPU 较低的运算处理速度无法满足 DSP 的算法要求，因此其应用领域仅仅局限于一些尖端的高科技领域。随着大规模集成电路技术的发展，1982 年世界上诞生了首枚 DSP 芯片，其运算速度比 MPU 快了几十倍，在语音合成和编码解码器中得到了广泛应用。20 世纪至 80 年代中期，随着 CMOS 技术的进步与发展，第二代基于 CMOS 工艺的 DSP 芯片应运而生，其存储容量和运算速度都得到成倍提高，成为语音处理、图像硬件处理技术的基础。到 20 世纪 80 年代后期，DSP 的运算速度进一步提高，应用领域也从上述范围扩大到了通信和计算机方面。20 世纪 90 年代后，DSP 发展到了第五代产品，集成度更高，使用范围也更加广阔。DSP 的特点如下：

(1) 有专门的硬件乘法器，可执行大量的乘法操作。

(2) 采用哈佛型总线结构，可同时进行取指令与取数据，并行处理能力强。

(3) 采用 Pipeline 处理技术，可同时执行若干条指令，大大减少了执行指令所花费的时间。

目前市场上应用最为广泛的是 TI 的 TMS320C2000/C5000 系列，另外如 Intel 的 MCS-296 和 Siemens 的 TriCore 也有各自的应用范围。

4. SoC

嵌入式片上系统(System on Chip，SoC)，也称为系统级芯片。SoC 是追求产品系统最大包容的集成器件，是集成电路发展的必然趋势。SoC 最大的特点是成功实现了软硬件无缝结合，直接在处理器片内嵌入操作系统的代码模块。SoC 具有极高的综合性，在一个硅片内部运用 VHDL 等硬件描述语言，实现一个复杂的系统。用户不需要再像传统的系统设计一样，绘制庞大复杂的电路板，只需使用精确的语言，综合时序设计直接在器件库中调用各种通用处理器的标准，然后通过仿真之后就可以直接交付芯片厂商进行生产。由于绝大部分系统构件都是在系统内部，因此整个系统就特别简洁，不仅减小了系统的体积和功耗，而且提高了系统的可靠性，提高了设计生产效率。

早先 SoC 往往是专用的芯片，如今 SoC 亦是一种设计方法，比较典型的 SoC 产品是 Philips 的 Smart XA。通用系列如 Motorola 的 M-Core、Echelon 和 Motorola 联合研制的 Neuron 芯片、流行的 ARM 系列芯片等。

5.1.4　嵌入式处理器的发展

嵌入式处理器作为嵌入式系统芯片的主要核心，其品种多、数量大。嵌入式系统已经广泛地应用到我们生活中的各个领域，例如手机、计算机、汽车、航天飞机，等等。对于下一代微处理器，任何人都可以这样预测：芯片集成度越来越高，主频越来越高，机器字长越来越大，总线越来越宽，同时处理的指令条数越来越多。事实证明，几十年来嵌入式微处理器正是按照这样的规律向前发展的，其间经历了 4 个发展阶段：

(1) 以微控制器为代表的第一阶段。

(2) 以数字信号处理器为代表的第二阶段。

(3) 以嵌入式 SoC 为代表的第三阶段。

(4) 以嵌入式双核处理器和嵌入式多核处理器为代表的第四阶段。

总的来说，嵌入式处理器的发展呈现如下特点：由 8 位向 32 位过渡，由单核向多核过渡，向网络化功能发展，MCU、FPGA、ARM、DSP 等齐头并进，嵌入式操作系统呈多元化趋势。所有的嵌入式处理器都是基于一定的架构的，即 IP 核(Intellectual Property，知识产权)，生产处理器的厂家很多，但拥有 IP 核的屈指可数。有自己的 IP 核，光靠销售 IP 核即可坐拥城池。

5.1.5　嵌入式处理器和通用 CPU 的分析比较

从上文可知，嵌入式处理器包括 MPU、MCU、DSP、SoC 等种类，而通用 CPU 的体系结构因不同的公司而异，主要有 Intel 公司的奔腾系列、赛扬系列、酷睿系列、至强系列，AMD 公司的毒龙系列、闪龙系列、速龙系列，还有其他公司如 VIA(威盛)、中芯微等生产的产品。这两类芯片由于应用领域的不同，所以在结构、耗能、发热等方面有着相当大的差异。

1. 应用领域

嵌入式处理器的应用领域通常是较专一的。DSP 主要用于数字信号的采集、变换、滤波、压缩、识别等处理，强大的处理能力使它广泛应用于视频编解码领域，我们日常所用到的 MP3、MP4、手机、DVD 等数码产品都是以它为核心的。MCU 主要用于工业控制领域，俗称为单片机，它的处理能力通常较差，但可靠性较高。而 MPU 则是在提供一定通用性的情况下追求比 MCU 更好的性能。

与嵌入式处理器不同，通用 CPU 则要求能从事很多任务，比如电脑可以用来看电影、打游戏、上网等，而且要能使用不同的操作系统和硬件外设等，这就对 CPU 的处理能力和兼容性提出了很高的要求。什么都能做，必然什么都不精。看电影它不如 DVD，打游戏它不如 PS2。当然随着电脑性能不断的提高，这些情况会改善，但是噪音和发热量大这两个弊端估计在短期不会有大的改善。

2. 处理器硬件结构

由于应用领域的不同，这两种处理器的结构也不同。作为嵌入式处理器的代表，DSP 主要采用了改进的哈佛结构(指令和数据分开存储，独立编址，独立访问)、多总线结构(如 TI 的 TMS320C54x 内部有 8 条总线，即 4 条地址总线、3 条数据总线、1 条程序总线)、多级流水线技术(如 TI 的 TMS320C54x，有 2～6 级不等的流水线，可以加快处理速度)、专用硬件乘法器和特殊的 DSP 指令等。底层指令分采用精简指令集(CISC)和采用复杂指令集(RISC)两类，前者使用了 x86 架构，后者则有如 ARM、MIPS、PowerPC 等多种架构。

通用 CPU 沿用了 x86 架构，除早期产品外也采用了哈佛结构，当然也有多级流水线，如 P4 的流水线达到了惊人的 31 级，理论上流水线越多主频越容易提高，但它所带来的性能提升远不如发热和耗能大。所以，现在 Intel 放弃了这个被称为 NETBURST 的架构，而是在 P-M 架构的基础上改进产生了酷睿微架构，流水线减少为 15 级，主频和功耗下降了，但性能却提高了。还有很多特性如 HT 超线程、硬件防毒、SSE 指令集、L1 和 L2 两级缓存等，但由于没有专用的硬件乘法器，使它在做 FFT 等特殊运算时要比 DSP 慢得多。当然通用 CPU 能支持更多的指令集，但它毕竟是通用的，所以效率一定比专用 DSP 差很多。近年来 Intel 和 AMD 都推出了双核、四核等多核处理器，即将两个或多个处理器内核封装在一片硅片上，提升了处理器性能。而嵌入式处理器则更容易多核集成，甚至可以将十多个完成不同功能的内核集成在一起。

3. 实际使用

在实际使用方面，嵌入式处理器要求：

(1) 更低的功耗。你肯定无法想象如果 MP4 依靠电池只能工作很短时间，这产品是否还有存在价值。

(2) 严格控制发热量，否则它无法应用于手持设备，这直接影响用户的使用体验。

(3) 强大的安全性和可靠性。特别是在工业控制领域，如果处理器出现死机的话，会造成很大损失。

(4) 低成本。

(5) 低空间占有。

(6) 电磁兼容性好。

通用 CPU 则更重视强大的运算能力，即对不同软硬件的兼容性、可扩展性、任务的并行处理能力、可升级空间等，当然对功耗、发热也不是没要求，只是相对于嵌入式处理器要小些。在能源紧缺的今天，通用 CPU 也更加重视功耗和发热，比如 Intel 公司最新发布的酷睿双核桌面处理器功耗为同主频奔腾 D 双核处理器的 60%，但处理能力却为它的 1.5 倍，移动版的处理器功耗更低。所以现在有一些对性能要求较高的手持设备(如掌上电脑)采用了 Intel 的超低电压版处理器，并搭载微软的 Windows 操作系统。

当然 DSP 在这方面也毫不示弱，目前最新的 ARM11 MPCore 处理器的主频已超过 300 MHz，但功耗却只有 600 mW，显然它更适合一些小型的以视频播放为主的手持设备。

在行业的准则内，通用与效率总是一对矛盾。显然，DSP 等嵌入式处理器走的是专一高效路线，而通用 CPU 走的是多用途多功能路线。它们的并存使我们的生活变得多姿多彩，使生产的自动化进程越来越快。

5.2　ARM 嵌入式处理器指令集

指令集是存储在 CPU 内部，对 CPU 运算进行指导和优化的硬程序。拥有这些指令集，CPU 就可以更高效地运行。在介绍 ARM 嵌入式处理器的指令集之前，先介绍一下指令集体系的建立与发展历程。

5.2.1　指令集

20 世纪 70 年代末，计算机刚开始起步，那时的人们采用最底层的机器语言写命令以控制计算机。但无论是最早的机器语言还是后来发展的汇编语言，在使用过程中都十分烦琐，可读性差，难以维护。此外，对于复杂的操作，每次计算都需要重新编写程序。为了提高易用性，人们开始将一些经常使用的操作，例如积分、微分、乘除法等封装成一套标准的程序，并预留对外的接口。这种方法可以大幅地降低编程难度，提高编程效率。这一类标准程序的集合被称为指令集。

指令集中包含了大量的基础运算的程序，全部封装成模块以供调用。由于模块化指令的出现，计算机软件的运行效率得到了极大的提升。对处理器硬件来说，专用模块的效率要高于通用模块，因此随着计算机技术的发展，逐步发展成 4 类指令集架构：复杂指令集(CISC)、精简指令集(RISC)、显式并行指令集(EPIC)、超长指令字指令集(VLIW)。因为 EPIC 与 VLIM 不能很好地适应当今半导体发展趋势，所以目前广泛应用的只有两种截然相反的指令集，即复杂指令集与精简指令集。

1. CISC

复杂指令系统计算机(Complex Instruction Set Computer，CISC)，也称为复杂指令集。

CISC 初步发展的时期，世界半导体产业规模较小，计算机部件价格昂贵、主频低，为了提高处理器运算速度，不断将复杂指令加入指令系统，以提高计算机的处理效率，这就逐步形成了 CISC。

在 CISC 处理器中，程序的各条指令是按照顺序串行执行的，每条指令中的各个操作也是按照顺序串行执行，基于 CISC 的处理器控制简单，但执行速度慢，系统资源利用率低。x86 系列 CPU、AMD 的 APU 都属于 CISC 的范畴。一般 CISC 所含的指令数目至少在 300 条以上，有的甚至超过 500 条。一般 CISC 含有 300～500 条指令。

虽然 CISC 的处理器具有较强的处理高级语言的能力，但维护日趋庞杂的指令集越发困难。1979 年帕特逊教授对 CISC 的研究结果表明：CISC 中各种指令的使用率相差悬殊，一个典型程序的运算过程所使用的 80% 指令，只占处理器指令系统的 20%。大量的指令集带来结构的复杂性，虽然超大规模集成电路(VLSI)技术迅猛发展，已达到较高水平，但依然无法把全部的指令集成在单个处理器中。

2. RISC

针对 CISC 的缺陷，帕特逊等提出并推动了 RISC(Reduced Instruction Set Computer)指令系统计算机的发展，也称为精简指令集。

RISC 为等长精简指令集，指令位数较短，内部还有快速处理指令的电路，使得指令译码与数据处理较快，所以执行效率比 CISC 高。但它必须经过编译程序的处理，才能发挥它的效率。它的体积更小，功耗低，可是对应的程序体积会较大一些。

市场上应用最广泛的 RISC 处理器是英国 Acorn 公司设计的 ARM 处理器。基于 RISC 架构的 ARM 微处理器的特点有：

(1) 体积小、低功耗、低成本、高性能。

(2) 支持 Thumb(16 位)/ARM(32 位)双指令集，能很好地兼容 8 位/16 位器件。

(3) 大量使用寄存器，指令执行速度更快。

(4) 大多数数据操作都在寄存器中完成。

(5) 寻址方式灵活简单，执行效率高。

(6) 指令长度固定。

3. 二者分析对比

我们经常谈论有关"PC"与"Macintosh"的话题，但是又有多少人知道以 Intel 公司 x86 为核心的 PC 系列正是基于 CISC 体系结构的，而 Apple 公司早期生产的 Macintosh 则是基于 RISC 体系结构的，那么 CISC 与 RISC 到底有何区别？

(1) 从硬件角度来看，CISC 处理的是不等长指令集，它必须对不等长指令进行分割，因此在执行单一指令的时候需要进行较多的处理工作。而 RISC 执行的是等长精简指令集，CPU 在执行指令的时候速度较快且性能稳定。因此，在并行处理方面 RISC 明显优于 CISC，RISC 可同时执行多条指令，它可将一条指令分割成若干个进程或线程，交由多个处理器同时执行。因为 RISC 执行的是精简指令集，所以它的制造工艺简单且成本低廉。

(2) 从软件角度来看，CISC 运行的是我们所熟识的 DOS、Windows 操作系统，它拥有大量的应用程序。因为全世界有 65% 以上的软件厂商都是为基于 CISC 体系结构的 PC

及其兼容机服务的，像赫赫有名的 Microsoft 就是其中的一家。而 RISC 在此方面却显得有些势单力薄，虽然在 RISC 上也可运行 DOS、Windows，但是需要一个翻译过程，所以运行速度要慢许多。主要特征对比可见表 5.1。

表 5.1　CISC 与 RISC 的主要特征对比

项　目	CISC	RISC
指令系统	复杂、庞大	简单、精简
指令数目/条	大于 200	小于 100
指令格式/种	大于 4	小于 4
寻址方式/种	大于 4	小于 4
指令字节	不固定	等长
可访存指令	不加限制	LOAD/STORE 指令
中断	指令结束后响应	随时响应
CPU	面积大、功耗高、性能强	面积小、功耗低
各种指令调用频率	相差较大	相差较小
各种指令执行时间	相差较大	一个时钟周期
优化编译实现	复杂	简单
程序代码规模	较小	较大
设计周期	较长	较短
用户使用	易实现特殊功能	指令规整、易学易用
应用范围	通用机	专用机

目前 CISC 与 RISC 正在逐步走向融合，生活中常见到的 PC 中的 CPU，如 Pentium-Pro(P6)、Pentium-II，以及 Cyrix 的 M1、M2，AMD 的 K5、K6 就是一些最明显的例子，它们的内核都是基于 RISC 体系结构的，它们接收 CISC 指令后将其分解分类成 RISC 指令以便在同一时间内能够并行执行多条指令，有效提高了系统的运行效率。由此可见，下一代的 CPU 将融合 CISC 与 RISC 两种技术，从软件与硬件方面看二者会取长补短。

5.2.2　ARM 指令集

ARM 指令集属于 RISC 体系，根据 RISC 的设计思想，其指令集的设计要尽可能简单，并且许多指令要能够在单个机器周期内执行完成。因此 ARM 指令集中的指令简单，但与之而来的缺点就是代码密度较低，为此，ARM 处理器实现了两种指令集，即 32 位的 ARM 指令集和 16 位的 Thumb 指令集。

Thumb 指令集并不是 CISC 指令集，与 ARM 指令集相比也不具备新的功能，确切来说，它应该是 ARM 指令集功能的一个子集。通过引入一些指令编码约束机制，它将部分的标准 32 位 ARM 指令压缩为具有相同功能的 16 位指令，在处理器中仍然要扩展为标准的 32 位 ARM 指令来运行。因此 Thumb 指令能达到 2 倍于 ARM 指令的代码密度，同时保持了 32 位 ARM 处理器超越于 16 位处理器的性能优势。虽然指令长度有所压缩，但 Thumb 指令还是在 32 位的 ARM 寄存器堆上进行操作。同时 ARM 处理器允许在 ARM 状态和 Thumb 状态之间进行切换和互操作，最大限度地提供用户在运算性能和代码密度间进行选择的灵活性。采用 Thumb 指令集最大的好处就是可以获得更高的代码密度和降低功耗。

最新的 ARM 处理器还引入了新的指令集 Thumb-2，它提供了 32 位和 16 位的混合指令，在增强灵活性的同时保持了代码高密度。另外，某些型号的 ARM 处理器对 Java 程序的高性能运行提供支持，通过 Jazelle 技术提供的 8 位指令，可以更快速地执行 Java 字节码。

1. ARM 指令集主要包括的指令

(1) 数据处理指令，如 ADD、SUB、AND 等。

(2) 加载-存储(load-store)指令，如 LDR 等。

(3) 分支指令，如 B、BL 等。

(4) 状态寄存器访问指令，如 MRS、MSR 等。

(5) 协处理器指令，如 LDC、STC 等。

(6) 异常处理指令，如 SWI 等。

2. ARM 指令集具有的特点

(1) 所有 ARM 指令都是 32 位定长的，在内存中的地址以 4 字节边界对齐，因此 ARM 指令的有效地址的最后两位总是为 0，这样能够方便译码电路和流水线的实现。

(2) 加载-存储架构。由于 ARM 指令集属于 RISC 体系，因此具备 RISC 体系的典型特征，即除了专门的加载-存储类型的指令能够访问内存外，其余的指令都只能把内部寄存器或立即数作为操作数，因此如果需要在内存和寄存器之间转移数据，只能使用加载存储指令。

(3) 提供功能强大的一次加载和存储(load-store)多个寄存器的指令：LDM 和 STM。这样，当发生过程调用或中断处理时，只用一条指令就能把当前多个寄存器的内容保存到内存堆栈中。

(4) CPU 内核硬件中提供了桶型移位器，移位操作可以内嵌在其他指令中，因此可以在一条指令中用一个指令周期完成一个移位操作和一个 ALU(算术逻辑)操作。

(5) 所有的 ARM 指令都是以条件执行的，这是由其指令格式决定的，任何 ARM 指令的高 4 位都是条件指示位，根据 CPSR 寄存器中的 N、Z、C、V 决定该指令是否执行。这样可以方便高级语言的编译器设计，很容易实现分支和循环。

示例：指令举例

　　1. 数据处理指令：

SUB　　　r0,r1,#5　　　　：r0 = r1 - 5

ADD　　　r2,r3,r3,LSL #2　　：r2 = r3 + (r3 * 4)

ADDEQ　　r4,r4,r5　　　　：如果 EQ 为真，r4 = r4 + r5

　　2. 分支指令：

<Label>：前向或后向分支跳转。

　　3. 内存访问指令：

LDR　　　r0,[r1]　　　：将地址 r1 处的一个字加载到 r0 中

STRNEB r2,[r3,r4] ：如果 NE 条件为真，将 r2 最低有效字节存储到地址为(r3+r4)的内存单元中

STMFD　sp!,{r4～r8,lr} ：将寄存器 r4 到 r8 以及 lr 的内容存储到堆栈中，然后更新堆栈指针

5.2.3　Thumb 指令集

1. Thumb 指令集采用的约束

Thumb 指令集是 16 位的指令集，它对 C 代码的密度进行了优化，平均达到约 ARM 代码大小的 65%。为了尽量降低指令编码长度，Thumb 指令集具体采用了如下约束：

(1) 不能使用条件执行，而对于标志则一直都是根据指令结果进行设置的。

(2) 源寄存器和目标寄存器是相同的。

(3) 只使用低端寄存器，即不使用寄存器 R8～R12。

(4) 对指令中出现的常址有大小的限制。

(5) 不能在指令中使用内嵌的桶型移位器(Inline Barrel Shifter)。

Thumb 指令提高了窄内存(即 16 位宽的内存)的性能，相对于使用 32 位宽的内存，Thumb 指令在 16 位宽内存的情况下有优于 ARM 指令的表现。为了获得更好的运算速度和代码密度的综合性能，可以通过使用 BX 指令来切换 ARM 状态和 Thumb 状态，以便 ARM 处理器在执行不同程序段的时候使用 ARM 或 Thumb 指令。但是需要注意的是，Thumb 指令集并不是一个"常规"的指令集，因为对 Thumb 指令的约束有时是不一致的。所以，Thumb 指令集的代码一般是由编译器生成而不是手动编写出来的。

2. Thumb-2 指令集的特点

Thumb-2 指令集主要是对 Thumb 指令集架构的扩展，其设计目标是以 Thumb 的指令密度达到 ARM 的性能，它具有如下特性：

(1) 增加了 32 位的指令，因而实现了几乎 ARM 指令集架构的所有功能。

(2) 完整保留了 16 位的 Thumb 指令集。

(3) 编译器可以自动地选择 16 位和 32 位指令的混合。

(4) 具有 ARM 态的行为，包括可以直接处理异常、访问协处理器以及完成 v5TE 的高级数据处理功能。

(5) 通过 If-Then(IT)指令，1～4 条紧邻的指令可以条件执行。

在 ARM 系列的微处理器核中，ARM115 6T2-S 和 Cortex 系列支持 Thumb-2，而 Cortex-M3 只支持 Thumb-2，实现的成本极低，因而也具备了非常好的价格竞争优势。

5.2.4　Jazelle 指令集

Jazelle 技术是 ARM 结构体系中的一种特殊的指令集。Jazelle 技术使得 ARM 核可以直接执行 8 位的 Java 字节码，约 95%的 Java 字节码可以由硬件执行，从而使执行效率显著提高，但这是以增加处理器内核的复杂度为代价的。

支持 Jazelle 指令集的处理器比普通 ARM 处理器多了一种 Jazelle 状态，如图 5.3 所示。当处理器在 Jazelle 状态执行时，由于所有的指令都是 8 位宽，因此处理器对内存进行字访问时一次可以读进 4 条指令，这极大地提高了系统执行速度。

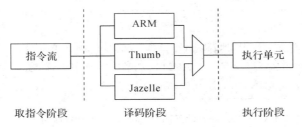

图 5.3　支持 Jazelle 指令集的 ARM 处理器

首个具备 Jazelle 技术的处理器是 ARM926EJ-S：Jazelle，以一个英文字母 J 标示于 CPU 名称中。它用来让手机制造商能够加速执行 Java ME 的游戏和应用程序，也因此促使了这项技术不断发展。

5.3　嵌入式处理器的架构

嵌入式系统的架构有专有架构和标准架构之分，在 MCU(微控制器)产品上，像瑞萨 (Renesas)、飞思卡尔(Freescale)、NEC 都拥有自己的专有 IP 核，而其他嵌入式处理器都是基于标准架构的。

标准的嵌入式系统架构有两大体系，目前占主要地位的是 RISC 处理器。RISC 体系的阵营非常广泛，有 ARM、MIPS、PowerPC、ARC、Tensilica 等，都属于 RISC 处理器。这些处理器虽然同样属于 RISC 体系，但是在指令集设计与处理单元的结构上又各有不同，因此彼此完全不能兼容，在特定平台上所开发的软件也无法直接为另一硬件平台所用，必须经过重新编译。另一种是 CISC 处理器体系，我们所熟知的 Intel 的 x86 处理器就属于 CISC 体系。CISC 体系其实是效率非常低的体系，其指令集结构贪大求全，导致芯片结构的复杂度极高。过去被应用在嵌入式系统的 x86 处理器，多为旧代的产品。比如说，工业计算机中仍可见到但数年前早已退出个人计算机市场的 Pentium 3 处理器，由于其产品效能与功耗比尚可，加上已经被市场长久验证，稳定性高，故常被应用于效能需求不高但稳定性要求高的应用中，如工控设备等产品。

5.3.1　ARM 处理器

早在 21 世纪初，ARM 就已经成为嵌入式技术中应用最广泛的一种。在市场需求的推动下，ARM 嵌入式技术更是得到了飞速的发展。ARM，英文全称为 Advanced RISC Machine，即高级精简指令集机器。ARM 既是这家公司的名称，也是此公司开发的系列芯片的名称。因此，在业界，ARM 一词可以被认为是一家公司的名称，或是一类微处理器的通称，抑或是一种技术。

ARM 公司于 1991 年成立于英国剑桥，主要出售芯片设计技术的授权。采用 ARM 技术(IP)核心的处理器，即我们通常所说的 ARM 处理器，已遍及工业控制、消费类电子产品、通信系统、网络系统、无线系统等各类产品市场。基于 ARM 技术的处理器应用占据了 32 位 RISC 微处理器约 75%的市场。ARM 技术不仅逐步渗入到我们生活的各个方面，甚至可以说，ARM 在人类的生活环境中，已经是不可或缺的一环。

> **小贴士：**
>
> ARM 公司专攻于芯片架构的研发，并不生产芯片，其盈利主要来源于架构授权，取得授权的公司均可自由使用或修改 ARM 架构。常见的，意法半导体公司的 STM32 芯片即基于 Cortex-M 生产，华为公司的自研芯片麒麟 970 也是基于 Cortex-A 研发生产的。

高通的骁龙(Snapdragon)处理器、华为的海思(Hisilicon)处理器、三星的猎户座(Exynos)处理器的 CPU 部分均使用了 ARM 的 Cortex-A 系列高性能架构。图 5.4 是一些智能手机的芯片图。截至 2018 年，ARM 处理器在移动设备的市场份额已经超过 90%。

图 5.4　智能手机芯片

1. ARM 家族

1) 指令集体系结构

到目前为止，ARM 公司定义了 8 种主要的指令集体系结构版本 v1～v8。

(1) ARMv1：该版本的原型机是 ARM1，没有用于商业产品。

(2) ARMv2：对 v1 版进行了扩展，包含了对 32 位结果的乘法指令和协处理器指令的支持。

(3) ARMv3：ARM 公司第一个微处理器 ARM6 的核心是 v3 的，它作为 IP 核、独立的处理器，具有片上高速缓存、MMU 和写缓冲的集成 CPU。

(4) ARMv4：当前应用最广泛的 ARM 指令集版本。ARM7TDMI、ARM720T、ARM9TDMI、ARM940T、ARM920T、Intel 的 StrongARM 等都是基于 ARMv4T 版本的。

(5) ARMv5：ARM9E-S、ARM966E-S、ARM1020E、ARM1022E 以及 XScale 是基于 ARMv5TE 的，ARM9EJ-S、ARM926EJ-S、ARM7EJ-S、ARM1026EJ-S 是基于 ARMv5EJ 的，ARM10 也采用 ARMv5 版本。其中，后缀 E 表示增强型 DSP 指令集，包括全部算法和 16 位乘法操作，J 表示支持新的 Java。

(6) ARMv6：ARM11 系列处理器采用了 ARMv6 核。ARM1136J(F)-S 基于 ARMv6，其主要特性有 SIMD、Thumb、Jazelle、DBX、(VFP)、MMU；ARM1156T2(F)-S 基于 ARMv6T2，其主要特性有 SIMD、Thumb-2、(VFP)、MPU；ARM1176JZ(F)-S 基于 ARMv6KZ，在 ARM1136EJ(F)-S 基础上增加了 MMU、TrustZone；ARM11 MPCore 基于 ARMv6K，在 ARM1136EJ(F)-S 基础上可以包括 1～4 核 SMP、MMU。

(7) ARMv7：定义了 3 种不同的处理器类型，Cortex-A 面向复杂的、基于虚拟内存的 OS 和应用，Cortex-R 针对实时系统，Cortex-M 针对低成本应用的微控制器。所有 ARMv7 系列实现了 Thumb-2 技术，同时 NEON 技术对 SIMO 技术的扩展极大地提高了 DSP 和多媒体处理吞吐量 400%，并提供浮点支持以满足下一代 3D 图形和游戏以及传统嵌入式控制应用的需要。

(8) ARMv8：它是在 32 位 ARM 架构上进行开发的，被首先用于对扩展虚拟地址和 64 位数据处理技术有更高要求的产品领域，如企业应用、高档消费电子产品。

ARMv8 是最新的 ARM 处理器架构，它包含两个执行状态：AArch64 和 AArch32。AArch64 执行状态针对 64 位处理技术，引入了一个全新指令集 A64，而 AArch32 执行状态将支持现有的 ARM 指令集。目前的 ARMv7 架构的主要特性都将在 ARMv8 架构中得以保留或进一步拓展，如 TrustZone 技术、虚拟化技术及 NEON advanced SIMD 技术等。配合 ARMv8 架构的推出，ARM 正在努力确保一个强大的设计生态系统来支持 64 位指令集。ARM 的主要合作伙伴已经能够获得支持 ARMv8 架构的 ARM 编译器和快速模型(Fast Model)。在新架构的支持下，对一系列开源操作系统、应用程序和第三方工具的初始开发已经在开展中。通过合作，ARM 合作伙伴们共同加速 64 位生态系统的开发，在许多情况下，这可视为是对现有支持基于 ARMv7 架构产品的广泛生态系统的自然延伸。

随着最新的 ARMv8 架构的发布，进一步扩大了 ARM 在高性能与低功耗领域的领先地位，该系列处理器的可扩展性使得 ARM 的合作伙伴能够针对智能手机、高性能服务器等各类不同市场需求开发系统级芯片(SoC)。

2) ARM 处理器核

到目前为止，ARM 内核共有 ARM1、ARM2、ARM6、ARM7、ARM9、ARM10、ARM11 和 Cortex 以及对应的修改版或增强版，越靠后的内核，初始频率越高，架构越先进，功能也越强。目前移动智能终端中常见的为 ARM11 和 Cortex 内核，如诺基亚 N8 使用的即为主频 680 MHz 的 ARM11 核心，Cortex-A 主要用于高端和多核处理器上，如 NVIDIA 的 Tegra 2 就是由两颗 1 GHz Cortex-A9 核心组成的。

(1) ARM7 微处理器系列：低功耗的 32 位 RISC 处理器，冯·诺依曼结构，极低的功耗，适合便携式产品；具有嵌入式 ICE-RT 逻辑，调试开发方便；3 级流水线结构能够提供 0.9 MIPS/MHz 的指令处理速度；代码密度高，兼容 16 位的 Thumb 指令集；对操作系统广泛支持，包括 Windows CE、Linux、Palm OS 等；指令系统与 ARM9 系列、ARM9E 系列和 ARM10E 系列兼容，便于用户产品的升级换代；主频最高可达 130 MIPS。ARM7 的主要应用领域有工业控制、Internet 设备、网络和调制解调器设备、移动电话等。

(2) ARM7TDMI 微处理器：分为 4 种类型，ARM7TDMI、ARM7TDMI-S、ARM720T 和 ARM7EJ。ARM7TMDI 是目前使用最广泛的 32 位嵌入式 RISC 处理器，属低端 ARM 处理器核。

(3) ARM9 微处理器系列：有 3 种类型，ARM920T、ARM922T 和 ARM940T。ARM9 系列微处理器在高性能和低功耗特性方面提供了最佳的性能，具有 5 级整数流水线结构、哈佛体系结构，支持 32 位 ARM 指令集和 16 位 Thumb 指令集；全性能的 MMU，支持 Windows CE、Linux、Palm OS 等多种主流嵌入式操作系统，支持数据 Cache 和指令 Cache，具有更高的指令和数据处理能力。ARM9 主要应用于无线设备、仪器仪表、安全系统、机顶盒、高端打印机、数码照相机和数码摄像机等。

(4) ARM9E 微处理器系列：有 3 种类型，ARM926EJ-S、ARM946E-S 和 ARM966E-S。单一处理器内核提供微控制器、DSP、Java 应用系统的解决方案；支持 DSP 指令集；5

级整数流水线结构，指令执行效率更高；支持 32 位 ARM 指令集和 16 位 Thumb 指令集；支持 VFP9 浮点处理协处理器；全性能的 MMU，支持 Windows CE、Linux、Palm OS 等多种主流嵌入式操作系统，支持实时操作系统，支持数据 Cache 和指令 Cache，主频最高可达 300 MIPS。ARM9E 主要应用于下一代无线设备、数字消费品、成像设备、工业控制、存储设备和网络设备等领域。

(5) ARM10E 微处理器系列：有 3 种类型，ARM1020E、ARM1022E 和 ARM1026EJ-S。与同等的 ARM9 相比，在同样的时钟频率下，性能提高了近 50%，功耗极低；支持 DSP 指令集；6 级整数流水线结构，指令执行效率更高；支持 32 位 ARM 指令集和 16 位 Thumb 指令集，支持 VFP10 浮点处理协处理器；全性能的 MMU，支持 Windows CE、Linux、Palm OS 等多种主流嵌入式操作系统，支持数据 Cache 和指令 Cache，主频最高可达 400 MIPS，内嵌并行读/写操作部件。ARM10E 主要应用于下一代无线设备、数字消费品、成像设备、工业控制、通信和信息系统等领域。

(6) SecurCore 微处理器系列：有 4 种类型，SecurCore SC100、SecurCore SC110、SecurCore SC200 和 SecurCore SC210。它是专为安全需要而设计的，提供了完善的 32 位 RISC 技术的安全解决方案；灵活的保护单元，以确保操作系统和应用数据的安全；采用软内核技术，防止外部对其进行扫描探测；可集成用户自己的安全特性和其他协处理器。SecurCore 主要应用于对安全性要求较高的应用产品及应用系统，如电子商务、电子政务、电子银行业务、网络和认证系统等领域。

(7) Xscale 处理器：基于 ARMv5TE 体系结构，是一款全性能、高性价比、低功耗的处理器，是 Intel 目前主要推广的一款 ARM 微处理器，支持 16 位的 Thumb 指令和 DSP 指令集，已应用于数字移动电话、个人数字助理和网络产品等。

(8) Intel 的 StrongARM 处理器：在初期的 Pocket PC 中使用，工作频率为 206 MHz，有 32 位的处理器，内建 8KB 的高速代码缓存和 16KB 数据缓存。该处理器目前主要使用在 Compaq iPAQ H3100 和 H3600 系列以及 Palmax@migo 上。这款处理器也是微软的 Pocket PC 战略的奠基石。

(9) ARM11：该系列主要有 ARM1136J、ARM1156T2 和 ARM1176JZ 三个内核型号，分别针对不同应用领域。指令集 ARMv6，8 级流水线结构，1.25 DMIPS/MHz。在 0.13 μm 工艺、1.2 V 条件下，ARM11 处理器的功耗可以低至 0.4 mW/MHz。ARM11 处理器同时提供了可综合版本和半定制硬核两种实现。

(10) Cortex 处理器系列：ARM 公司在经典处理器 ARM11 以后的产品改用 Cortex 命名，并分成 A、R 和 M 三类，旨在为各种市场提供服务，它们是面向高端应用型处理器 Cortex-A 系列、面向高性能实时系统的 Cortex-R 系列、面向低功耗微处理器 Cortex-M 系列。其中 Cortex-A 系列指令集为 ARMv7-A，8 级整数流水线结构，超标量双发射，乱序执行，2.5 DMIPS/MHz，可选配 Neon/VFPv3，支持多核。Cortex-A 凭借超强的性能，主要应用于高性能智能设备，如手机、平板电脑等。Cortex-R 系列专门面向高性能实时系统开发，主要应用于自动驾驶。在嵌入式系统中，被广泛应用的是 Cortex-M 系列，意法半导体生产的 STM32 芯片即是基于 M 内核生产的，可以在高性能、小代码尺寸、低功耗和小芯片面积之间获得好的平衡。这三类处理器基本上满足了绝大多数嵌入式系统的需求。

图 5.5 给出了 ARM 系列指令集与处理器对应关系简图。

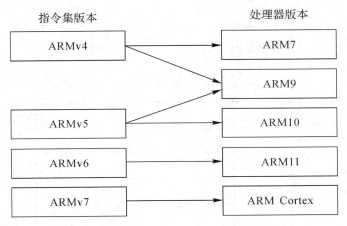

图 5.5　ARM 指令集与处理器对应关系简图

小贴士：

　　1. ARMv7 的指令集通过 Large Physical Address Extensions 技术，可以支持高达 40 位的物理地址空间。但受限于 32 位的指令集，虚拟地址空间依旧只有 32 位(4G)。现阶段，需要超过 4G 虚拟内存的应用场景是非常少的。但伟大的公司始终具有伟大的理念，ARM 公司仍然坚持研发能面向未来的指令集架构。

　　2. ARMv8-a 是 ARM 公司为满足新需求而重新设计的一个全新的 64 位指令集，且依旧保持了对 32 位的支持。ARM 有史以来开发的能效比最高的 Cortex-A57 就使用了 ARMv8-a 指令集架构，我们生活中常见的骁龙 835 处理器、麒麟 970 均使用了 ARMv8-a 指令集，功耗低、效率高。

2. ARM 总线框架

ARM 是 32 位嵌入式处理器，发展到现在有很多体系，这里以 Cortex-M4 为例讲述一款 ARM 处理器的内部总线框架。ARM 嵌入式主系统由 32 位多层 AHB 总线矩阵构成，可实现以下部分的互连：

(1) 8 条主控总线：Cortex-M4F 内核 I 总线、D 总线和 S 总线，DMA1 存储器总线，DMA2 存储器总线，DMA2 外设总线，以太网 DMA 总线，USB/OTG/HS/DMA 总线。

(2) 7 条被控总线：内部 Flash ICODE 总线，内部 Flash DCODE 总线，主要内部 SRAM1(112 KB)总线，辅助内部 SRAM2(16 KB)总线，AHB1 外设(包括 AHB-APB 总线桥和 APB 外设)总线，AHB2 外设总线，FSMC 总线。

其中，AHB(Advanced High performance Bus)高级高性能总线主要用于高性能模块(如 CPU、DMA 和 DSP 等)之间的连接。

APB 是 Advanced Peripheral Bus 的缩写，是一种外围总线，主要用于低带宽的周边外设之间的连接，例如 UART。

FSMC(Flexible Static Memory Controller，可变静态存储控制器)是一种新型的存储器扩展技术，在外部存储器扩展方面具有独特的优势，可根据系统的应用需要，方便地进行不同类型大容量静态存储器的扩展。

ARM 总线矩阵如图 5.6 所示。

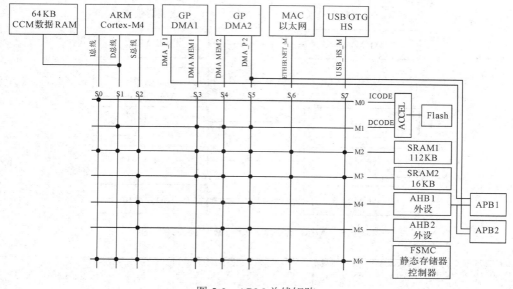

图 5.6 ARM 总线矩阵

各总线功能如下：

(1) S0：I 总线，用于将 Cortex-M4F 内核的指令总线连接到总线矩阵，内核通过此总线获取指令。此总线访问的对象是包含代码的存储器(内部 Flash/SRAM 或通过 FSMC 的外部存储器)。

(2) S1：D 总线，用于将 Cortex-M4F 数据总线和 64 KB CCM 数据 RAM 连接到总线矩阵。

(3) S2：S 总线，用于将 Cortex-M4F 内核的系统总线连接到总线矩阵。

(4) S3、S4：DMA 存储器总线，用于将 DMA 存储器总线主接口连接到总线矩阵。

(5) S5：DMA 外设总线，用于将 DMA 外设主总线接口连接到总线矩阵。DMA 通过此总线访问 AHB 外设或执行存储器间的数据传输。

(6) S6：以太网 DMA 总线，用于将以太网 DMA 主接口连接到总线矩阵。以太网 DMA 通过此总线向存储器存取数据。

(7) S7：USB_OTG/HS/DMA 总线，用于将 USB_OTG/HS/DMA 主接口连接到总线矩阵。USB_OTG/DMA 通过此总线向存储器加载/存储数据。

(8) AHB/APB 总线桥(APB)，借助两个 AHB/APB 总线桥 APB1 和 APB2，可在 AHB 总线与两个 APB 总线之间实现完全同步的连接，从而灵活选择外设频率。

(9) DMA(Direct Memory Access)直接内存存取。它允许不同速度的硬件装置之间的沟通，而不需要依赖于 CPU 的大量中断负载。DMA 传输将数据从一个地址空间复制到另外一个地址空间。当 CPU 初始化这个传输动作时，传输动作本身是由 DMA 控制器来实行和完成的，典型的例子就是移动一个外部内存的区块到芯片内部更快的内存区。

5.3.2 MIPS 处理器

MIPS (Microprocessor without Inter locked Piped Stages)的意思是"无内部互锁流水级的

微处理器"，其机制是尽量利用软件办法避免流水线中的数据相关问题。20 世纪 80 年代 MIPS 架构由斯坦福大学开发，是一种简洁、优化、具有高度扩展性的 RISC 架构。它的基本特点是包含大量的寄存器、指令数和字符、可视的管道延时时隙，这些特性使 MIPS 架构能够提供最高的每平方毫米级性能和当今 SoC 设计中最低的能耗。

1. MIPS 的流水线

MIPS 采用一条经典的 5 段流水线，每一个周期作为一个流水段，且在各段之间加上锁存器(流水寄存器)，如图 5.7 所示。流水寄存器保证了流水线中不同段的指令不会相互影响，每个时钟周期结束之后，该段的所有执行结果都保存在流水段寄存器中，在下一个时钟周期开始作为下一个段的输入。其次，流水寄存器与非流水通路中使用的临时寄存器不一样，它在两个相邻的流水段之间既传递数据也传递控制信息，后面流水段需要的数据必须能从一个流水寄存器复制到下一个流水寄存器，直到不再需要为止。同时，要保证不会在同一时钟周期要求同一个功能段做两件不同的工作，比如不能要求 ALU 同时做有效地址计算和算术运算，要避免 IF 段的访存(取指令)与 MEM 段的访存(读/写数据)发生冲突。

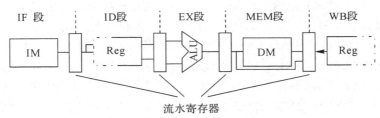

图 5.7　MIPS 流水线技术

如图 5.7 所示，让一条指令实现从 ID 段到 EX 段的操作称为发射指令。对于 MIPS 定点流水线，所有的数据冲突均可以在 ID 段检测到，如果存在数据冲突，就在相应的指令流出 ID 段之前(也就是发射前)将之暂停。完成该工作的硬件称为流水线的互锁机制。另外，采用分离的指令 Cache 和数据 Cache 来解决 ID 段和 WB 段对同一寄存器的访问冲突，且把写操作安排在时钟周期的前半拍完成，把读操作安排在后半拍完成。

2. MIPS 的发展

MIPS 是出现最早的商业 RISC 架构芯片之一，新的架构集成了所有原来 MIPS 指令集，并增加了许多更强大的功能。MIPS 的指令系统经过通用处理器指令体系 MIPSI、MIPSII、MIPSIII、MIPSIV 到 MIPSV，嵌入式指令体系 MIPS16、MIPS32 到 MIPS64 的发展，已经十分成熟。

在 MIPS 芯片的发展过程中，SGI 公司在 1992 年收购了 MIPS 计算机公司，1998 年，MIPS 公司又脱离了 SGI，成为 MIPS 技术公司。MIPS32 4KcTM 处理器是采用 MIPS 技术特定为片上系统而设计的高性能、低电压 32 位 MIPS RISC 内核，采用 MIPS32TM 体系结构，并且具有 R4000 存储器管理单元(MMU)以及扩展的优先级模式，使得这个处理器与目前嵌入式领域广泛应用的 R3000 和 R4000 系列(32 位)微处理器完全兼容。

新的 64 位 MIPS 处理器是 RM9000x2，从 "x2" 这个标记判断，它包含了两个均具有集成二级高速缓存的 64 位处理器。RM9000x2 主要针对网络基础设施市场，具有集成的

DDR 内存控制器和超高速的 Hyper Transport I/O 链接。处理器、内存和 I/O 均通过分组交叉连接起来，可实现高性能、全面高速缓存的统一芯片系统。除通过并行处理提高系统性能外，RM9000x2 还通过将超标量与超流水线技术相结合来提高单个处理器的性能。

MIPS64 架构为 64 位 MIPS-Based 嵌入式处理器设立了新的性能标准，通过集成强大的功能、标准化特权模式指令(Privileged Mode Instructions)支持现有 ISA，并提供 MIPS32TM 架构的升级路径。MIPS64 架构可为未来 MIPS-Based 处理器的开发奠定坚实的高性能基础。

MIPS 处理器曾经比 ARM 还要火，比 ARM 更早支持 64 位，也是 Android 系统支持的三大指令集之一。2012 年，Imagination Technologies 斥资 1 亿美元收购了 MIPS 公司，准备加强 CPU 业务，这样就能提供完整的 CPU、GPU 授权。但是 Imagination Technologies 在这方面并不算成功,在苹果放弃他们的 PowerVR GPU 授权之后,Imagination Technologies 也把 MIPS 业务卖掉了，现在 MIPS 在 Wave Computing 公司手中。

目前 Wave 正式宣布即将开放 MIPS 架构(ISA)，为全球的半导体企业、开发人员及高校提供免费的 MIPS 架构，供其开发下一代 SoC。MIPS 架构开放计划将为所有参与者免费提供最新的 32 位和 64 位 MIPS 架构，且不产生架构授权费和版权费，同时也为所有 MIPS 架构的使用者提供其在全球范围内几百项现有专利的保护。

Wave 在 2019 年第一季度对外公布关于 MIPS 架构开放的进一步信息，比如授权信息细节、可下载 MIPS 架构(ISA)、支持机制以及如何加入 MIPS 架构开放计划等。

迄今为止，已有 85 亿多片基于 MIPS 架构的芯片在数千种商业解决方案中交付使用。MIPS 指令集开源对整个 MIPS 生态系统来说是好事，而对国内的公司来说可能也是一次机会。目前国内搞 MIPS 架构的主要有君正、龙芯。龙芯之前是一次性买断了 MIPS 指令集授权，然后自己开发、扩展指令集，但是这样做有个很大的问题就是生态系统不容易建立，目前的环境下只靠龙芯自己去推动龙芯生态系统的建设是不可能的，而没有生态系统，处理器无论多先进都是没用的。

5.3.3　PowerPC 处理器

PowerPC 处理器是 RISC 嵌入式应用的理想基础平台，IBM 于 1990 年推出基于 RISC 系统、运行 AIX V3 的产品线 RS/6000。该系统架构后来被称为 POWER，意为增强 RISC 性能优化(Performance Optimization with Enhanced RISC)架构，PowerPC 中的 PC 代表 Performance Computing。

PowerPC 是早期 Motorola 和 IBM 联合为 Apple 的 MAC 机开发的 CPU 芯片，商标权同时属于 IBM 和 Motorola，并成为他们的主导成品。IBM 主要的 PowerPC 产品有 PowerPC604s(深蓝内部的 CPU)、PowerPC750、PowerPCG3(1.1 GHz)、PowerPC970。Motorola 主要有 MC 和 MPC 系列，尽管他们的产品不一样，但都采用 PowerPC 的内核。这些产品大都用在嵌入式系统中。

当前，PowerPC 体系结构家族树有两个活跃的分支，分别是 PowerPC AS 体系结构和 PowerPC Book E 体系结构。PowerPC AS 体系结构是 IBM 为了满足它的 eServer pSeries UNIX 和 Linux 服务器产品家族以及 eServer iSeries 企业服务器产品家族的具体需要而定义的。PowerPC Book E 体系结构，也被称为 Book E，是 IBM 和 Motorola 为满足嵌入式市场的特定需求而合作推出的。

PowerPC 740/750 是世界上第一组基于铜的微处理器，当它用于 Apple 计算机时，通常称为 G3，工作频率为 400 MHz。由于它使用了铜芯片技术，处理性能提高了近 1/3。32 位的 PowerPC 750 FX 在 2002 年发布时，其速度就达到了 1 GHz。IBM 随之在 2003 年又发布了 750 GX，它带有 1 MB 的 L2 缓存，速度是 1 GHz，功耗大约是 7 W。

随着中央处理单元(CPU)研发技术的飞速发展，越来越多的厂商在通用型 CPU 中加入 DSP 指令，使得 CPU 也具有了时间确定性以及数据处理能力强的优点。PowerPC 的 G4 系列处理器通过加入 AltiVec 技术(也就是后来的 Velocity Engine/极速引擎)，已经具有了 4G FLOPS 的处理能力，大大超过了普通 DSP 芯片的处理能力。

图 5.8 是 IBM 生产的 PowerPC 970 处理器(也就是被苹果称为 G5 的 64 bit 处理器)，右边的 PowerPC 970 FX 是 X Serve G5 使用的处理器，左边的则是 PowerMac 使用的，主频从 1.6 GHz 到 2 GHz。64 位的 PowerPC 970，是 POWER4 的一个单核心版本，可以同时处理 200 条指令，其速度可以超过 2 GHz，而功耗不过几十瓦。PowerPC 970 一共具有 12 个执行单元，包括 2 个载入/存储单元、2 个 FXU 单元、2 个单/双精度浮点单元、2 个整数单元和 1 个 SIMD 矢量引擎。

图 5.8　PowerPC 970 处理器

此外，改进的 VMX(Vector Multimedia Extensions，矢量多媒体扩展指令集)引擎较 G4 处理器有了更高的执行效率，它与 Motorola 的 AltiVec 引擎一样，属于 IBM 与 Motorola 共同开发的产物，都具有 162 条 SIMD 指令。这些技术在 PowerPC 中应用将使新一代的高带宽通信产品与计算应用方案的性能得到大幅度提高。

5.3.4　ARC 处理器

ARC 处理器是新思科技(Synopsys)设计开发的系列 32 位 RISC 微处理器，与其他 RISC 处理器技术相比，它得益于可调整式(Configurable)架构。ARC 处理器具有独特的可配置和可扩展特性，可以在不同的应用场景发挥不同的功能。固定式的芯片架构或许可以面面俱到，但是在将其设计进入产品之后，某些部分的功能可能完全没有使用的机会，即使没有使用，开发商仍需支付这些多余部分的成本，这就形成了浪费。由于制程技术的进步，芯片体积的微缩化，让半导体厂商可以利用相同尺寸的晶圆切割出更多芯片，通过标准化，则有助于降低芯片设计流程。单一通用 IP 所设计出来的处理器即可应用于各种用途，不需要另辟产能来生产特定型号或功能的产品，大量生产也有助于降低单一芯片的成本，而这也是目前嵌入式处理器的共通现象。因此，在 ARC 的设计概念中，是追求单一芯片成本的最小化，量体裁衣，这需要在设计阶段依靠特定 EDA 软件才能做到。

ARC 处理器的可配置性极其丰富，不仅可以配置处理器总线接口类型、数据位宽、寻址位宽、指令类型等外部属性，而且处理器内部的各功能模块也支持自定义配置，例如配置高速缓存的容量及结构、中断处理单元支持的中断数目和中断级数、乘法器等。此外，ARC 处理器还支持添加定制指令、寄存器、硬件模块甚至是协处理器，添加方式也简单快捷，只需通过处理器的 APEX 扩展接口自行添加即可。这种独特的特性使得工程师可以在性能、面积、功耗之间进行合理分配，以实现最佳的内核 PPA(Performance/Power/Area)。

1. ARC 架构指令集

ARC 处理器采用了高效的 16/32 位混合指令集体系结构，其中，16 位指令包含最常用的指令操作类型，有助于提高代码密度。ARC 处理器的存储系统支持配置片上 CCM(Closely Coupled Memory，紧耦合存储器)，便于以固定延迟(1~2 个时钟周期)访问应用中性能关键的代码和数据，不仅有利于缓解片外总线访存压力，降低系统访存延迟，提高处理性能，还有助于提高系统集成度，降低系统成本。

ARC 处理器具有强大的中断/异常处理能力，支持快速中断响应和中断处理优先级动态编程，可以精确定位异常原因和类型。同时，ARC 处理器提供了丰富的调试接口和调试指令，便于程序员实时监测处理器内部的运行状态和调试应用程序，使得 ARC 处理器可以很好地适用于可靠性要求较高的应用场合。

ARC 处理器的研发经历了 ARCv1 和 ARCv2 两种指令集体系结构，得到了充分的市场验证及系统应用。目前，全球已有超过 200 家厂商获得了 ARC 处理器的生产授权，基于 ARC 处理器的芯片年出货量超过 17 亿片。

2. ARC 处理器系列

为了满足嵌入式领域不同应用的需求，ARC 处理器已经开发出了丰富的产品系列，有面向高端嵌入式应用的 HS 系列和 700 系列，有针对低功耗控制或数字信号处理的 EM 系列、600 系列，以及适用于音频处理的 AS200 系列。下面对常用的 ARC 处理器系列进行简要介绍。

(1) HS 产品系列(HS34、HS36、HS38)是目前性能最高的 ARC 处理器内核，采用了十级流水线技术，支持指令乱序执行和 L2 Cache，可配置成双核或四核 SMP (Symmetric Multi-Processor，对称多处理器)系统，并支持运行 Linux 操作系统，可提供高达 1.6 GHz 的主频和 1.9 DMIPS/MHz 的性能，内核功耗为 60 mW，面积约为 0.15 mm²。HS 产品系列主要面向高端的嵌入式应用，如固态硬盘、联网设备、汽车控制器、媒体播放器、数字电视、机顶盒和家庭联网产品等。

(2) EM 系列产品(EM4、EM6、EM SEP、EM5D、EM7D)是功耗最低、面积最精简的 ARC 处理器内核，采用三级流水线技术，可提供约 900 MHz 的主频和 1.77 DMIPS/MHz 的性能，能耗效率可达 3 W/MHz，内核面积仅为 0.01 mm²。EM 系列产品主要面向深嵌入式超低功耗应用领域以及数字信号处理领域，如 IoT(Internet of Things，物联网)、工业微控制器、机顶盒、汽车电子等。

(3) AS200 系列产品(AS211SFX、AS221BD)专门用于数字电视、数码相机、音频播放和视频播放等音频处理应用领域。

(4) 600 系列产品(601、605、610 D、625 D)采用了五级流水线技术，可提供约 900 MHz 的主频，主要面向通用嵌入式领域，如工业控制、带宽调制解调、VoIP、音频处理等。此外，600 系列处理器具备特有的 XY 存储器结构，特别是针对数字信号处理进行了优化，可以很好地应用于嵌入式 DSP (Digital Signal Processing)领域。

(5) 700 系列产品(710 D、725 D、770 D)采用了七级流水线技术，支持动态分支预测，可提供高达 1.1 GHz 的主频，主要面向中、高端的嵌入式应用领域，如固态硬盘、图像处理、信号处理、联网设备等。近期 ARC 又推出了基于 700 系列的多媒体应用加速处理器，整合了 ARC 700 通用处理核心以及高速 SIMD 处理单元，可以在低时钟下轻松进行诸如蓝光光盘的 H.264 编译码处理，此架构称为 Video Subsystem。该应用处理器基本上就可以担任通用运算工作，不过也可以与其他诸如 ARM 或 MIPS 体系进行连接，以满足应用程序的兼容性与影音数据流的加速。

此外，为了能更有效地针对特定应用进行开发，降低设计风险，缩短产品设计周期，基于 ARC 处理器的软件开发工具、中间软件以及操作系统部署等也都趋于完善和成熟，建立了完整的生态系统，能够给工程技术人员提供一套完整的解决方案。

3. ARC 处理器的特点

ARC 处理器的主要特点可归纳如下：

(1) 以功耗效率(DMIPS/mW)和面积效率(DMIPS/mm^2)最优化为目标，满足嵌入式市场对微处理器产品日益提高的效能要求。

(2) 成熟、统一的 ISA 指令集体系结构不仅便于开发不同产品系列，也便于开发同一系列下的不同产品，具有非常好的延展性和兼容性。

(3) 高度可配置性，以便"量体裁衣"，可通过增加或删除功能模块，满足不同应用需求，通过配置不同属性实现快速系统集成。

(4) 灵活的可扩展性，支持用户自定义指令、外围接口和硬件逻辑，可进一步优化处理器性能和功耗。

(5) 强大的实时处理能力，中断响应快速且动态可编程。

(6) 优异的节能特性，支持从体系结构(SLEEP 指令)、硬件设计(门控时钟)到设计实现(门级功耗优化)等不同粒度的低功耗控制。

(7) 丰富的调试功能，可协助编程人员快速查询处理器状态。

(8) 成熟的开发套件和完整的生态系统，可帮助工程设计人员快速完成从产品设计、实现到验证的嵌入式开发过程。

5.3.5　Xtensa 处理器

当遇到神经网络处理、信息加密、图像处理、基带数据包处理等复杂的大数据处理时，大多处理器固有的结构、带宽就限制了性能的发挥，只能通过提升频率来提高性能，但效果甚微。而 Tensilica 公司设计的 Xtensa 处理器则是进行复杂密集型数字信号处理应用的理想之选。Xtensa 是第一个专为嵌入式单芯片系统而设计的微处理器，可以自由配置、弹性扩张，并自动合成。为了让系统设计工程师能够弹性规划、执行单芯片系统的各种应用功能，Xtensa 在研发初期就已锁定成一个可以自由装组的架构，因此也将其架构定义为可调式设计。

基于可调式的架构设计，Xtensa 处理器有大量的可重构选项，可以让使用者自由获取实现所需的功能和性能。Xtensa 处理器使用了精简且效能表现不错的 16 位与 24 位指令集，其基本结构拥有 80 个 RISC 指令，其中包括 32 位 ALU、6 个管理特殊功能的缓存器、32 个或 64 个普通功能 32 位缓存器，这些缓存器都设有加速运行功能的信道。同时使用者还可以自定义指令集中各指令的长度(4～16 Bytes 的任意值)，这有助于使内存长度和性能达到最佳状态。为了提高应对密集数据处理的能力，Xtensa 处理器的可选队列(FIFO)、端口(GPIO)和查找接口都拥有近乎无限的 I/O 带宽来进行数据传输，不受系统带宽的影响。Xtensa 处理器还可以通过硬件预取的方式来降低内存延迟。

对可重构的嵌入式处理器来说，兼容性是第一要义，只有具有强大的兼容性，才能更好地应用到第三方应用软件和开发工具上去。所有的 Xtensa 处理器都对主要的应用操作系统、调试工具以及输入校验设备兼容，同时所有版本的处理器均支持向上兼容，用户自定义的指令也可以重复使用。

Xtensa 处理器实现了对硬件和软件的共同设计，一方面通过对硬件的重构进行高性能的计算，另一方面通过对软件的编程进行高效率的控制。而且，Xtensa 处理器始终保持先进的技术结构和精简的指令，可以帮助使用者根据应用需求合理调整编码长度，提高指令密集度，降低功耗。Xtensa 的指令集构架包含多种有效的分支指令，如经合成的比较-分歧循环、零开销循环等，典型的应用如漏斗切换算法和字段抽段操作等。浮点运算单元与向量 DSP 单元是 Xtensa 结构上两个可以加选的处理单元，可以加强在特定应用的效能表现。

5.3.6　x86 系列处理器

x86 是一个 Intel 通用计算机系列的标准编号缩写，也标识一套通用的计算机指令集，x 与处理器没有任何关系，它是一个对所有 x86 系统的简单的通配符定义，例如 i386、586、奔腾(Pentium)。由于早期 Intel 的 CPU 编号都是如 8086、80286 来编号的，而且这整个系列的 CPU 都是指令兼容的，因此都用 x86 来标识所使用的指令集合。如今的奔腾、P2、P4、赛扬系列都是支持 x86 指令系统的，所以都属于 x86 家族。

在处理器发展早期，当时 ARM 处理器还未发展成熟，在嵌入式领域只能使用 x86 处理器，但对于大多应用在特定场合的嵌入式系统来说，x86 处理器过高的功耗严重影响了嵌入式系统的稳定性，而且 x86 处理器核心需要南桥和北桥来扩展内存控制器、PCI 控制器、AGP 控制器、USB 控制器、ATA 控制器等，虽然扩展性很好，但系统结构复杂，不适合专用设备。因此，x86 处理器虽然很早就进入了嵌入式领域，但依然没有得到广泛的应用。

1. Intel

x86 处理器应用在嵌入式系统的历史相当悠久，以 Intel 为例，其 Pentium3 时代的处理器与芯片组，至今仍活跃在许多工控电脑产业中。而随着两大 x86 厂商放弃 RISC 产品线，并积极规划移动应用产品，x86 进入到消费性电子嵌入式市场就不再只是传言。当然，x86 处理器普遍都还是有功耗过高、芯片数量庞大的缺点，不适合应用在要求精简省电的嵌入式架构中。但随着技术发展，这一切都有了根本上的改变。尽管 Pentium4 是 Intel 相对失败之作，但 Pentium3 依旧是市场的最爱，就连 Intel 本身也舍不得放弃 Pentium3 的微架构，如今已经经过数次的翻新与修改，即便是最新的四核新产品，依然有 Pentium3 的影子存在。卖旧式架构产品，对 Intel 来说，其实不无小补。由于旧架构经过长久验证，不需重新设计，且在生产上成本非常低，制程提升还可以进一步拉抬芯片产量。但不只 Intel 有旧架构产品，AMD 其实也运用同样的手法来经营其 AthlonXP 处理器。但是 Intel 决心要让对手难以追赶，因此规划了一系列以移动产品应用为主的嵌入式处理器。Intel 过去在 x86 产品规划上，其实几乎从未接触过移动通信应用，即便是雷声大雨点小的 UMPC 产品，也都不含 3G、3.5G 的移动通信功能。而当 Intel 主推的 WiMAX 正式被纳入 3G 标准之一，也让 Intel 重新考虑该公司的移动应用产品。在最近的技术展示中，即便是最接近手机设计的 MID(Mobile Intel Device)装置，也都仅定位于移动上网工具，而非行动通信系统。根据 Intel 的最新规划，MID 平台已经从单纯的行动上网，转而将会跨进现有的 BlackBerry(黑莓)及 I-Phone 的相同市场，前者拥有强大的网际网络通信能力，而 I-Phone 则是拥有强大的多媒体能力。Intel 的 MID 平台基本上是一部微型 x86 计算机系统，其功能性可以达到相当全面的地步，且具备了 ARM、MIPS 等处理器架构难以满足的 x86 软件兼容资源，导入移动通信只不过是在目前的硬件规划基础上，进行软件模块的增加而已。

传统移动通信产品厂商在相关软硬件投入的资本非常庞大，是否采用 Intel 架构还有待观察。但是以目前来看，Intel 的移动应用平台的表现并不出色，过高的功耗与温度仍然是应用在移动终端上的隐忧。

2. VIA

目前仍存活的 x86 处理器厂商，除了身为世界第一大半导体厂的 Intel 以外，其余两家都活得相当辛苦，尤其以台湾的 VIA(威盛)为最。该公司在处理器产品线的经营上，向来遭受大厂的打压，VIA 过去所推出的一系列低功耗处理器，虽然效能偏低，但是其功耗控制能力非常优秀，远远超过 Intel 以及 AMD 这两家 CPU 大厂。如今世界潮流逐渐从效能取向走往绿色环保取向，VIA 除了在一般低价 PC 获得满堂彩以外，在 UMPC 以及嵌入式系统方面，也都能提供相当优秀的解决方案。

VIA 的主流产品线为 C7-M 处理器，该款处理器共分两个型号：普通版本及 Ultra Low Voltage 版本。C7-M 普通版本型号拥有 1.5GHz/400MHz FSB、1.6GHz/533MHz FSB、1.867 GHz/533MHz FSB 及最高速度的 2GHz/533MHz FSB，电压由 1.004V 至 1.148V，最高功耗由 12W 至 20W，在 P-State 模式下电压会下调至 0.844V，而功耗则只有 5W。Ultra Low Voltage 版本的 C7-M 处理器拥有 1GHz/400MHz FSB、1.2GHz/400MHz FSB 及 1.5GHz /400MHz FSB，ULV 版本工作电压只需要 0.908V～0.956V，最高功耗为 5W～7W。而 ULV 之中还会有一个 Super ULV 的 C7-M 1GHz，型号为 C7-M ULV 779，工作电压可低至 0.796V，最高功耗仅有 3.5W。由于这些特点，使 VIA 在低价计算机、嵌入式应用领域中，成为不能忽视的第三势力。

3. AMD

AMD 是在主流市场上唯一能与 Intel 抗衡的 x86 处理器厂商，然而在并购 ATI 之后，其表现只能算是差强人意。以目前所规划的主流产品线而言(包含 CPU 与 GPU)，其实都处于落后的状态。即便如此，AMD 依然具有业界最佳的技术均衡性，既有先进的处理器技术，又是 GPU 技术第二领导者，兼以效能表现相当优秀的主机板芯片产品，以及自有的晶圆厂，虽不及 Intel 霸气，仍然占有很大市场份额。AMD 曾推出了基于全新架构 ZEN 的锐龙处理器，一举歼灭 Intel X99 平台，逼退第七代酷睿处理器。2018 年，基于 ZEN+架构的第二代锐龙 APU 发布，内置了独显级 Vega 显卡，在性能整合平台市场可以说是完胜 Intel 的核心显卡。

在嵌入式应用方面，AMD 向 MIPS 授权其 IP，开发出 Alchemy 产品线，算是直接向 Intel 过去的 ARM 架构 Xscale 直接叫阵的一款产品，然而此产品并未掳获市场眼光，在应用上一向偏弱势，后来 AMD 也将之摆脱，完全放弃了开发 ARM 低功耗系列产品，开始利用自己的 x86 处理器来经营嵌入式应用领域。目前 AMD 在嵌入式 x86 处理器方面的产品有嵌入式 R 系列、嵌入式 G 系列、嵌入式图像卡和主打安全性的 AMDEPYC(霄龙)嵌入式系列，这些 x86 处理器均在高性能应用领域找到了适合自己的位置。得益于超高的性能，AMD 的嵌入式 x86 处理器可以在航空航天、游艺机、高端医疗显像等设备中发挥重要的功能。当然，不论是通用处理器还是嵌入式处理器，AMD 旗下的 x86 处理器都有着较高的热设计功耗，长时间工作下可能会导致系统不稳定，但配合专门设计的散热设备可以有效缓解这种问题。AMD 公司也意识到这个问题，曾推出了第二代 G 系列低功耗处理器，在保证较高性能的同时，将功耗降低至 6 W，使得它可以面对更严苛的工作环境。

习　题

1. 分别介绍 RISC 与 CISC 的特征，并简述两者之间的不同点。
2. 试解释为何嵌入式处理器与通用处理器原理上是相同的，并描述二者在设计指标上的差别。
3. 简述处理器架构的定义及不同架构的特点。
4. 介绍冯·诺依曼体系结构与哈佛体系结构各自的特点。
5. 哈佛结构处理器的突出特征有哪些？
6. 哈佛结构和冯诺依曼结构的区别有哪些？
7. 嵌入式处理器的发展有哪几个阶段？
8. 嵌入式微处理器一般具备哪些特点？

第六章　嵌入式系统存储器

在嵌入式系统中，存储器通常用于存放程序和数据。作为存储和记忆部件，存储器是构成嵌入式系统硬件的重要组成部分。本章介绍存储的层次和性能等知识，同时讲解嵌入式系统的存储设备，Cache 的基本结构、原理与能耗，最后介绍新型存储器。

6.1　概　　述

存储器是现代信息技术中用于保存信息的记忆设备。嵌入式微处理器在运行时，大部分总线周期都是用于对存储器进行访问，因此，存储器性能的优劣将直接影响嵌入式系统的性能。

通常情况下，存储器的类型有两种，随机存储器(Random Access Memory，RAM)和只读存储器(Read Only Memory，ROM)。两种存储器最主要的特点是：在 RAM 器件中，数据在任意位置是可读写的，数据掉电则消失；在 ROM 器件中，数据可以任意读取，但不能写入，同时数据支持掉电保存。在 RAM 和 ROM 下还有很多功能细化的分支，且随着存储器技术的发展，许多新型的存储器同时兼顾了 RAM 和 ROM 两种存储器的特点，因此被称为混合型(Hybrid)存储器，并逐渐成为未来存储器的发展方向。

6.1.1　存储器系统的层次结构

在通用计算机领域，典型的三级存储结构如图 6.1 所示，从上到下依次为高速缓冲存储器(Cache)、主存储器和辅助存储器，每一层与下一层相比都拥有较高的速度、较小的容量以及较低的延迟性，且成本也是随着层级的下降而降低。

在实际应用中，为了满足大存储容量、快存储速度、低成本这 3 个要求，需要组合不同层级的存储器，又发展出了六级金字塔形存储结构，如图 6.2 所示。与典型三级存储结构相比，它向下扩展了外部存储器和远程二级存储器，用于扩展计算机系统的数据存储空间。如今大部分通用计算机的中央处理器速度都非常快，但由于高速缓存和其他存储器位于不同的层次中，传输效率不同，实际上会限制处理器的速度。

> **小贴士：**
> 在 Intel 的芯片指标上，我们经常能看到三级缓存，各级缓存容量越大，性能往往越强。一级缓存一般内置在 CPU 内部，即 S1 层级的 Cache，受限于 CPU 内部结构，一级缓存的容量很小，但传输速度最快。二级缓存通常协调一级缓存和内存之间的速度，三级缓存则是为读取二级缓存后未命中的数据设计的一种缓存。在拥有三级缓存的 CPU 中，只有约 5% 的数据需要从内存中调用，这进一步提高了 CPU 的效率。

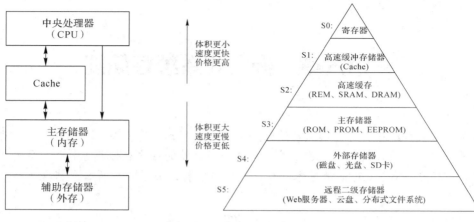

　　图 6.1　典型三级存储结构　　　　　图 6.2　六级金字塔形存储结构

　　ARM 的存储器体系结构为三级存储结构，按照与 CPU 的接近程度分为：第一级，寄存器组、Cache；第二级，主存储器；第三级，辅助存储器。其中，寄存器组是封装在 CPU 内部，用于存放运算器运算的操作数和结果值的存储介质。ARM 有 37 个 32 位长的寄存器，Cortex 体系结构下有 40 个 32 位长的寄存器。

1. 高速缓冲存储器

　　寄存器是中央处理器内的组成部分，在嵌入式系统中一般不将其作为独立的存储器，但由于其具有与 CPU 运算速度相同的传输速度，因此在金字塔形存储结构中是作为最高层级存在。在寄存器之下，就是高速缓冲存储器(Cache)。Cache 通常被集成在 CPU 内部，传输速度极快，但因为 CPU 内部空间有限，所以 Cache 的容量一般非常小，在嵌入式系统中，其容量往往仅有几千字节。Cache 设计之初是为了解决 CPU 与主存之间的速度不匹配问题，其存放着 CPU 中正在运行的进程，作为主存中当前活跃信息的副本。当 CPU 访问主存时，会同时访问 Cache 和主存，通过对访问地址的分析判断所访问区间的内容是否复制到 Cache 之中。若所需访问区间已经复制在 Cache 中，则称为访问 Cache 命中，CPU 可以直接从 Cache 中快速读取信息；若访问区间内容不在 Cache 中，则称为访问 Cache 未命中或失效，则需从主存中读取信息，并考虑更新 Cache 内容为当前活跃部分，而且需要实现访存地址与 Cache 物理地址之间的映像变换，并采取某种算法(策略)进行 Cache 内存的更新。

> 小贴士：
> 　　1. 高速缓冲存储器为了追求极致的速度，使用了昂贵的 SRAM 技术，接近 CPU 的运算速度。Cache 的典型值是 100 KB，在 Intel 的酷睿处理器中，一个运算核心仅有 256 KB 高速缓冲存储器。
> 　　2. 在嵌入式系统中，由于对运算性能要求较低，高速缓冲存储器容量往往较小，ARM 的 STM32F 系列仅有 4 KB～16 KB 的高速缓冲存储器。

2. 主存储器

　　主存储器简称主存，也被称为内存，通常用来存储指令或数据，并能被 CPU 直接随机存取。对主存的基本要求有：可以随机存取；工作速度快；具有一定的存储容量。由于对传输速度要求较高，目前主存都是 RAM 类型的存储器。

3. 辅助存储器

主存储器虽然速度很快，但单位容量下的价格往往较高，且 RAM 类型的主存在断开电源时无法长久保存数据。为了弥补主存的不足，需要加入大容量的辅助存储器，也称外存。外存作为存放程序和数据的仓库，可以长时间地保存大量信息。虽然外存拥有相对于内存大得多的存储空间，但是其访问速度却远慢于内存，因此处理器的硬件设计都是规定只从内存中取出指令执行，并对内存中的数据进行处理，以确保 CPU 指令的执行速度。外存中的信息主要由操作系统进行管理，外存一般只和内存或更低一层级的存储器进行数据交换。

4. 存储管理单元

存储管理单元 (Memory Manage Unit，MMU)主要完成以下工作：

(1) 虚拟存储空间到物理存储空间的映射。

(2) 存储器访问权限的控制。

(3) 设置虚拟存储空间的缓冲特性。

在嵌入式系统中常常采用页式存储管理，把虚拟地址空间分成一个个固定大小的块，每一块称为一页，把物理内存的地址空间也分成同样大小的页。MMU 实现的就是从虚拟地址到物理地址的转换，也就是查询页表的过程。页表的每一行对应于虚拟存储空间的一个页，该行包含了该虚拟内存页对应的物理内存页的地址、访问权限和缓冲特性等。例如在 ARM 嵌入式系统中，使用系统控制协处理器 CP15 的寄存器 C2 来保存页表的基地址。

嵌入式系统支持的内存块大小通常有：段(Section)大小为 1 MB 的内存块，大页(Large Pages)大小为 64 KB 的内存块，小页(Small Pages)大小为 4 KB 的内存块，极小页(Tiny Pages)大小为 1 KB 的内存块。

MMU 中的快速上下文切换技术(Fast Context Switch Extension，FCSE)通过修改系统中不同进程的虚拟地址，避免了在进行进程间切换时造成虚拟地址到物理地址的重映射，从而提高了系统的性能。

6.1.2 存储器的主要性能指标

存储器主要包括如下几种性能指标：存储容量、存取速度、功耗和可靠性。

1. 存储容量

存储容量是存储器性能指标中比较重要的一个，通常指存储器所能容纳的二进制信息总量。常用千字节(KB)、兆字节(MB)、吉字节(GB)、太字节(TB)等来表示存储容量。它们之间的换算方式如下：

$1\ KB = 2^{10}\ B = 1024\ Byte$，$1\ MB = 1024\ KB$，$1\ GB = 1024\ MB$，$1\ TB = 1024\ GB$

$1\ PB = 1024\ TB$，$1\ EB = 1024\ PB$，$1\ ZB = 1024\ EB$，$1\ YB = 1024\ ZB$，$1\ BB = 1024\ YB$

相邻两个单位之间的倍率通常为 2^{10} 倍。

2. 存取速度

对于一个仅包含 Cache 和主存的二级存储层次，平均访存时间 (Average Memory Access Time，AMAT)是指 CPU 平均每次访问存储器的时延。

$$AMAT = T_{Cache} + CMR \times 2 \times T_{MainMemory}$$

其中，T_{Cache}：访问一次 Cache 存储器所需的时间，也称为命中时间；

　　CMR：是 Cache 的失效率；

　　$T_{MainMemory}$：访问一次主存所需的时间，也称为失效开销。

提高存取速度主要有以下 3 种方式：

(1) 当 Cache 失效率和主存访问时间一定时，减少 Cache 的访问时间。

(2) 当 Cache 访问时间和主存访问时间一定时，降低 Cache 失效率。

(3) 当 Cache 访问时间和 Cache 失效率一定时，减少主存访问时间。

3. 功耗

在体系结构设计中，功耗是与存取速度同等重要的首要设计约束。功耗不仅反映了存储器耗电的多少，同时也反映了其发热的程度，影响着存储器的速度。小功耗可以改善存储器件的工作稳定性。功耗通常以每块芯片正常工作下的总功率表示，如 0.3 W。大多数嵌入式系统都采用电池供电，特别是移动式计算设备，如果没有足够好的散热设备，过高的功耗会导致热量积压在设备内部，不仅会影响集成电路的性能，还存在自燃等安全隐患。

4. 可靠性

可靠性一般指存储器对外界电磁场及温度等变化的抗干扰能力。存储器的可靠性用平均故障间隔时间(Mean Time Between Failures，MTBF)来衡量。MTBF 可以理解为两次故障之间的平均时间间隔。MTBF 越长，可靠性越高，存储器正常工作能力越强。

6.1.3　存储设备分类

嵌入式系统往往需要不同功能的存储器，了解存储设备的分类方式可以快速地设计应用的存储器系统。图 6.3 是嵌入式系统使用的存储器的简单分类。

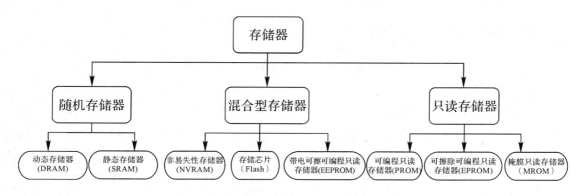

图 6.3　常用存储器类型

1. 按信息可保存性分类

按信息可保存性不同，存储器可分为易失性存储器和非易失性存储器。

易失性存储器的代表是 RAM，RAM 又分为 DRAM(动态随机存储器)、SRAM(静态随机存储器)，它们之间的不同在于生产工艺的不同，SRAM 靠晶体管锁存来保存数据，DRAM 保存数据则靠电容充电来维持。SRAM 的存取速度较快，但工艺复杂，生产成本高，相对较贵。容量比较大的 RAM 通常选用低成本的 DRAM。

非易失性存储器常见的有 ROM、Flash、光盘、HHD 机械硬盘以及已经淘汰不用的软盘等。它们的作用相同，只是实现的工艺不一样。

2. 按存储介质分类

按存储介质不同，存储器可分为半导体存储器和磁表面存储器。

半导体存储器是一种以半导体电路作为存储媒体的存储器，通常用双晶体管或 MOS 晶体管作为存储单元。用半导体电路制成的存储器具有体积小、存取速度快、接口电路实现简单等特点，被广泛用作 Cache、RAM、ROM 等。

磁表面存储器即用磁性材料做成的存储器，利用磁性材料具有两种不同磁化状态的特性制成，其优点是存储容量大、价格低等，但由于其机械结构复杂，对工作环境的要求很高。目前广泛应用的机械硬盘，即是磁表面存储器，其存储容量的典型值高达 2 TB。

3. 按用途分类

根据存储器在系统中所起的作用不同，存储器可分为主存储器、辅助存储器、高速缓冲存储器、控制存储器(用来存放实现全部指令系统的所有微程序)等。为了解决对存储器要求容量大、速度快、成本低三者之间的矛盾，通常采用前文所述的多级存储器体系结构，即使用高速缓冲存储器、主存储器和辅助存储器。表 6.1 列举了各种存储器之间的对比。

表 6.1　存储器元件特征

存储器类型	易失性	可编程性	擦除规模	最大擦除次数	价格(每 bit)
SRAM	√	√	Byte	无限	高
DRAM	√	√	Byte	无限	中等
掩膜 ROM	—	—	不能擦除	0	低
OTPROM	—	—	不能擦除	0	低
PROM		一次编程	不能擦除	0	中等
EPROM	—	√	整块芯片	有限次数	中等
EEPROM	—	√	Byte	100 万次	高
Flash	—	√	扇区	1～10 万次	中等
NVRAM	—	√	Byte	无限	高

6.1.4　嵌入式系统的存储子系统

嵌入式设备的存储系统往往由多种形式的存储器混合组成。在一个完整的高性能嵌入式系统中，通常有微控制器的内部寄存器、片上系统 RAM 或外部 RAM、微控制器的内部 Cache、外部 RAM 芯片、内部或外部 Flash/EEPROM、内部或外部 ROM/PROM 以及系统端口上的存储器。各子系统在嵌入式系统中的功能也各不相同，它们相互之间的配合共同组成了嵌入式系统的存储器。

6.2 嵌入式系统的存储设备

6.2.1 主存的基本结构

主存储器，简称主存。在嵌入式系统中，主存储器主要由存储体、寻址系统、读写系统和时序控制电路四个部分组成。

1. 存储体

存储体又称存储阵列，是存放数据信息的位置，由多个存储单元组成，每个单元存放一个数据或一条指令。为了区分不同的存储单元，通常把全部单元进行统一编号，此编号就称为存储单元的地址码，即单元地址，它用二进制表示。不同的存储单元有不同的地址码，单元与单元地址是一一对应的，一般按字节编址，n 位二进制可标识的存储单元数为 $2n$ 字节，如 $2^{32} = 4\,GB$。

2. 寻址系统

寻址系统由存储地址寄存器(MAR)、地址译码器和地址驱动器三部分组成。存储单元存入或取出信息，称之为访问存储器(访存)，即对存储器进行写入或读出操作。I/O 设备或 CPU 访问存储器时，先将访存地址送 MAR，经地址译码器找到被访问的存储单元，最后由地址驱动器驱动该存储单元以实现读或写。地址译码器的方式有两种：单译码和双译码。

(1) 单译码结构。图 6.4 是一个单译码器的内部结构。通常译码器有 n 个地址输入线，输出称为字线，用于选中一个存储单元的所有位。需要注意的是，n 较大时译码器非常复杂，只适用于小容量存储器。

(2) 双译码结构。图 6.5 为双译码结构，其地址分行、列，需要 2 个译码器，交叉译码后形成 2^n 个输出状态，用于大容量存储器。

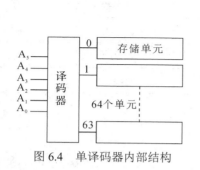

图 6.4 单译码器内部结构

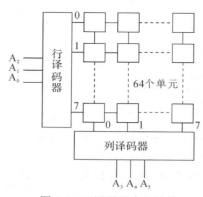

图 6.5 双译码器内部结构

3. 读写系统

读写系统包括 MBR、读出和写入线路。读出：存储单元内容→MBR→I/O 或 CPU。写入：I/O 或 CPU 发来的数据→MBR→存储单元。读写基本过程：控制逻辑给出访存地址，待信号稳定后发出读/写命令,将地址锁存,选中给定单元。

4. 时序控制电路

时序控制电路包括控制触发器、各种门电路和延迟线等,用于接收 I/O 或 CPU 的启动、读写、清除等命令,产生一系列时序控制主存储器完成读写等操作。

在主存的四个基本组成中,存储体是核心,其他三部分是存储矩阵的外围线路,其中寻址是关键。

6.2.2 随机存取存储器

随机存取存储器(RAM)是与 CPU 直接交换数据的存储器,在通用计算机领域,也被称为主存或内存。它的特点是可以以任意次序进行数据存取,而且存取速度非常快,通常被用作计算机系统的临时数据存储媒介。按照存储单元的工作原理,随机存取存储器又被分为静态随机存储器(SRAM)和动态随机存储器(DRAM)。

静态随机存储器的特点是只要芯片持续供电,其数据就可以正常保留,但是如果停止供电,其存储的数据会立刻消失。动态随机存储器的特点和 SRAM 类似,停止供电时数据会消失,并且,DRAM 即使在正常供电下,其存储的数据也消失,它的数据维持时间仅有 2 ms。因此,DRAM 在工作时需要不断地重复读写数据以维持保存的数据,这个过程一般被称为刷新,执行刷新动作需要配合 DRAM 控制器。

1. 静态 RAM(SRAM)

SRAM 的单元结构通常由两个 NMOS 晶体管反相器直接耦合而成,如图 6.6 所示。门控管 V3 和 V4 的栅极一起接字驱动线 W;V3 和 V4 的源极分别接至位线(也称数据线)$\overline{D}$ 和 D。

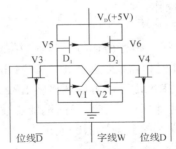

图 6.6 六管 NMOS 管

SRAM 有保持、读出和写入三种工作状态。三种状态的工作方式如表 6.2 所示。

表 6.2 SRAM 存储单元的工作模式

工作状态	启 动 方 式
保持	字线 W 为低电平,V3 和 V4 截止
写入	字线 W 为高电平,令位线 $\overline{D}$ 为低电平,位线 D 为高电平(接近 V_D),使 V1 导通,V2 截止,即写入"1";反之,写入"0"
读出	字线 W 为高电平,打开 V3 和 V4。若 V1 导通,V2 截止,则 D_1 为低电位,D_2 为高电位,通过 V3 加到位线 $\overline{D}$ 上即为低电位,加到 D 上则为高电位,表示读出的是"1";反之,读出"0"

Intel 2114 静态随机存储器是一种 1 K×4 位、18 引脚封装(10 地址、4 数据、片选、读信号、Vcc、Gnd)的 SRAM 芯片,如图 6.7 所示,共有 4096 个以矩阵形式排列的存储元件,6 位地址形成行选,4 位地址形成列选,每根列选择线连接 4 位列线,数据线双向有效。片选和写入信号有效时,输入三态门打开,进入写模式;片选有效且写入信号为 1 时,输出三态门打开,进入读模式。

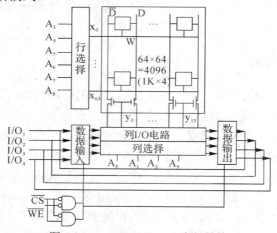

图 6.7 Intel 2114 SRAM 内部结构

对于封装好的 SRAM 集成芯片,通常有 4 个接口:

(1) CE:芯片使能端。CE=1 时,SRAM 的 Data 引脚呈现高阻态;CE=0 时,Data 引脚使能。

(2) R/W:控制操作的读或写,R/W=1 时,执行读操作,CPU 从 RAM 中读取数据;R/W=0 时,执行写操作,CPU 向 RAM 中写入数据。部分 SRAM 使用两个引脚分别控制读和写,引脚置 0 即执行对应操作。

(3) Addr:指出读写的地址。

(4) Data:双向数据传输总线,串行传输待读写的数据。

在选择嵌入式系统的 RAM 时,需要优先考虑 SRAM 与 CPU 的匹配,包括工作电压、数据存取速度、时序等。使用 SRAM 时,可以直接将 SRAM 接到对应的系统总线上,输入端口接到系统的数据总线,地址端口接到系统的地址总线,R/W 端口接到处理器的读写控制信号端上,SRAM 的使能端则接到译码器的输出上。为了防止短暂的断电引起数据的丢失,还需在电源与地线之间接一个去耦电容。

2. 动态 RAM(DRAM)

与静态 RAM 相比,DRAM 之所以被称为动态存储器,是由于它存储的数据是不断刷新的。DRAM 中单个存储单元只有一个电容和一个 MOS 管,如图 6.8 所示,包含保持、读出和写入三种工作状态。

执行写入动作时,字线 W 加高电平,V 导通,位线 D 加高/低电平(写 1/0),D 通过 V 对 C 充电或放电。执行读出动作时,通过 D 对 C 充电,字线 W 加高电平,V 导通,原

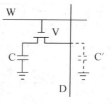

图 6.8 单管动态 MOS 存储元件

存 0 时，将对 C 充电使 D 电平下降，原存 1 时 C 放电使 D 电平上升。与 SRAM 不同的是，DRAM 中的读出动作是破坏性的，读出信息后需要重新写入(再生)。单管存储单元将结构简化到了最低程度，因而集成度高，但要求的读写外围电路(片内)较复杂。

对于封装好的 DRAM 集成芯片，通常有 6 个接口：

(1) CE：片选端。

(2) R/W：控制端。R/W=1 时，执行读动作；R/W=0 时，执行写动作。

(3) RAS：行地址选通信号，通常接地址的高位部分。

(4) CAS：列地址选通信号，通常接地址的低位部分。

(5) Addr：地址线的输入口。

(6) Data：双向数据传输口。

DRAM 为了保证信息的完整性，需要不间断地进行刷新。单个芯片的刷新按行进行，实质是按行读一次。图 6.9 所示为 Intel 2164 DRAM 芯片的内部结构，2164 的最大刷新周期为 2 ms，即 2 ms 内必须安排 128 个刷新周期以保证每个存储矩阵的每个行都可以在 2 ms 内刷新一次。刷新优于访存，但不能打断访存周期。如果 DRAM 的刷新操作与 CPU 的访问发生冲突，在刷新期间，DRAM 控制器会向 CPU 发出"DRAM 忙"信号，CPU 插入等待周期，这样就降低了系统的性能。为了提高系统的性能，避免 CPU 频繁处于插入等待周期内，设计了多种刷新方式。

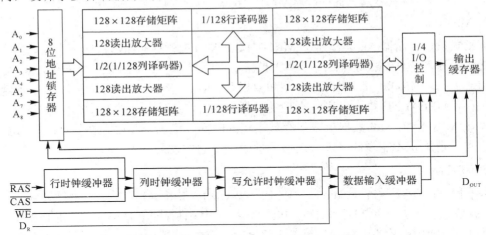

图 6.9　Intel 2164 DRAM 芯片内部结构

目前主流的刷新方式有三种：

(1) 页模式，也称为集中刷新。由于 CPU 访问存储器具有局部性，因此存储器的地址访问通常是连续的，且程序的执行也是顺序执行的。页模式访问时一次提供一个行地址和多个列地址，主存利用率高，控制简单，但刷新周期中不能使用存储器，存在一段死区。

(2) 分散刷新模式，可以扩大读写周期，在每一个存取操作后绑定一个刷新操作，因此不需要单独分配时间进行刷新。分散刷新的时序控制比较简单，主存没有长的死区，但主存利用率不高，存取周期是页模式的一倍，使得读写速度降低一半。

(3) 异步刷新方式，针对分散刷新模式进行了改进。分散刷新的周期一般较短，但实际上电容保存数据的时间要远超时钟周期，较短的刷新周期是对性能的一种浪费。因此，异步刷新充分利用这个特性，在电容数据保持的极限时刻进行刷新。例如分散刷新的周期是 64μs，电容的保持时间是 2ms，则异步刷新的行刷新周期为 2ms，刷新循环到它需要 64 次刷新操作，过 64 次刚好保证每行的刷新周期为 2ms。列刷新周期为每 64 次 2ms。但这个时间并不是绑定在存取周期内，所以异步刷新仍然存在存取的死区，但是这段死区的持续时间要低于页模式的死区时间，而且对主存速度影响最小，只是控制上要更复杂一些。

处理器使用 DRAM 时，需要先通过软件初始化 DRAM 控制器。如果系统中没有 SRAM，则必须在程序运行之前初始化 DRAM 控制器，否则存储器将无法正常工作。为了提高效率，初始化程序一般由汇编语言编写，并固化在硬件初始化模块中。初始化程序可用于设置 DRAM 控制器关于 DRAM 的参数，例如接口数据、刷新频率等，如果 DRAM 出现异常，那么极有可能是 DRAM 控制器的初始化进程出现问题。

6.2.3　只读存储器

只读存储器(ROM)的特点是只能读出数据，不能随意写入数据。ROM 的存取速度要慢于 RAM，但 ROM 所存数据稳定，断电后数据不丢失。早期的 ROM 只能单次写入数据，无法修改，但随着存储器的发展，目前的 ROM 均可以实现多次存取数据，且能在断电的情况下长期保存数据。只读存储器发展出了掩膜式只读存储器(MROM)、可编程只读存储器(PROM)、可擦可编程只读存储器(EPROM)、带电可擦可编程只读存储器(EEPROM)等。

1. MROM

掩膜式只读存储器(Mask ROM，MROM)是最早发展的存储器，其内部存储的内容在生产时就已经写入，且无法更改。由于其大批量生产时成本极低，因此至今仍在大规模使用。根据制造工艺，MROM 可分为 MOS 型和双极型。MOS 型 MROM 功耗低，但读取速度较慢；双极型 MROM 的读取速度快，对应的功耗也较大，一般只应用在低成本的高速系统中。

虽然 MROM 存储的数据可以保存数十年的时间，但由于其必须在生产时写入数据，生产达到一定规模才能降低成本，这极大地限制了它的发展。

2. PROM

可编程只读存储器(Programmable ROM，PROM)和 MROM 一样，一般只可编程一次。但这一次编程并不是在生产时进行的。PROM 生产出厂时存储器是空白的，处于未编程的状态。用户可以使用被称为编程器的设备将信息写入存储器，编程器通过向芯片的引脚通电写入数据，一次通电写入一个字节的数据。这种写入是不可逆转的，即某个存储位一旦写入 1，就不能再变为 0，因此称为一次可编程存储器。目前 PROM 有两种类型：结破坏型和熔丝型。

以熔丝型 PROM 为例，当向存储单元写入"0"时，位线悬空，电流小，不会烧断熔丝；写数据"1"时，位线加负电位，瞬间加大电流，烧断熔丝。在读取数据时，有小电流的读为"0"，无电流的读为"1"。

目前，在嵌入式系统广泛应用的 PROM 称为 OTP(Once Time Program)。OTP 通常与嵌入式微控制器集成在一起，在批量生产时，可以直接将数据写入 OTP 中，而不用外加其他程序存储器。OTP 的价格极低，通常采用 OTP 的嵌入式系统的价格要低于使用 Flash 作为存储设备的系统。因此 PROM 在工业上、家电中应用十分广泛。同时，小批量生产 PROM 时成本较低，可以和 MROM 形成应用互补。

3. EPROM

EPROM(Erasable PROM)是一种具有可擦除功能且擦除后即可进行再编程的 ROM 内存。写入前必须用紫外线照射其 IC 卡上的透明视窗来清除掉其里面的内容。EPROM 芯片有一个很明显的特征，如图 6.10 所示，在其正面的陶瓷封装上，开有一个玻璃窗口，透过该窗口，可以看到其内部的集成电路，紫外线透过该孔照射内部芯片就可以擦除其内的数据。完成芯片擦除的操作要用到 EPROM 擦除器。EPROM 内资料的写入要用专用的编程器，并且往芯片中写内容时必须要加一定的编程电压(VPP＝12～24 V，随不同的芯片型号而定)。EPROM

图 6.10　EPROM 的外观

的型号是以 27 开头的，如 27C020(8×256 K)是一片 2 Mbit 容量的 EPROM 芯片。EPROM 芯片在写入资料后，还要以不透光的贴纸或胶布把窗口封住，以免受到周围紫外线的照射而使资料受损。EPROM 芯片在空白状态时(用紫外光线擦除后)，内部的每一个存储单元的数据都为 1(高电平)。

一片编程后的 EPROM，可以保持其数据 10～20 年，并能无限次读取。EPROM 通常被应用于系统开发阶段，可以反复地修改系统而不用报废其他一次编程存储器，一旦系统设计完成，即可使用 MROM 或 PROM 进行大规模生产。

4. EEPROM

电可擦除可编程只读存储器(Electrically Erasable Programmable ROM，EEPROM)是 EPROM 的改进型，也是目前在嵌入式领域应用较为广泛的一种存储结构。EEPROM 不再需要专门的擦除工具即可擦除数据，它最大的特点是支持电可擦除、局部擦除、按字节擦除等各种形式的擦除方式。EEPROM 的擦除不需要借助于其他设备，它是以电子信号来修改其内容的，彻底摆脱了 EPROM Eraser 和编程器的束缚。EEPROM 在写入数据时，仍要利用一定的编程电压，此时只需用厂商提供的专用刷新程序就可以轻而易举地改写内容，所以它属于双电压芯片。EEPROM 存入数据后，可以保存数十年，而且具有上万次的擦写寿命。EEPROM 运用灵活且结构简单，但其集成度较低，体积相对较大，写入周期较长，功耗较大，因此常用在低成本嵌入式系统中。

EEPROM 有 4 种工作方式：读、写、字节擦除、整体擦除。表 6.3 为 Intel 2815 芯片的工作方式。从工作状态表可以看出，改变各端口的电位可以选择不同的工作模式。

表 6.3　EEPROM 芯片的工作方式

工作方式\信号端	Vpp/V	CE	OE	D7～D0
读方式	+4～+6	低电平	低电平	输出
写方式	+21	TTL 高电平	TTL 高电平	输入
字节擦除方式	+21	低电平	TTL 高电平	TTL 电平
整体擦除方式	+21	低电平	+9～+15	TTL 电平

EEPROM 既可以采用类似 Intel 2815 这样的并行通信，也可以使用串行通信。与并行 EEPROM 相比，串行 EEPROM 最大的优点就是节省引脚数目。在嵌入式系统中，串行

EEPROM 通常采用 I²C 总线接口,如果处理器没有 I²C 总线接口,也可以把串行 EEPROM 直接接在处理器的普通 I/O 口上,通过软件编程实现 I²C 总线通信。

6.2.4　闪速型存储器

1. NOR 与 NAND Flash

闪速型存储器(Flash Memory)又称闪存。NOR 和 NAND 是非易失性闪存技术的两个主要发展方向,二者在当今市场均占有较大份额。Intel 于 1988 年首先开发出 NOR Flash 技术,彻底改变了原先由 EPROM 和 EEPROM 一统天下的局面。紧接着 1989 年,东芝公司发表了 NAND Flash 结构,强调降低每比特的成本,有更高的性能,并且像磁盘一样可以通过接口轻松升级。现在的 U 盘和 SSD 固态硬盘都是 NAND Flash。

NOR Flash 是基于 EEPROM 发展起来的,它把整个存储区分成若干个扇区(Sector),每一个存储单元的线都是独立的,这使得 NOR Flash 可以随机读取任意单元的内容,适合数据的并行存取。NOR Flash 的特点是可以在芯片内执行程序(eXecute In Place,XIP),不必再把代码读到系统 RAM 中。

而 NAND Flash 把整个存储区分成了若干个块(Block),将多个存储单元用同一根线连接,按顺序读取存储单元的内容,使得其更加适用于数据的串行传输。因此 NAND Flash 执行擦除操作是十分简单的,而 NOR 型闪存则要求在进行擦除前先要将目标块内所有的位都写为 0。NAND 结构能提供极高的单元密度,达到高存储密度,但由于 NAND 器件使用了复杂的 I/O 接口串行存取数据,因此在与计算机的连接上会更复杂。

与其他存储器相比,闪存具有更长的使用寿命,可以重复写入次数达 10 万量级,而且数据可以保持超过 10 年不挥发。在存取速度方面,闪存的数据存取速度要远远超过早期的一些存储器,其中 NOR Flash 的读速度比 NAND Flash 稍快一些,而 NAND Flash 的写入速度则比 NOR Flash 快很多。由于 NAND Flash 的随机读取能力较差,因此它更适合大量数据的连续读取,NOR Flash 恰恰相反,其优秀的随机读取能力使得应用程序可以直接运行在 NOR Flash 中。

Flash 被广泛用于移动存储、数码相机、MP3 播放器、掌上电脑等新兴数字设备中。由于受到数码设备强劲发展的带动,Flash 一直呈现指数级的超高速增长。

> **小贴士:**
>
> 　目前快速发展并逐渐取代传统机械硬盘的高性能存储器——固态硬盘(SSD),其核心存储单元使用了 NAND Flash,可以在远小于 HHD 机械键盘体积的情况下提供较大的存储容量。

2. Flash 接口协议

Flash 的存储单元虽然有着极高的理论性能,但闪存芯片的实际性能在极大程度上要依赖于负责数据传输和存储调度的主控芯片。在嵌入式系统中,为了减少体积,主控 IC 与闪存颗粒通常被封装在一颗芯片内。目前,成熟的嵌入式存储方案有 eMMC 规格和 UFS 规格。

eMMC(embedded Multi-Media Card)规格的设计之初是为了解决不同厂商的闪存芯片无法兼容的问题,它根据每家公司的产品和技术重新设计了闪存芯片并推行了统一的规格,大大简化了嵌入式存储器的设计过程,开发人员只需要直接安装闪存,并按照统一的规范运行，不需也不必处理繁杂的 Flash 兼容性和管理的问题，在实际应用中，可以大幅缩短新产品的上市周期和研发成本。eMMC 的规格从最初的 eMMC4.3 逐渐发展到目前最新的 eMMC5.1，顺序读速度高达 280 MB/s，顺序写速度也有 100 MB/s，而且其接口电压可以是 1.8 V 或 3.3 V，能耗低，非常适合用于小型高速嵌入式系统中。

UFS 的全称是 Universal Flash Storage，是新一代的通用闪存存储标准，其最早的版本 UFS1.0 由电子设备工程联合委员会于 2011 年发布，目前最新的版本是 UFS2.1。

与 eMMC 标准的半双工传输模式不同的是，UFS 采用了串行数据传输，支持全双工运行，可以同时进行读写操作，UFS2.1 具有高达 1.45 GB/s 的接口速度。除此以外，UFS 规格的闪存芯片还拥有比 eMMC 标准更低的功耗，有望成为未来嵌入式闪存技术的主流标准。

虽然 UFS2.1 是目前最好的存储器主控解决方案，但它仍有旗鼓相当的对手。苹果公司的嵌入式闪存方案由于引入了 NVMe 协议，通过优化接口协议进而提高了数据读写的速度，整体来看，苹果手机的内存数据读写速度要快于 UFS2.0 闪存。无论两种闪存技术哪一种成为主流，对于全球的半导体发展，都有着积极的效果。

小贴士：

1. UFS 作为新兴存储技术，目前在移动设备中应用广泛，众多手机厂商的高端手机中均采用了 UFS 存储技术，由于价格缘故，仅有少部分手机搭载了 UFS2.1 的存储芯片，但即使是 UFS2.0 规格的存储芯片，其读写速度也达到了 360 MB/s，性能远远优于同期的 eMMC5.1 标准。

2. 存储芯片行业属于半导体行业的分支，由于其非常高的技术门槛，导致全球的存储芯片生产销售均被行业寡头所垄断。目前全球最大的存储器供应商为韩国的三星电子，紧跟其后的有海力士半导体公司、茂德科技、力晶科技及三井集团的东芝公司、美光公司等。

6.2.5 磁表面存储器

磁表面存储器是利用涂覆在载体表面的磁性材料具有两种不同的磁化状态来表示二进制信息的 0 和 1。磁表面存储器又可分为磁带存储器和磁盘存储器两大类。控制芯片读取磁盘上的信息需要借助磁头来实现，磁头是磁表面存储器用来实现电-磁转换的重要装置，一般由铁磁性材料制成，并绕有读写线圈的电磁铁。

磁带存储器是一种顺序存取的设备，其内容由磁带机进行读写，按磁带机的读写方式分为启停式和数据流式两种。磁盘是两面涂着可磁化介质的平面圆片，数据按闭合同心圆轨道记录在磁性介质上，磁盘存储器这种同心圆轨道称磁道。因盘基不同，磁盘可分为硬盘和软盘两类。硬盘盘基用非磁性轻金属材料制成，软盘盘基用挠性塑料制成。按照盘片的安装方式，磁盘有固定和可互换(可装卸)两类。磁盘存储器的主要指标包括存储密度、存储容量、存取时间及数据传输率。

磁表面存储器的优点为存储容量大，单位价格低，记录介质可以重复使用，记录信息可以长期保存而不丢失(甚至可以脱机存档)非破坏性读出，读出时不需要再生信息等。当然，磁表面存储器也有缺点，主要是存取速度较慢，机械结构复杂，对工作环境要求较高。

磁表面存储器经过近半个世纪的发展，目前已经非常成熟，拥有极大的存储容量和极低的位价格，同时数据可以长期保存，记录介质也能反复使用，但是存取速度非常慢，多在计算机系统中作为辅助大容量存储器使用，用以存放系统软件、大型文件、数据库等大量程序与数据。

6.3　嵌入式系统的 Cache

由上文介绍可知，嵌入式系统的存储结构通常采用了分级处理，可以有效平衡系统的性能和成本。但是，由于大部分存储器需要通过其对应接口来与处理器进行数据交换，而其存取速度远低于处理器的运算速度，为了不让存储器的瓶颈制约嵌入式系统的发展，嵌入式系统使用了高速缓冲存储器(Cache)并集成进 CPU 芯片中，使得处理器可以直接与 Cache 进行数据交换，这极大地提高了系统的运算速度。

在实际应用中，嵌入式系统多采用多层级的高速缓冲存储器，越靠近处理器的高速缓冲存储器，其数据存取速度越快，容量越小，价格越高。一般情况下，具有两级高速缓冲存储器的 CPU 最为常见。

6.3.1　Cache 的基本结构及原理

1. 传统 Cache 的结构

从多级存储器体系结构来看，系统执行程序时，被访问的数据从下级存储器调入上级存储器，当数据被上移的新数据替换时，便向下级存储器写入。一般来说，上级存储器中的数据只是下级存储器中的数据的一个子集。

2. Cache 的工作原理

如图 6.11 所示，Cache 是按块进行管理的。Cache 和主存均被分割成大小相同的块，信息以块为单位调入 Cache。主存块地址(块号)用于查找该块在 Cache 中的位置，块内位移用于确定所访问的数据在该块中的位置。

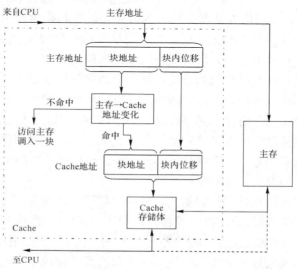

图 6.11　Cache 的基本工作原理示意图

3. Cache 与主存的映像

Cache 与主存的映像方式有多种，常用的有全相联映像、直接映像、组相联映像。

(1) 全相联映像。如图 6.12 所示，主存中的任一块可以被放置到 Cache 中的任意一个位置，其特点是空间利用率最高，冲突概率最低，实现最复杂。

(2) 直接映像。图 6.13 为直接映像的原理图，主存中的每一块只能被放置到 Cache 中唯一的一个位置(通常采用循环分配)。此映射方式的空间利用率最低，冲突概率最高，但实现却最简单。对于主存的第 i 块，若它映像到 Cache 的第 j 块，则 $j=i \bmod(M)$ (M 为 Cache 的块数)。设 $M=2m$，则当表示为二进制数时，j 实际上就是 i 的第 m 位。

(3) 组相联映像。图 6.14 为组相联映像，其中 Cache 分成若干个组，主存中的每一块可以被放置到 Cache 中唯一的一个组中的任何一个位置(组上直接映像，组内全相联映像)。

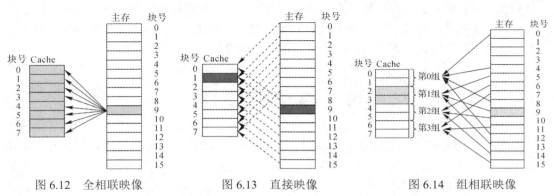

图 6.12　全相联映像　　　　图 6.13　直接映像　　　　图 6.14　组相联映像

组的选择常采用位选择算法。若主存第 i 块映像到第 k 组，则 $k=i \bmod(G)$ (G 为 Cache 的组数)，设 $G=2g$，则当表示为二进制数时，k 实际上就是 i 的第 g 位，第 g 位以及直接映像中的第 m 位通常称为索引。

若有 n 路组相联，则每组中有 n 个块($n=M/G$)，其中，n 称为相联度，需要对应数目的比较线路。相联度越高，Cache 空间的利用率就越高，块冲突概率就越低，不命中率也就越低；控制越复杂，功耗越大。绝大多数计算机的 Cache 的相联度 $n \leqslant 4$。三种映像的对比如表 6.4 所示。

表 6.4　三种映像的对比

三种映像	n(路数)	G(组数)
全相联映像	M	1
直接映像	1	M
组相联映像	$1<n<M$	$1<G<M$

因此组相联映像是直接映像和全相联映像的一种折中方法，结合了两者的特点。

6.3.2　Cache 的能耗

Cache 在现代 CPU 中的比重越来越大，对 CPU 的能耗影响大。如 StrongARM SA110 中 60%是 Cache，能耗占 CPU 总能耗的 43%。随着芯片的升级，芯片内 Cache 所占比例也不断增加，通常只有低于 10%的面积为实际的执行部件，因此 Cache 能耗逐渐成为影响芯片整体性能的重要因素。

目前已有多级改善 Cache 能耗的技术，包括在设备级、电路级、结构级、算法级等采用的技术，如在体系结构级的低能耗 Cache 技术主要有如下 5 种：基于模块分割的方法、基于路预测的方法、添加一级小 Cache 的方法、优化标识(Tag)比较的方法、动态可重构 Cache。

迄今为止，Cache 的低能耗技术已取得了很多的研究成果，但仍然存在很大的研究空间。基于模块分割的方法和添加一级小 Cache 的方法需要添加的元件较多，在嵌入式系统或 SoC 上实现比较复杂；基于路预测的方法对于预测算法的依赖性较强，一旦预测错误，就会导致性能下降；优化标识比较的方法在节省能耗的同时不会影响性能，但通常对 Cache 内部结构改变较大；可重构 Cache 虽然能动态地调整其容量大小，但存在着配置不够准确和重构负担较大的缺点。因此，如何设计一种低能耗的高速缓冲存储器，并使 CPU 的访存操作集中在 Cache 中进行，仍然是嵌入式系统需要重点解决的问题。

6.4 新型存储器

存储器应用广泛、市场庞大，小尺寸、高性能、低功耗一直是半导体存储器行业不断追求的目标。近年来，半导体芯片的制作工艺已经达到 14 nm 及更精细的 10 nm，处理器运算性能不断提高，同时人工智能(AI)及边缘计算(Edge Computing)等高运算需求的新技术也在快速发展，目前已有的存储器，如 SRAM、Flash 已经无法跟上需求的脚步。另外，由于光刻机的物理极限与制造工艺的限制，传统的半导体存储器已经接近了发展的极限，使得嵌入式系统的发展受到了存储器的制约。因此，开发新的超高速存储器成了当前半导体行业的发展新方向。引人注目的新存储器包括相变存储器(PRAM)、铁电存储器(FRAM)、磁阻存储器(MRAM)、阻变存储器(RRAM 或 ReRAM)、自旋转移力矩存储器(STT-RAM)、导电桥存储器(CBRAM)、氧化物电阻存储器(OxRAM)等。

6.4.1 存储器新分类——基于电荷的传统存储器和基于电阻的新型存储器

存储器通常分为易失性和非易失性两大类。当今，易失性存储器最重要的两类是 SRAM 和 DRAM。非易失性存储器的种类很多，市场份额最大的是闪存(Flash)，其他的还有 SONOS、FRAM、PRAM、MRAM 和 RRAM 等。

其中，SRAM、DRAM、Flash、SONOS 和 FRAM 这 5 种是基于电荷的存储器，这类存储器本质上是通过电容的充放电来实现的，而 PRAM、MRAM 和 RRAM 则是基于电阻的转变来实现的。

6.4.2 铁电存储器

铁电存储器(Ferroelectric RAM，FRAM)在 1987 年左右就已推出，但直到 20 世纪 90 年代中期美国 Ramtron 国际公司成功开发出第一个 4 K 位的铁电存储器 FRAM 产品后，才逐渐开始商业化。FRAM 是一种非易失性的随机存取存储器，由人工合成的铅锆钛材料(PZT)形成存储器结晶体，利用铁电晶体的铁电效应实现数据存储。铁电效应是指在铁电晶体上施加一定的电场时，晶体中心原子在电场的作用下运动，并达到一种稳定状态。当电场从晶体移走后，中心原子会保持在原来的位置。这是由于晶体的中间层是一个高能阶，中心原子在没有获得外部能量时不能越过高能阶到达另一稳定位置。因此 FRAM 保存数据不需要电压，也不需要像 DRAM 一样周期性刷新。由于铁电效应是铁电晶体所固有的一种偏振极化特性，与电磁作用无关，因此 FRAM 存储器的内容不会受到外界条件诸如磁场因素的影响，能够同普通 ROM 存储器一样使用，具有非易失性的存储特性。与 Flash 和 EEPROM 等较早期的非易失性内存技术相比，铁电存储器具有更高的写入速度和更长的读写寿命，虽然其存储速度不及 DRAM，但由于它能在非常低的电能下实现快速存储，因此也得到了广泛的发展与应用。

FRAM 存储器同时兼具了 RAM 和 ROM 的优点，具有较快的数据存取速度和非易失特性。但因为铁电晶体的固有特点，使用 FRAM 技术制造的存储器有固定的访问次数，一旦超过访问次数限度，FRAM 就失去了非易失性。Ramtron 公司测定的铁电晶体最大访问次数为 100 万次，因此 FRAM 存储器的寿命是 Flash 的 10 倍。虽然超出限度后 FRAM 就会失去非易失性，但对其自身性能没有影响，依然可以像普通 RAM 一样使用。

FRAM 在嵌入式系统中具有广阔的应用空间。Ramtron 的合作伙伴 Fujitsu 将嵌入式 FRAM 量产用于地铁票价卡芯片。之所以选择 FRAM 是因为其独特的低写入能量，让芯片得以经由询问无线电信号就可为数据读写提供电源，而无需任何其他电源。它拥有较高的数据存取速度、较大的存储容量和非易失的特性，可以替代传统嵌入式系统中 SRAM 和 EEPROM 的组合，简化设计过程。但在使用 FRAM 前，必须要确定应用系统中一旦超过对 FRAM 的 100 万次访问后对系统本身是否无任何影响。

6.4.3　磁阻存储器

磁阻存储器(MRAM)与传统机械硬盘式的磁表面存储器的概念完全不同，其基本结构是磁性隧道结(Magnetic Tunnel Junction，MTJ)加一个晶体管。MRAM 又分为传统的 MRAM 和 STT-MRAM。它们都是基于磁性隧道结结构，只是驱动自由层翻转的方式不同，前者采用磁场驱动，后者采用自旋极化电流驱动。对于传统的 MRAM，又称"Toggle MRAM"，由于在半导体器件中本身无法引入磁场，需要引入大电流来产生磁场，因而需要在结构中增加旁路。但这种结构功耗较大，而且也很难进行高密度集成。若采用极化电流驱动，即 STT-MRAM，则不需要增加旁路，因此功耗可以降低，集成度也可以大幅提高。MRAM 技术还有一种 SOT(旋转轨道隧道)，它采用三端式 MTJ 结构，将读取和写入路径分开，故比 STT-MRAM 具有更快的读写速度和更低的功耗，但目前仍处于研发阶段。

所有这些元件都是使用隧道层(Tunneling Layer)的"巨磁阻效应"(Giant Magnetoresistive Effect)来读取位单元，当该层两侧的磁性方向一致时，该层提供低电阻，因此电流大，但当磁性方向相反时，电阻会变很高，导致电流流量中断。基本单元需要三层或更多层的堆栈来实现，至少有 2 个磁层(Magnetic Layer)和 1 个隧道层。

MRAM 的研发难度很大，其中涉及非常多的物理技术，这也是诺贝尔奖颁发给这个领域的原因。国外十分重视 MRAM 的研发，美国、欧洲、日本和韩国等公司均投入巨资进行研发，并依靠自身强大的制造工艺始终保持技术领先。2017 年，三星公司发布了 MRAM 量产的公告，并与 NXP 签订了物联网芯片的代工协议；台积电、格罗方德也同期发布了 22 nm MRAM 的试产公告，目前 MRAM 能实现的最高集成密度为 4 GB/90 nm 的制造工艺。

磁性隧道结构看似简单实则相当复杂。在这个结构中，很多材料都是在几个纳米，特别是对于 MgO 隧道层，要求只有 1.3 nm，并且是要完美的单晶。要想使数据保持更长时间，则需要增加功耗，因此需要在性能与能耗之间进行权衡。MRAM 的优缺点如表 6.5 所示。

表 6.5　MRAM 性能优缺点

优　点	缺　点
数据存取速度非常快，相当于 DRAM 的性能，且读/写操作速度相等	难以实现低压驱动
拥有比 Flash 更长的使用寿命	电阻对比度较低
超过 20 年的数据保持性和宽的工作温度范围	高温环境下数据保持能力差

可以看出，MRAM 作为一种非易失性的磁性随机存储器，既拥有静态随机存储器(SRAM)的高速读写能力，也有动态随机存储器(DRAM)的高集成度，理论上可以无限次地存取数据。在嵌入式领域，嵌入式 MRAM 可以承担一些基于 SRAM 的缓存功能，并完全取代传统的嵌入式 Flash，把内存与硬盘合二为一。未来，STT-MRAM 将有机会取代 SRAM 成为 Cache 主要存储媒介。

6.4.4　相变存储器

相变存储器(PRAM)也被称为 PCM(Phase Change Memory)，是一种非易失性存储设备。Intel 联合创始人 Gordon Moore 早在 1970 年就发表了一篇描述早期原型的论文。相变存储器通过热能的转变，让相变材料在低电阻结晶(导电)状态与高电阻非结晶(非导电)状态间转换。相变存储器的结构主要分为三层，从上到下分别为上电极、具有相变特性材料的中间层和下电极，上、下电极可以为金属薄膜或半导体材料。中间相变层的材料会在晶化(低阻态)和非晶化(高阻态)之间转变，即利用这个高低阻态的变化来实现存储。

Intel 和 Samsung 于 2006 年生产第一款商用 PRAM 芯片，目前 Intel 和 Micro 联合开发的 3D XPoint 存储器 Optane SSD 已经发布。这是一个 128 G 的存储器，其封装半导体面积高达 206.5 mm^2，存储密度 0.62 Gbit/mm^2。

PRAM 在读写速度、集成密度和存储窗口上都表现优越，而且具有多值存储的潜力。在尺寸缩小方面，PRAM 中的相变材料在 10 nm 以下仍然表现出很好的相变特性。但 PRAM 有一个致命的缺陷，在擦除(RESET)过程中需要大尺寸晶体管驱动较大的电流(>100 μA)，增加了芯片的功耗，制约了其在小尺寸工艺中的应用。

PRAM 的优缺点如表 6.6 所示。基于 3D XPoint 的 PRAM，虽然数据存取速度慢于 DRAM，但同体积下的存储容量更大，传输速度也是闪存的 1000 倍，未来将被广泛应用于大容量存储器中。

表 6.6 PRAM 性能优缺点

优 点	缺 点
低阻态与高阻态间对比较大	复位到高组态时需要高温熔化，高温下易产生串扰
信息存储时间长(比 Flash 长)	未找到更好的材料替代 GST
抗干扰性强、兼容性高	小特征的变异会扩大电阻分布

小贴士:

1. Intel 的 3D XPoint 技术于 2015 年 7 月发布，被誉为 20 年来革命性的 Memory，揭开了存储器层次架构演变的新篇章，对于嵌入式系统的重构与优化具有深远的影响。

2. 3D XPoint 技术采用了堆叠结构，堆叠层数越多，需要的掩模板个数就越多，从制造的角度来说，要想实现几十层的 3D 堆叠结构非常困难。目前批量生产的仅有两层结构。

6.4.5 阻变存储器

阻变存储器(RRAM)比 MRAM 和 PRAM 的研究要稍晚，虽然这个现象早在 1962 年就被报道了，但没有引起学术界和工业界的关注。直到 2000 年，美国休斯敦大学在 APL 上发表了一篇关于"在庞磁阻氧化物薄膜器件中发现电脉冲触发可逆电阻转变效应"的文章后，夏普公司买了该专利，才对 RRAM 开始了业界的开发，自此以后才引发了学术界和业界对 RRAM 的研究。主流存储器厂商也纷纷投入力量，开始对 RRAM 进行研究。RRAM 在结构上和 PRAM 相类似，只是中间的转变层的原理不同。相变存储器是材料在晶态和非晶态之间转变，而阻变存储器是通过在材料中形成和断开细丝(Filament，即导电通路)来探测结构的高低阻态。RRAM 阵列的结构有两种:

(1) 交叉点结构，单晶体管单电阻(1T1R)阵列的结构是在每一个交叉点都需要一个访问晶体管，以独立选通每一个单元。但它的缺点也非常明显，1T1R 结构的 RRAM 的总芯片面积取决于晶体管占用的面积，因此存储密度较低。

(2) Crossbar 结构，该结构也颇受关注，每一个存储单元位于水平的字线(WL)和垂直的位线(BL)的交叉点处。每个单元占用的面积为 $4F^2$ (F 是技术特征尺寸)，达到了单层阵列的理论最小值。其优点是存储密度较高，而存在互连线上的电压降和潜行电流路径造成的读写性能下降、能耗上升以及写干扰等问题则是其缺点所在，很多的研究都是围绕这一类展开。

RRAM 最大的缺点是其严重的器件级变化性，RRAM 器件状态的转变需要通过给两端电极施加电压来控制氧离子在电场驱动下的漂移和在热驱动下的扩散两方面的运动，使得导电丝的三维形貌难以调控，再加上噪声的影响，造成了器件级变化性。

目前，RRAM 已经由实验室阶段进入到企业的研发阶段。2004 年，日本 NEC 公司使用硫化铜制成了 1 KB 的 RRAM；2011 年，索尼公司使用碲化铜作为阻变材料制造了 4 MB 的阻变存储器，同年，Unity 公司成功制造了容量为 64 MB 的存储器；2013 年，Sandisk 公司成功开发了 3D 结构的 RRAM 制造工艺，生产出存储容量高达 32 GB 的阻变存储器；次年，索尼公司制造出 16 GB 的阻变存储器。随着时间的推进与各厂商的研发，RRAM 测试芯片的容量越来越大，并逐渐向三维集成方向演化，其阻变材料也逐步汇集到以 HfOx、TaOx 为代表的二元氧化物。但目前生产的良品率和可靠性仍面临较大挑战。利用三星电子成功开发的 RRAM 技术制造的内存，比现有的 DRAM 的擦写速度要快 100 万倍，可反复擦写 1 兆次，具有极佳的耐用性，且功耗较低，已在业界产生极大的反响。

在制造工艺上，Panasonic 于 2013 年发布了 180 nm RRAM 的量产公告，并与富士通、联电合作开发 40 nm RRAM 的生产工艺。台积电也发布了 RRAM 的试产公告，并在 40/22 nm 节点上引入嵌入式 RRAM。

6.4.6 各存储器分析比较

各存储器优缺点对比见表 6.7。

表 6.7 各存储器优缺点对比

存储器	优 点	缺 点
DRAM/SRAM	存取速度快	断电后数据丢失
Flash	存取速度快、成本低	功耗大、缩小受限
FRAM	高速、低功耗、抗辐照	存储容量小、可靠性差、与 COMS 工艺不兼容
PRAM	高速、高密度、高存储窗口、多值存储	擦除电流大、存储密度低、功耗大
MRAM	存取速度快、存取次数多、功耗低	干扰问题严重、制备工艺复杂、与 COMS 工艺不兼容
RRAM	结构简单、集成度高、可多值存储，可缩小性好、功耗低	阻变机理有待统一

从表 6.7 可以看出，每种存储器都各有优缺点。从定性上比较，DRAM 和 SRAM 虽然存取速度快，但数据易失；Flash 应用最成熟，但未来发展不容乐观；FRAM 有特殊的抗辐照能力，但其与 CMOS 工艺不兼容；PRAM 可多值存储，但功耗过大；MRAM 存储能力不错，但易受干扰；RRAM 结构简单、操作速度快、功耗小、工艺与 CMOS 兼容性高、可多位存储(Multi-level)等。

表 6.8 为存储器参数对比，可以看出，在读写速度和单元面积方面，RRAM 优于其他新型非挥发性存储器，其读写速度目前最快可达到 5 ns，单元面积目前为 $8F^2$(F 为特征线宽尺寸)，以后有望达到 $4F^2$。而且 RRAM 的结构单元可以在三维方向上堆叠集成，这大大提高了存储密度。此外，阻变存储器的制作和传统的半导体工艺相兼容，这为其投入市场应用提供了强有力的保证。但业界认为，阻变存储器的阻变机理尚处于模糊阶段，其实用产品还没推出。

表 6.8 存储器件参数对比

性能指标	SRAM	DRAM	Flash	FRAM	MRAM	PRAM	RRAM
非挥发性	无	无	有	有	有	有	有
单元面积(F^2)	140	6	5	22	45	16	8
读取时间/ns	0.3	<10	50	45	20	60	<50
写/擦时间/ns	0.3/0.3	<10/10	1/0.1	10/10	20/20	50/120	5/5
保存时间	—	64 ms	>10 年	>10 年	>10 年	>10 年	>10 年
功耗/(J/bit)	7×10^{-16}	5×10^{-15}	1×10^{-14}	3×10^{-14}	1.5×10^{-10}	6×10^{-12}	1×10^{-12}

　　目前，NAND Flash 的性能提升已经接近瓶颈，而 RRAM、PRAM、MRAM 等新型存储器正在高速发展中，虽然这些新型存储器的容量还远低于闪存，但在数据存取速率上，3 种新型存储器最低都是 Flash 的 1000 倍以上，其中 MRAM 的存取速度甚至超过目前的 SRAM，可以预见的未来，新型存储器必将取代当前的闪存技术，促使嵌入式技术跃迁式的发展。

习　　题

1. 嵌入式系统中有哪些常用的存储器？
2. 评价存储器性能的指标有哪些？
3. Flash 存储器有哪些特点？为何能得到广泛应用？
4. Cache 与主存的映射主要有哪些方式？
5. 简述存储器的主要性能指标及其作用。
6. 主存的基本结构由哪几部分组成？
7. 目前主流的刷新方式有哪几种？具体作用是什么？
8. 试用图表分析各存储器的优缺点。

第七章　I/O 设备与通信接口

　　I/O(Input/Output)接口、模块和设备种类很多，它们是嵌入式处理器差异化和编程的重要内容。I/O 接口是 CPU 和外设之间交换数据的通路，不同的 CPU 对 I/O 设备的操作方式不尽相同，但其基本原理相似。本章主要介绍 I/O 接口与设备和串并行通信，并举例介绍常用的串行通信 I²C、SPI、USB 等总线。

7.1　概　　述

　　在一个嵌入式系统中，处理器用于运算以实现处理功能，存储器用于存储数据以实现存储功能，而用于在不同模块间进行通信的技术称为接口技术，进行通信的设备即为 I/O 设备。I/O 接口作为 CPU 和外设之间交换数据的通路，也是其他模块(如 I²C 通信、SPI 通信)的基础。不同的 CPU 对 I/O 设备的操作方式不尽相同，但原理类似。对 8 位单片机来说，其 I/O 接口可以直接写入或读取；但对于 32 位的高性能处理器来说，其 I/O 接口的控制就要复杂许多，有的 I/O 接口还可以进行功能复用，所以在使用时必须通过对应的寄存器进行控制。

> **小贴士：**
>
> 　　1. 51 单片机在编程时，可以直接对 I/O 接口进行赋值或读取 I/O 接口状态，I/O 接口状态通常有 0 和 1。
>
> 　　2. STM32 嵌入式芯片的 GP I/O 接口通常有 8 种输入输出模式可供选择，且不仅要配置功能模式，还要配置端口引脚的最大速度，开启相应的时钟模块，然后才能从数据寄存器中写入或读取数据。但由于 ARM 处理器的应用十分广泛，开发者们为了提高开发效率，为其开发了对应的固件库，可以更方便地控制 I/O 接口。

7.1.1　I/O 接口寄存器的映射方式

　　当处理器内核操作 I/O 接口时，需要先访问 I/O 接口对应的寄存器，进而操作这些接口模块，因此这些接口模块必须有一个地址。不同的处理器往往有不同的地址编码方式。

1. 统一编址

　　统一编址，也称存储器映像编址，指的是从存储空间中分配一个空间给 I/O 端口，这种情况下，I/O 空间的地址位于存储器空间，访问寄存器与访问存储器使用相同的指令。这种映射方式有着较大的编址空间，对端口操作的指令类型较多，功能也更全面。但端口地址会占用存储器的地址空间，执行效率也比 CPU 内部指令效率要低，端口外围的译码器也更复杂。

在实现过程上，这种映射方式有两种实现方案：

(1) 当 I/O 空间与存储器空间重叠时，在 MCS51 系列单片机中，I/O 寄存器成为特殊功能寄存器，它们映射到片上存储器空间，与片上存储器的地址空间重合，访问特殊功能寄存器和访问片上存储器的指令相同，但是采用不同的寻址方式。

(2) 当 I/O 空间与存储器空间不重叠时，把整个存储器寻址空间分配出一部分用于 I/O 空间，访问存储器和访问 I/O 的地址空间不同。为了存储器系统设计方便，嵌入式处理器的 I/O 空间是可以重新定位的，可设计一个重新定位寄存器。通过编程重新定位寄存器的值，可以使 I/O 空间在整个存储器空间浮动。

如 ARM 处理器，I/O 空间与存储器空间统一编址。Motorola 公司的 dragon ball 处理器，通过重新定位寄存器的编程，可以使 I/O 空间在整个存储器空间浮动，以便于设计和分配存储器子系统的地址空间。这样的系统设计，寄存器的实际地址等于存储器地址的偏移量加上基地址。

2. 独立编址

独立编址方式设计了存储器地址空间和 I/O 地址空间，它们之间完全独立，互不影响，处理器对它们的访问采用不同的指令进行。以 80x86 系列嵌入式处理器(80186)为例，当把 I/O 设置成单独编址方式时，访问存储器的时候，使用类似 mov 这样的指令；访问 I/O 空间的时候，使用 in 进行输入操作，使用 out 进行输出操作。I/O 寄存器的实际地址的计算方法也是基地址加上偏移量。独立编址的好处有：不占用内存空间，译码电路设计简单，程序可读性高。提高易用性的背后不可避免地会牺牲功能性，与统一编址相比，独立编址只能使用专用的 I/O 指令，访问端口的方法较少。

需要说明的是，有的嵌入式处理器设计了处理器的模式寄存器，通过对模式寄存器的编程，可以灵活地使用统一编址方式和单独编址方式，究竟采用哪一种取决于系统的总体设计。当然，在一个系统中也可以同时使用两种编址方式，前提是处理器支持 I/O 独立编址。

I/O 接口电路与嵌入式处理器之间通过内部总线交换信息，I/O 模块从编程结构上来说可分成数据输入寄存器、数据输出寄存器、控制寄存器、状态寄存器、模式寄存器等。各个寄存器的功能如表 7.1 所示。

表 7.1　常见寄存器功能

名　　称	工作模式	工　作　描　述
模式寄存器	只写	设置模块的工作方式
控制寄存器	只写	控制模块的工作
状态寄存器	只读	描述存储模块的工作方式,处理器内核可以读取状态寄存器的内容
数据输入寄存器	只读	处理器内核读该寄存器从外设输入的数据
数据输出寄存器	只写	处理器内核写该寄存器,把数据输出给外设

根据 I/O 模块的功能和种类的不同，上述寄存器并非在每个 I/O 模块中均存在，功能复杂的 I/O 模块可能有更多的寄存器配合其工作。

I/O 接口的功能主要有：

(1) 实现主机和外设的通信联络控制。

(2) 进行地址译码和设备选择，即把 CPU 传来的地址号转换为制定设备。

(3) 实现数据缓冲。

(4) 电平信号转换。当外设和主机的电平信号不同时，要进行电平转换。

(5) 传送控制命令和状态信息，接收 CPU 传来的启动设备命令和向 CPU 传递设备准备就绪信号。

7.1.2　I/O 设备分类

I/O 设备就是通常所说的外设，是计算机及嵌入式系统的延伸部分，由与外界沟通的硬件组成。可以从多方面对 I/O 设备进行分类：

(1) 按使用特性分类，可以划分为：存储设备，如磁盘、磁带、光盘等；输入/输出设备，如打印机、键盘、显示器、声音输入/输出设备等；终端设备，包括通用终端、专用终端和虚终端；脱机设备。

(2) 按所属关系分类，可划分为：系统设备，指在操作系统生成时已经登记在机载系统中的标准设备，如打印机、磁盘等，时钟也是一种系统设备；用户设备，指在系统生成时未登记在系统中的非标准设备。

(3) 按资源分配分类，可划分为：独占设备，通常分配给某个进程，在该进程释放之前，其他进程不能使用，如打印机和纸带读入机；共享设备，允许若干个进程同时使用，如磁盘机等；虚拟设备，通过假脱机技术把原来的独占设备改造成若干进程所共享的设备，以提高设备的利用率。

(4) 按传输数据数量分类，可划分为：字符设备，如打印机、终端、键盘等低速设备；块设备，如磁盘、磁带等高速外存储器。

7.1.3　并行通信与串行通信

1. 并行通信

并行通信是将数据字节的各位用多条数据线同时进行传送，类似于有 8 个车道同时可以过去 8 辆车一样。一般来说，并行通信技术最适宜应用在 IC 芯片间通信，因此大部分 IC 设计公司都有自己设计开发的并行总线协议，如比较流行的 ISA 总线、EISA 总线、PCI 总线、PC/104u 总线、IEEE1284 总线等，都属于并行通信总线。并行通信控制简单，传输速度快，但由于传输线较多，长距离传送时成本高且接收方要做到同时接收存在困难。

2. 串行通信

串行通信是将数据字节分成一位一位的形式在一条传输线上逐个传送。在多微机系统以及现代测控系统中信息的交换多采用串行通信方式，就如同一条车道，一次只能一辆车过去。如果 0x55 这样一个字节的数据要传输过去，假如低位在前、高位在后，那发送方式就是 1-0-1-0-1-0-1-0，一位一位地发送出去的，要发送 8 次才能发送完一个字节。

串行通信时，数据发送设备先将数据代码由并行形式转换成串行形式，然后一位一位地放在传输线上进行传送。数据接收设备将接收到的串行形式数据转换成并行形式进行存储或处理。

串行通信的传输线少，长距离传送时成本低，且可以利用电话网等现成的设备，但数据的传送控制比并行通信复杂。

对于串行通信，由于数据信息、控制信息要按位在一条线上依次传送，为了对数据和控制信息进行区分，收发双方要事先约定共同遵守的通信协议。通信协议约定的内容包括数据格式、同步方式、传输速率、校验方式等。依发送与接收设备时钟的配置情况，串行通信可以分为异步通信和同步通信。

7.1.4 同步通信与异步通信

1. 异步通信

异步通信是指通信的发送与接收设备使用各自的时钟控制数据的发送和接收过程。为使双方的收发协调，要求发送和接收设备的时钟尽可能一致。

异步通信以字符(构成的帧)为单位进行传输，字符与字符之间的间隙(时间间隔)任意，但每个字符中的各位是以固定的时间传送的，即字符之间是异步的(字符之间不一定有"位间隔"的整数倍的关系)，但同一字符内的各位是同步的(各位之间的距离均为"位间隔"的整数倍)。

为了实现异步传输字符的同步，采用的办法是使传送的每一个字符都以起始位"0"开始，以停止位"1"结束。这样，传送的每一个字符都用起始位来进行收发双方的同步。停止位和间隙作为时钟频率偏差的缓冲，即使双方时钟频率略有偏差，总的数据流也不会因偏差的积累而导致数据错位。

异步通信的每帧数据由 4 部分组成：起始位(占 1 位)、字符代码数据位(占 5～8 位)、奇偶校验位(占 1 位，也可以没有校验位)、停止位(占 1 位或 2 位)。图 7.1 给出了 8 位数据位和 1 位停止位，加上固定的 1 位起始位，共 10 位组成一个传输帧，无校验位。传送时数据的低位在前，高位在后。字符之间允许有不定长度的空闲位。起始位"0"作为联络信号，它告诉收方传送的开始，接下来的是数据位和奇偶校验位，停止位"1"表示一个字符的结束。

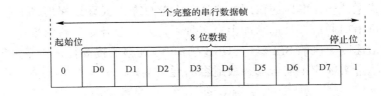

图 7.1 异步通信数据帧格式

传送开始后，接收设备不断检测传输线，看是否有起始位到来。当收到一系列的"1"(空闲位或停止位)之后，检测到一个"0"，说明起始位出现，就开始接收所规定的数据位和奇偶校验位以及停止位。经过处理将停止位去掉，把数据位拼成一个并行字节，并且经校验无误才算正确接收到一个字符。一个字符接收完毕后，接收设备又继续测试传输线，监视"0"电平的到来(下一个字符开始)，直到全部数据接收完毕。

异步通信的特点是不要求收发双方时钟严格一致，实现容易，设备开销较小，但每个字符要附加 2～3 位用于起止位，各帧之间还有间隔，因此传输效率不高。

2．同步通信

同步通信时要建立发送方时钟对接收方时钟的直接控制，使双方达到完全同步。此时，传输数据的位之间的距离均为"位间隔"的整数倍，同时传送的字符间不留间隙，即保持位同步关系，也保持字符同步关系。发送方对接收方的同步可以通过两种方法实现：

(1) 外同步。在发送方和接收方之间提供单独的时钟线路，发送方在每个比特周期都向接收方发送一个同步脉冲，接收方根据这些同步脉冲来完成接收过程。由于长距离传输时，同步信号会发生失真现象，因此外同步方法仅适用于短距离的传输。

(2) 自同步。利用特殊的编码(如曼彻斯特编码)，让数据信号携带时钟(同步)信号。

在比特级获得同步后，还要知道数据块的起始和结束。为此，可以在数据块的头部和尾部加上前同步信息和后同步信息，加有前后同步信息的数据块构成一帧。前后同步信息的形式依数据块是面向字符的还是面向位的分成两种。

同步通信的特点是以同步字符或特定的位组合"01111110"作为帧的开始，所传输的一帧数据可以是任意位。所以传输的效率较高，但实现的硬件设备比异步通信复杂。

7.2　串行通信基础

"众人拾柴火焰高"是句老话，但计算机领域却发生了多根线比不过 1 根线的怪事。无论从通信速度、造价还是通信质量上来看，现今的串行传输方式都比并行传输方式更胜一筹。从技术发展的情况来看，串行传输方式大有彻底取代并行传输方式的势头，如 USB取代 IEEE 1284，SATA 取代 PATA，PCI Express 取代 PCI……

串行通信是一种结构简单、用途广泛的通信方式，它通过数据信号线、地线、控制线等较少的数据线即可按位传输数据。虽然结构简单，但它具有超过 1200 m 的有效传输距离。串口通信对应的串行接口，简称串口，是一种可以将处理器发出的并行数据转换成连续的串行数据流发送出去，同时也可接收串行数据流的器件，具备此功能的电路，一般被称为串行接口电路。

在嵌入式系统中，串口通信用途广泛，大部分嵌入式系统都集成了串行接口，许多外部设备也支持串口通信。目前市面上有多种串口，从最开始的普通串口，4 线制的 I^2C 通信接口到通信速度更快的 SPI 接口、USB 接口等，速率的提高往往会带来口线数量的增加，因此，需要结合实际应用需求选择最适合的通信接口。

7.2.1　串行通信的传输方向

串行通信依数据传输的方向及时间关系可分为单工、半双工和全双工。

1．单工

单工通信就是指只允许一方向另外一方传送信息，而另一方不能回传信息。比如电视遥控器、收音机广播等，都是单工通信技术。

2．半双工

半双工通信是指数据可以在双方之间相互传播，但是同一时刻只能一方发给另外一方，比如对讲机就是典型的半双工。

3. 全双工

全双工通信就是指发送数据的同时也能够接收数据，二者同步进行，就如同我们的电话一样，我们说话的同时也可以听到对方的声音。

7.2.2　传输速率

数据的传输速率可以用比特率表示。比特率是每秒钟传输二进制代码的位数，单位是位/秒(b/s)。如每秒钟传送 960 个字符，而每个字符格式包含 10 位(1 个起始位、1 个停止位、8 个数据位)，这时的比特率为 10 位×960/秒=9600 b/s。

应注意的是，在数据通信中常用波特率表示每秒钟调制信号变化的次数，单位是波特(Baud)。波特率和比特率不总是相同的，如每个信号(码元)携带 1 个比特的信息，则比特率和波特率相同；如 1 个信号(码元)携带 2 个比特的信息，则比特率就是波特率的 2 倍。对于将数字信号 1 或 0 直接用 2 种不同电压表示的所谓基带传输，波特率和比特率是相同的。所以，我们也经常用波特率表示数据的传输速率。

7.2.3　串行通信的错误校验

在数据传输过程中，无论传输系统的设计再怎么完美，差错总会存在，这种差错可能会导致在链路上传输的一个或者多个帧被破坏。因此校验是保证准确无误传输数据的关键。常用的校验方法有奇偶校验、代码和校验及循环冗余校验。

1. 奇偶校验

在发送数据时，数据位尾随的 1 位为奇偶校验位(1 或 0)。当约定为奇校验时，数据中"1"的个数与校验位"1"的个数之和应为奇数；当约定为偶校验时，数据中"1"的个数与校验位"1"的个数之和应为偶数。接收方与发送方的校验方式应一致。接收字符时，对"1"的个数进行校验，若发现不一致，则说明传输数据过程中出现了差错。

2. 代码和校验

代码和校验是发送方将所发数据块求和(或各字节异或)，产生一个字节的校验字符(校验和)附加到数据块末尾。接收方接收数据的同时对数据块(除校验字节外)求和(或各字节异或)，将所得的结果与发送方的"校验和"进行比较，相符则无差错，否则即认为传送过程中出现了差错。

3. 循环冗余校验

循环冗余校验(Cyclic Redundancy Check，CRC)是通过某种数学运算，产生简短固定位数校验码的一种散列函数。循环冗余校验同其他差错检测方式一样，通过在要传输的 k 比特数据 D 后添加 $(n-k)$ 比特冗余位 F(又称帧检验序列，Frame Check Sequence，FCS)，形成 n 比特的传输帧 T，再将其发送出去，从而实现有效信息与校验位之间的循环校验。有很多国际标准的 CRC 生成多项式版本，但在实际的应用当中，我们只需选择其中的一种作为生成多项式即可。这种校验方法检错能力强，开销小，易于用编码器及检测电路实现。

从其检错能力来看，它不能发现的错误的几率在 0.0047% 以下；从性能上和开销上考虑，均远远优于奇偶校验及算术和校验等方式。因而，在数据存储和数据通信领域，CRC 无处不在。

7.2.4　常见串行通信协议

表 7.2 列出了常见的串行通信协议的一些性能指标，本章将详细介绍 RS-232、I²C、SPI 及 USB 协议。

表 7.2　常见串行通信协议

接口	传输方式	最大连接设备数量	最大传输距离/m	最大传输速度/(b/s)	典型应用
USB	异步串行通信	127	5(最大支持5 个转发器可达 30m)	1.5 M/12 M/480 M	鼠标、键盘、磁盘、音频设备、调制解调器等
RS-232 (EIA/TIA-232)	异步串行通信	2	15～30	20k(配合硬件最大可达 115k)	鼠标、调制解调器、仪器仪表等
RS-485 (TIA/EIA-485)	异步串行通信	32(硬件配合最多256 个设备)	1200	10 M	数据采集和控制系统
IrDA	异步串行红外	2	2	115 k	打印机、手提电脑等
Microwire	异步串行通信	8	3	2 M	微控制器通信
SPI	异步串行通信	8	3	2.1 M	微控制器通信
I²C	异步串行通信	40	5.5	3.4 M	微控制器通信
IEEE-1394 (Fire Wire)	串行通信	64	4.5	400 M	流媒体、大数据等
Ethernet	串行通信	1024	500	10 M/100 M/1 G	互联网计算机
MIDI	串行回路通信	2	15	31.5 k	音乐、舞台控制

7.3　串行异步通信

在台式电脑上，一般都会有一个 9 芯的异步串行通信口，简称串行口或 COM 口，通常用于 2 台设备之间的串行通信。由于历史的原因，通常所说的串行通信就是指异步串行通信。USB、以太网等也用串行方式通信，但与这里所说的异步串行通信物理机制不同。实现异步串行通信功能的模块在一部分 MCU 中被称为通用异步收发器(Universal Asynchronous Receiver/Transmitter，UART)，在另一些 MCU 中被称为串行通信接口(Serial Communication Interface，SCI)。串行通信接口可以将终端或个人计算机连接到 MCU，也可将几个分散的 MCU 连接成通信网络。

随着 USB 接口的普及，串行口的地位逐渐降低，但是作为设备间简便的通信方式，在相当长的时间内，串行口还不会消失，在市场上也可很容易购买到 USB 到串行口的转接器。因为简单且常用的串行通信只需要三根线(发送线、接收线和地线),所以串行通信仍然是 MCU 与外界通信的简便方式之一。

先来认识一下标准串口 RS-232,其在物理结构上可分为 9 针的和 9 孔的,习惯上我们也称之为公头和母头,如图 7.2 所示。

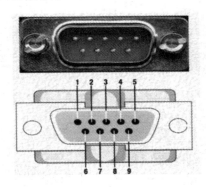

图 7.2 RS-232 通信接口

RS-232 接口一共有 9 个引脚,定义见表 7.3,我们只需要关心其中的 2 号引脚 RXD(接收线)、3 号引脚 TXD(发送线)和 5 号引脚 GND(地线)即可,其他的是为进行远程传输时接调制解调器之用。有的信号也可作为硬件握手信号,初学时可以忽略这些信号的含义。虽然这 3 个引脚的名字和单片机上串口的名字一样,但是却不能直接和单片机连接通信。这是为什么呢?

表 7.3 RS-232 通信接口引脚

引脚	简写	功 能
1	CD	载波侦测(Carrier Detect)
2	RXD	接收字符(Receive)
3	TXD	发送字符(Transmit)
4	DTR	数据终端准备好(Data Terminal Ready)
5	GND	地线(Ground)
6	DSR	数据准备好(Data Set Ready)
7	RTS	请求发送(Request To Send)
8	CTS	清除发送(Clear To Send)
9	RI	振铃提示(Ring Indicator)

MCU 引脚输入/输出一般使用 TTL(Transistor Transistor Logic)电平,即晶体管-晶体管逻辑电平。而 TTL 电平的 "1" 和 "0" 的特征电压分别为 2.4 V 和 0.4 V(目前使用 3 V 供电的 MCU 中,该特征值有所变动),即大于 2.4 V 则识别为 "1",小于 0.4 V 则识别为 "0"。它适用于板内数据传输。若用 TTL 电平将数据传输到 5 m 之外,那么可靠性就很值得考究了。为使信号传输得更远,美国电子工业协会(Electronic Industry Association, EIA)制定了串行物理接口标准 RS-232C。RS-232C 采用反逻辑,也叫作负逻辑,−15 V~−3 V 为逻辑 "1",+3 V~+15 V 为逻辑 "0"。低电平代表的是 1,而高电平代表的是 0,所以称之为负

逻辑。因此电脑的 9 针 RS-232 串口是不能和单片机直接连接的，需要用一个电平转换芯片 MAX232 来完成，它提供了两路串行通信接口，如图 7.3 所示。

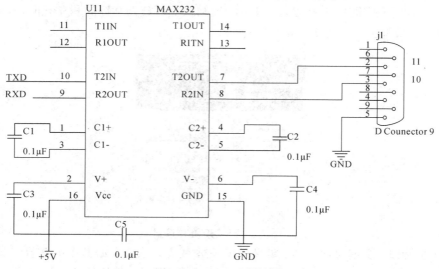

图 7.3　MAX232 转接图

引脚含义简要说明如下：

Vcc(16 脚)：正电源端，一般接+5 V；

GND(15 脚)：地；

V+(2 脚)：$V+=2Vcc-1.5V=4.5V$；

V−(6 脚)：$V-=-2Vcc-1.5V=-7.5V$；

C2+、C2−(4、5 脚)：一般接 0.1 μF 的电解电容；

C1+、C1−(1、3 脚)：一般接 0.1 μF 的电解电容。

MAX232 可以实现把标准 RS-232 串口电平转换成单片机能够识别和承受的 UART 的 0V/5V 电平。其实 RS-232 串口和 UART 串口的协议类型是一样的，只是电平标准不同而已，而 MAX232 芯片起到的作用就像翻译一样，把 UART 电平转换成 RS-232 电平，也把 RS-232 电平转换成 UART 电平，从而实现标准 RS-232 接口和单片机 UART 之间的通信连接。

RS-232C 总线标准最初是为远程数据通信制定的，但目前主要用于几米到几十米范围内的近距离通信。RS-232C 的最大传输距离是 30m，通信速率一般低于 20kb/s。当然，在实际应用中，也有人用降低通信速率的方法，通过 RS-232 电平，将数据传送到 300m 之外，这是很少见的，且稳定性很不好。

7.4　I²C 总线

7.4.1　I²C 总线的历史概况

I²C 总线是 Philips(飞利浦)公司于 20 世纪 80 年代初提出的，主要用于同一电路板内各集成电路模块(Inter-Integrated Circuit，IC)之间的连接。I^{2}C 总线采用双向二线制串行数据传输方式，支持所有 IC 制造工艺，极大地简化了 IC 间的通信连接。其后飞利浦和其他厂商提供了种类丰富的 I^{2}C 兼容芯片。目前 I^{2}C 总线标准已经成为世界性的工业标准，被广泛应用于嵌入式系统的板上通信。

从飞利浦公司提出 I^{2}C 总线标准到现在，I^{2}C 已经发展了 30 多年。1992 年，飞利浦首次发布 I^{2}C 总线规范 Version 1.0，并取得专利。6 年后，飞利浦发布 I^{2}C 总线规范 Version 2.0，此时标准模式和快速模式的 I^{2}C 总线已经获得了广泛应用，标准模式传输速率为 100 kb/s，快速模式传输速率为 400 kb/s。同时，I^{2}C 总线也由 7 位寻址发展到 10 位寻址，满足了更大寻址空间的需求。

随着数据传输速率和应用功能的迅速增加，2001 年飞利浦又发布了 I^{2}C 总线规范 Version 2.1，完善和扩展了 I^{2}C 总线的功能，快速模式下传输速率可达 3.4 Mb/s。这使得 I^{2}C 总线能够支持现有及将来的高速串行传输，如 EEPROM 和 Flash 存储器等。

目前 I^{2}C 总线已经被大多数的芯片厂家所采用，较为著名的有 ST Microelectronics、Texas Instruments、Xicor、Intel、Maxim、Atmel、Analog Devices 和 Infineon Technologies 等，I^{2}C 总线标准已经属于世界性的工业标准。I^{2}C 总线始终和先进技术保持同步，版本更迭与时俱进，且仍然保持向下兼容，这对开发者来说非常友好。

7.4.2　I^{2}C 总线的典型电路

图 7.4 给出了一个由 MCU 作为主机，通过 I^{2}C 总线带 3 个从机的单主机 I^{2}C 总线系统。这是最常用、最典型的 I^{2}C 总线连接方式。

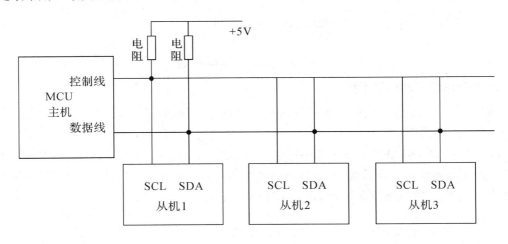

图 7.4　I^{2}C 总线的典型连接

在物理结构上，I^{2}C 系统由一条串行数据线(Serial Data，SDA)和一条串行时钟线(Serial Clock，SCL)组成，来完成数据的传输及外围器件的扩展。数据和时钟都是开漏的，通过一个上拉电阻接到正电源，因此在不需要的时候仍保持高电平，主机按一定的通信协议向从机寻址并行信息传输。任何具有 I^{2}C 总线接口的外围器件，不论其功能差别有多大，都具有相同的电气接口，因此都可以挂接在总线上，甚至可在总线工作状态下撤除或挂上，使其连接方式变得十分简单。在数据传输时，由主机初始化一次数据传输，主机使数据在SDA 线上传输的同时还通过 SCL 线传输时钟。信息传输的对象和方向以及信息传输的开始和终止均由主机决定。

I²C 对各器件的寻址是软寻址方式，因此节点上没有必需的片选线，器件地址给定完全取决于器件类型与单元结构。每个器件都有唯一的地址，且可以是单接收的器件(如 LCD 驱动器)，或者是可以接收也可以发送的器件(如存储器)。发送器或接收器可在主或从模式下操作，这取决于芯片是否必须启动数据的传输还是仅仅被寻址。

另外，I²C 总线能在总线竞争过程中进行总线控制权的仲裁和时钟同步，不会造成数据丢失，因此由 I²C 总线连接的多机系统可以是一个多主机系统。

7.4.3　I²C 总线数据通信协议

1. I²C 总线上数据的有效性

I²C 总线以串行方式传输数据，从数据字节的最高位开始传送，每个数据位在 SCL 上都有一个时钟脉冲相对应。在一个时钟周期内，当时钟线为高电平时，数据线上必须保持稳定的逻辑电平状态，高电平为数据 1，低电平为数据 0。当时钟信号为低电平时，才允许数据线上的电平状态变化，如图 7.5 所示。

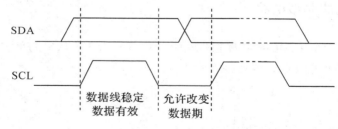

图 7.5　I²C 总线上数据的有效性

2. I²C 总线上的信号类型

I²C 总线在传送数据过程中共有 4 种类型的信号，分别是开始信号、停止信号、重新开始信号和应答信号。

(1) 开始信号(START)，如图 7.6 所示。当 SCL 为高电平时，SDA 由高电平向低电平跳变，产生开始信号。当总线空闲的时候(例如没有主动设备在使用总线，即 SDA 和 SCL 都处于高电平)，主机通过发送开始信号(START)建立通信。

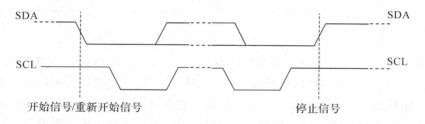

图 7.6　开始、重新开始和停止信号

(2) 停止信号(STOP)：如图 7.6 所示，当 SCL 为高电平时，SDA 由低电平向高电平跳变，产生停止信号。主机通过发送停止信号，结束时钟信号和数据通信，SDA 和 SCL 都将被复位为高电平状态。

(3) 重新开始信号(Repeated START)：在 I²C 总线上，由主机发送一个开始信号启动一次通信后，在首次发送停止信号之前，主机通过发送重新开始信号，可以转换与当前从机通信的模式，或是切换到与另一个从机通信。如图 7.6 所示，当 SCL 为高电平时，SDA 由高电平向低电平跳变，产生重新开始信号，它的本质就是一个开始信号。

(4) 应答信号(ACK)：接收数据的 IC 在接收到 8 位数据后，向发送数据的 IC 发出特定的低电平脉冲。每一个数据字节后面都要跟一位应答信号，表示已收到数据。应答信号在第 9 个时钟周期出现，这时发送器必须在这一时钟位上释放数据线，由接收设备拉低 SDA 电平来产生应答信号，由接收设备保持 SDA 的高电平来产生非应答信号，如图 7.7 所示。所以一个完整的字节数据传输需要 9 个时钟脉冲。如果从机作为接收方向主机发送非应答信号，则主机方就认为此次数据传输失败；如果是主机作为接收方，在从机发送器发送完一个字节数据后，发送了非应答信号，则从机就认为数据传输结束，并释放 SDA 线。不论是以上哪种情况都会终止数据传输，这时主机或是产生停止信号释放总线，或是产生重新开始信号，开始一次新的通信。

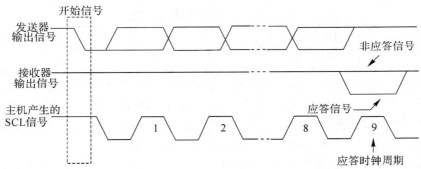

图 7.7 I²C 总线的应答信号

开始、重新开始和停止信号都是由主控制器产生的，应答信号由接收器产生，总线上带有 I²C 总线接口的器件很容易检测到这些信号。但是对于不具备这些硬件接口的 MCU 来说，为了能准确地检测到这些信号，必须保证在 I²C 总线的一个时钟周期内对数据线至少进行 2 次采样。

3. I²C 总线上数据传输格式

一般情况下，一个标准的 I²C 通信由 4 部分组成：开始信号、从机地址传输、数据传输和结束信号。由主机发送一个开始信号，启动一次 I²C 通信；在主机对从机寻址后，再在总线上传输数据。I²C 总线上传送的每一个字节均为 8 位，首先发送的数据位为最高位，每传送一个字节后都必须跟随一个应答位。每次通信的数据字节数是没有限制的，在全部数据传送结束后，由主机发送停止信号，结束通信。

如图 7.8 所示，时钟线为低电平时，数据传送将停止进行。这种情况可以用于当接收器接收到一个字节数据后要进行一些其他工作而无法立即接收下一个数据时，迫使总线进入等待状态，直到接收器准备好接收新数据时，接收器再释放时钟线使数据传送得以继续正常进行。例如，当接收器接收完主控制器的一个字节数据后，产生中断信号并进行中断处理，中断处理完毕才能接收下一个字节数据，这时，接收器在中断处理时将钳住 SCL 为低电平，直到中断处理完毕才释放 SCL。

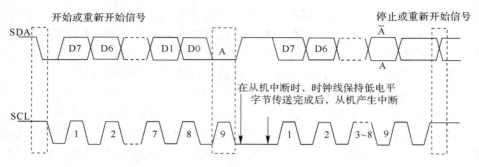

图 7.8　I²C 总线的数据传输格式

4. I²C 总线寻址约定

为了消除 I²C 总线系统中主控器与被控器的地址选择线，最大限度地简化总线连接线，I²C 总线采用了独特的寻址约定，规定了起始信号后的第一个字节为寻址字节，用来寻址被控器件，并规定数据传送方向，如表 7.4 所示。

表 7.4　寻址字节的位定义

位	D7	D6	D5	D4	D3	D2	D1	D0
说明	A	A	A	A	B	B	B	R/W

器件地址码高 4 位(D7~D4)为 AAAA，是器件类型，具有固定的定义，如 EERROM 为 1010，A/D 转换器为 1001。中间的 3 位(D3~D1)为 BBB，是片选信号，同类型的器件最多可以在 I²C 总线上挂载 8 个。最后一位 D0 位为读写控制位，方向位为 0 时，表示主控器将数据写入被控器，为 1 时表示主控器从被控器读取数据。

主机要向从机写 1 字节数据时，主机首先产生 START 信号，然后紧跟着发送一个从机地址，这个地址共有 7 位。第 8 位是数据方向位(R/W)，0 表示主机发送数据(写)，1 表示主机接收数据(读)，这时主机等待从机的应答信号(ACK)。当主机收到应答信号时，发送要访问的地址，继续等待从机的响应信号；当主机收到响应信号时，发送 1 字节的数据，继续等待从机的响应信号；当主机再次收到响应信号时，产生停止信号，结束传送过程。如图 7.9 所示。

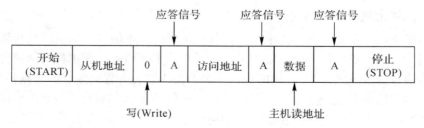

图 7.9　主机向从机写数据

当主机要向从机读 1 字节数据时，主机首先产生 START 信号，然后紧跟着发送一个从机地址。注意，此时该地址的第 8 位为 0，表明是向从机写命令。这时主机等待从机的应答信号(ACK)。当主机收到应答信号时，发送要访问的地址，继续等待从机的应答信号。当主机再次收到应答信号后，主机要改变通信模式(主机将由发送变为接收，从机将由接收变为发送)，所以主机发送重新开始信号，然后紧跟着发送一个从机地址。注意，此时该地址的第 8 位为 1，表明将主机设置成接收模式开始读取数据，这时主机等待从机的应答信号。当主机收到应答信号时，就可以接收 1 字节的数据，当接收完成后，主机发送非应答信号，表示不再接收数据，主机进而产生停止信号，结束传送过程。如图 7.10 所示。

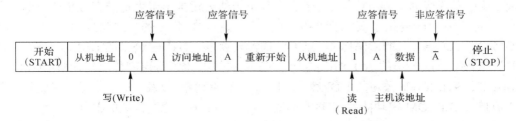

图 7.10 主机向从机读取数据

7.4.4 I²C 编程基本方法

目前，高性能的嵌入式处理器大多集成了专用的 I²C 模块，使用方法也较为简单。对于没有集成 I²C 模块的嵌入式系统，也可以使用处理器 I/O 接口模拟 I²C。对 I²C 模块的操作，主要有初始化、发送数据、接收数据等。

(1) 初始化的过程一般有以下几个步骤：

① 使能 I²C 模块时钟，配置 I²C 引脚；

② 配置 I²C 通信速率；

③ 设置其他工作属性，并使能 I²C 模块工作。

(2) 发送数据的过程一般按照如下步骤进行：

① 发送开始信号，等待从机应答；

② 从机应答后，发送从机地址并通知从机接收数据，等待从机的应答信号；

③ 从机应答后，发送要写入的从机的寄存器地址，等待从机的应答信号；

④ 从机应答后，发送一个字节的数据，等待从机应答；

⑤ 从机应答后，发送停止信号，通信结束。

(3) 接收数据的过程一般按照如下步骤进行：

① 发送开始信号，等待从机应答；

② 从机应答后，发送从机地址并通知从机接收数据，等待从机的应答信号；

③ 从机应答后，发送要读取的从机的寄存器地址，等待从机的应答信号；

④ 从机应答后，发送重新开始信号，通知从机发送数据，等待从机的应答信号；

⑤ 从机应答后，设置主机为接收模式，准备接收从机发来的数据，等待数据接收完成；

⑥ 发送停止信号，读取数据。

按照构件的思想，可将前面所述的对 I²C 模块的 3 种操作(初始化、发送数据、接收数据)封装成几个独立的功能函数，以方便调用。

7.5　SPI 总线

SPI(Serial Peripheral Interface)和 I²C(Inter-Integrated Circuit)都是嵌入式设计中常用的同步串行通信接口，其中 SPI 是 Motorola 公司推出的一种同步串行通信接口，不同于 I²C 总线，SPI 总线主要用于微处理器和外围扩展芯片之间的串行连接，具有比 I²C 长的通信距离，现已发展成为一种工业标准。目前，各半导体公司推出了大量带有 SPI 接口的芯片，为用户的外围扩展提供了灵活而廉价的选择。如 AD 公司的 AD7811/12，IT 公司的 TLC1543、TLC2543、TLC5615 等 A/D 和 D/A 转换器，Dallas 公司的 DS1302/05/06 等实时时钟 RTC，AD 公司的 AD7816/17/18、NS 公司的 LM74 等温度传感器，MAXIM 公司的 MAX7219、BitCode 公司的 HD7279 等 LED 控制驱动器，以及 Xicor 公司的集成看门狗、电压监控、EEPROM 等功能的 X5045 都属于常用 SPI 串行总线接口的器件。

SPI 一般使用 4 条线，分别为串行时钟线(Serial Clock，SCK)、主机输入/从机输出数据线(Master Input/Slave Output，MISO)、主机输出/从机输入数据线(Master Output/Slave Input，MOSI)和从机选择线(Slave Select，SS)，如图 7.11 所示。

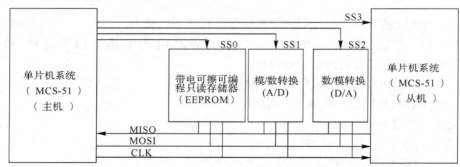

图 7.11　SPI 总线的典型连接

7.5.1　SPI 通信时序

SPI 接口采用了串行通信协议，数据是在时钟信号 SCK(同步信号)的控制下按位传输的，因此至少需要 8 次时钟信号的改变(上升沿和下降沿为一次)，才能完成 8 位数据的传输。数据传输过程涉及时钟相位与时钟极性两个概念，时钟极性是指时钟信号在空闲时是高电平还是低电平，时钟相位是指接收方从数据线上取数的时刻是在时钟信号 SCK 的上升沿还是在下降沿。我们使用 CPHA 表示时钟相位，使用 CPOL 表示时钟极性，这样 SPI 接口组合起来就有 4 种不同的数据传输时序，如图 7.12 所示。

从时序图上可以看出，CPOL 是用来决定 SCK 时钟信号空闲时的电平的，当 CPOL＝0 时，空闲电平为低电平；当 CPOL＝1 时，空闲电平为高电平。CPOL 为 1 或 0 时，时钟信号 SCK 的出现正好是反相关系。

CPHA 是用来决定采样时刻的，当 CPHA＝0 时，在每个周期的第一个时钟沿采样；当 CPHA＝1 时，在每个周期的第二个时钟沿采样。主机和从机必须使用同样的时序模式，才能正常通信。总体要求是：确保发送数据在一周期开始的时刻上线，接收方在 1/2 周期的时刻从线上取数，这样是最稳定的通信方式。

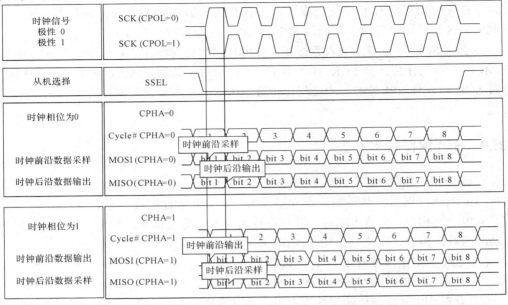

图 7.12　SPI 时序图

注意：SPI 主设备的时钟极性和时钟相位选择依据从设备的时钟极性和时钟相位，因此在配置 SPI 接口时钟时，必须先了解从设备的时钟要求。从设备何时接收/发送数据，是第一个时钟跳变沿还是第二个时钟跳变沿？是在时钟的上升沿还是下降沿？由于主设备的接收引脚与从设备的发送引脚相连接，主设备的发送引脚与从设备的接收引脚相连接，即从设备接收的数据是主设备的发送引脚发出的，主设备接收的数据是从设备的发送引脚发出的，因此主设备接收数据的极性跟从设备接收数据的极性相反，跟从设备发送数据的极性相同。

> **小贴士：**
>
> 　　如果某从设备在时钟的上升沿输入(即接收)数据，在下降沿输出(即发送)数据，那么，主机的 SPI 时钟配置应为在时钟的上升沿输出数据，下降沿输入数据。这时主机和从机时序的极性和相位应该配置为一样，只是主机和从机的接收和发送时序会相差半个周期。

7.5.2　模拟 SPI

对于不带 SPI 串行总线接口的 MCU 来说，可以使用普通 I/O 接口配合相应软件来模拟 SPI 的操作。

例如，可以使用 3 个普通 I/O 口，分别定义为 pin_SCK、pin_MISO、pin_MOSI，用来模拟 SPI 器件的 SCK、MISO、MOSI。对于不同的串行接口外围芯片，它们的时钟时序可能有所不同。假设某 SPI 外围芯片在 SCK 的上升沿输入数据，在下降沿输出数据，则初始化 pin_SCK=1，在 MCU 正常工作后，置 pin_SCK=0。这样，MCU 在输出 1 位 SCK 时钟的同时，SPI 外围芯片串行左移 1 位，从而输出 1 位数据至 MCU 的 pin_MISO 线，然后置 SCK 为 1，则 MCU 的 pin_MOSI 线输出 1 位数据(先高位，后低位)到 SPI 外围芯片，至此，模拟 1 位数据输入/输出便完成了。此后再置 SCK=0，模拟下 1 位数据的输入/输出，依此循环 8 次，即可完成 1 次通过 SPI 总线传输 8 位数据的操作。

对于在 SCK 的下降沿输入数据和上升沿输出数据的器件，则应初始化 pin_SCK=0，在 MCU 正常工作后，置 SCK=1，使 SPI 器件输出 1 位数据(MCU 接收 1 位数据)，之后再置 SCK=1，使 SPI 外围芯片接收 1 位数据(MCU 发送 1 位数据)，从而完成 1 位数据的传送。

7.5.3　SPI 编程基本方法

在进行 SPI 编程时，首先，必须进行 SPI 系统初始化，主要是对 SPI 模块配置寄存器 SPIx_MCR、SPI 时钟与传输属性寄存器 SPIx_CTARn 进行设置，定义 SPI 工作模式、时钟的空闲电平及相位、允许 SPI 等，并根据传送速度计算波特率；其次，定义主机发送操作的功能函数；再次，定义从机接收操作的功能函数。

(1) SPI 初始化一般有以下几个步骤：

① 将有 SPI 功能的引脚复用为 SPI 功能；

② 设置 SPI 时钟与传输属性寄存器，定义 SPI 总线波特率、传输相位、极性；

③ 设置 SPI 控制寄存器，选择主机/从机模式；

④ 设置 SPI 状态寄存器，使能传输队列 FIFO 满标志位；

⑤ 设置 SPI 中断请求选择及使能寄存器，禁止中断。

(2) SPI 初始化成功后，即可进行数据通信。一般主机发送一个字节需要经过的流程有：

① 设置 SPI 控制寄存器为主机模式，将 HALT 位清 0，开始传输；

② 将所要发送的数据存放到发送队列寄存器中，注意时钟与传输属性选择位的配置；

③ 将 SPI 控制寄存器 HALT 位置 1，结束传输。

(3) 从机接收一个字节需要的步骤如下：

① 设置 SPI 控制寄存器为从机模式，将 HALT 位清 0，开始接收；

② 当接收队列溢出标志被置位时，将接收数据存放到接收队列寄存器中；

③ 将 SPI 控制寄存器 HALT 位置 1，结束传输。

SPI 具有初始化、接收和发送 3 种基本操作，按照构件的思想，可将它们封装成几个独立的功能函数，如通过初始化函数可完成对 SPI 模块的工作属性的设定，通过接收和发送功能函数可完成实际的通信任务。

7.6　USB 总 线

前面提到的 I^2C 总线与 SPI 总线由于对时序要求严格，在远距离通信时会产生信号畸变，因此多用于板上、板间通信。下面介绍的就是我们广为熟知、应用广泛、功能强大的 USB 总线。它具有易于使用，数据传输快速、可靠、灵活，成本低和省电等优点，已成为 PC 与外围设备最主要的数据通信方式。

7.6.1　USB 简介

通用串行总线(Universal Serial Bus，USB)是由 Intel、Compaq、Microsoft、Digital、IBM以及 Northern Telecom 等公司共同提出的，是 2000 年后普遍使用的连接外围设备和计算机的一种新型串行总线标准。与传统计算机接口相比，它克服了对硬件资源独占，限制对计算机资源扩充的缺点，并以较高的数据传输速率和即插即用等优势，逐步发展成为计算机与外设的标准连接方案。现在不但常用的计算机外设如鼠标、键盘、打印机、扫描仪、数码相机、U 盘、移动硬盘等使用 USB 接口，甚至数据采集、信息家电、网络产品等领域也越来越多地使用 USB 接口。

从 USB 概念产生至今，其协议版本经过了多次升级更新，先后经历了 USB 1.0 版本、USB 1.1 版本(新增传输类型——中断传输)、USB 2.0 版本(新增了高速模式)、USB 3.0 版本(支持超速模式)以及 USB 3.1 版本，且支持多种速度和操作模式，包括低速 1.5 Mb/s、全速12 Mb/s、高速 480 Mb/s、超速 5 Gb/s 及超高速 10 Gb/s。同时 USB 还支持 4 种类型的传输模式：块传输、中断传输、同步传输和控制传输，以满足不同外设的功能需求。

7.6.2　USB 硬件接口

USB 发展至今，提供有如下接口：USB Type A 接口，USB Type B 接口，Mini USB 接口，Micro USB 接口，以及 USB Type C 接口，如图 7.13 所示。

公口　　　　母口

(a) USB Type A 接口　　　(b) USB Type B 接口　　　(c) Mini USB 接口

(d) Micro USB 接口　　　(e) USB Type C 接口

图 7.13　USB 硬件接口类型

图中，USB Type A 接口和 Type B 接口只是形状有区别。Type A 标准一般适用于个人电脑中，是应用最广泛的接口标准。Type B 一般用于 3.5 寸移动硬盘以及打印机、显示器等连接。Mini USB 接口一般用于数码相机、数码摄像机、测量仪器以及移动硬盘等移动设备。Micro USB 接口一般适用于移动设备。USB Type C 新版接口的亮点在于更加纤薄的设计、更快的传输速度(USB 3.0 达到 5 Gb/s，USB 3.1 达到 10 Gb/s)以及更强悍的电力传输(最高 100 W)。Type C 双面可插接口最大的特点是支持 USB 接口双面插入，正式解决了"USB 永远插不准"的世界性难题，正反面随便插，主要面向更轻薄更纤细的设备(未来可能统一手机平板的接口，取代 Micro USB 接口)。

一条 USB 传输线由地线、电源线、D+和 D− 四条线构成，D+ 和 D− 是差分输入线，其使用的是 3.3 V 的电压(与 CMOS 的 5 V 电平不同)。当数据线 D+ 和 D− 的电压差大于 200 mV 时表示输出为 1，电压差小于 200 mV 时表示输出为 0。而电源线和地线可向设备提供 5 V 电压，最大电流为 500 mA(可以在编程中设置)。使用 USB 电源的设备称为总线供电设备，而使用自己外部电源的设备叫作自供电设备。为了避免混淆，USB 电缆中的线都用不同的颜色标记，如表 7.5 所示。

表 7.5　USB 电缆线引脚

引脚编号	信号名称	电线颜色
1	电源线(VCC)	红
2	D−(Data−)	白
3	D+(Data+)	绿
4	地线(Ground)	黑

USB 设备可以直接和 Host 通信，或者通过 Hub 和 Host 通信。一个 USB 系统中仅有一个 USB 主机，设备包括 USB 功能设备和 USB Hub，最多可以级联 127 个 USB 设备，层次最多为 7 层。

7.6.3　USB 的典型连接

USB 系统就是外设通过一根 USB 电缆和 PC 连接起来，通常把外设称为 USB 设备，把其所连接的 PC 称为 USB 主机。一个 USB 系统中只能有一个主机，主机内设置了一个根集线器，提供了外设在主机上的初始附着点，包括根集线器上的一个 USB 端口在内。在 USB 系统中，将指向 USB 主机的数据传输方向称为上行通信，将指向 USB 设备的数据传输方向称为下行通信。

USB 主机指的是包含 USB 主控制器，并且能够控制主机和 USB 设备之间完成数据传输的设备。从开发人员的角度看，USB 主机可分为 3 个不同的功能模块：客户软件、USB 系统软件和 USB 总线接口。

1. 客户软件

客户软件负责和 USB 设备的功能单元进行通信，以实现其特定功能，一般由开发人员自行开发。客户软件不能直接访问 USB 设备，它与 USB 设备功能单元的通信必须经过 USB 系统软件和 USB 总线接口模块才能实现。客户软件一般包括 USB 设备驱动程序和界面应用程序两部分。

USB 设备驱动程序负责和 USB 系统软件进行通信，通常，它向 USB 总线驱动程序发出 I/O 请求包(IRP)以启动一次 USB 数据传输。此外，根据数据传输的方向，它还应提供一个数据缓冲区以存储这些数据。

界面应用程序负责和 USB 设备驱动程序进行通信，以控制 USB 设备。它是最上层的软件，只能看到向 USB 设备发送的原始数据和从 USB 设备接收的最终数据。

2. USB 系统软件

USB 系统软件负责和 USB 逻辑设备进行配置通信，并管理客户软件启动的数据传输。

USB 逻辑设备是程序员与 USB 设备打交道的部分。USB 系统软件一般包括 USB 总线驱动程序和 USB 主控制器驱动程序这两部分，这些软件通常由操作系统提供，一般开发人员不必掌握。

3. USB 总线接口

USB 总线接口包括主控制器和根集线器两部分。根集线器为 USB 系统提供连接起点，用于给 USB 系统提供一个或多个连接点(端口)。主控制器负责完成主机和 USB 设备之间数据的实际传输，包括对传输的数据进行串行编解码、差错控制等。该部分与 USB 系统软件的接口依赖于主控制器的硬件实现，一般开发人员不必掌握。

7.6.4 USB 通信协议

包(Packet)是 USB 系统中信息传输的基本单元，所有数据都是经过打包后在总线上传输的。数据在 USB 总线上的传输以包为单位，包只能在帧内传输。高速 USB 总线的帧周期为 125 μs，全速以及低速 USB 总线的帧周期为 1 ms。帧的起始由一个特定的包(SOF 包)表示，帧尾为 EOF。EOF 不是一个包，而是一种电平状态，EOF 期间不允许有数据传输。

USB 数据包的基本格式如图 7.14 所示。

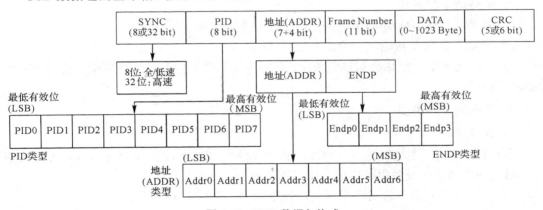

图 7.14 USB 数据包格式

(1) 同步域(SYNC)：8 位，值固定为 0000 0001，用于本地时钟与输入同步。

(2) 标识域(PID)：由 4 位标识符+4 位标识符反码构成，表明包的类型和格式，这是一个很重要的部分，可以计算出 USB 的标识码有 16 种。常见的 PID 主要包括令牌、数据、握手等类型。

(3) 地址域(ADDR)：7 位地址，代表了设备在主机上的地址，地址 000 0000 被命名为零地址，是任何一个设备第一次连接到主机时，在被主机配置、枚举前的默认地址，由此可知一个 USB 主机只能接 127 个设备的原因。

(4) 端点域(ENDP)：4 位，由此可知一个 USB 设备有的端点数量最大为 16 个的原因。

(5) 帧号域(Frame Number)：11 位，每一个帧都有一个特定的帧号，帧号域最大容量为 0x800，对于同步传输有重要意义(同步传输为 4 种传输类型之一)。

(6) 数据域(DATA)：长度为 0~1023 字节，在不同的传输类型中，数据域的长度各不相同，但必须为整数个字节的长度

(7) 校验域(CRC)：对令牌包和数据包中非 PID 域进行校验的一种方法。

小贴士：

1. 虽然高速 USB 总线和全速/低速 USB 总线的帧周期不一样，但是 SOF 包中帧编号的增加速度是一样的，因为在高速 USB 系统中，SOF 包中帧编号实际上取的是计数器的高 11 位，最低 3 位作为微帧编号没有使用，因此其帧编号的增加周期也为 1 ms。

2. 包是 USB 总线上数据传输的最小单位，不能被打断或干扰，否则会引发错误。若干个数据包组成一次事务传输。一次事务传输也不能被打断，属于一次事务传输的几个包必须连续，不能跨帧完成。一次传输由一次到多次事务传输构成，可以跨帧完成。

7.6.5　USB 通信中的事务处理

USB 协议可提供 IN 事务、OUT 事务和 SETUP 事务三大事务，每一种事务都由令牌包、数据包、握手包 3 个阶段构成。这里用阶段的意思是因为这些包的发送是有一定的时间先后顺序的。

1. 事务的 3 个阶段

(1) 令牌包阶段：启动一个输入、输出或设置的事务。

(2) 数据包阶段：按输入、输出发送相应的数据。

(3) 握手包阶段：返回数据接收情况，在同步传输的 IN 和 OUT 事务中没有这个阶段，这是比较特殊的。

2. 事务的 3 种类型

1) IN 事务

令牌包阶段——主机发送一个 PID 为 IN 的输入包给设备,通知设备要往主机发送数据。

数据包阶段——设备根据情况会作出 3 种反应：

(1) 设备端点正常，设备往主机发出数据包(DATA0 与 DATA1 交替)。

(2) 设备正在忙，无法往主机发出数据包时则发送 NAK 无效包，IN 事务提前结束，到了下一个 IN 事务才继续。

(3) 相应设备端点被禁止，发送错误包 STALL 包，事务也就提前结束了，总线进入空闲状态。

握手包阶段——主机正确接收到数据之后就会向设备发送 ACK 包。

2) OUT 事务

令牌包阶段——主机发送一个 PID 为 OUT 的输出包给设备，通知设备要接收数据。

数据包阶段——比较简单，就是主机会给设备送数据，DATA0 与 DATA1 交替。

握手包阶段——设备根据情况会作出 3 种反应。这 3 种反应分别是：

(1) 设备端点接收正确，设备往主机返回 ACK，通知主机可以发送新的数据，如果数据包发生了 CRC 校验错误，将不返回任何握手信息。

(2) 设备正在忙，无法接收主机发出的数据包时则发送 NAK 无效包，通知主机再次发送数据。

(3) 相应设备端点被禁止，发送错误包 STALL 包，事务提前结束，总线直接进入空闲状态。

3) SETUT 事务

令牌包阶段——主机发送一个 PID 为 SETUP 的输出包给设备，通知设备要接收数据。

数据包阶段——比较简单，就是主机会给设备发送数据，注意，这里只有一个固定为 8 个字节的 DATA0 包，这 8 个字节的内容就是标准的 USB 设备请求命令(共有 11 条)。

握手包阶段——设备接收到主机的命令信息后，返回 ACK，此后总线进入空闲状态，并准备下一个传输(在 SETUP 事务后通常是一个 IN 或 OUT 事务构成的传输)。

7.6.6　USB 的传输模式

在 USB 的传输中，定义了 4 种传输类型，分别是控制传输 (Control Transfer)、中断传输 (Interrupt Transfer)、批量传输 (Bulk Transfer)、同步传输 (Isochronous Transfer)。

1. 控制传输

控制传输主要用于设备的初始配置，通过预定义的令牌传输各种控制命令。

控制传输是一种可靠的双向传输，一次控制传输可分为 3 个阶段：第一阶段为从 HOST 到 Device 的 SETUP 事务传输，这个阶段指定了此次控制传输的请求类型；第二阶段为数据阶段，有些请求没有数据阶段；第三阶段为状态阶段，通过一次 IN/OUT 传输表明请求是否成功完成。

控制传输通过控制管道在应用软件和 Device 的控制端点之间进行，USB 设备或主机根据数据格式定义解析获得的数据含义。控制传输对于最大包长度有固定的要求，对于高速设备该值为 64 B，对于低速设备该值为 8 B，全速设备可以是 8 B、16 B、32 B 或 64 B。

> **小贴士：**
>
> 　　最大包长度表征了一个端点单次接收/发送数据的能力，实际上反映的是该端点对应的 Buffer 的大小。Buffer 越大，单次可接收/发送的数据包越大，反之亦反。当通过一个端点进行数据传输时，若数据的大小超过该端点的最大包长度，则需要将数据分成若干个数据包传输，并要求除最后一个包外，所有的包长度均等于该最大包长度。这也就是说如果一个端点收到/发送了一个长度小于最大包长度的包，则意味着数据传输结束。

控制传输在访问总线时也受到一些限制，如高速端点的控制传输不能占用超过 20% 的微帧，全速和低速的则不能超过 10%。在一帧内如果有多余的未用时间，并且没有同步和中断传输，可以用来进行控制传输。

2. 中断传输

中断传输主要用于对延迟要求严格的、小量数据的可靠传输，如键盘、游戏手柄等。

中断传输是一种轮询的传输方式，是一种单向的传输，HOST 通过固定的间隔对中断端点进行查询，若有数据传输或可以接收数据则返回数据或发送数据，否则返回 NAK 表示尚未准备好。中断传输的延迟有保证，但并非实时传输，它是一种延迟有限的可靠传输，支持错误重传。

对于高速/全速/低速端点，最大包长度分别可以达到 1024 B、64 B、8 B，高速中断传输不得占用超过 80%的微帧时间，全速和低速不得超过 90%。中断端点的轮询间隔在端点描述符中定义，全速端点的轮询间隔可以是 1 ms～255 ms，低速端点为 10 ms～255 ms，高速端点为 $2^{interval-1} \times 125$ μs，其中 interval 取 1 到 16 之间的值。

除高速高带宽中断端点外，一个微帧内仅允许有 1 次中断事务传输，高速高带宽端点最多可以在一个微帧内进行 3 次中断事务传输，传输高达 3072 字节的数据。

> **小贴士：**
>
> 　　所谓单向传输，并不是说该传输只支持一个方向的传输，而是指在某个端点上该传输仅支持一个方向，或输出，或输入。如果需要在 2 个方向上进行某种单向传输，则需要占用 2 个端点，并分别配置成不同的方向，但可以拥有相同的端点编号。

3. 批量传输

批量传输主要用于对延迟要求宽松的、大量数据的可靠传输，如扫描仪、U 盘等。

批量传输是一种可靠的单向传输，但延迟没有保证，它尽量利用可以利用的带宽来完成传输，适合数据量比较大的传输。低速 USB 设备不支持批量传输，高速批量端点的最大包长度为 512 B，全速批量端点的最大包长度可以为 8 B、16 B、32 B、64 B。

批量传输在访问 USB 总线时，相对其他传输类型具有最低的优先级，USB HOST 总是优先安排其他类型的传输，当总线带宽有富余时才安排批量传输。高速的批量端点必须支持 PING 操作，向主机报告端点的状态，NYET 表示否定应答，没有准备好接收下一个数据包；ACK 表示肯定应答，已经准备好接收下一个数据包。

4. 同步传输

同步传输主要用于需要确保连续数据流而能容忍偶尔数据丢失的情况，如摄像头、USB 音响等。

同步传输是一种实时的、不可靠的传输，不支持错误重发机制，只有高速和全速端点支持同步传输。高速同步端点的最大包长度为 1024 B，低速的为 1023 B。

除高速高带宽同步端点外，一个微帧内仅允许一次同步事务传输。高速高带宽端点最多可以在一个微帧内进行 3 次同步事务传输，传输高达 3072 字节的数据。全速同步传输不得占用超过 80%的帧时间，高速同步传输不得占用超过 90%的微帧时间。

同步端点的访问也和中断端点一样有固定的时间间隔限制。在主机控制器和 USB HUB 之间还有另外一种传输——分离传输(Split Transaction)，它仅在主机控制器和 HUB 之间执行，通过分离传输，可以允许全速/低速设备连接高速主机。分离传输对于 USB 设备来说是透明的、不可见的。

> **小贴士：**
>
> 　　分离传输：顾名思义就是把一次完整的事务传输分成 2 个事务传输来完成，其出发点是高速传输和全速/低速传输的速度不相等，如果使用一次完整的事务来传输，势必会造成长时间的等待时间，从而降低了高速 USB 总线的利用率。通过将一次传输分成 2 批，将令牌(和数据)的传输与响应数据(和握手)的传输分开，就可以在中间插入其他高速传输，从而提高总线的利用率。

习　题

1. 简述同步通信与异步通信的联系与区别。

2. 简述 SPI 总线的时钟同步过程。

3. 简述 I^2C 总线的数据传输过程。

4. USB 设备分类及设备描述符的作用是什么？

5. USB 设备、配置、接口和端点的含义是什么？

6. USB 传输速度的分类和区别方式是什么？

7. USB 协议中通信的基本单元是包，请问有几种类型的包？

8. MCU 与 PC 之间进行串行通信时，为什么要进行电平转换？如何进行电平转换？

9. 设波特率为 9600 b/s，使用 NRZ 格式的 8 个数据位、没有校验位、1 个停止位，传输 2 KB 的文件最少需要多少时间？

第八章　嵌入式系统软件与操作系统

　　嵌入式系统软件是基于嵌入式硬件系统设计的软件，其与嵌入式硬件密不可分，同时，嵌入式软件从最初的简单嵌入式应用发展到如今搭载各种嵌入式操作系统与应用，其内容日益丰富。本章阐述在有操作系统或者没有操作系统下的嵌入式系统软件的特点、结构和设计方法，嵌入式操作系统的概念及常用的嵌入式操作系统，最后，介绍 µC/OS-II 操作系统。

8.1　嵌入式系统软件

　　嵌入式系统软件(简称嵌入式软件)包括嵌入式设备端软件与支撑软件。虽然支撑软件在嵌入式软硬件开发过程中起到重要作用，但通常情况下，嵌入式软件开发指的是嵌入式设备端的软件开发。因此，很多书籍阐述的嵌入式软件即为嵌入式设备端软件。本章重点介绍嵌入式设备端软件，为描述方便，如无特殊说明，也直接称之为嵌入式软件。

8.1.1　嵌入式软件的特点

　　嵌入式软件主要有以下特点：

　　(1) 独特的实用性。嵌入式软件是为特定嵌入式系统服务的软件，与特定的硬件(如外设)及设备相关联。嵌入式软件需要适应嵌入式系统以应用为中心的特点，根据应用需求定制开发软件。因此每种嵌入式软件都有自己独特的应用性和实用价值。

　　(2) 较高的安全性。嵌入式系统一般具有较高的实时性与安全性需求，这就要求嵌入式软件同样能够保证嵌入式系统的安全。同时，为单一嵌入式设备开发病毒和木马得不偿失，这在一定程度上保证了嵌入式系统的安全性。

　　(3) 灵活的适用性。嵌入式软件通常作为一种完整功能的独立模块化软件，它能非常方便灵活地适应当前嵌入式硬件的各种特征，考虑并处理可能存在的各种软硬件异常，保证设备的稳定与安全。

　　(4) 可靠的小巧性。嵌入式软件通常嵌入在 ROM、RAM 或 Flash 存储器中，而不是存储在磁盘等介质中，因此要求占用资源少，软件小巧，代码紧凑可靠。

8.1.2　嵌入式软件的设计方法

　　嵌入式系统有复杂和简单之分。对于完成功能有限的嵌入式系统，我们可以不使用嵌入式操作系统，而是直接在裸机上开发程序，同时，根据系统的存储资源、芯片配置情况及开发环境，确定使用汇编语言或 C 语言进行软件开发。而对于复杂任务的嵌入式系统，开发者通常采用嵌入式操作系统，开发语言也通常使用 C/C++、Java 等高级语言进行软件开发。

1. 无嵌入式操作系统的软件设计方法

1) 前/后台系统

一些简单的嵌入式应用程序可以设计成前/后台系统，如图 8.1 所示。

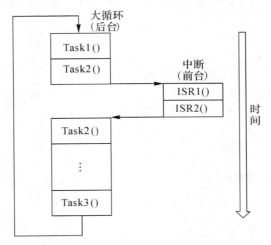

图 8.1　嵌入式系统的前/后台系统

在该设计方法中，应用程序是一个无限循环，巡回地执行多个事件，完成相应的操作。这一部分软件称为后台，通常在主程序 main()中被调用。中断服务程序处理异步事件，这一部分可以看成是前台。后台可以称为任务级，前台可以称为中断级。强实时性的关键操作一定要用中断来实现。

但是，这种系统的实时性有一定的问题。中断服务程序提供的数据需要等到后台程序运行到应该处理这个数据时，才能得到处理。最坏情况下的数据处理与响应时间取决于整个循环的执行时间。因为循环的执行时间不是常数，所以程序经过某一特定部分的准确时间是不能确定的。另外如果程序修改了，循环的时序和时间都会受到影响。这种系统的程序设计通常包括两大部分：主程序循环和中断服务程序。程序框架如下所示。

```
后台系统：
int main()
{
   /*  硬件初始化  */
   while(1) /*后台程序 */
   {
        action_1();
        action_2();
        action_3();
        …
   }
}
```

```
action_1()
{
    /*  执行动作  */
    ...
}
action_n()
{
    /*  执行动作  */
    ...
}
前台系统：
Isr_I()
{
    /*  中断 1 的中断服务程序  */
    ...
}
    Isr_n()
{
    /*   中断 2 的中断服务程序  */
    ...
}
```

很多低端的基于嵌入式微控制器的嵌入式产品采用前/后台系统设计，例如微波炉、电话机及玩具等。

2) 中断(事件)驱动系统

针对省电系统的设计，嵌入式软件可以采用中断驱动的程序设计方法，整个软件系统完全由中断处理。嵌入式微控制器/微处理器具有低功耗方式，通过执行相应的指令可以使处理器进入低功耗方式，低功耗方式可以随着中断的发生而退出。由于事件的发生是异步的，只有在出现事件的时候，处理器才会进入运行状态，一旦处理时间结束，立刻进入低功耗状态，而没有主程序的循环执行。

这种嵌入式软件的设计包括主程序和中断服务程序两部分。主程序只完成系统的初始化(如硬件的初始化)，初始化完成后，执行低功耗指令进入低功耗方式。每当外部事件发生时，相应的中断服务程序被激活，执行相应的处理；处理完成后，继续进入低功耗状态。如果没有外部事件发生，则系统一直处于低功耗状态。下面给出这种设计方法的一种程序框架。

```
后台系统：
int main()     /*完成系统的硬件初始化和数据结构的初始化(如果必要的话) */
{
    / *to do:  系统的初始化  */
    while (1)
```

```
            enter_low_power();   /*进入低功耗状态*/
    }
    Isr_n()         /*其中的一个中断服务程序*/
    {

        /* to do:  处理中断事件*/

    }
```

在示例程序中，主程序只包含系统开始运行时的初始化代码，没有事件处理代码。

3) 巡回服务系统

如果嵌入式微处理器/微控制器的中断源不多，那么采用中断驱动的程序设计方法有一定的局限性，因为无法把所有的外部事件与中断源相关联。这时采用的解决方案有两种，一种是使用中断控制器之类的扩展中断源的芯片，进行中断扩展。但因为扩展硬件带来的问题很多，比如系统复杂、成本高、浪费处理器的其他资源(如 I/O 引脚)等，这种方法一般不推荐使用。另一种方法是采用软件的方法，将软件设计成巡回服务系统，对外部事件的处理由主循环完成，这种设计使嵌入式微处理器在没有中断源的情况下也可以完成软件的设计。下面给出程序的框架。

```
    int main()
    {
        /* to do:  系统初始化*/
        while (1)
        {
            action_1();   /*巡回检测事件 1 并处理事件*/
            action_2();   /*巡回检测事件 2 并处理事件*/
            …
            action_n();   /*巡回检测事件 n 并处理事件*/
        }
    }
```

4) 基于定时器的巡回服务方式

巡回服务系统解决了中断源数量小于外部事件数量的问题，但由于处理器总是处于全速运行状态，处理器的开销比较大，带来的问题是能耗比较高，因此对电池供电系统需对其特别考虑。如果系统的外部事件发生的不是很频繁，则可以降低处理器服务事件的频率，以节省处理器的资源消耗。基于定时器驱动的巡回服务方法可以解决此类问题，此时，嵌入式处理器中一定有一个定时器。根据外部事件发生的频率设置合适的定时器中断频率，在定时器的中断服务程序中检测外部事件是否发生，如果发生就进行处理。下面给出程序的框架。

```
    int main()
    {
        /* to do:  系统初始化*/
        /* to do:  设置定时器*/
```

```
        while (1)
        {
            enter_low_power();
        }
    }
    Isr_timer()  /* 定时器的中断服务程序 */
    {
        action_1();        /*执行事件 1 的处理*/
        action_2();        /*执行事件 2 的处理*/
        …
        action_n();        /*执行事件 n 的处理*/
    }
```

上述程序设计方法需要考虑在每次定时器溢出中断发生的期间内，必须完成一遍事件的巡回处理。

小贴士：还有哪些无操作系统下的软件设计方法

上述嵌入式软件设计方法在单片机中经常得到使用，而对于一些较为复杂的嵌入式应用与协议，还会采用状态机的软件实现等机制来完成嵌入式软件的开发。关于状态机的软件实现，读者可以参阅相关书籍。

2. 有嵌入式操作系统的软件设计方法

1) 优点

如今，嵌入式操作系统在嵌入式系统中的应用越来越广泛，尤其是在功能复杂、系统庞大的应用中显得越来越重要。这种开发方式主要有以下优点：

(1) 提高了系统的可靠性。在控制系统中，出于安全方面的考虑，要求系统起码不能崩溃，而且还要有自愈能力，这需要在硬件设计和软件设计两方面来提高系统的可靠性和抗干扰性，尽可能地减少安全漏洞和隐患。当前/后台系统在遇到强干扰时，可能会使应用程序产生异常、出错，甚至死循环的现象，造成系统的崩溃，而使用嵌入式操作系统管理的系统，这种干扰可能只会引起系统中的某一个进程被破坏，并且可以通过系统的监控进程对其进行修复。

(2) 提高了系统的开发效率，降低了成本，缩短了开发周期。在嵌入式操作系统的环境下，开发一个复杂的应用程序，通常可以按照软件工程的思想，将整个系统分解为多个任务模块，每个任务模块的调试、修改几乎不影响其他模块。另外，商业软件一般都提供良好的多任务调试环境，可极大提高系统的开发效率。

(3) 有利于系统的扩展和移植。在嵌入式操作系统环境下，开发应用程序具有很大的灵活性，操作系统本身可以裁剪、外设，相关应用也可以配置；软件可以在不同应用环境、不同处理器芯片之间移植，软件构件可复用。

2) 工作特征

嵌入式操作系统可以分为分时系统和实时系统，其中实时系统也可以分为抢占式实时系统和非抢占式实时系统。下面简要给出这几种系统的工作特征。

(1) 分时系统。分时操作系统使用定时器来调度任务的执行，系统主要由定时器、任务调度管理器和多个任务组成。

从宏观上看，系统中的多个任务并行执行；从微观上看，由于系统只有一个处理器，任务是串行执行的。只是任务执行的速度很快，用户感觉不到分时服务和任务的切换。操作系统根据定时器的运行，把时间片均匀地分配给每个任务(如每个任务的服务时间为10 ms)。每个任务不可能获得整个处理器的全部处理资源。一般地，每一个任务的代码不需要显式地占用处理器和放弃处理器。

分时系统的缺点是无法体现任务的重要性即优先级。实际上嵌入式系统处理的事务大多是有优先级的。例如，对于具有网络功能的嵌入式系统，通信需要比较高的优先级，如果接收功能的优先级低，那么会发生数据丢失错误，即以前接收到的数据没有处理，又接收到了后续的数据，造成后面的数据覆盖以前接收到的数据。这时可引入实时系统。

(2) 实时系统。与分时系统不同，实时系统把系统处理的事件根据轻重缓急进行分类，并赋予不同的优先级。优先级高的任务优先得到处理器的处理，只有优先级高的任务处理完了以后，才轮到优先级低的任务进行处理。引起任务的调度因素主要有硬件中断、定时器溢出、任务之间的通信和同步等。任务调度器根据任务的优先级进行任务的调度。

根据任务调度策略的不同，实时系统的设计方法又分为抢占式和非抢占式两种。

① 非抢占式。一般地，实时系统在调度并执行任务的时候，总是从最高优先级的任务开始执行，执行完成后低优先级的任务才开始得到执行权；但如果低优先级的任务得到了执行，在执行低优先级的任务过程中，高优先级的任务即使就绪，也不能中断低优先级任务的执行，而必须等待低优先级的任务放弃处理器之后，由操作系统进行调度，就绪的高优先级的任务才能得到执行。这样的系统属于非抢占式系统。

非抢占式系统的优点是操作系统的设计简单。简单的操作系统设计带来较低的操作系统开销，均分到每个任务上的开销也比较低。它的缺点也是显而易见的，如果低优先级的任务不放弃处理器资源，就不会引起系统的重新调度，高优先级的任务得不到及时响应，从而违背了实时系统设计的初衷。

② 抢占式。与非抢占式系统相比，抢占式系统时刻保证最高优先级的任务得到运行。在运行低优先级的任务过程中，如果高优先级任务就绪，即使低优先级的任务不主动放弃处理器的使用，也会引起系统的重新调度。实际上，抢占式系统的原理是只要有事件(中断、定时器、任务之间的通信和同步等)发生，操作系统的调度部分就会检查任务的就绪表，找到优先级高的任务，投入运行。

从上面的讨论可以看出，抢占式系统的开销比较大，这种系统的开销要均分到每个任务上，使得系统的整体效率下降；但是从实时性来看，这种调度方式带来的开销是可以忍受的，毕竟可以通过提高处理器的性能来补偿这些开销。

3) BSP

嵌入式操作系统一般需要在硬件和软件之间设计进行协作的板级支持包(BSP)。

(1) BSP 的概念。BSP 是针对某一个特定的嵌入式系统，介于底层硬件和上层软件之间的底层软件开发包。BSP 包括了系统中大部分与硬件相关的软件模块，它的主要功能是屏蔽硬件。对于使用操作系统的嵌入式系统来说，BSP 是嵌入式操作系统与硬件物理层交界的中间接口，其结构与功能随系统应用范围而表现出较大的差异。一般可以认为它属于操作系统的一部分，主要目的是支持操作系统，使之能更好地运行于硬件。

(2) BSP 的主要特点如下：

① 硬件相关性。嵌入式系统的硬件环境具有应用相关性，作为高层软件与硬件之间的接口，BSP 必须为操作系统提供控制具体硬件的方法。

在嵌入式系统开发中，硬件平台需要根据具体的应用量身定制，所用的处理器、存储器、外围设备等往往种类繁多，相互之间的差异也比较大，运行于一块目标板上的操作系统和应用程序，基本上不可能不加改造就能运行在另一块不同的目标板上。即使在同样的处理器、同样的体系结构之下，由于外设种类的差别，也有可能导致程序运行的失败，甚至系统的崩溃。因此，BSP 是针对特定硬件的。

② 操作系统相关性。不同的操作系统具有各自的软件层次结构，具有特定的硬件接口形式。因此，即使针对某一种硬件，对于不同的操作系统，其 BSP 程序也不一样。由于 PC 系统中采用统一的 x86 结构，操作系统面对的 BSP 架构是单一的、确定的，因此不需要做任何修改就可以很容易地支持 OS 在 x86 上正常运行。PC 的"BSP"功能主要由 BIOS 和部分操作系统功能完成。

对于嵌入式操作系统，为使经裁剪的嵌入式操作系统正常工作，即使同一种 CPU，或外设稍做修改，BSP 相应的部分也必须加以修改。例如，Vxworks 的 BSP 和 Linux 的 BSP 相对于某一种 CPU 来说尽管实现的功能一样，但接口定义完全不同。BSP 将根据不同的硬件配置，创建存储映像、I/O 映像、中断向量表等。

(3) BSP 设计的基本内容。BSP 既要实现对硬件的初始化和控制，又要考虑到操作系统的调用接口和相关支持，因此，它的实现受到了软硬件两方面的限制与影响。要想设计开发一个好的 BSP，就必须对硬件接口以及所用的嵌入式操作系统知识有全面的了解。一般来说，BSP 的实现可以分为以下两种方式，它们的优缺点与操作系统对驱动程序的管理和运行模式有关。因此在具体设计中应该选择何种方式，需要参考被选定的操作系统的需求。

① 方式一：采用封闭的分层体系结构，各种功能函数和硬件驱动程序对上层应用完全透明，充分应用硬件抽象技术，所有驱动程序由操作系统管理，应用程序需要调用和控制硬件必须通过操作系统的统一调用接口来完成。在这种方式下，应用程序与硬件驱动程序被隔离，需要通过操作系统的 API 接口才能访问到相关的硬件，应用程序感受不到驱动程序的存在，驱动程序与应用程序分别加载并在系统上运行。

这种实现方式的优点是：操作系统对设备驱动程序进行管理和调度，并提供标准 API 接口，应用程序使用驱动程序控制硬件，都必须通过操作系统的 API 接口才能完成。这使得驱动程序对于应用程序来说是不可见的，而驱动程序的改变和操作系统对于应用程序来说也是不可见的。也就是说，硬件及其驱动程序的变化，不会影响应用程序设计及其对硬件的使用。这种透明性使得程序开发十分简便，也使得整个软件系统的移植变得十分高效。一个不同的硬件板只要开发相应的 BSP，操作系统和应用软件都可以在该硬件板上运行。当然这种方式也存在一些缺点：它通过系统调用访问设备驱动程序，但由于应用程序往往工作于用户态，而系统则工作于核心态，应用程序使用 API 接口将引起用户态向核心态的转移，这种切换开销较大，影响系统效率。

② 方式二：各功能函数和硬件驱动程序对上一层应用不完全透明，应用程序对硬件的控制和操作将通过直接调用其驱动程序特定的操作函数来完成。此时，应用程序可以与硬件驱动程序相互交叉，并将一个完整的运行程序放到操作系统上运行。

这种实现方式的优点是：驱动程序在整个系统中的注册和登记过程十分简单，其实现也相对容易。同时，由于应用程序可以直接调用驱动程序函数，因此可以节省管理环节和空间开销，以及应用程序与系统和驱动程序切换的开销，使得效率得到很好的保证。但这种方式下，应用程序直接访问设备驱动程序，需要应用程序开发者对硬件有一定的了解和掌握，并能够准确控制硬件的操作。驱动程序的改变会引起应用程序的调整或重新编译，而且由于驱动程序不在操作系统控制下统一调度和使用，应用程序对外设的使用容易出现冲突和不稳定，从而有可能导致系统性能受到影响。

(4) 在实际应用中我们往往借助一些工具，采用一些快捷的开发方法。

① 以经典 BSP 为参考：在设计 BSP 时，首先选择与应用硬件环境最为相似的参考设计，例如 Motorola 的 ADS 系列评估板等。针对这些评估板，不同的操作系统都会提供完整的 BSP，这些 BSP 是学习和开发自己 BSP 的最佳参考，针对具体应用的特定环境对参考设计的 BSP 进行必要的修改和增加，就可以完成简单的 BSP 设计。在设计的过程中应该注意 BSP 是与操作系统相关的，与硬件相关的设备驱动程序随操作系统的不同而具有比较大的差异，设计过程中应参照操作系统相应的接口规范。

② 操作系统本身提供 BSP 模板：通常 OS 针对不同的硬件平台提供不同的 BSP 模板，用户就近选择一个做相应的修改，增加额外的设备驱动即可。但是由于硬件平台众多，操作系统不可能为每种硬件平台都提供相应的 BSP。比较普遍的做法是操作系统提供相应的 BSP 模板，根据模板的提示可以逐步引导开发者完成特定的 BSP。

相比较而言，第一种方法简单、快捷，与具体硬件联系紧密，能够很方便地完成对硬件的相关配置，能够充分发挥硬件资源的功能；第二种方法得到的 BSP 比较规范，与操作系统本身联系比较紧密。在实际的设计中，通常以第一种方法为主，同时结合使用第二种方法。

8.1.3 嵌入式软件的层次与功能

1. 嵌入式软件的层次

在嵌入式系统中，嵌入式操作系统的软件系统结构自下而上，通常可以分成板级支持包(BSP)、操作系统(OS)、中间件(Middle Ware)和应用层程序(Application)4 个层次，如图8.2 所示。

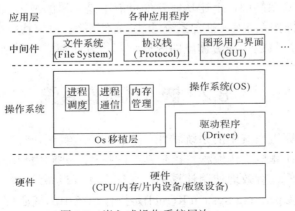

图 8.2 嵌入式操作系统层次

2. 嵌入式软件的功能

BSP 作为介于主板硬件和操作系统之间的一层，主要是实现对操作系统的支持，不同的操作系统对应于不同定义形式的 BSP。BSP 的编写需遵循操作系统的接口协议，按照一定的规则要求进行编写。BSP 的主要功能为屏蔽硬件，提供操作系统及硬件驱动，有时也将 BSP 作为操作系统的一部分，具体功能包括：

(1) 单板硬件初始化，主要是 CPU 的初始化，为整个软件系统提供底层硬件支持。

(2) 为操作系统提供设备驱动程序和系统中断服务程序。

(3) 定制操作系统的功能，为软件系统提供一个实时多任务的运行环境。

(4) 初始化操作系统，为操作系统的正常运行做好准备。

操作系统通常包括进程调度、进程间通信、内存管理等功能，除此之外还包含设备管理、功耗管理等方面的功能，将在下一节中重点介绍。操作系统和中间件之间存在一定的联系，根据各个系统实现方式和复杂性的不同，某些功能既可以放在操作系统中实现，也可以放在中间件中实现。

3. 常用的中间件

中间件是比较底层的软件，通常只提供功能的接口，不实现具体的逻辑。对于比较复杂的功能，中间件通常也包含若干个层次；而对于一些比较简单的功能，可以不经过中间件直接通过调用操作系统的接口完成。应用层程序处理的是不同程序之间的逻辑，也是不同的系统中差别最大的一个部分。即使是一个系统中，哪些软件是中间件，哪些软件是应用层，也不能完全区分。例如，在 Linux 系统中，底层的库属于中间件，上层的可执行程序是应用层程序，还有很多介于二者之间的软件。中间件起着承上启下的作用，将操作系统的功能和应用层程序做出恰当的隔离和联系，常用的中间件有：

(1) 文件系统。文件系统(File System，FS)可以提供具有"文件"概念的程序，有利于统一各系统之间的差异，简化系统的开发过程。

(2) 协议栈。TCP/IP 网络协议是目前最常使用的协议栈(Protocol)，除此之外，还有蓝牙协议、红外协议等各个层次的协议栈。

(3) GUI(图形用户界面)系统。GUI 系统可以提供给上层一个接口，让上层的程序实现各种具体的界面。

在不同的嵌入式系统中，上述功能软件可能不是必需的或可选的，例如，在 Windows 和 Windows CE 等操作系统中，包含系统管理、文件系统、协议栈、GUI 系统，而对于 μC/OS 等简单的操作系统，只包含任务调度的内核，其他方面都需要单独移植。

8.2　嵌入式操作系统

操作系统是计算机系统中的系统软件，它能有效地组织和管理计算机系统中的软硬件资源，合理地组织计算机工作流程，控制程序的执行，并向用户提供各种服务功能，使得用户能够灵活、方便、有效地使用计算机，使整个计算机系统能高效地运行。

操作系统内核(Operating System Kernel)是操作系统中的核心部分，在多任务系统中，任务调度与切换、中断服务是操作系统内核提供的最基本的服务。操作系统内核为每个任务分配 CPU 时间，并且负责任务之间的通信。任务调度与切换是实现多任务并发运行的重要机制，而中断服务是实现可抢占的任务调度与切换的高效手段(其中最主要的一种中断服务是时间中断管理)，同时也是实现与外设交互的必要措施。扩展的服务包括同步互斥、内存管理、文件系统管理、网络管理等。操作系统内核一般提供同步互斥等服务，如信号量、消息队列等。

8.2.1　嵌入式操作系统的概念

随着桌面计算机和工作站、服务器的操作系统趋于成熟，嵌入式操作系统得到了长足的发展。嵌入式操作系统的出现大大提高了嵌入式系统开发的效率，减少了系统开发的总工作量，而且提高了嵌入式应用软件的可移植性。嵌入式操作系统嵌入在系统的目标代码中，系统复位并执行完 BootLoader(操作系统引导程序)后执行，用户的其他应用程序都建立在操作系统之上。与通用(PC)操作系统不同，嵌入式操作系统通常注重实时性，因此，我们重点讨论实时操作系统。

1. 实时系统与实时操作系统

实时系统(Real-Time System)是一种很特殊的系统，一般应用于嵌入式领域，与嵌入式系统有许多交集。但它与嵌入式系统有所区别。实时系统的核心特征是实时性，实时性的本质是任务处理所花费时间的可预测性，即任务需要在规定的时限内完成。简单地说，实时系统就是能够对外部事件及时响应的系统，其响应时间是有保证的。外部事件可能是突发的大量信息，这些信息既可能是一串毫不相关的异步信息，也可能是一些相互关联具有同步关系的信息，还可能是循环信息。响应时间包括识别外部事件、执行对应的处理程序以及输出结果的总时间。实时性包括两个重要特征：逻辑和功能的正确性和时间的精确性。实时系统定义为那些依赖于功能正确性和耗时正确性的系统，且对时间要求准确性的重要性至少不低于功能的正确性。IEEE 对实时系统的定义是"那些正确性不仅取决于计算的逻辑结果也取决于产生结果所花费时间的系统"。对实时系统的要求是其行为不仅是可预测的而且是能够满足系统时间约束的。

实时系统对响应时间的限制有着严格的要求，依据超过限制时间后系统计算结果的有效性，可以将实时系统分为硬实时系统和软实时系统两类，也可以说是系统对超时限的可容忍度。在硬实时系统中，一旦超过规定的时限，系统的计算结果将完全失效或者是高度失效，系统将遭受毁灭性的灾难(例如，核电站控制系统、水坝控制系统)。在软实时系统中，系统的计算结果将大打折扣，但不至于像硬实时系统一样失效，主要体现在系统的性能会有所下降。

在实时系统中，一个关键的组成部分是实时操作系统(Real-Time Operating System, RTOS)。实时操作系统在实时系统中起着核心作用，整个实时系统在实时操作系统的控制下来管理和协调各项工作，为应用软件提供良好的运行软件环境及开发环境。一般而言，实时操作系统是事件驱动的，能对来自外界的事件在限定的时间范围内做出正确的响应。用户应用是运行于实时操作系统之上的各个任务(一般也可称为线程或进程)，任务可以是实时或非实时的，实时操作系统根据各个任务的要求，进行资源(包括存储器外设等)管理、消息管理、任务调度异常处理等工作。在实时操作系统中，每个任务均有一个优先级，实时操作系统根据各个任务的优先级，动态地切换各个任务，保证对实时性的要求。实时操作系统强调的是实时性、可靠性和灵活性，并能够与实时应用软件相结合形成完整的实时软件系统，完成对硬件的相应控制。

从实时系统的应用特点来看。实时操作系统可以分为两种：一般实时操作系统和嵌入式实时操作系统。

一般实时操作系统应用于实时处理系统的主机和实时查询系统等实时性较弱的实时系统，并且提供了开发、调试、运用一致的环境。嵌入式实时操作系统应用于实时性要求高的实时控制系统，而且应用程序的开发过程是通过交叉编译开发环境来完成的，即开发环境与运行环境是不一致的。嵌入式实时操作系统具有所占存储空间小、可固化使用、实时性强(在毫秒或微秒数量级上)的特点。

通常认为实时操作系统应具备以下能力：

(1) 异步事件响应能力。

(2) 任务切换时间和中断延迟时间确定。

(3) 基于优先级的中断和抢占式调度。

(4) 内存锁定。

(5) 同步互斥。

实时操作系统也分为软实时操作系统和硬实时操作系统，不同的实时操作系统对时限的要求是不一样的。从实践上说，软实时和硬实时之间的区别通常与系统的时间精度有关。

由于这个原因，典型的软实时任务的调度精度必须大于千分之一秒，而典型的硬实时任务为微秒级。目前流行的操作系统中，硬实时操作系统包括 RTEMS、VxWorks、ThreadX、Nucleus、QNX、OSE、LynxOS、RTLinux、RTAI 等，软实时操作系统则有 WinCE、Linux2.6.x。

2. 嵌入式实时系统

与一般的计算机应用相比，嵌入式实时系统是具有高速处理、配置专一、结构紧凑和坚固可靠等特点的实时系统，实时性是嵌入式系统的一个重要特性。因此，嵌入式实时系统的相应软件系统也具有一定的特殊要求，内容包括：

(1) 实时性。实时软件对外部事件做出反应的时间必须要快，在某些情况下还需要是确定的、可重复实现的，不管当时系统内部状态如何，都是可预测的(Predictable)。

(2) 有处理异步并发事件的能力。实际环境中，嵌入式实时系统处理的外部事件往往不是单一的，事件往往同时出现，而且发生的时刻也是随机的，即异步的。实时软件应有能力对这类外部事件组进行有效的处理。

(3) 快速启动并有出错处理和自动复位功能。这一要求对机动性强、环境复杂的智能系统显得特别重要。快速机动的环境，不允许控制软件临时从盘上装入，因此嵌入式实时软件需事先固化到只读存储器，开机自行启动，并在运行出错死机时能自动恢复先前的运行状态。因此嵌入式实时软件应采用特殊的容错、出错处理措施。

(4) 嵌入式实时软件是应用程序和操作系统两种软件的一体化程序，对于通用计算机系统，例如 PC、工作站，操作系统等系统软件和应用软件之间界限分明。换句话说，统一配置的操作系统环境下，应用程序是独立的运行软件，可以分别装入执行。但是，在嵌入式实时系统中，这一界限并不明显。这是因为、应用系统配置差别较大，所需操作系统繁简不一，I/O 操作也不标准，这部分驱动软件常常由应用程序提供。这就要求采用不同配置的操作系统和应用程序，链接装配成统一的运行软件系统。也就是说，在系统总设计目标指导下将它们综合加以考虑、设计与实现。

(5) 嵌入式实时软件的开发需要独立的开发平台。由于嵌入式实时应用系统的软件开发受到时间空间开销的限制，常常需要在专门的开发平台上进行软件的交叉开发。

8.2.2 嵌入式实时操作系统的特点与功能

1. 嵌入式实时操作系统的特点

相对于通用操作系统(如 Windows、PC 版 Linux 等)而言，嵌入式实时操作系统 RTOS 往往具有以下共同特点。

1) 实时性

实时性(Timeliness)是嵌入式实时系统最基本的特点，也是 RTOS 必须保证的特性。RTOS 的主要任务是对外部事件做出实时响应。虽然事件可能在无法预知的时刻到达，但是软件必须在事件发生时能够在严格的时限(称为"系统响应时间"，Response Time)内做出响应，即使在峰值负载下也应如此。系统响应时间超时可能就意味着致命的失败。

由于不同的实时系统对实时性的要求有所不同，实时性可以分为以下两类。

(1) 硬实时(Hard Real-Time)：系统对外部事件的响应略有延迟就会造成灾难性的后果，也就是说，系统响应时间必须严格小于规定的截止时间(Deadline)。

(2) 软实时(Soft Real-Time)：系统对外部事件响应超时可能会导致系统产生一些错误，但不会造成灾难性后果，且大多数情况下不会影响系统的正常工作。

对于 RTOS 而言，实时性主要由实时多任务内核的任务调度机制和调度策略共同确保。不同的 RTOS 所提供的策略有所不同，有些支持硬实时性，有些只支持软实时性，但主流 RTOS 需要支持多种实时性。

2) 可确定性

RTOS 的一个重要特点是具有可确定性(Deterministic)，即系统在运行过程中，系统调用的时间可以预测。虽然系统调用的执行时间不是一个固定值，但是其最大执行时间可以确定，能对系统运行的最好情况和最坏情况做出精确的估计。

衡量操作系统确定性的一个重要指标是截止时间，它规定系统对外部事件的响应必须在给定时刻内完成。截止时间的长短随应用的不同而不同，可以从纳秒(ns)级、微秒(μs)级直到分钟(min)级、小时(h)级、天(d)级。

在实时系统中，外部事件随机到达，但在规定的时序范围内，有多少外部事件可以到达却必须是可预测(可控)的，这是 RTOS 可确定性的第二种体现。

可确定性的第三种体现是对系统资源占用的确定化。对大多数嵌入式系统，特别是对硬实时系统而言，在系统开始运行前，每个任务需要哪些资源、哪种情况下(何时)占用资源都应是可预测的。在极端情况下，资源占用必须用静态资源分配表列出。

3) 并发性

并发性(Concurrence)有时也称为同时性(Simultaneousness)。在复杂的实时系统中，外部事件的到达是随机的，因此某一时刻可能有多个外部事件到达，RTOS 需要同时激活多个任务(Task)处理对应的外部请求。通常，实时系统采用多任务机制或者多处理机结构来解决并发性问题，而 RTOS 则用于相应的管理。

4) 高可信性

不管外部条件如何恶劣，实时系统都必须能够在任意时刻、任意地方、任意环境下对外部事件做出准确响应。这就要求 RTOS 比通用操作系统更具可靠性(Reliability)、稳健性(Robustness)和防危性(Safety)。这些特性统称为高可信性(High-Dependability)。

可靠性是指特定条件下，系统在一定时期内不发生故障的概率。它强调的是系统连续工作的能力，是一个"好"系统的必要指标。

稳健性特别强调容错处理和出错自动恢复，以确保系统不会因为软件错误而崩溃甚至出现灾难性后果。即使在最坏情况下，RTOS 也应能够让系统性能平稳降级，最好能自动恢复正常运行状态。

防危性研究系统是否会导致灾难发生，关心的是引起危险的软件故障。在实际应用中，它要确保系统对外部设备的操作不出现异常，这一点在某些系统中，如核电控制系统、航空航天系统中体现得尤为突出。

5) 安全性

信息安全(Security)是目前 Internet 上最热门的话题之一，其中很大一部分原因归结于基础网络设备(路由器、交换机等)的安全管理机制，其核心是保密。

RTOS 自然需要从系统软件级就为嵌入式设备提供安全保障措施，关注外部环境对系统的恶意攻击，减少应用开发者的重复劳动。

6) 可嵌入性

RTOS 及其应用软件基本上都需要嵌入具体设备或者仪器中，因此，RTOS 必须具有足够小的体积及良好的可裁剪性和灵活性，这体现了可嵌入性(Embedability)的特点。

由于大多数嵌入式设备的资源有限，不大可能像个人计算机那样预装操作系统、设备驱动程序等。因此，最常见的 RTOS 应用原则是：将 RTOS 与上层应用软件捆绑成一个完整的可执行程序，下载到目标系统中；当目标系统启动时，首先引导 RTOS 执行，再由其控制管理其他应用软件模块的运行。

7) 可裁剪性

嵌入式系统对资源有严格限制，RTOS 就不可能像桌面操作系统(Windows 等)一样装载大量功能模块，而必须对应用有极强的针对性。因此，RTOS 必须具有可裁剪性(Tailorability)，即组成 RTOS 的各模块(组件)能根据不同应用的要求合理裁剪，做到够用即可。

8) 可扩展性

当前，嵌入式应用的发展异常迅猛，新型嵌入式设备的功能多种多样，这对 RTOS 提出了可扩展性(Extensibility)的要求，即除提供基本的内核支持外，还须提供越来越多的可扩展功能模块(含用户扩展)，如功耗控制、动态加载、嵌入式文件系统、嵌入式图形用户界面(Graphic User Interface，GUI)系统、嵌入式数据库系统等。

2. 嵌入式实时操作系统的功能

RTOS 的基本功能由内核完成，主要负责任务管理、中断管理、时钟管理、任务协调(通信、同步、资源互斥访问等)、内存管理等，这些管理功能是通过内核系统调用的形式交给用户调用的；其他功能以 RTOS 扩展组件形式实现，包括嵌入式网络、嵌入式文件系统、功耗管理、嵌入式数据库、流媒体支持、用户编程接口、嵌入式 GUI 等。

1) 任务管理

多任务机制是现代操作系统的基础。一个多任务的环境允许将实时应用构造成一套独立的任务集合，每个任务拥有各自的执行进程和系统资源，这些任务共同合作以实现整个系统的功能。

多任务并发执行造成了一种多个任务同时执行的假象。事实上，内核是将某种调度算法应用到这些任务的执行中，使每个任务拥有自己的上下文，包括 CPU 执行环境和系统资源。

2) 中断管理

中断(Interrupt)是外部事件通知 RTOS 的主要机制。外部事件产生的中断属于硬件机制，它向 CPU 发起中断信号，表示外部异步事件发生。异步事件是指无一定时序关系的随机事件，如外部设备完成数据传输，实时控制设备出现异常情况等。

中断处理程序一定是异步执行的，不需要 RTOS 调度。当中断被触发时，中断处理程序就开始运行。实时系统必须能够快速响应外部产生的中断，以成功地与外部环境进行交互。实时多任务系统有中断作为任务切换、中断作为系统调用和中断作为前台事务 3 种处理外部中断请求的方式。

3) 时钟管理

在实时系统中，实时时钟(Clock)是实时软件运行必不可少的硬件设施。实时时钟单纯地提供一个规则的脉冲序列，脉冲之间的间隔可以作为系统的时间基准，称为时基(Tick)。时基的大小代表了实时时钟的精度，这个精度取决于系统的要求。

为了确保 CPU 能与时钟同步工作，可以用软件方法实现，即首先停止时钟工作，再设定时基的大小，并在启动后利用实时时钟中断信号的方法来校准系统时钟。软件方法可以在不增加硬件的基础上，灵活地用软件模拟多个"软时钟"。因此，这种方法在实时系统中被广泛采用。

由于中断的延迟可能会对系统时钟造成一定的误差，因此，在设计中通常将实时时钟的中断优先级设置得很高，一般仅次于掉电中断。

系统的时间精度要求越高，时钟中断的频度就越高，执行中断服务程序(ISR)的时间就会增多，系统开销相应增大，影响系统的其他工作。为解决这个矛盾，必须在充分考虑时间精度的前提下，使时钟 ISR 程序尽可能简短。

由于嵌入式实时系统硬件设备的多样化，实时内核提供的系统时钟服务也需要适应这种灵活性的要求。在 RTOS 中，系统时钟服务通常并不是以中断服务程序的形式出现，而只是提供应用所需的中断服务程序系统调用。通过使用这些系统调用，系统的时间精度可以完全由应用决定。

4) 任务协调

对于外界提出的多种请求，RTOS 需要创建多个任务进行处理，任务之间往往有一定的执行顺序或者资源使用上的约束，这就要求任务在执行过程中必须能够互通消息，相互合作，协同完成外部的事务请求。根据任务之间协调目的的不同，任务协调可分为通信、同步、资源互斥访问几大类。

5) 内存管理

嵌入式系统软件是一种操作系统与应用软件一体化的软件，其内存管理(Memory Management)相对比较简单。任务在运行过程中对内存的需求是不断变化的，不同的任务有不同的需要。RTOS 将内存作为一种资源看待，并且在竞争的任务之间分配这种资源，就如同在竞争的任务间分配 CPU 控制权一样。

RTOS 内核通常使用 3 种方法进行内存分配：固定尺寸静态分配、可变尺寸动态分配、数据段分块管理。

6) 嵌入式网络

在后 PC 时代和互联网普及的今天，几乎所有的嵌入式系统(如移动终端、智能家电等)以及面向特定领域的嵌入式设备都提出了互联需求。目前，嵌入式系统接入网络的方案主要有 3 种：第一种方案是采用硬件集成有网络协议栈功能的物理芯片来实现网络通信，第二种方案是采用联入式微网络技术实现互联，第三种方案是在嵌入式实时操作系统的平台上集成嵌入式 TCP/IP 网络协议栈、面向物联网的协议栈、特定领域的网络协议栈来实现互联和互通。

目前公认的嵌入式网络系统包括工业现场总线、嵌入式 TCP/IP、嵌入式无线网络(红外线、蓝牙、WAP、IEEE802.11 等)、传感器网络等多种形式。

7) 嵌入式文件系统

在通用操作系统中，文件系统是操作系统必须具有的一部分，但在嵌入式应用中，很多情况下不需要文件系统(如空调控制系统)。因此，嵌入式文件系统是一个可配置的模块。

若提供文件系统，就必须提供创建文件、删除文件、读文件和写文件等基本功能的系统调用。文件的存放同样通过目录完成，对目录的操作是文件系统功能的一部分。从系统的角度出发，文件系统应具有以下功能：

(1) 提供对文件和目录的分层组织形式；

(2) 建立与删除文件；

(3) 文件的动态增长与数据保护。

从用户的角度来看，文件系统的功能可简单地描述为"实现文件的按名存取"。当第一次使用系统调用如 open 或者 create 函数存取一个特定文件时，用户将文件名作为参数，文件系统在进行必要的检查之后返回一个称为文件描述符的整数，此后对文件的 I/O 操作都要用到该文件描述符。

8) 功耗管理

随着后 PC 时代的到来，嵌入式系统变得小巧玲珑但功能强大，一块小小的芯片就可以实现无线通信、图像处理、多媒体播放等功能。对于使用容量有限的电池的嵌入式系统，一方面，人们希望系统具有越来越多的功能，例如手机的摄影、摄像等；而另一方面，人们又不希望频繁地充电或更换电池，也不希望随身携带大体积的电池。从原理上讲，这种需要可以通过不断提高电池的单位体积容量来实现。然而不幸的是，在过去的 30 年中，电池单位体积的容量只提高了不到 4 倍，远远滞后于处理器技术的发展速度，并以每年 20%～30%的速度进一步拉大了与处理器技术的差距。因此，降低功耗成为必然趋势。

电源容量没有限制的嵌入式系统同样存在功耗问题，其基本体现形式就是散热问题。

芯片的集成度从 20 世纪 80 年代的 800 nm 工艺，发展到 21 世纪初的 130 nm，目前已达到 16 nm 甚至更低。这种进步带来的副作用就是散热问题越来越突出。因为一旦芯片的功耗大于 50 W，就需要添加辅助散热装置，以避免电子器件和芯片失效。相应地，降低芯片的功耗能够避免关键器件大量散热，对降低设备维护成本、延长设备寿命具有重要作用。

9) 嵌入式数据库

嵌入式数据库系统是指支持移动计算或某种特定计算模式的数据库管理系统，它通常与操作系统和具体的应用集成在一起，运行在嵌入式或移动设备中。嵌入式数据库技术涉及数据库、实时系统、分布式计算以及移动通信等多个领域，已成为数据库技术发展的一个新方向。

与通用的桌面操作系统不同，嵌入式系统通常没有充足的内存和磁盘资源。因此，嵌入式操作系统和数据库系统都应尽量占少的内存和磁盘空间。如果采用传统的文件系统或大型关系型数据库管理系统，将不可避免地出现冗余数据大量产生、数据管理效率低下等问题，不能很好地适应嵌入式系统的数据管理需要。另外，大型数据库系统大都致力于高性能的事务处理能力以及复杂的查询处理能力，而对于嵌入式数据库系统来说，一般只要求进行一些简单的数据查询和更新操作，其性能的度量标准主要在易于维护、强壮性、小巧性 3 个方面。

在高端嵌入式应用中，系统的配置和快速运行一般基于 RTOS。如果在 RTOS 之上，使用数据库管理系统，那么数据库管理系统必须同样具备良好的实时性能，以确保与操作系统结合后不会影响整个系统的实时性能。

随着计算终端的小型化，嵌入式数据库的应用领域不断扩展。可以预见，在不久的将来，嵌入式数据库的应用将无所不在，其领域主要涉及移动互联网、移动电子商务/政务、移动物流、移动金融系统、移动新闻等。

10) 流媒体支持

流媒体技术起源于窄带互联网时期。由于经济发展的需要，人们迫切渴求一种网络技术，以便进行远程信息沟通。从 1994 年一家叫作 Progressive Networks 的美国公司成立开始，流媒体正式在互联网中登场亮相。1995 年，它们推出了 CIS 架构的音频传输系统 RealAudio，并在随后的几年内引领了网络流式技术发展的潮流。1997 年 9 月，该公司更名为 RealNetworks，相继发布了多款应用非常广泛的流媒体播放器——Realplayer 系列。在其鼎盛时期，曾一度占据该领域超过 85% 的市场份额。RealNetworks 公司可以称得上是流媒体真正意义上的始祖。

在移动互联网普及的今天，流媒体也开始进入嵌入式应用领域，如数字电视机顶盒、PDA 手机等，针对嵌入式设备的实时流媒体传输已经无处不在，各种实时流媒体标准和协议也非常丰富。

11) 用户编程接口

为了让用户方便地使用操作系统，操作系统向用户提供了接口。接口支持用户与操作系统之间进行交互，即由用户向操作系统提出特定的服务请求，而操作系统则把服务结果返回给用户。接口通常采用命令、系统调用或者图形接口的形式。命令直接通过键盘使用，系统调用则供用户在编程时使用。RTOS 同样提供以上 3 种接口形式，但是由于嵌入式系统自身的性质，以往的 RTOS 往往只提供前 2 种接口方式。随着嵌入式技术的发展和用户要求的提高，目前多数的 RTOS 也提供了图形接口。

12) 嵌入式 GUI

近年来的市场需求显示，越来越多的嵌入式系统，包括 PDA、机顶盒、DVD/VCD 播放器、WAP 手机等，均要求提供全功能的 Web 浏览器，其中包括对 HTML、XML、JavaScript 的支持，甚至包括对 Java 虚拟机的支持。这一切均要求有一个高性能、高可靠性的图形用户界面支持。另一个迫切需要轻量级 GUI 的系统是工业实时控制系统。这类系统一般建立在标准 PC 上，硬件条件相对较好，但对实时性的要求非常高，而且对 GUI 的要求比前一种情况更高。

此外，嵌入式系统往往是一种定制设备，它们对 GUI 的需求也各不相同。有的系统只要求一些简单的图形功能，甚至不需要，而有些系统则要求完整的 GUI 支持。因此，GUI 的可配置性显得十分重要。

上述各种情况都显示出 GUI 在嵌入式及实时系统中的地位越来越重要。GUI 应满足轻型、占用资源少、高性能、高可靠性、可配置等基本要求。

8.2.3　嵌入式操作系统的体系结构

现有 RTOS 所采用的体系结构主要包括单块结构、层次结构、微内核结构、构件化结构等，下面分别进行介绍。

1. 单块结构

单块结构是最早出现并一直使用至今的 RTOS 体系结构，其功能结构如图 8.3 所示。这种 RTOS 是一个整体，内部分为若干模块，模块之间直接相互调用，不分层次，形成网状调用模式。其工作模式分为系统模式和用户模式两类，在用户模式下，系统空间受到保护，并且有些操作会受到限制，而在系统模式下可访问任何空间并执行任何操作。

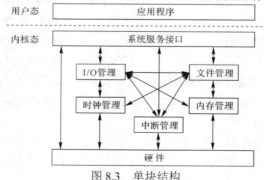

图 8.3　单块结构

从某种角度上讲，当一个拥有强大功能的 RTOS 内核被完整地应用在嵌入式环境中时，就会给嵌入式软件的开发提供非常完整的平台，其作用如同桌面操作系统 Linux 和 Windows。最常见的应用如嵌入式 Linux 和 Windows CE。

单块结构被广泛使用的原因有以下几点：

(1) 可设置嵌入式芯片的通用接口。

(2) 允许设备驱动器、网络服务器、防火墙等重复使用一些公开的代码或其他开源代码。

(3) 系统开发是根据所要实现的特定功能进行的，避免了完成一些不必要的多余功能以及额外的内存占用。

(4) 用户态运行的应用程序设计简洁、开发简单、易于调试，在很多情况下更加可靠。

(5) 许多嵌入式系统对实时性要求不高，单块结构可以实现快速响应。

(6) 可以通过硬件的设计保证对请求的快速响应。

(7) 对简单的小型系统而言，单块结构有几乎最高的系统效率和实时性保障。

(8) 通用 RTOS 系统的单位成本更低。

但是，若将这种结构用于较复杂的嵌入式系统，则需要大量昂贵的硬件资源，由于内核的复杂性，也使系统的运行变得不可预测和不可靠。此外，随着嵌入式软件规模的扩大，模块间依赖严重，单块结构的 RTOS 在可裁剪性、可扩展性、可移植性、可重用性、可维护性等方面的缺陷越来越明显，严重制约了其应用。

2. 层次结构

层次结构也是许多流行 RTOS 使用的体系结构，如图 8.4 所示。在这种结构中，每一层对其上层而言就好像一台虚拟计算机，下层为上层提供服务，上层使用下层提供的服务。层与层之间定义良好的接口，上下层之间通过接口进行交互与通信，每层划分为一个或多个模块(又称组件)。在实际应用中，层次结构可根据需要配置个性化的 RTOS。

图 8.4　层次结构

内核位于 RTOS 的最底层，在某些简单的实时系统中，内核是唯一的层。内核最基本的工作是任务切换，此外，还提供任务管理、定时器管理、中断管理、资源管理、消息管理、队列管理、信号管理等功能。需要特别指出的是，内核的运行与队列操作密不可分，如任务等待队列、就绪队列、超时队列等。

RTOS 的其他组件包括内存管理、I/O 设备管理、嵌入式文件系统、嵌入式网络协议栈、嵌入式 GUI 等。

在流行的 RTOS 中，VxWorks、DeltaOS 等是使用层次结构的范例。

3. 微内核结构

微内核结构也称为客户机/服务器(Client/Server，C/S)结构，是目前的主流结构之一，其中，最具有代表性的是 QNX。图 8.5 是微内核结构的框架模型。

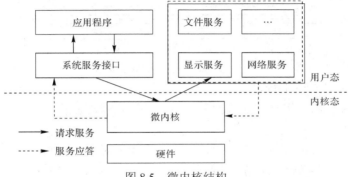

图 8.5　微内核结构

按照最初的定义，微内核中只提供任务调度、任务间通信、底层的网络通信、中断处理接口以及实时时钟等几种基本服务，整个内核非常小(可能只有几十 KB)，内核任务在独立的地址空间运行，速度极快。

传统操作系统提供的其他服务，如存储管理、文件管理、网络通信等，都以内核上协作任务的形式出现。每个协作任务可以看作一个功能服务器。

用户应用任务(客户任务)在执行过程中若需要得到某种服务，则通过内核向服务器任务发出申请，由服务器任务完成相应的处理并将结果返回给客户任务(这一过程称为应答)。

随着时间的推移，微内核结构的定义已经有了显著变化，只要保持 C/S 结构，微内核中基本服务的数量将不再受限，如可加入基本存储管理。当然，微内核的大小尺度也有一定的放宽。

在这种体系结构下，任务执行需要增加一定的开销(服务器与客户机之间)，与单块结构系统相比性能有一定的下降。但是，这种改变的好处也十分明显，表现在：

(1) 除基本内核外，RTOS 的其他服务模块可以根据应用需求随意裁剪，十分符合 RTOS 的发展要求。

(2) RTOS 可以更方便地扩展功能，包括动态扩展。

(3) 可以更容易做到上层应用与下层系统的分离，便于系统移植。

(4) 可以大大加强 RTOS 服务模块的可重用性。

随着硬件性能的不断提高，内核处理速度在整个系统性能中所占的比例越来越小，RTOS 的可裁剪性、可扩展性、可移植性、可重用性越来越重要，再加上微内核结构本身的改进，其应用范围越来越广。

4. 构件化结构

随着构件化技术的广泛使用，如何将构件化技术成功地应用到嵌入式操作系统中受到越来越多的重视，已成为研究的热点之一。图 8.6 为采用构件化结构的 RTOS 的框架。

图 8.6　构件化结构

构件化 RTOS 具有以下特点：

(1) RTOS 内核由一组独立的构件和一个构件运行管理器构成，后者可以维护内核构件之间的协作关系。

(2) RTOS 的各类传统服务，包括任务管理、调度算法、中断管理、时钟管理、存储管理等，可以是一个构件，也可由这些相互协作的构件构成，同时可为上层应用软件开发提供统一的编程接口，支持应用软件的有效开发、运行和管理。

(3) 所有的 RTOS 抽象都由可加载的构件实现，配置灵活，裁剪方便，能够很好地适应各种应用领域的不同需求。

(4) 作为动态构件的任务可以自动加载运行，不需要由用户逐一启动。

(5) 构件之间具有统一标准的交互式界面，既便于用户掌握，又方便应用程序开发。

(6) 通过构件组装检验，可确保生成的 RTOS 满足设计约束。

(7) 提供硬件无关性支持。

一个典型的构件化 RTOS 是 TinyOS，它是为无线传感器网络开发的构件化嵌入式操作系统，适用于内存资源和处理能力十分有限、由电池供电的嵌入式系统。

5. 其他体系结构

从实际使用情况看，嵌入式操作系统的体系结构还有其他一些形式，如多内核结构等。许多传统的操作系统(如 Linux)在设计之初并没有专门考虑对实时性、安全性、可靠性等的支持，但这些操作系统发展至今，已经使用了大量的前端技术，大大增强了操作系统的功能和性能。那么如何使用这些操作系统呢？解决方法有两种：一种是改写操作系统内核，提供实时性、安全性、可靠性等所需要的支持；另一种就是采用多内核结构，如图 8.7 所示，通过这种方式，可以使实时任务和非实时任务都得到有效处理。

图 8.7 是一种双核操作系统的概念结构。其中，原操作系统的基本功能作为非实时内核直接存在，它是实时内核上的一个独立任务，具有较低的优先级；而实时任务的处理完全交给新的实时内核，具有较高的优先级。

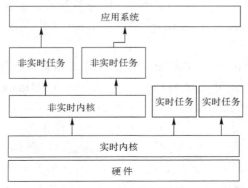

图 8.7　多内核结构

这样，任务可以根据性质提交给不同的内核执行，既保证了系统的实时性，又不浪费操作系统本身具有的资源。

双核结构的一个典型应用是嵌入式实时 Linux 操作系统 RTLinux。

8.3　常用的嵌入式操作系统

8.3.1　常用的嵌入式操作系统

1. 嵌入式 Linux

Linux 类似于 UNIX，是免费的、源代码开放的、符合 POSIX 标准规范的操作系统。

Linux 拥有现代操作系统所具有的内容，例如：真正的抢占式多任务处理，支持多用户，内存保护，支持对称多处理机(Symmetric Multiprocessing，SMP)，符合 POSIX 标准，支持 TCP/IP，支持绝大多数的 32 位和 64 位 CPU。

Linux 经过改造以后，可以在多种没有 MMU 的微处理器上运行，其中 µCLinux 就是最著名的发行版本之一。µCLinux 最初是由几位软件工程师移植到基于 Motorola 公司的 DragonBall 微处理器上的，随着其他微处理器的广泛应用和 µCLinux 的进一步发展，µCLinux 也已经被广泛使用在 ColdFire、ARM、MIPS、SPARC、SuperH 等没有 MMU 的微处理器上。使用 µCLinux 最大的好处是可以使用 Linux 下无数免费的公开资源。一般来说，在 µCLinux 下使用 Linux 原有的源代码公开的资源，只需进行较少的修改。因此 µCLinux 在嵌入式系统中打破了原有 VxWorks 等实时操作系统的一统天下，越来越多地被众多的嵌入式设计所采用。

µCLinux 同标准 Linux 的最大区别在于内存管理。标准 Linux 是针对有 MMU 的处理器设计的，在这种处理器上，虚拟地址被送到 MMU，MMU 把虚拟地址映射为物理地址，通过赋予每个任务不同的虚拟物理地址转换映射，支持不同任务之间的保护。对于 µCLinux 来说，其设计针对的是没有 MMU 的处理器，不能使用虚拟内存管理技术。µCLinux 对内存的访问是直接的，即它对地址的访问不需要经过 MMU，而是直接送到地址线上输出，所有程序中访问的地址都是实际的物理地址。µCLinux 对内存空间不提供保护，各个进程实际上共享一个运行空间。在实现上，µCLinux 仍采用存储器的分页管理，系统在启动时把实际存储器进行分页，在加载应用程序时，程序分页加载。但是由于没有 MMU 管理，µCLinux 采用实存储器管理(Real Memory Management)策略，这一点影响了系统工作的很多方面。

RTLinux 是最早在 Linux 上实现硬实时支持的 Linux 发行版本，它目前已经发展到 3.0 版。RTLinux 最初是由新墨西哥科技大学的 Victor Yodaiken 和他的学生 Michael Barabanov 共同完成的(网址为 http://www.rtlinux.org)。RTLinux 的基本思想是把 Linux kernel 当成一个优先级最低的实时任务，由 RTLinux 提供的一个实时调度器对其进行调度。而其他的实时任务实际上并不是一个 Linux 的进程，而是一个 Linux 的可加载内核模块(Loadable Kernel Module)，且优先级比 Linux 内核本身要高。

RTAI 是 Real Time Application Interface 的缩写，是意大利的 Paolo Mantegazza 和他的同事们实现的一个硬实时支持的 Linux 发行版本(网址为 http://www.rtai.org)，它目前已经发展到 3.0 版。从基础结构上看，RTAI 和 NMT RTLinux 很相似，它同样架空了 Linux，直接用可加载内核模块作为实时任务。RTAI 和 RTLinux 最大不同之处在于 RTAI 定义了一组 RTHAL(Real Time Hardware Abstraction Layer)，RTHAL 将 RTAI 需要在 Linux 中修改的部分定义成一组 API，RTAI 只使用 API 与 Linux 交互。这样做的好处是可以将直接修改 Linux 核心的程序码减至最小，使得将 RTAI 移植到新版 Linux 的工作量减至最低。

2. VxWorks

VxWorks 是一种嵌入式实时操作系统，由 Wind River System 公司开发。VxWorks 支持主流 32 位 CPU，包括 x86、ColdFire、PowerPC、MIPS、ARM 等。VxWorks 实时操作系统基于微内核结构，由 400 多个相对独立的、短小精练的目标模块组成，用户可根据需要选择适当模块来裁剪和配置系统。VxWorks 的链接器可按应用需要动态链接目标模块。VxWorks 操作系统的基本构成模块包括以下部分：

（1）高效的实时微内核 Wind。VxWorks 实时微内核 Wind 以灵活性和可配置性为设计目标，主要包括基于优先级的任务调度、任务同步和通信，中断处理，定时器和内存管理。

（2）兼容 POSIX 实时系统标准。VxWorks 提供接口支持实时系统标准 P.1003.1b。

（3）I/O 处理系统。VxWorks 提供与 ANSIC 兼容的 I/O 处理系统，主要包括 UNIX 缓冲 1/O 处理系统和面向实时的异步 I/O 处理系统。

（4）本机文件系统。VxWorks 的文件系统与 MS-DOS、RT-11、RAM、SCSI 等相兼容。

（5）网络处理模块。VxWorks 网络处理模块能与许多运行其他协议的网络进行通信，如 TCP/IP、NFS、UDP、SNMP、FTP 等。

（6）虚拟内存模块——VxVMI。VxVMI 主要用于对指定内存区的保护，如内存块只读等，加强了系统的健壮性。

（7）共享内存模块——VxMP。VxMP 主要用于多处理器上运行的任务之间的共享信号量、消息队列、内存块的管理。

（8）板级支持包——BSP。板级支持包提供各种硬件的初始化、中断的建立、定时器、内存映像等功能。

3. Windows CE

Microsoft 公司的 Windows CE 嵌入式操作系统(有多种称谓，如 Pocket PC 2002/2003 等)是支持多线程的嵌入式操作系统，主要用于 PDA、Smart Phone 等个人手持终端上。Windows CE 是有优先级的多任务操作系统，但它不是一个硬实时操作系统。Windows CE 操作系统的基本核心需要至少 200 KB 的 ROM，支持 Win32 API 子集，支持多种用户界面硬件(包括可以达到 32 bit 像素颜色深度的彩色显示器)，支持多种串行和网络通信技术，支持 COM/OLE 和其他进程间通信。Microsoft 公司同时提供了方便的 Embedded Visual Studio 开发工具。Windows CE 嵌入式操作系统有以下 5 个主要的模块：

（1）内核模块：支持进程和线程处理及内存管理等基本服务。

（2）内核系统调用接口模块：允许应用软件访问操作系统提供的服务。

（3）文件系统模块：支持 DOS 等格式的文件系统。

（4）图形窗口和事件子系统模块：控制图形显示，并提供 Windows GUI 界面。

（5）通信模块：允许同其他设备之间进行信息交换。

Windows CE 嵌入式操作系统最大的特点是能提供与 PC 类似的图形界面和主要的应用程序。Windows CE 嵌入式操作系统的界面显示大多数是在 Windows 中出现的标准部件，包括桌面、任务栏、窗口、图标和控件等。这样，只要是对 PC 上的 Windows 比较熟悉的用户，都可以很快地使用基于 Windows CE 嵌入式操作系统的嵌入式设备。

4. Nucleus PLUS

Nucleus PLUS 是为实时嵌入式应用而设计的一个抢先式多任务操作系统内核，其 95% 代码是用 ANSIC 写成的，因此非常便于移植并能支持大多数类型的处理器。从实现角度来看，Nucleus PLUS 是一组 C 函数库，应用程序代码与核心函数库连接在一起，生成一个目标代码，下载到目标板的 RAM 中或直接烧录到目标板的 ROM 中执行。在典型的目标环境中，Nucleus PLUS 核心代码区一般不超过 20 KB。Nucleus PLUS 采用了软件组件的方法，每个组件具有单一而明确的目的，通常由几个 C 语言及汇编语言模块构成，提供清晰的外部接口，对组件的引用就是通过这些接口完成的，除了少数一些特殊情况外，不允许从外部对组件内的全局进行访问。由于采用了软件组件的方法，Nucleus PLUS 各个组件非常容易替换和复用。Nucleus PLUS 的组件包括任务控制、内存管理、任务间通信、任务的同步与互斥、中断管理、定时器及 I/O 驱动等。

5. μC/OS-II

μC/OS-II 适合小型控制系统，具有执行效率高、占用空间小、实时性能优良和可扩展性强等特点，最小内核可编译至 2 KB。μC/OS-II 是一种免费公开源代码，结构小巧，具有可剥夺实时调度的实时操作系统，其内核提供任务调度与管理、时间管理、任务间同步与通信、内存管理和中断服务等功能。可剥夺型的实时内核在任何时候都运行处于就绪态的最高优先级的任务，μC/OS-II 中最多可以支持 64 个任务，分别对应优先级 0～63，其中 0 为最高优先级。调度工作的内容可以分为两部分：最高优先级任务的寻找和任务切换，其中最高优先级任务的寻找是通过建立就绪任务表来实现的。μC/OS-II 中的每一个任务都有独立的堆栈空间，并有一个称为任务控制块(Task Control Block，TCB)的数据结构，其中第一个成员变量就是保存的任务堆栈指针。任务调度模块首先用变量记录当前最高级就绪任务的 TCB 地址，然后调用 os_task_sw()函数来进行任务切换。由上述分析可以得知，μC/OS-II 内核是针对实时系统的要求来设计实现的，相对简单，可以满足较高的实时性要求。

μC/OS-II 是面向中小型嵌入式系统的，如果包含全部功能(信号量、消息邮箱、消息队列及相关函数)，那么编译后的 μC/OS-II 内核仅有 6 KB～10 KB。

μC/OS-II 没有提供文件系统、网络协议和 GUI 系统的支持，但 μC/OS-II 具有良好的扩展性能。这些内容很容易被加入到 μC/OS-II 之中。

6. Symbian OS

Symbian OS 最早是由 Psion 公司开发的一个专门应用于手机等移动设备的操作系统。Symbian 是以 EPOC 为基础的，而它的架构与许多桌上型操作系统相似，包含先占式多任务、多执行序列和内存保护。Symbian 的最大优势在于它是为便携式装置而设计的，在有限的资源下，可以执行数月甚至数年。这要归功于节省内存、使用 Symbian 风格的编程理念和清除堆栈，将这些功能与其他技术搭配使用，会使内存使用量降低且内存泄漏量极少。类似技术也运用于节省磁盘(尽管在 Symbian 设备中，硬盘通常指闪存)和记忆卡使用空间。Symbian 的编程是使用事件驱动，当应用程序没有处理事件时，CPU 会被关闭。这是通过一种叫作主动式对象的编程理念实现的。

7. QNX

QNX 是一种商用的、遵从 POSIX 规范的类 UNIX 实时操作系统，目标市场主要是面向嵌入式系统。它可能是最成功的微内核操作系统之一，在 QNX 环境下，所有驱动程序、应用程序、协议栈和文件系统都在内核外部运行，以确保内存受保护的用户空间的安全，同时还内建了容错功能。因此，几乎所有组件在出现故障时都能自动重启而不会影响其他组件或内核。

8.3.2　嵌入式 Linux 系统的软件

1. Linux 操作系统、中间件、应用层程序的关系

在基于嵌入式 Linux 的嵌入式系统中，软件系统通常包含操作系统、中间件、应用层等层次，它们之间的关系如图 8.8 所示。

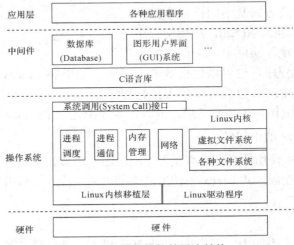

图 8.8　Linux 系统的软件层次结构

Linux 操作系统在嵌入式系统中处于最下面的操作系统层，它从以下几个方面提供一些基础功能来完成与用户空间的交互。

(1) 标准系统调用。Linux 操作系统和用户空间的基础接口是系统调用(System Call)，它使用 UNIX 标准的 POSIX 接口。

(2) 设备文件。在 Linux 系统中，硬件设备(字符设备和块设备)使用文件来表示，这些文件在 /dev/ 目录中。设备文件可以使用文件系统的 open/close/write/read/ioctl 等接口来进行操作，每种操作的结果根据各个设备的驱动程序来完成。

(3) 网络设备使用 Socket。Linux 中网络设备使用标准的 Socket(套接字)来访问。

(4) proc 和 sys 文件系统。proc 和 sys 是 Linux 中的两个特殊的文件系统，可以通过读、写其中的文件，达到操作系统与用户空间交互的效果。

在具有 Linux 操作系统的情况下，用户空间的程序访问硬件需要通过设备文件等方式。这样实际上是进行了一步对硬件抽象的标准化工作，也使得一些用户空间的程序可以在不同的硬件平台之间进行移植。

在 Linux 的用户空间中，C 语言库也是一个重要的方面，它是应用程序所依赖的基础。C 语言库提供 C 语言中程序运行的基本函数操作和标准的库函数，如 prinif、open、malloc、字符串处理等基本函数操作。C 语言库通常需要调用 Linux 所提供的系统调用来实现。因此，Linux 中用户层的程序可以调用 C 语言库函数，也可以直接通过系统调用来直接调用操作系统的接口，但前者的使用更多。

在 Linux 系统的软件中，中间件和应用层程序没有明显的分界线。在物理上，Linux 中具有动态库(共享库)、静态库(归档文件)、可执行程序这几种类型。从连接的角度，动态库

可以经过若干个层次的"连接"，可执行程序也连接动态库。在目标系统中，只有可执行程
序和动态库，静态库在最终使用的时候，其内容会
被包含到可执行程序和动态库之内。可执行程序使
用动态库的另外一种方式是动态打开(dlopen)，这
种动态库不需要被连接就可以使用。图 8.9 为 Linux
的动态库、静态库和可执行程序间的关系。

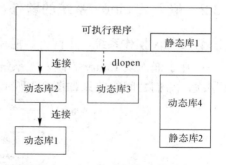

　　一种比较常用的方式是中间件以库的形式提
供：动态库(*.so)和静态库(*.a)，应用层程序用可
执行程序的方式实现。实际上，应用层的程序不
仅可以包括可执行程序，也可以包括若干个层次
的动态库，而某些中间件也有可能以可执行程序

图 8.9　Linux 的动态库、静态库和

可执行程序间的关系

的形式存在，它们被作为工具来使用，或者作为守护进程(Daemon)来运行。

2. 嵌入式 Linux 的中间件

　　嵌入式 Linux 中使用的中间件和桌面 Linux 系统类似，用户也可以获得类似桌面系统
的功能，但是这些在嵌入式 Linux 中使用的中间件通常经过了修改和移植，以适应嵌入式
系统的要求。

1) 用户终端

　　在嵌入式 Linux 系统中，用户终端(Shell)是操作系统之外的最基本软件。终端程序提
供一个可以进行人机交互的界面，包含 Linux 中常用的命令，尤其在开发调试阶段，用户
终端在嵌入式系统中起到了很重要的作用。相比 Linux 中的各种中间件，用户终端更像一
个工具，以一个可执行程序的方式存在。

　　在 Linux 中，命令行工具通常需要建立在一个系统的标准终端中，这个终端通常是一
个 Linux 中的 tty 设备。用户终端程序使用这个设备作为输入输出的基础，并提供了一个
基本的界面(通常是一个提示符，表示为#或者$)，一些比较好的终端可以实现记录历史命
令等功能。用户终端所支持的各种命令(例如 mv、ls、cp、ifconfig 等)可以通过调用 Linux
的系统调用来实现，例如完成 mkdir 命令，可以通过 mkdir 函数完成。

　　图 8.10 所示为 Linux 的用户终端工具。

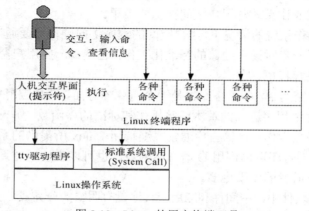

图 8.10　Linux 的用户终端工具

BusyBox 是嵌入式 Linux 中常用的用户终端,它是嵌入式系统的一个多功能应用软件,小巧但功能很多,特别适合嵌入式系统使用。BusyBox 是一组小程序,可以提供一些在命令行使用的工具,实现 Shell 人机交互界面的功能,为任何一个小型的或者嵌入式系统提供相当完整的环境。因此,BusyBox 被称为嵌入式系统中的"瑞士军刀"。BusyBox 把很多通用 UNIX 命令行的命令整合到一个很小的单一可执行文件中。

2) GUI 系统

GUI(图形用户界面)系统给用户提供了友好的界面,可以将用户从枯燥的命令行界面中解脱出来。随着嵌入式系统的发展和普及,GUI 在嵌入式系统中的作用越来越突出。Linux 嵌入式系统中 GUI 系统的结构如图 8.11 所示。

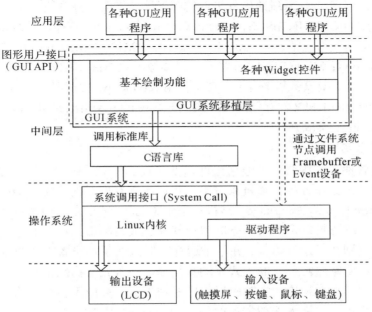

图 8.11 Linux 的 GUI 系统

Linux 的 GUI 系统通常分成了几个层次:GUI 系统移植层、GUI 系统核心、GUI 应用程序,其中 GUI 系统移植层和 GUI 系统核心属于中间件。在移植方面,GUI 系统通常需要考虑输出设备和输入设备两方面的情况。输出设备是系统运行的重点,在 Linux 操作系统中通常使用 Framebuffer 作为驱动程序;输入设备具有多样性,包括触摸屏、按键、鼠标、键盘等类型,在 Linux 操作系统中,Event 是比较标准的输入驱动框架。某些 GUI 系统为了屏蔽硬件之间的差异,其移植层通常考虑了驱动程序的差异。

GUI 系统的核心通常也有图形层和控件层两个层次。图形层提供基本的绘制功能,例如画点、画线、画圆等几何图形的绘制。控件层提供了 Widget 等功能,Widget 通常可以和用户进行交互,例如文本框、菜单、对话框等功能。控件层需要调用图形层完成绘制功能,在应用程序层,通常需要调用控件层实现各种功能,有时也可以直接调用图形层完成绘制。

桌面的 Linux 系统,通常需要 Qt 和 GTK+作为 GUI 系统。在嵌入式 Linux 系统中,有 Qt/Embedded、MiniGUI、Micro Windows 等几种常用的 GUI 系统。

嵌入式 Linux 中的 GUI 系统与桌面 Linux GUI 系统最大的区别在于，嵌入式 Linux 的 GUI 通常不再依赖 XWindow。

Qt/Embedded：Qt 是桌面 Linux 系统普遍使用的强大的 GUI 系统，KDE 桌面系统就是基于 Qt 的。Qt/ Embedded 是桌面 Linux 的图形库 Qt 的嵌入式版本，提供了类似的编程接口(APD)。Qt/Embedded 与桌面版本 Qt 的最大区别在于：Qt/Embedded 已经直接取代 XServer 及 XLibrary 等层次，直接使用 Framebuffer 作为输出设备，简化了系统，整合了大部分功能。

MiniGUI：MiniGUI 是由北京飞漫软件技术有限公司开发的面向实时嵌入式系统的轻量级图形用户界面支持系统，其定位为"针对嵌入式设备的、跨操作系统的图形界面支持系统"，目前已成为跨操作系统跨硬件平台的图形用户界面支持系统，可在 Linux/μClinux、VxWorks、eCos、μC/OS-II、pSOS、ThreadX、Nucleus、OSE 等操作系统以及 Win32 平台上运行，已验证的硬件包括 x86、ARM、PowerPC、MIPS、DragonBall、ColdFire 等。

Micro Windows：Micro Windows 是一个开放源码的项目，其目的是把图形视窗环境引入到运行 Linux 的小型设备和平台上。在不使用 XWindows 的情况下，Micro Windows 可以运行在更少的 RAM 和文件存储空间中提供与 XWindows 相似的功能。μClinux 的发布包也将 Micro Windows 集成到其中。

3) 嵌入式数据库

数据库是软件系统中常用的通用组件，目前对于一个系统的运行，常常使用数据库来组织内部的信息。在各种计算机系统中，数据库都有广泛的应用，例如数据库中常用的 SQL(Structured Query Language，结构化查询语言)。SQL 是一种资料库查询和程序设计语言，用于存取资料以及查询、更新和管理关联式资料库系统。嵌入式数据库与非嵌入式数据库的差别在于运行模式，并不是运行在嵌入式手持设备上的数据库就是嵌入式数据库，那种数据库通常称作嵌入式移动数据库。嵌入式数据库是指运行在本机上、不用启动服务端的轻型数据库，它与应用程序紧密集成，被应用程序所启动，并随着应用程序的退出而终止。非嵌入式数据库的结构如图 8.12 所示，嵌入式数据库的结构如图 8.13 所示。

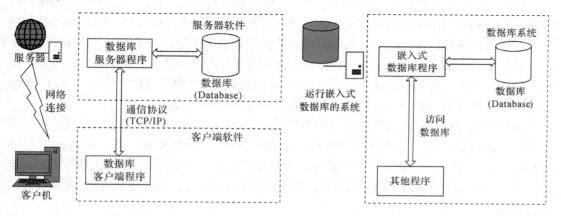

图 8.12　非嵌入式数据库的结构　　　　　图 8.13　嵌入式数据库的结构

显然，嵌入式数据库也可以在桌面计算机、工作站、服务器上运行，从理论上讲，嵌入式设备一样可以运行基于客户-服务器的非嵌入式数据库。其次，在嵌入式系统中使用"单机"的嵌入式数据库可以在保证功能的前提下，获得更高的性能。因此，嵌入式Linux中运行嵌入式数据库，是非常常见的方式。

嵌入式数据库通常需要进行比较的几个因素是：数据库的速度、容量、容量和速度的关系、对SQL的支持。

相比其他几种中间件，数据库程序对系统硬件的依赖比较小。嵌入式的数据库常常将数据库以文件的形式保存，因此，只需要系统具有普通文件系统的支持即可，但是数据库的容量和访问速度都会受到文件系统的影响。常用的嵌入式Linux数据库包含以下几种：

(1) Berkeley DB是一个高性能的嵌入数据库编程库，号称为应用程序开发者提供工业级强度的数据库服务，与C语言、C++、Java、Perl、Python、PHP以及其他很多语言都有绑定，但是不支持SQL。

(2) Firebird嵌入服务器版是从Interbase开源衍生出的，它是一个全功能的、强大高效的、轻量级的、免维护的数据库，它完全支持SQL 92标准，可自己编写扩展函数，也支持将一个数据库分割成不同文件。

(3) SQLite是一个基本实现了SQL语法的非常轻量级的关系型数据库，尤其适用于嵌入式系统。SQLite没有Server端，解析SQL查询和访问数据库的各种函数是以静态库或共享库的形式与Client链接在一起的，而数据库就是一个常规文件。

4) 其他中间件

在基于Linux的嵌入式系统的构建中，有可能实现与桌面计算机类似的功能，因此其涉及各种各样的中间件。通过移植和使用中间件，可以加快开发流程，迅速获得和桌面计算机类似的功能。

Linux中常用的中间件还包括与网络相关的组件、图形图像文件处理库、文件压缩-解压缩工具、字体工具、浏览器引擎等。中间件的使用一般都涉及移植的问题，例如对于网络方面的功能，在Linux中还可以使用标准的Socket(套接字)接口，不需要考虑过多的问题。移植问题上比较特殊的是涉及一些硬件操作的问题，需要使用Linux中特定的硬件设备的接口。

各种中间件在Linux中的使用，还需要考虑性能和裁剪的问题。为了性能的优化，有时也可以使用特定体系结构的汇编代码，还可以减少软件的层次，例如在嵌入式GUI系统中去掉桌面系统中对XWindows的使用。为了去除一些不必要的功能，可以对中间件进行裁剪，裁剪常常可以使用条件编译的方法。但需要注意的是，中间件提供给上层的接口也可能随着裁剪被去除，这时需要考虑这种中间件调用者的功能是否会受到影响。

8.4　μC/OS-II 操作系统介绍

μC/OS-II操作系统是一个实时的操作系统的内核(RTOS)，它提供了任务调度、时间管理、内存管理、任务通信等内容。

本部分主要介绍 μC/OS-II 的操作系统结构、理念，并简单分析其源代码。μC/OS-II作为一个公开的操作系统，实际上用户可以得到的 μC/OS-II 源代码就是一些主要由C语言编写的文本文件。用户在建立操作系统时，只需要将这些源文件加入自己的工程并完成必要的接口即可。

  μC/OS-II 是一个简单的操作系统内核，学习 μC/OS-II 的源代码及 μC/OS-II 的移植，对理解操作系统的概念会有很大帮助。如果只学习操作系统的使用，则只需关注 μC/OS-II 对上层的接口即可，不用关心其内部的运作模式。

  使用 μC/OS-II 开发应用程序时，应用程序和操作系统的核心是被编译在一起的。应用程序使用操作系统的方式是直接调用操作系统提供的接口。

8.4.1 μC/OS-II 组织结构

  μC/OS-II 操作系统由若干个文件(10 个左右)组成，这些文件的组织结构如图 8.14 所示。

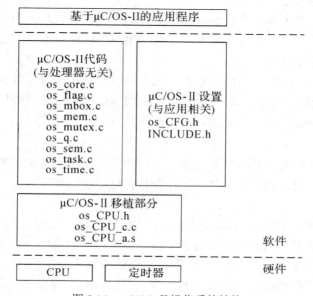

图 8.14 μC/OS-II 操作系统结构

从图 8.14 中可见，μC/OS-II 操作系统主要由 3 部分组成。

1. 第一部分：μC/OS-II 与处理器有关的移植部分

本部分定义了 3 个与处理器相关的函数：

(1) os_CPU.h。本文件需要根据 CPU 的类型来定义数据类型。

(2) os_CPU_a.s。本文件是移植重点和难点，与处理器关系最大，使用汇编代码编写。

(3) os_CPU_c.c。本文件包含一个和 CPU 结构相关的任务堆栈初始化函数，以及用户可以利用的一系列钩子函数，可以处理特殊硬件扩展。

2. 第二部分：μC/OS-II 与应用相关的设置部分

本部分是一些和实际应用有关的设置，它主要可以作为配置功能。

(1) os_CFG.h。本文件主要包含一些可选择的参数，这些参数用作配置 μC/OS-II 内核的一些处理方式。

(2) INCLUDE.h。本文件可选，在一些应用中不需要使用。

3. 第三部分：μC/OS-Ⅱ内核部分

本部分包括 11 个文件，这些文件是 μC/OS-Ⅱ 内核。

(1) ucos_i.c：μC/OS-Ⅱ主文件。

(2) ucos_i.h：μC/OS-Ⅱ主文件的头文件。

(3) os_core.c：μC/OS-Ⅱ内核文件。

(4) os_task.c：μC/OS-Ⅱ任务管理文件。

(5) os_time.c：μC/OS-Ⅱ时间管理文件。

(6) os_mem.c：μC/OS-Ⅱ内存管理文件。

(7) os_flag.c：μC/OS-Ⅱ标志文件。

(8) os_mbox.c：μC/OS-Ⅱ消息邮箱文件(用于任务间通信)。

(9) os_q.c：μC/OS-Ⅱ消息队列文件(用于任务间通信)。

(10) os_sem.c：μC/OS-Ⅱ信号量文件(用于任务间通信)。

(11) os_mutex.c：互斥信号量。

在这 3 个部分中，第一部分是 μC/OS-Ⅱ 操作系统的移植必须编写的。这部分要根据处理器的不同编写不同的代码；第二部分是 μC/OS-Ⅱ 操作系统的配置部分，用户只要定义 os_CFG.h 中的参数，那么文件在编译后就可以配置成用户需要的形式；第三部分是 μC/OS-Ⅱ 的内核部分，用户一般不需要改动，但是了解 μC/OS-Ⅱ 的内核的定义，对于使用 μC/OS-Ⅱ 构建实时操作系统是非常重要的。

以上部分在基于 μC/OS-Ⅱ 的应用中，只是操作系统部分，它主要完成任务调度的功能，具体的应用程序和与硬件相关的代码还需要用户自己完成。

构建基于 μC/OS-Ⅱ 的操作系统，不需要使用特殊的编译环境，它使用的编译环境只需要支持 C 语言的编译就可以，如 ADS、SDT 等。

在工程文件中，只要加入 ucos_ii.c 一个文件就可以，由这个文件引用其他文件：

```
#define OS_GLOBALS
#include<ucos_ii.h>
#define OS_MASTER_FILE
#include<os_core.c>
#include<os_flag.c>
#include<os_mbox.c>
#include<os_mem.c>
#include<os_mutex.c>
#include<os_q.c>
#include<os_sem.c>
#include<os_task.c>
#include<os_time.c>
```

μC/OS-Ⅱ内核的文件都被包含在其中，μC/OS-Ⅱ的内核总共 9 个文件，每个文件中都定义了一些函数，以实现相应的功能，有的是供系统内部使用的，有些是供用户使用的。

可以按照功能分为以下几类。

(1) 内核：os_core.c。

(2) 任务管理：os.task.c。

(3) 时间管理：os_time.c。

(4) 内存管理：os_mem.c。

(5) 任务间通信和同步：os_mbox.c、os_mutex.c、os_q.c、os_flag.c。

8.4.2　μC/OS-II 内核

本部分主要讲述文件 os_core.c 定义的函数和 μC/OS-II 操作系统内核的相关内容。

1. 用户使用的函数

在内核文件 os_core.c 中，定义了一些与 μC/OS-II 内核相关的函数，其中有一部分是用户可能要用到的。

(1) OS_ENTER_CRITICAL()：进入代码临界段。

(2) OS_EXIT_CRITICAL()：退出代码临界段。

(3) OSInit()：操作系统初始化。

(4) OSStart()：开始操作系统。

(5) OSTimtick()：时钟节拍函数。

(6) OSIntEnter()和 OSIntExit()：进入中断、退出中断。

(7) OSSchedLock()和 OSSchedUnlock()：任务调度上锁、任务调度解锁。

(8) OSVersion()：得到操作系统版本号。

以上函数都是用户在应用中需要使用的，例如，用户在建立操作系统的时候，需要使用操作系统初始化函数 OSInit()；随后开始任务调度的时候，需要使用开始操作系统函数 OSStart()；在进入中断后，有一段代码是不可分割的，即不允许其他中断，这时需要使用进入代码临界段函数 OS_ENTER_CRITICAL()；临界段完成后使用退出代码临界段函数 OS_EXIT_CRITICAL()。有些任务间的一些处理过程比较重要，这时不希望别的任务打断它，所以需要使用任务调度上锁函数 OSSchedLock()；完成这部分后使用任务调度解锁函数 OSSchedUnlock()。

2. 空闲任务和统计任务

任务是 μC/OS-II 的基本单元，在 os_core.c 中定义了以下两个任务：

(1) 空闲任务：OS_InitTaskIdle(void)。

(2) 统计任务：OS_InitTaskStat(void)。

这两个任务一般是系统任务中优先级最低的两个，优先级较高的是用户的任务。

3. 任务控制块

在 os_core.c 的其他部分定义了一些函数和数据结构，它们都是供系统内部使用的，其中任务控制块是一个重要的部分。

任务控制块是一个数据结构，μC/OS-II 用它来保存该任务的状态。一旦任务建立了，任务控制块 OS_TCB 就被赋值。当任务重新得到 CPU 使用权时，任务控制块能确保任务从当时被中断的地方丝毫不差地继续执行，而 OS_TCB 全部驻留在 RAM 中。在组织这个数据结构时，考虑到了各成员的逻辑分组。任务建立的时候，OS_TCB 就被初始化了，如图 8.15 所示。

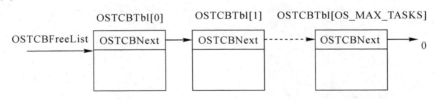

图 8.15　空任务控制块列表

任务控制块用于保存任务状态的数据结构，它包括以下内容：

(1) OSTCBStkPtr：指向当前任务栈顶的指针。

(2) OSTCBExtPtr：指向用户定义的任务控制块扩展。

(3) OSTCBStkBottom：指向任务栈底的指针。

(4) OSTCBStkSize：使用指针元数目表示的栈容量总数(栈中可容纳的指针总数)。

(5) OSTCBId：用于存储任务的识别码，现在没有使用。

(6) OSTCBNext 和 OSTCBPrev：用于任务控制块 OS_TCBs 的双重链接。

(7) OSTCBEventPtr：指向事件控制块的指针。

(8) OSTCBMsg：指向传递任务消息的指针。

(9) OSTCBDly：任务延时的时钟节拍时数。

(10) OSTCBStat：任务的状态字，为 0 时表示就绪态。

(11) OSTCBPrio：任务优先级。这个值越小，任务的优先级越高。

(12) OSTCBX、OSTCBY、OSTCBBitX 和 OSTCBBitY：用于加速任务进入就绪态的过程或进入等待事件发生状态的过程。

系统的每一个任务都有一个任务控制块，用于存放任务的状态。任务控制块中的各个单元的值一般不需要用户改动，都是 μC/OS-II 操作系统利用其他函数自动完成的。

例如，如果调用任务删除函数 OSTaskDel()，则任务控制块中的 OSTCBDelReq 被置 1；如果调用改变任务的优先级函数 OSTaskChangePrio()，则任务控制块中的 OSTCBPrio 设定为相应的数值；如果调用任务延时函数 OSTimeDly()，则任务控制块中的 OSTCBDly 存入任务延时的时钟节拍数。以上操作都是由操作系统自动完成的，用户只需要使用相应的函数。

4. 与事件相关的函数

os_core.c 中还有 4 个与事件相关函数：OSEventWaitListInit()、OSEventTaskRdy()、OSEventTaskWait()、OSEventTO()，它们用于任务间的通信与同步。

8.4.3　μC/OS-II 任务管理

μC/OS-II 任务管理的功能主要在 os_task.c 文件中定义。

任务是 μC/OS-II 的基本单元，任务看起来与任何 C 函数一样，具有一个返回类型和一个参数，任务可以是一个无限的循环，也可以在一次执行完毕后被删除掉。总之，任务作为一个函数，永远不会执行完，因此任务的返回类型必须被定义成 void 型。

1. 任务的两种形式

任务可以定义为两种形式，一种是无限的循环，另一种是任务在运行完毕后自我删除。

无限循环型的任务：

```
void Task1(void* pdata)
{
    for ( ; ; )
    {
        /* 用户任务代码 */
        /* 任务中可以使用的 μC/OS-II 函数 */
        /* 用户任务代码 */
    }
}
```

自我删除型任务：

```
void Task2(void* pdata)
{
    /* 用户任务代码 */
    /* 任务中可以使用的 μC/OS-II 函数，同上 */
    /* 用户代码 */
    OSTaskDel(OS_PRIO_SRLF);
}
```

　　一般来说，无限循环型的任务要实现一种总是要执行的功能，只要满足该任务运行的条件，本任务就会运行，如定时查询某一个变量时；自我删除型的任务一般是一次性执行的，如完成初始化工作等。

　　从应用程序的角度，μC/OS-II 使用的基本结构如下所示：

```
int main(void)
{
    //目标板初始化
    OSInit();        //μC/OS-II 初始化
    //创建任务 1，2，3…
    OSTaskCreate(Task1,   (void*)0,
    (OS_STK*)& Task1_Stack[TASK_STACK_SIZE - 1],   Task1_PRIO);
    OSTaskCreate(Task2,   (void*)0,
    (OS_STK*)& Task2_Stack[TASK_STACK_SIZE - 1],   Task2_PRIO);
    //…
    OSStart();        //开始 μC/OS-II
    //进入调度
}
```

建立任务后，调用 OSStart()让系统进入调度环节。建立任务也可以通过另外一种方式，先建立一个"主"任务，然后在这个主任务中建立其他任务。

2. 有关任务管理的接口

μC/OS-II 可以管理 64 个任务，其中保留了 4 个最高优先级和 4 个最低优先级的任务供自己使用，所以用户可以使用的有 56 个任务。任务的优先级越高，反映优先级的值则越小。μC/OS-II 的任务共有 4 种状态，如图 8.16 所示。

(1) 睡眠态(Dormant)：任务处于该状态时，仅有任务代码，并没有由操作系统处理。

(2) 就绪态(Ready)：任务处于该状态时，随时可以准备运行。

(3) 运行态(Running)：正在运行的任务。μC/OS-II 运行就绪优先级最高的任务。

(4) 挂起态(Waiting)：当任务处于该状态时，任务不会运行，只有当任务返回就绪状态时，才可以运行。

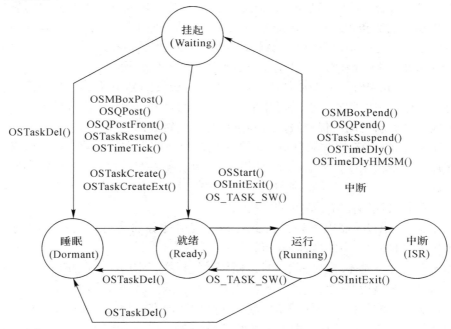

图 8.16 μC/OS-II 任务的状态

在 μC/OS-II 调用 OSStart()时开始任务调度，OSStart()函数运行进入就绪态的优先级最高的任务。一个任务运行的条件是：本任务处于就绪状态，所有优先级高于本任务的任务都处于挂起状态或者睡眠状态。

os_task.c 是 μC/OS-II 中有关任务管理的文件，它定义了一些函数：建立任务、删除任务、改变任务的优先级、挂起和恢复任务以及获得有关任务的信息，主要的函数内容如图 8.16 所示。

(1) OSTaskCreate()：建立任务。

(2) OSTaskCreateExt()：扩展建立任务。

(3) OSTaskStkChk()：堆栈检验。

(4) OSTaskDel()：删除任务。

(5) OSTaskDelReq()：请求删除任务。

(6) OSTaskChangePrio()：改变任务的优先级。

(7) OSTaskSuspend()：挂起任务。

(8) OSTaskResume()：恢复任务。

(9) OSTaskQuery()：获得有关任务的信息。

OSTaskCreate()或 OSTaskCreateExt()是建立任务的函数，任务一旦建立，这个任务就进入就绪态准备运行。任务的建立可以是在多任务运行开始之前，也可以是动态地被一个运行着的任务建立。如果一个任务是被另一个任务建立的，而这个任务的优先级高于建立它的那个任务，则这个刚刚建立的任务将立即得到 CPU 的控制权。

OSTaskDel()将任务转入睡眠态，它可以由本任务执行，也可以由一个任务调用该函数让另一个任务进入睡眠态。

OSTaskSuspend()和 OSTaskResume()是挂起任务和恢复任务，它们的功能分别是将任务转入挂起态或从挂起态转入就绪态。一个运行的任务可以使用 OSTaskSuspend()把自己和其他任务转入挂起态，也可以利用 OSTaskResume()把其他挂起的任务转入就绪态。注意：一些延迟函数和事件函数也可以完成任务到挂起状态的转换。

OSTaskChangePrio()的功能是改变任务的优先级(μC/OS-II 允许任务动态改变优先级)，它本身不改变任务的状态，但是可能影响到任务的状态。例如，执行任务将一个就绪任务的优先级改为比自己高的优先级，这样系统会立刻转到那个任务执行。

OSTaskStkChk()有时需要任务实际所需的堆栈空间大小，由此，用户就可以避免为任务分配过多的堆栈空间，从而减少应用程序代码所需内存的数量。本函数的操作是顺着堆栈的栈底开始计算空闲的堆栈空间大小，具体实现方法是统计储存值为 0 的连续堆栈入口的数目，直到发现储存值不为 0 的堆栈入口。

OSTaskQuery()可以用来获得自身或其他应用任务的信息。它通过检查对应任务的OS_TCB(任务控制块)中的内容来得到任务的信息。

当所有的任务都不在就绪状态时，操作系统将执行空闲任务(ldleTask)的 OSTaskldle()函数。这个任务是由系统定义的，不能删除、挂起或者改变优先级。

与任务相关的另外一个问题是中断，如果中断没有被禁止，那么正在运行的任务是可以被中断的。任务被中断后，进入中断服务态(ISR)。响应中断时，正在执行的任务处于挂起状态，中断服务子程序控制了系统的控制权。

小贴士：

中断服务程序完成后，不一定返回到被中断的任务，因为 μC/OS-II 总是执行就绪态任务中优先级最高的任务，中断服务程序执行后，可能使得被中断的程序不再是就绪态任务中优先级最高的。

使用的情况如下：

① 中断服务程序利用了事件的发生，而使一个或多个更高优先级任务进入就绪态。

② 中断服务程序建立或者恢复了一个新的高优先级任务。

③ 中断服务程序挂起了被中断的任务。

一般来说，中断服务程序不会干涉任务的调度，所以后两种情况不会经常发生，但是第一种由事件改变将要执行的任务的情况是比较常见的。

3. 任务函数的使用

任务函数一般都是用户在应用中经常使用到的，如建立、挂起、恢复、改变优先级等。

(1) 任务建立函数 OSTaskCreate()：

```
OSTaskCreate(void (*task)(void* pd),    void*pdata,    OS_STK* ptos，    INT8U prio);
```

任务建立函数使用 4 个输入参数：任务的名称 void(* task)(void * pd)，任务数据指针 void * pdata，任务的堆栈顶指针 OS_STK * ptos，任务优先级 INT8U prio。

其中，任务的名称是所建立的任务函数的名称；任务数据指针一般可以不使用；任务的堆栈顶指针是一个地址量，它和处理器的字长有关系；任务优先级是所建立的任务的优先级。

(2) 任务删除函数 OSTaskDel()：

```
INT8U OSTaskDel(INT8U prio)
```

任务删除函数有一个 8 位整数的返回值，它是所建立的任务的优先级。输入为要删除的任务的优先级，也可以通过指定 OS_PRIO_SELF 参数来删除自己。一般情况下，返回值也是被挂起或者恢复的任务的优先级。值得注意的是：当中断嵌套值 OSIntNesting 不为 0 的时候，OSTaskDel()将返回错误。所以，任务删除函数只能在任务中使用，不能在中断服务程序中使用。

(3) 任务挂起函数 OSTaskSuspend()和任务恢复函数 OSTaskResume()：

```
INT8U OSTaskSuspend(INT8U prio)
INT8U OSTaskResume(INT8U prio)
```

它们的输入值是要挂起或者恢复的任务的优先级，其中任务挂起函数还可以使用 OS_PRIO_SELF 作为输入，将自己挂起。一般情况下，返回值也是被挂起或者恢复的任务的优先级。

(4) 改变优先级函数 OSTaskChangePrio()：

```
INT8U OSTaskChangePrio(INT8U oldprio，INT8U newprio)
```

输入 oldprio 是要改变任务的优先级，newprio 是要将其改变成为的优先级。注意：μC/OS-II 不允许两个任务有相同的优先级，如果输入的新优先级和已有的任务相同，会返回错误值。如果要输入的旧优先级的任务不存在，也会返回错误值。同样，可以使用 OS_PRIO_SEL 改变当前任务的优先级。

8.4.4　μC/OS-II 时间管理

μC/OS-II 内核要求用户提供定时中断来实现延时与超时控制等功能。这个定时中断叫作时钟节拍，它应该每秒发生 10～100 次。这个时钟一般是由处理器的定时器提供的，时钟节拍的实际频率是由用户的应用程序决定的，时钟节拍的频率越高，系统的负荷就越重。

μC/OS-II 的时钟中断服务子程序和时钟节拍函数是 OSTimeTick()，它要在操作系统移植的时候由用户定义，而且这个函数的定义和处理器的定时器有关。

os_time.c 是 μC/OS-II 中的时间管理文件，它主要提供以下几个函数。

OSTimeDly()：任务延时函数。

OSTimeDlyHMSM()：按时分秒延时函数。

OSTimeDlyResume()：让处在延时期的任务结束延时。

OSTimeGet()：得到系统时间。

OSTimeSet()：设置系统时间。

1. 任务延时函数 OSTimeDly()

本函数的格式如下：

```
INT8U OSTimeDly(INT6U ticks)
```

其功能为输入一个 16 位的无符号整数(1～65 535)，使用这个功能的任务可以延迟相应的时钟节拍。调用该函数会进行一次任务调度，并且执行下一个优先级最高的就绪态任务。

任务调用 OSTimeDly() 后，一旦规定的时间期满或者有其他的任务通过调用 OSTimeDlyResume()取消了延时，它就会马上进入就绪状态，只有当该任务在所有就绪任务中具有最高的优先级时，它才会立即运行。

任务延时函数是将处于运行状态的任务转入挂起状态，当延时结束的时候，任务重新返回到就绪状态。任务延时函数直接输入的是延迟的节拍数，1 个节拍具体的时间是多少与节拍时钟函数 OSTimeTick()中的定义有关。

如果使用 OSTimeDly(1)表示对本任务延迟 1 个节拍，则实际上对任务的延迟不到 1 个节拍，如图 8.17 所示。

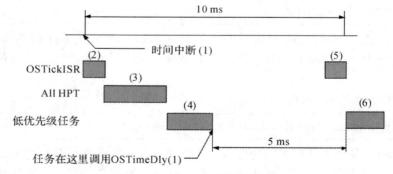

图 8.17　μC/OS-II 任务延时函数

当系统的时钟节拍是 10 ms 时，如果一个任务在一个节拍点，过了 5 ms 调用延迟函数 OSTimeDly(1)，延迟一个时钟节拍，则这个所谓的"延迟一个时钟节拍"，实际上到下一个时钟中断函数到来的时候就结束了，一般情况下本任务会继续运行。一方面，因为下一个时钟节拍后才开始进行任务调度，所以这时其他低优先级的任务并没有机会运行；另一方面，这个任务实际的延迟时间不到一个时钟节拍(10 ms)，只有 5 ms。因此，如果要让任务延迟一个时钟节拍，应该使用 OSTimeDly(2)。

2. 时分秒延时函数 OSTimeDlyHMSM()

本函数的格式如下：

> INT8U OSTimeDlyHMSM(INT8U bours，INT8U minutes，INT8U seconds，INT6U milli)

　　任务延时函数 OSTimeDly() 是通过时钟的节拍数确定任务的延迟时间。而在应用的过程中，一般用户更关心的是实际的时间延迟。例如，对一个任务延迟 5 s，使用 OSTimeDlyHMSM() 函数，可以通过用小时、分、秒和毫秒指定延迟。

　　注意：本函数的原理为，通过用户输入的时、分、秒和毫秒，计算其对应的节拍数，然后调用任务延时函数 OSTimeDly() 实现相应时钟节拍的延迟。由于是调用 OSTimeDly()，因此这个延迟的时间不能超过 65 535。

　　例如，当时钟节拍为 10 ms 的时候，用户可以使用的最大延迟时间为 10 ms × 65 535；根据四舍五入原则延迟 4 ms 相当于无延迟，而延迟 5 ms 相当于延迟一个时钟节拍(10 ms)。

　　3. 让处在延时期的任务结束延时的函数 OSTimeDlyResume()

　　本函数的格式如下：

> INT8U OSTimeDlyResume(INT8U prio)

　　被用户延时的任务可以不等到延时期满，通过其他任务取消延时来使其处于就绪态。这可以通过调用 OSTimeDlyResume() 和指定要恢复的任务的优先级来完成。

　　注意：使用任务延时函数 OSTimeDly() 和任务挂起函数 OSTaskSuspend() 的目的都是处于挂起(waiting)状态，但是二者的处理方法不同：任务的时间延迟和恢复是通过任务控制块 OS_TCB 中的 OSTCBDly 来表示的，该值为 0 表示无延迟，为正整数表示还需要相应的延迟节拍；而 OSTaskSuspend() 通过设置任务控制块 OS_TCB 中的 OS_STAT_SUSPEND 标志，来表明任务正在被挂起。所以通过任务恢复函数 OSTaskResume() 不能恢复处于被时间延迟的任务。

　　4. 系统时间函数 OSTimeGet() 和 OSTimeSet()

　　µC/OS-II 内部有一个 32 位的节拍计数器，每个时钟节拍中断到来时，这个计数器自动加 1。这个计数器在用户调用 OSStart() 时从 0 开始计数，到达 4 294 967 295 后恢复为 0。µC/OS-II 中使用 32 位的变量 OSTime 作为计数值。

　　这两个函数的格式如下：

> INT32U OSTimeGet(void)
>
> void OSTimeSet(INT32U ticks)

8.4.5　µC/OS-II 内存管理

　　在 ANSIC 中可以用 malloc() 和 free() 两个函数动态地分配内存和释放内存。但是，在嵌入式实时操作系统中，多次这样做会把原来很大的一块连续内存区域，逐渐地分割成许多非常小而且彼此又不相邻的内存区域，也就是内存碎片。由于这些碎片的大量存在，程序在后来分配内存中会遇到较大的困难。

　　如图 8.18 所示，在 µC/OS-II 中，操作系统把连续的大块内存按分区来管理，每个分区中包含整数个大小相同的内存块。利用这种机制，µC/OS-II 对类似 malloc 和 free 功能进行了改进，使得它们可以分配和释放固定大小的内存块。如图 8.19 所示，在一个系统中可以有多个内存分区。

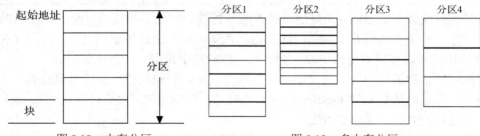

图 8.18　内存分区　　　　　　　　　　　　图 8.19　多内存分区

这样，用户的应用程序就可以从不同的内存分区中得到不同大小的内存块。但是，特定的内存块在释放时必须重新放回它以前所属的内存分区。使用这种内存管理算法，上面的内存碎片问题就得到了解决。

内存控制块(Memory Control Block)是一个数据结构，μC/OS-II 使用它完成内存的管理，表示每一个内存分区的信息，系统中的每个内存分区都有它自己的内存控制块。内存控制块包括以下内容：

(1) OSMemAddr：指向内存分区起始地址的指针。它在建立内存分区时被初始化，之后就不能再更改了。

(2) OSMemFreeList：指向下一个空闲内存控制块或者下一个空闲内存块的指针，具体含义要根据已经建立的内存分区来决定。

(3) OSMemBlkSize：内存分区中内存块的大小，是用户建立该内存分区时指定的。

(4) OSMemNBlks：内存分区中总的内存块数量，是用户建立该内存分区时指定的。

(5) OSMemNFree：内存分区中当前可以得到的空闲内存块数量。μC/OS-II 的 mem.c 文件中定义了几个与内存管理相关的函数。

(6) OSMemCreate()：建立一个内存分区。

(7) OSMemGet()：分配一个内存。

(8) OSMemPut()：释放一个内存块。

(9) OSMemQuery()：查询一个内存分区的状态。

这些函数的格式分别如下所示：

```
OS_MEM * OSMemCreate(void * addr，INT32U nblks，INT32U blksize，INT8U * err)

void * OSMemGet(OS_MEM * pmem，INT8U * err)

INT8U OSMemPut(OS_MEM * pmem，void * pblk)

INT8U OSMemQuery(OS_MEM * pmem，OS_MEM_DATA * pdata)
```

建立内存分区函数共有 4 个参数：内存分区的起始地址(void * addr)、分区内的内存块总块数(INT32U nblks)、每个内存块的字节数(INT32U blksize)和一个指向错误信息代码的指针(INT8U * err)。如果 OSMemCreate()操作失败，那么它将返回一个 NULL 指针，一般情况下，它将返回一个指向内存控制块的指针，对内存管理的其他操作，如 OSMemGet()、OSMemPut()、OSMemQuery()函数等，都要通过该指针进行。

OSMemCreate()函数的功能是建立一个确定大小的内存块，每块确定字节数。用户使用它可以建立自己希望大小的内存分区，具体建立的过程是由 μC/OS-II 操作系统自动完成的。建立内存分区后，系统给用户返回一个指针。

OSMemGet()函数从已经建立的内存分区中申请一个内存块。该函数需要的参数是指向特定内存分区的指针，该指针在建立内存分区时由OSMemCreate()函数返回。应用程序必须知道内存块的大小，并且在使用时不能超过该容量。

当用户应用程序不再使用一个内存块时，应该使用 OSMemPut()函数将其释放并放回到相应的内存分区中。

OSMemQuery()函数用来查询一个特定内存分区的有关消息。通过该函数可以知道特定内存分区中内存块的大小、可用内存块数和正在使用的内存块数等信息。

8.4.6　μC/OS-II 任务之间的通信与同步

1. 利用事件的数据共享和任务通信

μC/OS-II 中提供了 3 种特殊数据共享和任务通信的方法：信号量、邮箱和消息队列，它们都被称为"事件"，μC/OS-II 用事件控制块表示事件的信息。

如图 8.20 所示，一个任务或者中断服务子程序可以通过事件控制块(Event Control Block，ECB)来向另外的任务发信号，所有的信号都被看成是事件(Event)，一个任务还可以等待另一个任务或中断服务子程序给它发送信号。值得注意的是，只有任务可以等待事件发生，中断服务子程序是不能这样做的。同时，对于处于等待状态的任务，还可以给它指定一个最长等待时间(Time Out)，以此来防止因为等待的事件没有发生而无限期地等下去。

如图 8.21 所示，多个任务可以同时等待同一个事件的发生。在这种情况下，当该事件发生后，所有等待该事件的任务中，优先级最高的任务得到了该事件并进入就绪状态，准备执行。

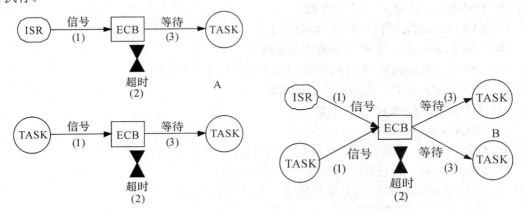

图 8.20　事件控制块通信 A　　　　　　图 8.21　事件控制块通信 B

注意：图 8.20 和图 8.21 中的"等待"表示等待事件，"信号"表示发送事件，任务可以等待和发送，中断只能发送。

2. 事件控制块(ECB)

ECB 是一个数据结构，它与任务控制块有相似的地方。μC/OS-II 用它来表示一个事件控制块的所有信息。该结构中除了包含事件本身的定义外，如用于信号量的计数器，用于指向邮箱的指针以及指向消息队列的指针数组等，还定义了等待该事件的所有任务的列表。

(1) ECB 包括以下内容：

① OSEventPtr：在所定义的事件是邮箱或者消息队列时才使用的指针。OSEventTbl[] 和 OSEventGrp 分别为等待某事件的任务表和组。

② OSEventCnt：当事件是一个信号量时，用于信号量的计数器。

③ OSEventType：定义了事件的具体类型。它可以是信号量(OS_EVENT_SEM)、邮箱(OS_EVENT、OS_TYPE_MBOX)或消息队列(OS_EVENT_TYPE_Q)中的一种。

(2) 在 µC/OS-II 的内核文件 os_core.c 中，提供了 4 个和事件有关的函数：

① OSEventWaitListInit()：初始化一个 ECB 块。

② OSEventTaskRdy()：使一个任务进入就绪状态。

③ OSEventTaskWait()：使一个任务进入等待状态。

④ OSEventTo()：由于等待超时将一个任务置为就绪状态。

3. 信号量、邮箱、消息队列的相关函数

信号量(Semaphore)、邮箱(MailBox)、消息队列(Queue)的相关函数分别在 os_sem.c、os_mbox.c、os_q.c 中，其相关的函数分别如下。

(1) 信号量(Semaphore)的接口函数：

① OSSemCreate()：建立一个信号量。

② OSSemPend()：等待一个信号量。

③ OSSemPost()：发送一个信号量。

④ OSSemAccept()：无等待地请求一个信号量。

⑤ OSSemQuery()：查询一个信号量的当前状态。

(2) 邮箱(MailBox)的接口函数：

① OSMboxCreate()：建立一个邮箱。

② SMboxPend()：等待一个邮箱中的消息。

③ OSMboxPost()：发送一个消息到邮箱中。

④ OSMboxAccept()：无等待地从邮箱中得到一个消息。

⑤ OSMboxQuery()：查询一个邮箱的状态。

(3) 消息队列(Queue)的接口函数：

① OSQCreate()：建立一个消息队列。

② OSQPend()：等待一个消息队列中的消息。

③ OSQPost()：向消息队列发送一个消息(FIFO)。

④ OSQPostFront()：向消息队列发送一个消息(LIFO)。

⑤ OSQAccept()：无等待地从一个消息队列中取得消息。

⑥ OSQFlush()：清空一个消息队列。

⑦ OSQQuery()：查询一个消息队列的状态。

由以上的函数可见，3 种事件都包括建立、等待、发送、无等待请求、查询 5 种基本功能，其中前 3 种是事件使用的基础，而消息队列中多了清空消息队列的函数。

4. 信号量

µC/OS-II 信号量的使用如图 8.22 所示。

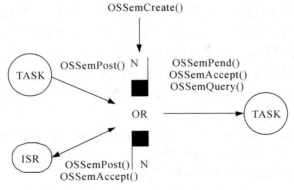

图 8.22　信号量的使用

任何时刻都可以使用 OSSemCreate()建立信号量。

中断和任务可以使用 OSSemAccept()无等待地请求一个信号量。

中断和任务可以使用 OSSemPost()发送信号量。

只有任务可以使用 OSSemPend()等待一个信号量。

只有任务可以使用 OSSemQuery()查询一个信号量的当前状态。

信号量由两部分组成：一部分是该信号量的计数值，另一部分是等待该信号量的任务组成的等待任务列表。信号量的计数值是一个 16 位的无符号整数(0～65 535)。在使用一个信号量之前，首先调用 OSSemCreate()函数建立该信号量，对信号量的初始计数值赋值，该初始值为 0～65 535 之间的一个数。

如果信号量是用来表示一个或者多个事件的发生，那么该信号量的初始值应设为 0。

如果信号量是用于对共享资源的访问，那么该信号量的初始值应设为 1。

如果该信号量是用来表示允许任务访问 n 个相同的资源，那么该初始值显然应该是 n，并把该信号量作为一个可计数的信号量使用。

这 5 个函数的使用格式分别如下：

OS_EVENT * OSSemCreate(INT16U cnt)

void OSSemPend(OS_EVENT * pevent, INT16U timeout，INT8U *err)

INT8U OSSemPost(OS_EVENT * pevent)

void * OSMboxAccept(OS_EVENT * pevent)

INT8U OSSemQuery (OS_EVENT * pevent, OS_SEM_DATA * pdata)

(1) 使用 OSSemCreate()建立信号量的时候，函数首先从空闲事件控制块链表中得到一个事件控制块，然后通过调用 OSEventWaitListInit()函数对事件控制块的等待任务列表进行初始化，最后，OSSemCreate()返回给调用函数一个指向任务控制块的指针。注意：信号量建立后，就不能被删除。

(2) 当任务调用 OSSemPend()函数时，首先信号量的计数值大于 0，将信号量的计数值减 1，任务继续执行；如果信号量的计数值为 0，则任务被挂起，等待其他任务或者中断服务子程序。

(3) 调用 OSSemPost()函数时，如果有任务正在等待该信号量，它将调用函数 OSEventTaskRdy()，使等待中的最高优先级任务进入就绪状态，并将其从等待任务列表中删除并使它进入就绪状态(当然，如果等待任务比现在运行的任务优先级高，它将运行)；如果这时没有任务在等待该信号量，该信号量的计数值就简单地加1。

(4) OSSemAccept()函数与OSSemPend()函数的区别在于，当一个任务请求一个信号量时，如果该信号量暂时无效，也可以让该任务简单地返回，而不是进入等待状态。中断服务子程序只能用OSSemAccept()而不能用OSSemPend()，因为中断服务子程序是不允许等待的。

(5) OSSemQuery()用来查询一个信号量的当前状态。该函数有两个参数：一个是指向信号量对应事件控制块的指针pevent(由OSSemCreate()函数返回的)，另一个是指向用于记录信号量信息的数据结构OS_SEM_DATA的指针pdata。

5. 邮箱

μC/OS-II邮箱的使用如图8.23所示。任何时刻都可以使用OSMboxCreate()建立邮箱，其中，中断和任务可以使用OSMboxAccept()无等待地请求邮箱的消息，使用OSMboxPost()发送消息到邮箱；但只有任务可以使用OSMboxPend()等待一个邮箱中的消息，使用OSMboxQuery()查询一个邮箱的当前状态。邮箱中的消息(Message)可以被读出。

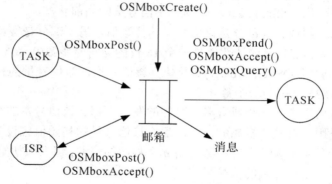

图8.23　邮箱的使用

邮箱是另一种通信机制，它可以使一个任务或者中断服务子程序向另一个任务发送一个指针型的变量，该指针指向一个包含特定"消息"的数据结构。OSMboxCreate()函数完成建立邮箱的功能，并且要指定指针的初始值。

如果使用邮箱的目的是通知一个事件的发生(发送一条消息)，那么就要初始化该邮箱为NULL，因为在开始时，事件还没有发生。

如果用户用邮箱来共享某些资源，那么就要初始化该邮箱为一个非NULL的指针。在这种情况下，邮箱被当成一个二值信号量使用。

```
OS_EVENT * OSMboxCreate(void * msg)

void OSMboxPend(OS_EVENT * pevent，INT16U timeout，INT8U *err)

INT8U OSMboxPost(OS_EVENT * pevent，void * msg)

void * OSMboxAccept(OS_EVENT * pevent)

INT8U OSMboxQuery(OS_EVENT * pevent，OS_MBOX_DATA * pdata)
```

邮箱的使用和信号量非常相似，它们之间的主要区别是：

使用OSMboxPend()时，如果相应事件控制块的OSEventPtr(pevent下的指针)中是一个非 NULL 的指针，说明该邮箱中有可用的消息。这种情况下，将该域的值复制到局部变量 msg 中，然后将 OSEventPtr 置为 NULL。如果邮箱中没有可用的消息，OSMboxPend() 的调用任务就被挂起，直到邮箱中有了消息或者等待超时。

在使用 OSMboxPost() 发送消息时，还要给出要发送的消息指针。

由此可见，信号量的核心计数值是一个 8 位的整数，邮箱的核心消息是一个指针，它可以指向任何内容。当信号量作为二值(0 和 1)使用时，一般表示一个设备的使用，每个任务都要采用等待使用-释放的方式。一个消息邮箱也可以作为一个二值的信号量使用，只需要在初始化的过程中将其设为非零的指针。此外，带有超时功能的挂起(TIMEOUT 不为 0)，可以完成延迟的功能，类似 OSTimeDly(TIMEOUT)；如果要恢复任务只需要向邮箱中发送一个消息，类似 OSTimeDlyResume() 的功能。

6. 消息队列

μC/OS-II 消息队列的使用如图 8.24 所示。

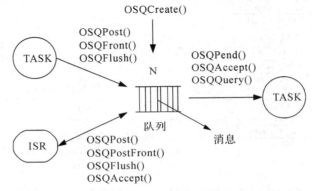

图 8.24　消息队列的使用

任何时刻都可以使用 OSQCreate() 建立消息序列中的消息。

中断和任务可以使用 OSQAccept() 无等待地请求消息序列中的消息。

中断和任务可以使用 OSQPost() 发送消息到消息序列中。

中断和任务可以使用 OSQPostFront() 发送消息到消息序列中。

中断和任务可以使用 OSQFlush() 清空消息序列。

只有任务可以使用 OSQPend() 等待一个消息序列中的消息。

只有任务可以使用 OSQQuery() 查询一个信号量的当前状态。

消息队列中的消息(Message)可以被读出。

消息队列是另一种通信机制，它可以使一个任务或者中断服务子程序向另一个任务发送以指针方式定义的变量。因具体的应用有所不同，每个指针指向的数据结构变量也有所不同。消息队列可以看作是多个邮箱组成的数组，只是它们共用一个等待任务列表。

消息队列中各个函数如下：

```
OS EVENT * OSQCreate(void ** start，INT16U size)

void*OSQPend(OS_EVENT*pevent，INT16U timeout，INT8U*err)

INI8U OSQPost(OS_EVENT * pevent，void*msg)
```

```
INT8U OSQPostFront (OS_EVENT * pevent，void * msg)

void OSQAccept (OS_EVENT * pevent)

INT8U OSQFlush(OS_EVENT * pevent)

INT8U OSQQuery(OS_EVENT * pevent，OS_Q_DATA * pdata)
```

消息序列中涉及一个特殊的数据结构：OS_Q(队列控制块)，如图 8.25 所示。

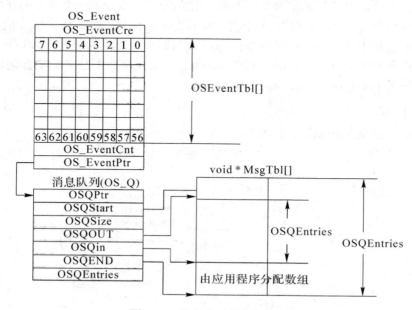

图 8.25　消息队列的数据结构

事件控制块中的 OS_EventPtr 对应消息队列中特殊的数据结构 OS_Q 的指针，从这个指针可以找到消息队列中相应的信息。

在 μC/OS-II 中，消息序列和邮箱有些时候可以实现类似的功能，它们之间主要的区别如下：

(1) 消息队列的建立过程中需要一个指针数组来容纳指向各个消息的指针，该指针数组必须声明为 void 类型。在建立的过程中需要一个二重指针表示消息队列的地址和一个 16 位整数表示消息队列的长度。与邮箱相同，消息队列的指针也保存在事件控制块中的 OS_EventPtr 中，但是这个指针要对应为 OS_Q 结构的指针。使用 OSQPend() 的时候，如果消息队列中有消息，要将有效的消息数减 1。使用 OSQFlush() 可以删除一个消息队列中的所有消息，重新开始使用。

(2) 消息队列的功能比信号量和邮箱更强大，使用消息队列也可以实现信号量的功能。在消息队列初始化时，可以将消息队列中的多个指针设为非 NULL 值，就可以实现计数信号量的功能。其中，非 NULL 值的指针数表示可用的资源数。系统中的任务可以通过 OSQPend() 来请求"信号量"，然后通过调用 OSQPost() 来释放"信号量"。如果系统中只使用了计数信号量和消息队列，将 OSSEM_EN 设为 0，就可以不使用信号量，而只使用消息队列。由于与信号量相关的程序代码都不需要使用，可以有效地节省程序代码空间。值得注意的是，这种方法为共享资源引入了大量的指针变量，在节省代码空间的同时，增加了所需要的 RAM 空间。此外，对消息队列的操作不会比使用信号量效率高。

习　　题

1. 请描述嵌入式软件的特点。
2. 无嵌入式操作系统的软件设计方法有哪些？
3. 简述 BSP 的概念、主要特点和具体功能。
4. 阐述嵌入式操作系统的 4 个层次。
5. 操作系统的主要功能是什么？操作系统内核提供的基本服务是什么？
6. 通常实时操作系统应具备的能力有哪些？
7. 硬实时系统和软实时系统的区别是什么？
8. 实时操作系统的特点是什么？
9. 描述一种或几个嵌入式操作系统的体系结构。
10. 列举一种或几种嵌入式操作系统。
11. 请描述 μC/OS-II 与处理器有关的移植实现部分。
12. 请描述与 μC/OS-II 的任务管理相关的重要数据结构及其功能。
13. 请简要说明 μC/OS-II 的任务调度算法。
14. 在 μC/OS-II 中，可实现数据共享的方法主要有哪些？
15. 在 μC/OS-II 中，可实现任务同步的方法主要有哪些？
16. 在 μC/OS-II 中，能否用消息队列机制实现信号量机制？
17. 在 μC/OS-II 中，能否用邮箱机制实现信号量机制？
18. 在 μC/OS-II 中，是否会出现低优先级的任务影响到高优先级任务执行的情况？请说明原因。

第九章　进程与线程及其通信

进程与线程是现代操作系统的重要概念，为用户提供了并行的运行环境。本章主要讲解 Linux 下的多进程和多线程的相关开发知识，描述进程、线程的概念，介绍多进程与多线程的开发以及同步与互斥等相关内容。

9.1　进　　程

基于多任务的嵌入式操作系统，为用户提供了多任务的工作环境。此时，多个任务可以分享 CPU 的时间片(Time Slice)，达到多个任务(程序)在一个 CPU 上分段运行而不影响用户体验的效果。Linux 是一个类 UNIX 操作系统，为用户提供了完整的多进程机制，学习和使用多任务编程对 Linux 编程十分有必要。

9.1.1　什么是进程

进程是指在系统中能独立运行并作为资源分配的基本单位，它是由一组机器指令、数据和堆栈等组成的，是一个能独立运行的活动实体。

进程一般有 3 种状态：就绪状态、执行状态和等待状态(或称阻塞状态)。进程只能由父进程建立，系统中所有的进程形成一种进程树的层次体系；挂起命令可由进程自己和其他进程发出，但是解除挂起命令只能由其他进程发出。

进程控制块(PCB)：PCB 不但可以记录进程的属性信息，以便操作系统对进程进行控制和管理，而且 PCB 标志着进程的存在，操作系统根据系统中是否有该进程的 PCB 而知道该进程存在与否。系统建立进程的同时就建立该进程的 PCB，在撤销一个进程时，也就撤销其 PCB，故进程的 PCB 对进程来说是它存在的具体的物理标志和体现。一般 PCB 包括以下 3 类信息：进程标识信息、处理器状态信息、进程控制信息。

小贴士：时间片

时间片又称为"量子(Quantum)"或"处理器片(Processor Slice)"，是分时操作系统分配给每个正在运行的进程微观上的一段 CPU 时间(在抢占内核中是从进程开始运行直到被抢占的时间)。现代操作系统(如 Windows、Linux、Mac OS X 等)允许同时运行多个进程，例如，你可以在打开音乐播放器听音乐的同时用浏览器浏览网页并下载文件。事实上，虽然一台计算机通常可能有多个 CPU，但是同一个 CPU 永远不可能真正地同时运行多个任务。在只考虑一个 CPU 的情况下，这些进程"看起来像"是同时运行的，实则是轮番穿插地运行，时间片通常很短(在 Linux 上为 5 ms～800 ms)，用户不会感觉到。

由程序段、相关的数据段和进程控制块三部分构成了进程实体(又称进程印象)，一般地，我们把进程实体就简称为进程。

进程是程序的实例化，是运行中的程序。程序在编译时用连接器，运行时用加载器。进程运行在虚拟地址空间，操作系统中每个进程在独立的地址空间中运行，每个进程的逻辑地址空间均为 4 GB(32 位系统)。

每个进程在操作系统内都有一个唯一的进程号，进程号的获取函数如下：

```
#include <sys/types.h>

#include <unistd.h>

pid_t    getppid(void);          //返回当前运行进程的父进程 ID

uid_t    getuid(void);           //返回当前运行进程的用户 ID

uid_t    geteuid(void);          //返回当前运行进程的有效用户 ID

gid_t    getgid(void);           //返回当前运行进程的组 ID

gid_t    getegid(void);          //返回当前运行进程的有效组 ID
```

进程的特征主要有以下几点：

(1) 动态性。进程的实质是程序的一次执行过程，进程是动态产生、动态消亡的。

(2) 并发性。任何进程都可以同其他进程一起并发执行。

(3) 独立性。进程是一个能独立运行的基本单位，同时也是系统分配资源和调度的独立单位。

(4) 异步性。由于进程间的相互制约，使进程具有执行的间断性，即进程按各自独立的、不可预知的速度向前推进。

9.1.2　进程的创建

创建一个新进程的函数是 fork()函数，在应用程序调用 fork()函数后，会创建一个新进程，称为子进程，原来的进程称为父进程。创建完成后会运行两个进程，其中父进程和子进程都可以得到 fork()函数的返回值。对于子进程，fork()函数的返回值为 0；对于父进程，fork()函数的返回值是子进程的进程号。若进程创建失败，则 fork()函数会给父进程返回 -1，这也是判断进程创建是否成功的依据。

创建进程的过程如下：

```
#include <sys/types.h>

#include <unistd.h>

int main()

{

  pid_t pid;

  /*此时仅有一个进程*/

  pid=fork();

  /*此时已经有两个进程在同时运行*/

  if(pid<0)
```

```
        printf("error in fork!");
    else if(pid==0)   //子进程执行部分
        printf("I am the child process，ID is %d\n"，getpid());
    else    //父进程执行部分
        printf("I am the parent process，ID is %d\n"，getpid());
    }
```

在上面的代码中，"pid=fork()"之前，只有一个进程在执行，但在这条语句执行之后，就变成两个进程在执行了，这两个进程的共享代码段将要执行的下一条语句都是"if(pid==0)"。两个进程中，原来就存在的那个进程被称作"父进程"，新出现的那个进程被称作"子进程"，父子进程的区别在于进程标识符(PID)不同。

另举一个进程创建并计数的例子，让大家对进程有进一步的了解。

```
#include <unistd.h>
#include <stdio.h>
int main(void)
{
  pid_tpid;
  int count=0;
  pid = fork();
  count++;
  printf("count = %d\n"，count );
  return 0;
}
输出：
  count = 1
  count = 1
```

以上程序中的"count++"被父进程、子进程一共执行了两次，但输出仍然为两个"count＝1"，为什么 count 的第二次输出不为 2 呢？

原因是子进程的数据空间、堆栈空间都会从父进程得到一个拷贝，但不是共享。在子进程中对 count 进行加 1 的操作，并没有影响到父进程中的 count 值。

9.1.3　进程的终止

进程运行时需要占用系统资源，进程结束时需要释放系统资源。进程退出时，操作系统会自动回收进程占用的系统资源。但父进程分配给进程本身占用的 8 KB 内存(task_struct 和栈)不能被操作系统回收。

进程可以通过调用函数 exit()或_exit()来终止进程，两者的区别是：_exit()函数直接使进程停止，清除其使用的内存，并清除缓冲区中的内容；exit()函数在停止进程之前，要检查文件的打开情况，并把文件缓冲区中的内容写回文件才停止进程。对比可知，exit()函数

比 _exit()函数更安全。

定义函数：void exit(int status)。

函数说明：exit()函数用来正常终结目前进程的执行，并把参数 status 返回给父进程，而进程所有的缓冲区数据会自动写回并关闭未关闭的文件。

定义函数：void _exit(int status)。

函数说明：_exit()函数用来立刻结束目前进程的执行，并把参数 status 返回给父进程，并关闭未关闭的文件。此函数调用后不会返回，并且会传递 SIGCHLD 信号给父进程，父进程可以由 wait()函数取得子进程的结束状态。

wait()函数可以使父进程(也就是调用 wait()函数的进程)阻塞，直到任意一个子进程结束或者父进程接到了一个指定的信号为止。如果该父进程没有子进程或者其子进程已经结束，则 wait()函数会立即返回。

waitpid()函数的作用和 wait()函数一样，但它并不一定要等待第一个终止的子进程。它还有若干选项，如可提供一个非阻塞版本的 wait()函数功能，也能支持作业控制。实际上 wait()函数只是 waitpid()函数的一个特例，在 Linux 内部实现 wait()函数时直接调用的就是 waitpid()函数。

定义函数：pid_t wait(int *status)。

函数说明：wait()函数用于等待子进程结束，同时接收子进程退出时的状态，这里的 status 若为空，则不保存子进程退出状态。

定义函数：pid_t waitpid(pid_t pid，int * status，int options)。

函数说明：waitpid()用于等待子程序。参数 pid 代表指定的子进程，大于 0 时为进程号，具体见表 9.1；参数 status 指向子进程返回状态，若为空，则不保存子进程返回状态；参数 options 表示选项，如表 9.1 所示。

表 9.1 pid 与 option 参数的含义

	参数	含 义
pid	>0	只等待进程 ID 等于 pid 的子进程，不管是否已经有其他子进程结束运行退出了，只要指定的子进程还没有结束，waitpid()就会一直等下去
	−1	等待任何一个子进程退出，此时和 wait()作用一样
	0	等待其组 ID 等于调用进程的组 ID 的任一子进程
	<−1	等待其组 ID 等于 pid 的绝对值的任一子进程
option	WNOHANG	若由 pid 指定的子进程并不立即可用，则 waitpid()不阻塞，此时返回值为 0
	WUNTRACED	若实现支持某作业控制，由 pid 指定的任一子进程状态已暂停，且其状态自暂停以来还未报告过，则返回其状态
	0	同 wait()，阻塞父进程，等待子进程退出

每个进程都属于一个进程组，每个进程组都有一个领头进程。进程组是一个或多个进程的集合，通常它们与一组作业相关联，可以接收来自同一终端的各种信号。每个进程组都有唯一的进程组 ID(整数，也可以存放在 pid_t 类型中)。进程组由进程组 ID 来唯一标识。

wait()函数的使用非常简单,只需要在父进程处调用即可。调用 wait()函数后父进程就会阻塞自己,直到有相应的子进程退出为止。waitpid()函数支持不同的参数,可以通过指定 WNOHANG 使父进程以非阻塞的方式检查子进程是否结束,其调用过程如下:

```
/*调用 waitpid,且父进程不阻塞*/
pr=waitpid(pid, NULL, WNOHANG);
```

下面介绍一个避免僵死进程的实例:

当一个进程已经终止,但是其父进程尚未对其进行回收(获得终止子进程的有关信息,释放它占用的资源)的进程被称为僵死进程。

为了避免僵死进程的出现,一种办法是父进程调用 wait/waitpid()函数等待子进程结束,但这样做有一个弊端就是在子进程结束前父进程会一直阻塞,不能做任何事情。

```
#include <unistd.h>
#include <stdio.h>
int main()
{
    pid_t result, pr;
    result = fork();
    if(result < 0)
            printf("Error occured on forking.\n");
    else
        if(result == 0){
            sleep(10);
            return 0;
        }
        do{
            pr = waitpid(result, NULL, WNOHANG);
            if(pr == 0)
            {
                printf("No child exited\n");
                sleep(1);
            }
        }while(pr == 0);
        if(pr == result)
            printf("successfully get child %d\n", pr);
        else
            printf("some error occured\n");
    return 0;
}
```

9.1.4 exec 族函数

exec 族函数的作用是根据指定的文件名找到可执行文件，并用它来取代调用进程的内容，换句话说，就是在调用进程内部执行一个可执行文件。这里的可执行文件既可以是二进制文件，也可以是任何 Linux 下可执行的脚本文件。

exec 族函数包含如下函数：

```
#include <unistd.h>
extern char **environ;
int execl(const char *path, const char *arg, …);
int execlp(const char *file, const char *arg, …);
int execle(const char *path, const char *arg, …, char * const envp[]);
int execv(const char *path, char *const argv[]);
int execvp(const char *file, char *const argv[]);
```

execl 与 execv 的区别在于参数传递方式不同，execl 将参数存放在一个列表中，execv 将参数存放在一个字符串数组中。execlp 和 execvp 增加了文件查找的路径，优先查找 path 参数的文件，找不到则到系统环境变量 PATH 中去查找。execle 增加了给可执行程序传递环境变量的字符串数组。

函数使用示例：

```
execl("/bin/ls", "ls", "-a", "-l", NULL);
char *const arg[] = {"ls", "-l", "-a", NULL};
execv("/bin/ls", arg);
execvp("ls", arg);
execle 使用实例：
exec.c：编译生成 exec
#include <stdio.h>
#include <unistd.h>
int main(int argc, char **argv)
{
    char *const envp[] = {"name=scorpio", "host=192.168.6.200 ", NULL};
    execle("./hello", "hello", NULL, envp);
    return 0;
}
hello.c：编译生成 hello
#include <stdio.h>
#include <unistd.h>
extern char **environ;
int main(int argc, char **argv)
{
```

```
        printf("hello\n");

        int i = 0;

        for(i = 0; environ[i] != NULL; i++)

        {

            printf("%s\n", environ[i]);

        }

        return 0;

    }
```

运行 ./exec：

```
    hello

    name=scorpio

    host=192.168.6.200
```

exec 程序中定义的环境变量传递给了调用的 hello 程序。

程序运行可能出现的常见错误如下：

(1) 找不到文件或路径，此时 errno 被设置为 ENOENT。

(2) 数组 argv 和 envp 忘记用 NULL 结束，此时 errno 被设置为 EFAULT。

(3) 没有对要执行文件的运行权限，此时 errno 被设置为 EACCES。

9.1.5 守护进程

守护进程(Daemon)是运行在后台、独立于控制终端并且周期性地执行某种任务或等待处理某些发生的事件的一种特殊进程。守护进程常常在系统引导装入时启动，在系统关闭时终止。Linux 的大多数服务器就是用守护进程实现的，如 Internet 服务器 inetd、Web 服务器 httpd 等，同时，守护进程要完成许多系统任务，如作业规划进程 crond 等。守护进程的创建本身并不复杂，复杂的是各种版本的 UNIX 的实现机制不尽相同，造成不同 UNIX 环境下守护进程的编程规则并不一致。

```
    #include <unistd.h>

    int daemon(int nochdir，int noclose);
```

nochdir 为 0 则改变进程的当前工作目录到根目录；

noclose 为 0 则将标准输入、标准输出、标准错误重定向到/dev/null 设备；

如果成功，则函数返回 0，否则返回 −1 并设置 errno。

1. 守护进程创建

Linux 系统守护进程的创建流程如下：

(1) 后台运行。为避免挂起控制终端，要将 Daemon 放入后台执行，其方法是：在进程中调用 fork 使父进程终止，让 Daemon 在子进程中后台执行。

```
    if(pid=fork())

    exit(0);        //是父进程，结束父进程，子进程继续
```

(2) 脱离控制终端、登录会话和进程组。

```
setsid();
```

控制终端、登录会话和进程组通常是从父进程继承下来的，守护进程需要与从父进程继承下来的运行环境隔离。setsid()调用成功后，进程会成为新的会话组长和新的进程组长，并与原来的登录会话和进程组脱离。

(3) 禁止进程重新打开控制终端。进程已经成为无终端的会话组长，它可以重新申请打开一个控制终端，也可以通过使进程不再成为会话组长来禁止进程重新打开控制终端。

```
if(pid=fork()) exit(0);
//创建第二子进程，结束第一子进程
```

(4) 改变当前工作目录。进程活动时，其工作目录所在的文件系统不能卸下。一般需要将工作目录改变到根目录，写运行日志的进程将工作目录改变到特定目录，如/tmp。

```
chdir("/");
```

(5) 关闭打开的文件描述符。进程从创建它的父进程那里继承了打开的文件描述符，如不关闭，将会浪费系统资源，造成进程所在的文件系统无法卸下以及引起无法预料的错误。

```
for(i=0; i< NOFILE; ++i)        //关闭打开的文件描述符
close(i);
```

(6) 设置文件创建掩码。进程从父进程继承了文件创建掩码，文件创建掩码可能会修改守护进程所创建的文件权限，所以需要将文件创建掩码清除。

```
umask(0);
```

(7) 处理 SIGCHLD 信号。在守护进程的创建中，处理 SIGCHLD 信号不是必须的，但对于那些创建子进程的守护进程来说，如果守护进程不等待子进程结束，子进程将成为僵尸(Zombie)进程而占用系统资源。如果守护进程等待子进程结束，将增加守护进程的负担，影响服务器进程的并发性能。在 Linux 下可以简单地将 SIGCHLD 信号的操作设为 SIG_IGN。

```
signal(SIGCHLD, SIG_IGN);
```

2. 守护进程创建实例

编写一个日志守护进程，每隔一定时间写入日志信息。

```
#include <stdio.h>
#include <unistd.h>
#include <sys / types.h>
#include <sys / stat.h>
#include <stdlib.h>
#include <time.h>
#include <signal.h>
```

```
#define FILEMAX 65536
void daemon_init(void)
{
    int pid;
    int i;
    if (pid = fork())exit(0);
    else if(pid < 0)exit(-1);
    setsid();
    if (pid = fork())exit(0);
    else if(pid < 0)exit(-1);
    for (i = 0; i < FILEMAX; i++)close(i);
    chdir("/tmp");
    umask(0);
    return;
}
Int main(int argc, char * *argv)
{
    FILE * fp;
    time_t t;
    signal(SIGCHLD, SIG_IGN);
    daemon_init();
    while (1)
    {
        sleep(5);
        if ((fp = fopen("test.log", "a")) >= 0)
        {
            t = time(0);
            fprintf(fp, "It is test at %s", asctime(localtime(&t)));
            fclose(fp);
        }
    }return 0;
}
```

9.1.6　进程间通信

　　Linux 的进程通信方式基本上是从 UNIX 平台上的进程通信方式继承而来的。在 UNIX 发展过程中，贝尔实验室和 BSD(加州大学伯克利分校的伯克利软件发布中心)是 UNIX 发展的主要贡献者，但两者在进程间通信方面的侧重点有所不同。贝尔实验室对 UNIX 早期的进程间通信方式进行了系统的改进和扩充，形成了"system V IPC"，通信进程局限在本地计算机内；BSD 则跳过了进程通信局限在本地计算机的限制，形成了可以在计算机间进行通信的基于套接口(Socket)的进程间通信机制。Linux 则继承了贝尔实验室的 system V IPC 和 BSD Socket 两者进程间通信机制。进程间通信的目的有以下几个方面：

(1) 数据传输。进程间需要相互传输数据。

(2) 共享数据。多个进程间的操作可以共享数据。

(3) 通知事件。进程间需要通知某个事件的发生。

(4) 资源共享。多个进程之间共享同样的资源，需要内核提供锁和同步机制。

(5) 进程控制。有些进程需要完全控制另一个进程的执行(如 Debug 进程)。

Linux 进程间的通信方式包括管道、FIFO、信号、System V 消息队列、System V 信号灯、System V 共享内存、Socket 通信等。

1. 管道

管道是单向的、先进先出的、无结构的、固定大小的字节流。写进程在管道的尾端写入数据，读进程在管道的首端读出数据。数据读出后将从管道中移走，其他读进程都不能再读到这些数据。管道提供了简单的流控制机制，进程试图读空管道时，在有数据写入管道前，进程将一直阻塞；管道已经满时，进程再试图写管道，在其他进程从管道中移走数据之前，写进程将一直阻塞。管道存在于系统内核之中，管道只能用于具有亲缘关系进程间的通信。管道是半双工的，数据只能向一个方向流动，如果需要双方通信，则需要建立起两个管道。向管道中写入数据时，Linux 将不保证写入的原始性，管道缓冲区一有空闲区域，写进程就会试图向管道写入数据。如果读进程不读走管道缓冲区中的数据，那么写操作将一直阻塞。

```
#include <unistd.h>
int pipe(int pipefd[2]);
int pipe2(int pipefd[2], int flags);
```

有名管道与管道不同，FIFO 不是临时的对象，是文件系统中真正的实体，可以用 mkfifo 命令和 mkfifo 函数创建，只要有合适的访问权限，进程就可以使用 FIFO。有名管道创建后，进程就可以将有名管道当作文件，使用文件 I/O 函数对有名管道进行操作，因此使用有名管道进行通信的进程是不相关的。

```
#include <sys/types.h>
#include <sys/stat.h>
int mkfifo(const char* pathname，mode_t mode);

//读进程
int main(int argc, char* argv[])
{
    int fd;
    char buf[255] = { 0 };
    if ((mkfifo("fifo", 0777) < 0) && (errno != EEXIST))
```

```
        {
                printf("mkfifo failure\n");
                return -1;
        }
        else
        {

                fd = open("fifo", O_CREAT | O_RDONLY, 0777);
                while (1)
                {
                        read(fd, buf, 255);
                        printf("%s\n", buf);
                }
        }
        return 0;
}


//写进程
int main(int argc, char* argv[])
{
    int fd;
    char buf[] = "hello world\n";
    if ((mkfifo("fifo", 0777) < 0) && (errno != EEXIST))
    {
            printf("mkfifo failure\n");
            return -1;
    }
    else
    {

            fd = open("fifo", O_CREAT | O_WRONLY, 0777);
            while (1)
            {
                    write(fd, buf, strlen(buf));
                    printf("write sucess\n");
                    sleep(2);
            }
    }
        return 0;
}
```

2. 消息队列

消息队列用于同一台机器上的进程间通信，是一个在系统内核中用来保存消息的队列，在系统内核中以消息链表的形式出现。消息链表中节点的结构用 msg 声明。消息队列是一种从一个进程向另一个进程发送数据块的方法，每个数据块都被认为含有一个类型，接收进程可以独立地接收含有不同类型的数据结构。消息队列可以避免命名管道的同步和阻塞问题，但是每个数据块都有一个最大长度的限制。

(1) msgget 函数：根据 key 创建和访问一个消息队列。

```
#include <sys/types.h>
#include <sys/ipc.h>
#include <sys/msg.h>
int msgget(key_t key, int msgflg);
```

其中，msgflg 是一个权限标志。该函数返回一个以 key 命名的消息队列的标识符(非零整数)，失败时返回 −1。

(2) msgsnd 函数：把消息添加到消息队列中。

```
int msgsnd(int msgid, const void *msgptr, size_t msgsz, int msgflg);
```

- msgid 是由 msgget 函数返回的消息队列标识符。
- msgptr 是一个指向消息缓冲区的指针。消息的数据结构定义如下：

```
struct msgbuf
{
    long mtype;
    char mtext[1];
};
```

- msgsz 是 msgptr 指向的消息的长度，而不是整个结构体的长度(msgsz 是不包括长整型消息类型成员变量的长度)。
- msgflg 用于控制当前消息队列满或队列消息到达系统范围的限制时将要发生的事情。

如果函数调用成功，消息数据的一份副本将被放到消息队列中，并返回 0，失败时返回 −1。

(3) msgrcv 函数：从一个消息队列获取消息。

```
ssize_t msgrcv(int msgid, void *msgptr, size_t msgsz, long msgtype, int msgflg);
```

- msgid 是由 msgget 函数返回的消息队列标识符。
- msgptr 是一个指向消息缓冲区的指针。
- msgsz 是 msgptr 指向的消息的长度，而不是整个结构体的长度(msgsz 是不包括长整型消息类型成员变量的长度)。
- msgtype 可以实现一种简单的接收优先级。如果 msgtype 为 0，就获取队列中的第一个消息。如果它的值大于零，将获取具有相同消息类型的第一个信息。如果它的值小于零，就获取类型等于或小于 msgtype 的绝对值的第一个消息。

• msgflg 用于控制当队列中没有相应类型的消息可以接收时将发生的事情。

函数调用成功时，该函数返回放到接收缓存区中的字节数，消息被复制到由 msgptr 指向的用户分配的缓存区中，然后删除消息队列中的对应消息；失败时返回 −1。

(4) msgctl 函数：用来控制消息队列。

```
int msgctl(int msgid, int cmd, struct msgid_ds *buf);
```

• cmd 是函数的控制命令类型，有 3 种：

① IPC_STAT：把 msgid_ds 结构中的数据设置为消息队列的当前关联值，即用消息队列的当前关联值覆盖 msgid_ds 的值。

② IPC_SET：如果进程有足够的权限，就把消息队列的当前关联值设置为 msgid_ds 结构中给出的值。

③ IPC_RMID：删除消息队列。

• buf 是指向 msgid_ds 结构的指针。msgid_ds 结构至少包括以下成员：

```
struct msgid_ds
{
    uid_t shm_perm.uid;
    uid_t shm_perm.gid;
    mode_t shm_perm.mode;
};
```

函数调用成功时返回 0，失败时返回 −1。

(5) 消息队列编程实例。

此实例用于实现两个进程间使用消息队列收发消息。

发送消息程序 msgsnd.c：

```
#include <stdio.h>
#include <unistd.h>
#include <string.h>
#include <sys / ipc.h>
#include <sys / msg.h>
#define TEXT_SIZE 1024
typedef struct msgbuf
{
    long mtype ;
    int  status ;
    char mtext[TEXT_SIZE];
}message;
int main(int argc, char ** argv)
{
    int msqid;
```

```
        struct msqid_ds info;
        message buf;
        int flag;
        int sndlen;
        key_t key   = ftok("msgsnd.c", 'k');
        msqid   = msgget(key, 0666 | IPC_CREAT);
        buf.mtype   = 1;
        buf.status  = 9;
        strcpy(buf.mtext, "happy new year! ");
        sndlen   = sizeof(message) - sizeof(long);
        flag   = msgsnd(msqid, &buf, sndlen, 0);    buf.mtype  = 3;
        buf.status  = 9;
        strcpy(buf.mtext, "good bye! ");
        sndlen   = sizeof(message) - sizeof(long);
        flag   = msgsnd(msqid, &buf, sndlen, 0);
        return 0;
    }
```

接收消息程序 msgrcv.c：

```
#include <stdio.h>
#include <unistd.h>
#include <string.h>
#include <sys / ipc.h>
#include <sys / msg.h>
#define TEXT_SIZE 1024
typedef struct msgbuf
{
    long mtype ;
    int  status ;
    char mtext[TEXT_SIZE];
}message;
int main(int argc, char ** argv)
{
    int msqid;
    struct msqid_ds info;
    message buf;
    int flag;
    int mtype   = 1;
    int rcvlen;
```

```
        key_t key   = ftok("msgsnd.c", 'k');

        msqid   = msgget(key, 0);

        rcvlen   = sizeof(message) - sizeof(long);

        bzero(&buf, sizeof(buf));

        flag   = msgrcv(msqid, &buf, rcvlen, mtype, 0);

        printf("%s\n", buf.mtext);

        msgctl(msqid, IPC_RMID, NULL);

        return 0;

    }
```

以上代码只是作为学习测试使用，没有添加出错处理，实际工作中需要添加各种可能的出错和异常处理。

3. 共享内存

共享内存允许两个或更多的进程共享给定的内存区，数据不需要在不同进程间进行复制，这是最快的进程间的通信方式。使用共享内存需要注意的是多个进程之间对给定存储区的同步访问，但共享内存本身没有提供同步机制，通常使用信号量来实现对共享内存访问的同步。

共享内存编程流程包括创建共享内存、映射共享内存、使用共享内存、撤销映射操作、删除共享内存。

(1) 创建共享内存：

```
#include <sys/ipc.h>

#include <sys/shm.h>

int shmget(key_t key, size_t size, int shmflg);
```

在上面代码中，key：非 0 整数；size：以字节为单位指定需要共享的内存容量；shmflg：权限标志，可以与 IPC_CREAT 做或操作。shmget 函数成功时返回一个与 key 相关的共享内存标识符(非负整数)，调用失败返回 −1。

(2) 映射共享内存：

```
#include <sys/types.h>

#include <sys/shm.h>

void *shmat(int shmid,   const void *shmaddr,   int shmflg);
```

在上面代码中，shmid 是由 shmget 函数返回的共享内存标识，其中 shmaddr 指定共享内存连接到当前进程中的地址位置，通常为空，表示让系统来选择共享内存的地址；shmflg是一组标志位，通常为 0。

调用成功时返回一个指向共享内存第一个字节的指针，如果调用失败则返回 −1。

(3) 使用共享内存：可以使用不带缓存的 I/O 函数对共享内存进行能操作。

(4) 撤销映射操作：将共享内存从当前进程中分离。

```
#include <sys/types.h>

#include <sys/shm.h>
```

```
int shmdt(const void *shmaddr);
```

• shmaddr 是 shmat 函数返回的地址指针，调用成功时返回 0，失败时返回 −1。

(5) 删除共享内存：

```
#include <sys/ipc.h>
#include <sys/shm.h>
int shmctl(int shmid， int cmd， struct shmid_ds *buf);
```

• shmid 是 shmget 函数返回的共享内存标识符。

• cmd 是要采取的操作，有 3 种操作：

① IPC_STAT：把 shmid_ds 结构中的数据设置为共享内存的当前关联值，即用共享内存的当前关联值覆盖 shmid_ds 的值。

② IPC_SET：如果进程有足够的权限，就把共享内存的当前关联值设置为 shmid_ds 结构中给出的值。

③ IPC_RMID：删除共享内存段。

• buf 是一个结构指针，它指向共享内存模式和访问权限的结构。

shmid_ds 结构至少包括以下成员：

```
struct shmid_ds
{
    uid_t shm_perm.uid;
    uid_t shm_perm.gid;
    mode_t shm_perm.mode;
};
```

(6) 共享内存编程实例。

shmdata.h 文件(定义共享内存的数据结构)：

```
#ifndef SHMDATA_H
#define SHMDATA_H
#define DATA_SIZE 1024
typedef struct shm
{
    int flag;        //非 0, 可读；0, 可写
    unsigned char data[DATA_SIZE];        //数据
}share_memory;
#endif
shmread.c:
#include <unistd.h>
#include <stdlib.h>
#include <stdio.h>
#include <string.h>
```

```c
#include <sys / shm.h>
#include <sys / types.h>
#include <sys / ipc.h>
#include "shmdata.h"
int main(int argc, char ** argv)
{
    int shmid;
    void * shm   = NULL;
    share_memory * shmdata;
    key_t key   = fork("./shmread.c", 'k');
    shmid   = shmget(key, sizeof(share_memory), 0666 | IPC_CREAT);
    if (shmid   == -1)
    {
        fprintf(stderr, "shmget failed.\n");
        exit(-1);
    }
    shm   = shmat(shmid, 0, 0);
    if (shm   == (void *)-1)
    {
        fprintf(stderr，"shmat failed.\n");
        exit(-1);
    }
    fprintf(stdout, "sharememory at 0x%X\n", shm);
    shmdata   = (share_memory *)shm;
    shmdata->flag   = 1;
    int read   = 1;
    while (read)
    {
        if (shmdata->flag)
        {
            printf("share memory data：%s\n", shmdata->data);
            shmdata->flag   = 0;
        }
        else
        {
            printf("waiting...\n");
        }sleep(1);
    }
    if (shmdt(shm) == -1)
```

```
    {
        fprintf(stderr, "shmdt failed.\n");
        exit(-1);
    }
    if (shmctl(shmid, IPC_RMID, 0) == -1)
    {
        fprintf(stderr, "shmdt failed.\n"); exit(-1);
    }
    return 0;
}
shmwrite.c:
```

9.2　线　　程

9.2.1　什么是线程

　　线程是进程中执行运算的最小单位，是 CPU 调度和分派的基本单位，它是比进程更小的、能独立运行的基本单位。如果把进程理解为在逻辑上操作系统所完成的任务，那么线程则是完成该任务的许多可能的子任务之一。线程自己基本不拥有系统资源，只拥有少量在运行中必不可少的资源(如程序计数器、一组寄存器和栈)，但它可以与同属一个进程的其他线程共享进程所拥有的全部资源。

　　线程是进程中的一个实体，作为系统调度和分派的基本单位，线程具有如下性质：

　　(1) 线程是进程内的一个相对独立的可执行的单元。若把进程称为任务的话，那么线程则是应用中的一个子任务的执行。

　　(2) 由于线程是被调度的基本单元，而进程不是调度单元，因此，每个进程在创建时，至少需要同时为该进程创建一个线程。即进程中至少要有一个或一个以上的线程，否则该进程无法被调度执行。

　　(3) 进程是被分给并拥有资源的基本单元。同一进程内的多个线程共享该进程的资源，但线程并不拥有资源，只是使用它们。

　　(4) 线程是操作系统中的基本调度单元，因此线程中应包含调度所需要的必要信息，且在生命周期中有状态的变化。

　　(5) 因为共享资源(包括数据和文件)，所以线程间需要通信和同步机制，且在需要时线程可以创建其他线程，但线程间不存在父子关系。

　　线程包含了表示进程内执行环境必需的信息，其中包括进程中标识线程的线程 ID、一组寄存器值、栈、调度优先级和策略、信号屏蔽子、errno 变量以及线程私有数据。进程的所有信息对该进程的所有线程都是共享的，包括可执行的程序文本、程序的全局内存和堆内存、栈以及文件描述符。

9.2.2　进程与线程对比

进程和线程是两个相对的概念。通常来说，一个进程可以定义程序的一个实例(Instance)，进程并不执行什么，它只是占据应用程序所使用的地址空间。为了让进程完成一定的工作，进程必须至少占有一个线程，正是这个线程负责包含进程地址空间中的代码。实际上，一个进程可以包含几个线程，它们可以同时执行进程地址空间中的代码。为了做到这一点，每个线程有自己的一组 CPU 寄存器和堆栈。每个进程中至少有一个线程在执行其地址空间中的代码，如果没有线程执行进程地址空间中的代码，进程也就没有继续存在的理由，系统将自动清除进程及其地址空间。

线程是一个更加接近执行体的概念，它可以与同进程的其他线程共享数据，但却拥有自己的栈空间，拥有独立的执行序列。这两者都可以提高程序的并发度，提高程序运行的效率和响应的时间。线程和进程在使用上各有优缺点：线程执行开销小，但不利于资源管理和保护，而进程正好相反。根本的区别只有一点：多进程中每个进程有自己的地址空间，线程则共享地址空间。也正是因为线程共享地址空间，保证了在速度方面，线程速度快，线程间的通信快，切换快；在资源利用率方面，线程的资源率比较好；在同步方面，线程使用公共变量/内存时需要使用同步机制。

线程和进程的区别与联系：

(1) 进程和线程的主要差别在于它们是不同的操作系统资源管理方式，进程是资源分配的最小单元，线程是 CPU 调度和分配的基本单位(程序执行的最小单位)。

(2) 进程有独立的地址空间，线程有自己的堆栈和局部变量，但线程之间没有单独的地址空间。

(3) 一个进程崩溃后，在保护模式下不会对其他进程产生影响，一个线程死掉就等于整个进程死掉，所以多进程的程序要比多线程的程序健壮。

(4) 在进程切换时，耗费资源较大，效率要差一些；而线程耗费资源少，效率高。

(5) 线程的划分尺度小于进程，使得多线程程序的并发性高。

(6) 线程在执行过程中与进程也是有区别的。每个独立的线程有一个程序运行的入口、顺序执行序列和程序的出口。但是线程不能独立执行，必须依存在应用程序中，由应用程序提供多个线程执行控制。

(7) 一个程序至少有一个进程，一个进程至少有一个线程。

(8) 从逻辑角度来看，多线程的意义在于一个应用程序中，有多个执行部分可以同时执行。但操作系统并没有将多个线程看作多个独立的应用，来实现进程的调度和管理以及资源分配。这也是进程和线程的重要区别。

9.2.3　线程的基本操作函数

以下先讲述 4 个基本线程函数，在调用它们前均要包括 pthread.h 头文件，然后再给出用它们编写的一个程序例子。

1. 创建线程函数

定义函数：

int pthread_create(pthread_t *tid，const pthread_attr_t *attr，void *(*func)(void *)，void *arg);

　　函数说明：参数 tid 为指向线程标识符的指针，参数 attr 用来设置线程属性，参数 func 是线程运行函数的起始地址，参数 arg 是运行函数的参数。

　　这里，函数 pthread 不需要参数，所以最后一个参数设为空指针。第二个参数也设为空指针，这样将生成默认属性的线程。当创建线程成功时，函数返回 0，若不为 0 则说明创建线程失败。常见的错误返回代码为 EAGAIN 和 EINVAL，前者表示系统限制创建新的线程(例如线程数目过多了)，后者表示第二个参数代表的线程属性值非法。

　　创建线程成功后，新创建的线程从 thr_fn()函数的地址开始运行。该函数只有一个无类型指针参数 arg，如果需要向 func()函数传递的参数不止一个，那么需要把这些参数放到一个结构中，然后把这个结构的地址作为 arg 参数传入。

```c
#include <pthread.h>
void printids(const char* s)
{
  printf(" % s pid： % u tid： % u \n", s, getpid(), pthread_self());
}
void* thr_fn(void* arg)
{
  printids("new thread： ");
}
int main()
{
  int err; pthread_ttid;
  err = pthread_create(&tid, NULL, thr_fn, NULL);
if (err = 0)
      printf("can't create thread ： % s\n", strerror(err));
printids("main thread： ");
  sleep(1);
  exit(0);
}
```

　　进程的编译都要加上参数-lpthread，否则将提示找不到函数的错误。具体编译方法是 cc-lpthread-ogettidgettid.c。运行结果为

```
main thread：  pid 14954 tid 134529024
new thread：  pid 14954 tid 134530048
```

2. 等待线程结束函数

定义函数：

　　int pthread_join(pthread_t tid，void **status);

函数说明：pthread_join()函数用于等待线程，阻塞调用线程，直到指定的线程终止。参数 tid 是线程号，参数 status 是线程退出状态。pthread_join()函数仅适用于非分离的目标进程。

3. 获取自己线程 ID 函数

定义函数：

　　pthread_t pthread_self(void);

函数功能：获取自身线程的 ID，返回值为调用线程的线程 ID。

就像每个进程有一个进程 ID 一样，每个线程也有一个线程 ID。进程 ID 在整个系统中是唯一的，但线程不同，线程 ID 只在它所属的进程环境中有效。线程 ID 用 pthread_t 数据类型来表示，实现的时候可以用一个结构来代表 pthread_t 数据类型，所以可以移植的操作系统不能把它作为整数处理。因此必须使用 pthread_equal()函数才能对两个线程 ID 进行比较。

定义函数：

　　int pthread_equal(pthread_t tid1, pthread_t tid2);

函数功能：比较两个线程 ID，若相等则返回非 0，否则返回 0。参数 tid1 和 tid2 分别是进程 1 和进程 2 的 ID。

4. 终止线程函数

定义函数：

　　void pthread_exit(void *status);

函数说明：函数用于终止线程。参数 status 是调用函数的返回值，也可由 pthread_join()函数来检索获取。

定义函数：

　　int pthread_join(pthread_t thread, void **rval_ptr);

函数说明：函数获得进程的终止状态。参数 thread 表示等待线程的标识符；参数 rval_ptr 是用户定义的指针，用来存储被等待线程的返回值(不为 NULL 时)；函数返回值为 0 则表示成功，为 −1 则表示出错。

定义函数：

　　int pthread_cancel(pthread_t tid);

函数说明：函数用于取消同一进程中的其他线程。参数 tid 表示线程 ID，若函数调用成功则返回值为 0，否则返回值为错误编号。

新创建的线程从执行用户定义的函数处开始执行，直到出现以下情况时退出：

(1) 调用 pthread_exit()函数退出。

(2) 调用 pthread_cancel()函数取消该线程。

(3) 创建线程的进程退出或者整个函数结束。

(4) 其中的一个线程执行了 exec 类函数执行新的进程。

当一个线程通过调用 pthread_exit()函数退出或者简单地从启动例程中返回时，进程中的其他线程可以通过调用 pthread_join()函数获得进程的退出状态。调用 pthread_join() 函数进程将一直阻塞，直到指定的线程调用 pthread_exit()函数，将从启动例程中返回或者被取消。如果线程只是从它的启动例程返回，rval_ptr 将包含返回码。示例如下：

```
#include <pthread.h> #include <string.h>
void* thr_fn1(void* arg)
{
    printf("thread 1 returning\n"); return((void*)1);
}
void* thr_fn2(void* arg)
{
    printf("thread 2 exiting\n"); return((void*)2);
}
int main()
{
    pthread_create(&tid1，NULL，thr_fn1，NULL);
    pthread_create(&tid2，NULL，thr_fn2，NULL);
    pthread_join(tid1，&tret);
    printf("thread 1 exit code % d\n"，(int)tret);
    pthread_join(tid2，&tret);
    printf("thread 2 exit code % d\n"，(int)tret);
    exit(0);
}
```

运行结果是：

```
thread 1 returning
thread 2 exiting
thread 1 exit code 1
thread 2 exit code 2
```

线程可以安排其退出时需要调用的函数，这样的函数称为线程清理处理程序。线程可以建立多个清理处理程序，处理程序记录在栈中，也就是说它们的执行顺序与它们注册时的顺序相反。要注意的是，如果线程是通过从其启动例程中返回而终止的，那么它的处理程序就不会调用。还要注意，清理处理程序是按照与它们安装时相反的顺序调用的。示例如下：

```
#include <pthread.h>
#include <stdio.h>
void cleanup(void* arg)
{
    printf("cleanup: % s\n"，(char*)arg);
}
void* thr_fn(void* arg) /*线程入口地址*/
{
    printf("thread start\n");
    pthread_cleanup_push(cleanup，"thread first handler"); /*设置第一个线程处理程序*/
```

```
        pthread_cleanup_push(cleanup, "thread second handler"); /*设置第二个线程处理程序*/
        printf("thread push complete\n");
        pthread_cleanup_pop(0); /*取消第一个线程处理程序*/
        pthread_cleanup_pop(0); /*取消第二个线程处理程序*/
    }
    int main()
    {

        pthread_t tid;
        void* tret;
        pthread_creat(&tid, NULL, thr_fn, (void*)1); /*创建一个线程*/
        pthread_join(tid, &tret); /*获得线程终止状态*/
        ptinrf("thread exit code % d\n", (int)tret);

    }
```

9.2.4　用线程编译程序

为 POSIX 线程提供支持的是 C 函数库的一部分，在库 libpthread.so 中。然而，除了链接到库，关于建立多线程程序还有很多要注意的地方：必须改变编译器生成代码的方式，以确保特定的全局变量，如 errno；在每个线程中都有一个实例，而不是整个进程只有一个实例；建立一个多线程程序的时候，必须在编译和链接阶段添加链接选项 -pthread。

9.2.5　线程间通信

线程的最大优势在于它们共享地址空间，所以可以共享内存变量。但这也是一个很大的缺点，因为它需要同步机制，以保持数据的一致性。这有点类似于进程间共享内存段的方式，不同的是，在线程中所有内存都是共享的。线程可以使用线程本地存储来创建私有内存。

pthread 接口为实现同步提供了必要的基础：互斥和条件变量。如果你想要更复杂的结构，就必须自己构建它们。

值得注意的是，前面描述的所有 IPC 方法，在同一进程的多个线程之间也同样能够很好地工作。

9.2.6　互斥

要编写健壮的程序，你需要互斥锁来保护每个共享资源，并确保每一个用于读/写资源的代码路径已经锁定为互斥。如果坚持了这一规则，那么大多数问题应该都能得以解决。

1. 死锁

当互斥成为永久锁定时就会发生死锁。一个典型的情况是抱死现象，即有两个线程，每个线程需要两个互斥锁，一个线程想先锁定其中某个互斥锁，另一个线程则先锁定另外一个。每个线程都阻塞，等待锁定另一个互斥锁，但该锁已被另一个线程锁定，这就导致它们始终保持阻塞状态。有一个可以避免抱死问题的简单规则，就是确保互斥总是以相同的顺序锁定。其他解决方案还有超时机制和回退机制。

2. 优先级反转

因为等待互斥造成的延迟，可能导致实时线程错过最后时限。优先级反转发生的具体情况是，一个高优先级的线程进入阻塞状态，等待一个低优先级线程锁定互斥锁。如果低优先级的线程被其他中等优先级的线程抢先，则高优先级的线程将被迫等待长度不定的时间。有一些互斥协议，如优先级继承协议和优先级置顶协议，用于解决由于锁定和解锁调用造成内核开销过大的问题。

3. 性能不佳

互斥锁为代码引入了极少的开销，这是因为线程大部分时间都不必阻塞它们。如果你的设计中有许多线程都需要使用某个资源，那么，竞争就变得非常重要。这通常是一个设计问题，可以通过使用更细粒度的锁定或不同的算法来解决。

9.2.7　变化条件

合作的线程需要一个互相告警的方法，这是因为某些事物的变化需要引起注意。这些事物就是所谓的条件，而警报信息则是通过条件变量 condvar 发送的。

条件就是某种可以测试并返回一个 true 或 false 结果的东西。一个简单的例子就是缓冲区，它可能不包含或包含一些条目。一个线程从缓冲区中读取条目，并在缓冲区为空时休眠；另一个线程将条目放入缓冲区，并通过信号告知另一个线程已经完成，因为另一个线程等待的条件已经发生改变。如果处于休眠状态，那么它需要被唤醒并执行其功能，唯一复杂的是，根据定义，条件是一个共享资源，必须由一个互斥锁保护。下面是一个简单的例子，遵循前面章节中描述的生产者-消费者的关系。

```
pthread_cond_t cv = PTHREAD_COAD_INITIALIZER;
pthread_mutex_tmutx = PTHREAD_MUTEX_INITIALIZER;

void *consumer(void *arg)
{
  while(1)
  {
    pthread_mutex_lock(&mutx);
    while (buffer_empty(data))
        pthread_cond_wait(&cv,    &mutx);
    pthread_mutx_unlock(&mutx);
  }

  return NULL;
```

```
    }

    void *producer(void *arg)
    {
        while(1)
        {
            pthread_mutex_lock(&mutx);
            add_data(data);
            pthread_mutex_unlock(&mutex);
            pthread_cond_signal(&cv);
        }

        return NULL;
    }
```

需要注意的是，当消费者线程因条件变量 condvar 阻塞时，它同时持有一个锁定的互斥锁，在生产者线程下一次试图更新条件时有可能会导致死锁。为了避免这种情况，phtred_condwait(3)函数在线程被阻塞后解锁互斥，并且在唤醒线程从等待状态中返回前再次锁定它。

9.2.8 分割问题

前面已经讲述了进程、线程以及它们之间通信方式的基本知识，现在来看看能用它们做些什么。这里提供一些构建系统时使用的规则。

规则 1： 保持有很多交互的任务。

通过在一个进程内保持线程间的紧密互操作，来实现开销的最小化。

规则 2： 不要把所有的线程都放在一个篮子里。

尝试使处于独立进程中的不同组件保持有限的互操作，以获得弹性和模块化等好处。

规则 3： 不要在同一个进程中混合关键和非关键的线程。

这是对规则 2 的一种增强，系统的关键部分(比如机器控制程序)应尽可能简单，并以一种比其他部分更严密的方式编写，即使其他进程失败，它也必须能够继续工作。如果有实时线程，根据定义它们必须是关键的，应该自己处于一个进程中。

规则 4： 线程之间不应过于密切。

编写多线程程序时，诱惑之一是将各线程间的代码和变量混在一起，由于它们都在一个程序中，很容易会这样做。不要利用明确定义的交互保持线程的模块化。

规则 5： 不要认为线程是无成本的。

创建额外的线程很容易，但也有成本，不仅仅是用于协调线程活动所必需的额外同步机制。

规则 6： 线程可以并行工作。

在多核处理器中，线程可以同时运行，提供更高的吞吐量。如果有一个大的运算任务，你可以为每个核创建一个线程，最大限度地利用硬件。OpenMP 函数库可帮助实现这一点，不需要从头开始编写并行程序算法。

Android 的设计是个很好的例子，每个应用程序都是一个独立的 Linux 进程，这有利于模块化存储管理，特别是确保一个应用程序的崩溃不会影响整个系统。进程模型也用于访问控制，即一个进程只能访问其 UID 和 GID 允许访问的文件和资源。每个进程中都有一组线程，其中一个用于管理和更新用户界面，一个用于处理来自操作系统的信号，还有几个用于管理动态内存分配和释放 Java 对象，以及一个包含至少两个线程的工作线程池，它使用 Binder 协议接收来自系统其他部分的消息。

总之，进程提供了弹性，因为每个进程有一个受保护的内存空间，当这个进程结束时，所有的资源，包括内存和文件描述符被释放，减少了资源泄漏。另一方面，由于线程共享资源，因此可以很容易地通过共享变量进行通信，并可以通过共享对文件和其他资源的访问来进行合作。通过工作线程池或其他抽象概念，线程提供了并行机制，这对于多核心处理器十分有用。

9.3　调　　度

Linux 的调度程序有一个待运行线程的队列，它的任务是为线程调度可用的 CPU。每个线程都有一个调度策略，可能是分时的或实时的。分时线程有一个 niceness 值，用以增加或减少它们使用 CPU 的权值。实时线程有一个优先级，高优先级的线程将抢占低优先级的线程。调度程序与线程一起工作，而不是与进程一起工作。每一个线程都可以接受调度，无论其运行在哪个进程中。当下列情况出现时，调度程序运行：

(1) 调用 sleep()函数，或在一个阻塞式 I/O 中线程被阻塞。

(2) 一个分时线程耗尽了自己的时间片。

(3) 一个中断导致线程解除阻塞，例如，I/O 操作结束。

9.3.1　公平性与确定性

调度策略可以划分为分时和实时两类，分时策略基于公平原则，其设计确保每个线程都会公平地获得处理器时间，而且没有一个线程能独占系统。如果一个线程运行时间太长，它将会被放置到队列后面，这样其他线程也可以运行。同时，一个公平的策略需要合理安排那些承担大量任务的线程，并给它们提供资源来完成这些任务。分时调度的好处在于它能够在很大范围内自动调整工作负载。

另一方面，如果有一个实时程序，公平性是没有帮助的。相反，需要一个确定性策略，至少能保证实时线程将被安排在正确的时间，这样它们就不会错过其最后时限。这就意味着一个实时线程必须优先于分时线程。实时线程也有一个静态优先级，当几个实时线程同时运行时，调度程序可以据此在它们中进行选择。Linux 实时调度程序实现了一个相当标准的算法，使最高优先级的实时线程运行。大多数 RTOS 的调度程序也都是这样写的。

这两种类型的线程可以共存，那些需要确定性的线程会优先安排，剩余时间分配给分时线程。

9.3.2　分时策略

分时策略是从公平性角度设计的。从 Linux 2.6.23 起，调度器采用了完全公平调度器 (Completely Fair Scheduler，CFS)。它不是按照一般字面上的含义来使用时间片，相反，它计算出一个线程在公平使用 CPU 时间的情况下应授权的运行时间长度，并根据其实际运行时间进行平衡。如果超过其授权时间，还有其他的分时线程等待运行，则调度程序将挂起该线程，并运行另一个等待的线程。分时策略主要有：

(1) SCHED_NORMAL(也称 SCHED_OTHER)，这是默认策略，绝大多数的 Linux 线程使用此策略。

(2) SCHED_BATCH，类似于 SCHED_NORMAL，使线程的调度具有一个更大的粒度，即线程可以运行更长的时间，但等待时间也更长，直到调度再次安排其运行。其目的是减少用于后台处理(批处理作业)的上下文切换的数量，从而减少处理器高速缓存的流失。

(3) SCHED_IDLE，只有在没有任何其他策略的线程可以运行时，才会运行这些线程。这是可能的最低优先级。

有两对函数可以用来获取和设置线程的策略和优先级。第一对以 PID 为参数，并能影响进程中的主线程。

```
struct sched_param {
    ...
        int sched_priority;
};
int sched_setscheduler(pid_t pid，　int policy,
const struct sched_param * param);
int sched_getscheduler(pid_t pid);
```

第二对是 pthread_t，还可以改变一个进程中其他线程的参数。

```
pthread_setschedparam(pthread_t thread，int policy，const struct sched_param* param);
pthread_getschedparam(pthread_t thread，int* policy，struct sched_param* param);
niceness
```

一些分时线程比其他线程更重要，可以使用 niceness 值来反映这种情况，该值是由一个线程的 CPU 授权乘以一个缩放因子而得到的。它的名称来源于函数调用 nice(2)，早期就已经成为 UNIX 的一部分。线程通过降低它对系统造成的负载来变得 nice，反之则向相反方向变化。其值范围是从非常好的 19 到非常不好的 −20，默认值是 0，处于平均状态或者一般水平。

对于 SCHED_NORMAL 和 SCHED_BATCH 线程，niceness 的值可以变化。要减少 niceness，即增加 CPU 的负载，需要 CAP_SYS_NICE 功能，这只有根用户才可获得。

几乎所有关于改变 niceness 值的函数和命令(函数 nice(2)以及 nice 和 renice 命令)的文档讨论的都是进程，然而，它实际上涉及的是线程。正如在前一节提到的，可以使用一个 TID 代替 PID 来改变一个线程的 niceness 值。

9.3.3　实时策略

实时策略的目的是为了确定性。实时调度程序将始终运行具有最高优先级并准备运行的实时线程。实时线程总是抢占分时线程。在本质上，通过在分时策略之上选择一个实时策略，表明你已经预期调度该线程，并希望覆盖调度程序内置的设定。

有两种实时策略：

(1) SCHED_FIFO。这是一个运行直至完成的算法，它意味着，一旦线程开始运行，它将持续运行直到被一个更高优先级的实时线程抢占，或因系统调用而被阻塞，或者运行终止(完成)。

(2) SCHED_RR。这是一个循环算法，在具有相同优先级的线程之间周期循环，在传统的 Linux 上，SCHED_RR 的时间片默认为 100 ms。从 Linux 3.9 开始，可以通过 /proc/sys/kernel/sched_rr_timeslice_ms 来控制时间片的值。除此之外，它的运行模式和 SCHED_FIFO 相同。

每个实时线程的优先级范围从 1～99，以 99 为最高。

为了给一个线程提供实时策略，你需要 CAP_SYS_NICE 功能，默认情况下只有 root 用户具有此权限。

无论是在 Linux 还是其他系统，实时调度的一个问题是，线程变成是计算机绑定的，这通常是因为一个错误导致其无限循环，使具有较低优先级的实时线程和所有分时线程无法运行，系统变得不稳定，并可能完全锁死。以下方法能防范这种可能的情况。

首先，从 Linux 2.6.25 开始，调度程序在默认情况下，对于非实时线程保留 5%的 CPU 时间，这样即使出现一个失控的实时线程，也不可能完全终止系统。它通过 2 个内核控件进行配置：

```
/proc/sys/kernel/sched_rt_period_us
/proc/sys/kernel/sched_rt_rountime_us
```

其默认值分别为 1 000 000(1 s)和 950 000(950 ms)，这意味着每秒中有 50 ms 是保留下来用于非实时处理的。如果你希望实时线程能够占据 100%的 CPU 时间，可以将 sched_rt_runtime_us 设置为 -1。

第二个选择是使用一个看门狗，无论是硬件的还是软件的，用于监视关键线程的执行，当发现其超出时限时可采取行动。

9.3.4　选择策略

在实践中，分时策略能够满足主要的计算工作量。I/O 绑定的线程有大量时间是阻塞的，所以总是有一些权限在手。当它们解除阻塞时，通常将立即调度执行。同时，CPU 绑定的线程自然会占用剩下的处理器周期。正的 niceness 值可以应用于不大重要的线程，而负的 niceness 值则用于重要的线程。

当然，这只是一般的运行状态，不能保证情况总会是这样的。如果需要更确定性的行为，那么就需要采取实时策略。以下事件可标记出实时线程：

(1) 在截止期限前必须产生一个输出。

(2) 错过截止期限将破坏系统的有效性。

(3) 它是事件驱动的。

(4) 它不是计算绑定的。

实时任务的例子包括经典的机器人手臂伺服控制器、多媒体处理以及通信处理等。

9.3.5　选择实时优先级

为所有预期的工作负载选择实时优先级是一个棘手的问题，这也是一个好的理由，避免从一开始就采用实时策略。

应用最为广泛的选择优先级过程称为速率单调性分析(Rate Monotonic Analysis，RMA)这是 1973 年由 Liu 和 Layland 在论文中提出的。它适用于周期性线程的实时系统，这是非常重要的一类。每一个线程都有周期和利用率，这将决定其执行周期的比例，目标是平衡负载，使所有线程能够在下个周期前完成它们的执行阶段。如果满足以下条件则可实现 RAM 状态：

(1) 周期最短的线程拥有最高优先级。

(2) 总利用率低于 69%。

总利用率是指所有个体的利用率之和。这里假设线程之间交互或用于互斥阻塞等所花费的时间可以忽略不计。

习　　题

1. 简述进程的定义以及特征。

2. 请阐述 CPU 时间片的概念。

3. 简述 Linux 系统守护进程的创建流程。

4. 进程间的通信有哪些目的？

5. 简述线程的定义和性质。

6. 线程与进程的区别和联系有哪些？

7. 构建系统时应当遵循哪些规则？

8. 分时策略有哪些?实时策略有哪些？

第十章　嵌入式网络与协议栈

　　网络化与智能化融合发展的今天，嵌入式系统逐步网络化和智能化，适应了物联网技术与人工智能发展的需求。本章主要介绍嵌入式网络及其 Internet 接入方法、TCP/IP 协议族和常用的无线通信技术，同时，介绍一些常用的小型嵌入式系统网络协议栈；最后，讲解嵌入式系统在智能家居系统中的应用。

10.1　嵌入式网络概述

　　在嵌入式系统快速发展的很长一段时间内，绝大部分嵌入式应用系统都是以单机方式运行的，仅与一些外部接口部件，如监测、伺服和指示设备配合实现一定的功能。但对于大型系统来说，这些系统通常由许多嵌入式控制器组成。这时，以单机方式运行的嵌入式控制器的弊端逐渐显露。人们尝试使用有线连接的方式将所有的嵌入式控制器连接在一起，这就是最早期的嵌入式网络，随着低功耗无线技术的快速发展，传统的有线连接被无线连接取代。

　　嵌入式设备通过网络连接组成一个整体，相互通信，协同工作，使整个系统的效率大大提高。实现这些功能的技术叫作嵌入式网络通信技术。它是以嵌入式系统为核心，连接多个嵌入式系统并互相通信的网络通信技术，涉及嵌入式系统开发、嵌入式通信技术、信息处理技术等多方面技术，是计算机网络技术的一个重要发展方向。

　　传统的嵌入式设备之间通常采用 RS-232、RS-485 等方式进行组网通信。这种网络的传输距离非常有限且传输速度较低。随着网络技术和嵌入式技术的发展，工业及民用产品的设计迎来了深刻的技术变革，利用以太网技术和 TCP/IP 技术的开放性，实现嵌入式系统的网络化是一个主要的发展方向。

　　虽然嵌入式网络的功能十分强大，但并不是每种嵌入式系统都要采用网络技术。通常情况下，基于网络的嵌入式系统有如下几个需求：

　　(1) 解决控制核心和检测部件的分散性。在一些应用系统，如工业自动化系统中，传感器与动作执行设备分别位于不同的位置，它们需要网络使其连接起来，便于更好地管理。

　　(2) 减少处理的数据量。在有大量数据采集需求的应用中，采集的数据在智能采集节点进行预处理，可以减少数据的冗余，通过网络传输到目标节点。

　　(3) 模块化设计需求。基于网络设计的嵌入式系统能更好地实现模块化，例如，一个大型的系统装配在已有组件之外时，那些组件可以通过使用微处理器总线的方法，把一个网络端口用作一个新的不干扰内部操作的接口。模块化系统还有一个优点就是便于调试，同一网络的不同微处理器可以互相探测。

(4) 系统可靠性要求。在一些情况下，网络常被用于容错系统中，如双机、多机备份系统，多个微处理器可以通过网络组成一个整体，当其中一个设备出现故障时，其他的设备可以代替其实现对应的功能。

随着网络技术的进一步发展，基于网络技术设计的嵌入式系统成本越来越低，开发过程也趋于标准化，越来越多的嵌入式系统均实现了网络互联，并逐渐形成不同的发展方向。实现嵌入式系统网络互联有许多方式，可根据不同的场合采用不同的连接技术，例如，在工业自动化领域采用现场总线，在移动信息设备等嵌入式系统中采用无线数据通信网，在家庭家居间采用家庭信息网，此外，还有一些专用连接技术用于连接不同功能的嵌入式系统。本章针对嵌入式 Internet 进行细致讲解，并以智能家居作为应用示例。

10.2　嵌入式 Internet 的接入

嵌入式系统接入 Internet 的方法总的来说有两种，其一是使嵌入式系统完全具备网络功能，直接与 Internet 相连；其二是使嵌入式系统通过网关间接与 Internet 相连，网关充当嵌入式系统与 Internet 的桥梁。网关通常是 PC 机或者高性能嵌入式网络服务器。高性能嵌入式网络服务器本身也是一种采用了嵌入式 Internet 技术的嵌入式设备。

10.2.1　嵌入式系统通过网关间接接入 Internet

这种方法的基本思路是：由网关实现各种复杂的网络协议，负责在 Internet 上发送、接收 IP 包，网关与嵌入式系统之间采用轻量级协议进行通信。下面介绍两种有代表性的方法。

1. EMIT 方法

EMIT(Embedded Micro Internetworking Technology)嵌入式微 Internet 网络技术是美国 emWare 公司提出的 8 位和 16 位 MCU 接入 Internet 的技术。EMIT 技术主要由 emMicro、emGateway 和网络浏览器 3 部分组成，如图 10.1 所示。emMicro 是嵌入在设备中的很小的网络服务器，它占用的应用存储空间为 1KB～8KB，这取决于 MCU、编程语言和开发工具的选择以及设计目标的差异。emGateway 实现了 TCP/IP 等 Internet 协议，可以运行在 PC 机或高性能嵌入式服务器中。emGateway 可以与多个 emMicro 进行通信，采用的协议有 emNet、RS-485、RS-232、CAN 或无线通信协议等，其中 emNet 是 emWare 公司提出的链路层协议。emGateway 可以完成各种复杂的工作，如身份验证、处理多用户请求和数据加密等。网络浏览器是用户对设备进行远程访问和控制的平台，用户通过浏览器向网关发出请求，然后由网关直接对设备进行状态查询或参数设置等操作。emWare 公司还推出了 EMIT 3.0 软件包，提供了预先创建的 Java 对象(称作 emObject)，使开发者可以创建基于 Java Applet 的图形用户接口。Java Applet 嵌入 Web 页面，在浏览器中运行，负责与 emGateway 进行实时通信。EMIT 3.0 还包含了 emMicro 代码(一些汇编和 C 源代码)，使开发者可以把 emMicro 嵌入设备中。EMIT 方法借助 PC 机强大的功能，降低了 MCU 性能的要求，减少了嵌入式系统软件的开发难度，但同时也增加了网关设计以及网关与浏览器通信的额外开销，而且也要求开发者熟悉 MCU 的体系结构并具有一定的固件(Firmware)开发经验。

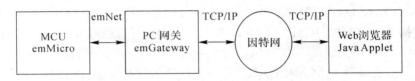

图 10.1　EMIT 方式接入 Internet

2. Web 芯片(WebChip)方法

P&S DataCom 公司提出的 WebChip 方法的原理与 EMIT 方法相似，只是嵌入设备中的网络服务器(emMicro)由芯片硬件完成。WebChip 是一个独立于 MCU 的专用网络接口芯片，它通过 SPI 接口与各种 MCU 相连。WebChip 与 MCU 之间采用 MCUnet 协议进行通信，通常只需简单的若干条指令就可实现交互。WebChip 通过 MCUap 协议与网关通信，支持 RS-232、RS-485、USB 或 Modem 等物理接口。这种方法对 MCU 的要求不高，支持 8 位或 4 位的 MCU，开发者不需了解 TCP/IP 协议和相关接口，只需要考虑与此 WebChip 的交互即可，比较简单。因此，该方法的开发难度较小，周期较短。但是其缺点同样也很明显，首先它需要依赖 PC 机作网关进行协议转换，在嵌入式系统分布松散的情况下，专用网络布线极为不便；其次需要在 PC 机上安装专门的协议转换软件，该软件通常由专门的第三方软件商提供，但费用较高。

10.2.2　嵌入式系统直接接入 Internet

这种方法的实质是在嵌入式系统中实现 TCP/IP 协议和其他相关的应用层协议如 HTTP、FTP 和 SMTP 等，使其可以在 Internet 上发送、接收 IP 包。下面介绍两种在嵌入式系统中实现网络协议的方法。

1. 在单片机程序中实现网络协议

选择支持软件固化 TCP/IP 协议的微控制器(MCU)，用以太网控制器实现网络接口可以使嵌入式系统接入 Internet，如图 10.2 所示。系统可采用 16 位或 8 位的 MCU。以太网控制芯片具有物理介质上的串行数据收发功能和 MAC 层的控制功能，实现了 CSMA/CD 协议。其他协议如 TCP、IP、HTTP、FTP 等由 MCU 程序存储空间的代码实现。因为协议占用了一定资源，所以要求提供大容量的程序存储空间。在实际开发过程中可以根据具体的应用需求简化 TCP/IP 协议，只提供一个 TCP/IP 协议的一个子集即可。这种方法的优点是硬件成本低廉；缺点是软件设计复杂，开发难度大，开发周期长，对开发者的要求较高。

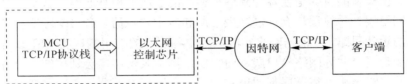

图 10.2　单片机程序方式接入 Internet

2. 采用具有网络协议栈的嵌入式实时操作系统

现在越来越多的高性能嵌入式系统采用嵌入式实时操作系统(Real Time Operation System，RTOS)。嵌入式 RTOS 功能强大，多数支持 TCP/IP 等网络协议，如 VxWorks、pSOS、

Nucleus、QNX、Windows CE 等。VxWorks 网络协议栈是一个与 BSD 4.4 兼容的实时 TCP/IP 协议栈，支持 IP、ICMP、IGMP、UDP、TCP 和 SNTP 等协议以及 IP multicast、CIDR 等 Internet 协议，并且提供套接字库。pSOS 系统包含了 TCP/IP 管理部件 pNA+，用户可以调用 pNA+ 中丰富的函数，访问网络接口，操作套接字进行高级 TCP/IP 网络编程。Windows CE 也提供了 TCP/IP 协议栈，支持 Winsock 和 IRSock 网络编程。采用具有网络协议栈的嵌入式 RTOS 外加网络接口可以使嵌入式系统直接接入 Internet。这种方法的优点是：系统功能强大，而且开发者不必自己实现 TCP/IP 协议。缺点是：开发成本高，嵌入式 RTOS 价格昂贵，对 MCU 的性能要求较高，通常要求采用高档的 32 位甚至 64 位的 MCU，此外还要求开发者必须熟悉 RTOS 和 TCP/IP 协议。

这种方式本质上直接使嵌入式系统具备了网络通信的能力，可以省去专用的协议栈硬件芯片及额外的网关服务器。同时由于不再依赖集中式的网关，其扩展性有了很大的提高，而且同时具备了嵌入式操作系统对系统硬件资源管理的支持，因此以非常高的性价比实现了实时嵌入式多任务计算平台。相比其他接入方案而言，采用具有网络协议栈的嵌入式实时操作系统的方法接入 Internet 在可移植性、可扩展性、开发软硬件成本、实时可靠性等方面有不小的优势。本章将会在 10.5 节专门介绍主流的嵌入式网络协议栈。

以上简略分析了几种嵌入式 Internet 接入方案的特点，它们在本质上都是对 TCP/IP 协议的处理。随着物联网的发展，接入 Internet 的嵌入式产品将会越来越多地被广泛应用。在嵌入式产品的开发和应用中，由于每个开发项目的开发过程都是独特的，因此在选用接入方案之前要对项目中各种不同的功能需求有较多的了解，还要注意和其他软硬件工程师的密切配合，从功能需求和开发成本考虑选用合适的接入方案。

10.3　TCP/IP 协议族

TCP/IP 协议，全称为传输控制协议/互联网协议(Transmission Control Protocol/Internet Protocol)，包含了一系列构成互联网基础的网络协议，是目前网络中使用最广泛的通信协议。这个协议最早发源于美国国防部的 ARPANET 项目，包含 2 个核心协议：TCP(传输控制协议)和 IP(互联网协议)。

TCP/IP 协议并不完全符合 OSI 的 7 层参考模型。OSI(Open System Interconnect)是传统的开放式系统互联参考模型，是一种通信协议的 7 层抽象的参考模型，其中每一层执行某一特定任务。该模型的目的是使各种硬件在相同的层次上相互通信。这 7 层是物理层、数据链路层、网络层、传输层、会话层、表示层和应用层。而 TCP/IP 协议从设计之初就始终遵循简洁的设计思路，它根据网络实际应用中各层级的使用情况将 OSI 参考模型中的数据链路层和物理层合并为网络接口层，而将应用层、表示层、会话层统一合并成应用层，采用了 4 层的层级结构，每一层都通过它的下一层所提供的网络来完成自己的需求。

由于 ARPANET 的设计者注重的是网络互联，允许通信子网(网络接口层)采用已有的或是将来有的各种协议，因此这个层次中没有提供专门的协议。实际上，TCP/IP 协议可以通过网络接口层连接到任何网络上，例如 X.25 交换网或 IEEE802 局域网。TCP/IP 参考模型和 OSI 参考模型的对应关系如图 10.3 所示。

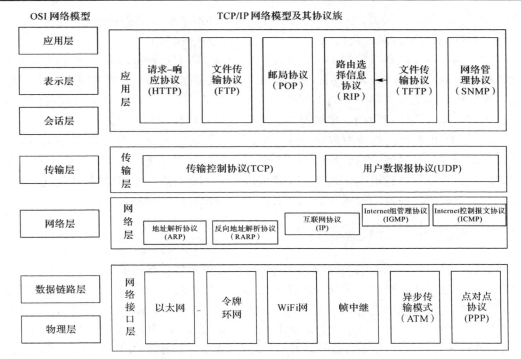

图 10.3　TCP/IP 参考模型和 OSI 参考模型的对应关系

小贴士：

　　ARPANET 是由美国国防部(U.S. Department of Defense，DoD)赞助的研究网络。最初，它只连接了美国境内的 4 所大学。随后的几年中，它通过租用的电话线连接了数百所大学和政府部门。最终 ARPANET 发展成为全球规模最大的互联网络——因特网。最初的 ARPANET 于 1990 年永久性关闭。

10.3.1　应用层(Application Layer)

　　OSI 模型的应用层、表示层和会话层对应 TCP/IP 模型中的应用层。应用层位于协议栈的最上层，用于向用户提供一组常用的应用程序，比如电子邮件、文件传输访问、远程登录等。应用层包含很多种类的协议，例如文件传输协议(File Transfer Protocol，FTP)、Telnet 协议、超文本链接协议(Hyper Text Transfer Protocol，HTTP)、小型文件传输协议(Trivial File Transfer Protocol，TFTP)、网络管理协议(Simple Network Management Protocol，SNMP)、域名服务(Domain Name System，DNS)、网络文件共享协议(Network File System，NFS)等。

　　这个层的处理过程是特有的，数据从网络相关的程序中以这种应用内部使用的格式进行传送，然后被编码成标准协议的格式。

10.3.2　传输层(Transport Layer)

　　传输层利用网络层提供的服务，通过传输层地址提供给高层用户传输数据的通信端口，使系统间高层资源的共享不必考虑数据通信和不可靠的数据传输等方面的问题，是整个 TCP/IP 协议层次结构的核心。传输层的协议，能够解决诸如端到端的可靠性(数据是否已经到达目的地)和如何保证数据按照正确的顺序到达等问题。

在这一层提供了两种端到端的通信协议，分别是 TCP(Transmission Control Protocol，传输控制协议)和 UDP(User Datagram Protocol，用户数据报协议)。其中 TCP 是面向连接的协议，它提供可靠的报文传输和对上层应用的连接服务。为此，除了基本的数据传输外，它还有可靠性保证、流量控制、多路复用、优先权和安全性控制等功能。

UDP 与 TCP 相反，它是面向无连接的数据包的不可靠协议，不可靠的原因是因为它不检查数据包是否已经到达目的地，并且不保证它们按顺序到达。如果一个应用程序需要这些特性，那它必须自行检测和判断，或者直接改用 TCP。由于 UDP 数据传输速度更快，因此它被广泛应用在对时间要求更高的场合，比如流媒体(音频和视频等)。

10.3.3　网络层(Internet Layer)

网络层是整个体系结构的关键部分，其功能是处理来自传输层的分组发送请求，使主机可以把分组发往任何网络，并使分组独立地传向目标。这些分组可能经由不同的网络，到达的顺序和发送的顺序也可能不同。高层如果需要顺序收发，那么就必须自行处理对分组的排序。网络层使用 IP (Internet Protocol，互联网协议)，其功能主要包括三方面：

(1) 处理来自传输层的分组发送请求，收到请求后，将分组装入 IP 数据报，填充报头，选择去往信宿机的路径，然后将数据报发往适当的网络接口。

(2) 处理输入数据报，首先检查其合法性，然后进行寻径。假如该数据报已到达信宿机，则去掉报头，将剩下部分交给适当的传输协议；假如该数据报尚未到达信宿，则转发该数据报。

(3) 处理路径、流控、拥塞等问题。

TCP/IP 参考模型的网络层和 OSI 参考模型的网络层在功能上非常相似，除了 IP 核心协议外，还包含 ARP(Address Resolution Protocol，地址解析协议)、RARP(Reversed Address Resolution Protocol，反向地址解析协议)、ICMP(Internet Control Message Protocol，Internet 控制报文协议)、IGMP(Internet Group Manage Protocol，Internet 组管理协议)。

10.3.4　网络接口层(Network Access Layer)

网络接口层又称为"网络访问层"，是 TCP/IP 的最底层，主要负责向网络媒体发送 TCP/IP 数据包并从网络媒体接收 TCP/IP 数据包。TCP/IP 独立于网络访问方法、帧格式和媒体，可以使用 TCP/IP 接口层技术组织以太网、无线 LAN 和 WAN 网络之间进行通信。实际上 TCP/IP 标准并不定义与 ISO 数据链路层和物理层相对应的功能，这一层的具体实现随着网络类型的不同而不同。

TCP/IP 支持的网络接口类型主要包括标准以太网、令牌环、串行线路网际协议(SLIP)FDDI、ATM、点对点协议(PPP)、虚拟 IP 地址等。

10.3.5　物理层(Physical Layer)和数据链路层(Data Link Layer)

物理层是 OSI 模型中最低的一层，规定了传输数据所需要的物理链路创建、维持、拆除时需具有机械的、电子的、功能的和规范的特性。物理层是整个系统的基础，为设备之间的数据通信提供传输媒体及互联设备，为数据传输提供可靠的环境。

物理层要确保原始的数据可在各种物理媒体上传输，OSI 采纳了各种现成的协议，主要有 RS-232、RS-449、X.21、V.35、ISDN，以及 FDDI、IEEE802.3、IEEE802.4 和 IEEE802.5 的物理层协议。

数据链路层是 OSI 参考模型中的第二层，在物理层提供的服务的基础上向网络层提供服务，其最基本的服务是将源自网络层的数据可靠地传输到相邻节点的目标机网络层。为达到这一目的，数据链路必须具备一系列相应的功能，主要有：如何将数据组合成数据块——帧(Frame)；如何控制帧在物理信道上的传输，包括如何处理传输差错，如何调节发送速率以便与接收方相匹配；在两个网络实体之间提供数据链路通路的建立、维持和释放的管理。

数据链路层定义了在单个链路上如何传输数据，它们与被讨论的各种介质有关。数据链路层的主要协议有：

(1) 点对点协议(Point-to-Point Protocol)；

(2) 以太网(Ethernet)；

(3) 高级数据链路协议(High-Level Data Link Protocol)；

(4) 帧中继(Frame Relay)；

(5) 异步传输模式(Asynchronous Transfer Mode)。

其中，Ethernet 技术是目前应用最普遍的局域网技术，基本取代了其他局域网标准。早期以太网只有 10 Mb/s 的吞吐量时，使用的是带有冲突检测的载波侦听多路访问(CSMA/CD，Carrier Sense Multiple Access/Collision Detection)的访问控制方法。以太网可以使用粗同轴电缆、细同轴电缆、非屏蔽双绞线、屏蔽双绞线和光纤等多种传输介质进行连接。随着网络技术的快速发展，现在的以太网又可分为标准以太网(10 Mb/s)、快速以太网(100 Mb/s)、千兆以太网(1000 Mb/s)和万兆以太网(10 000 Mb/s)。

10.4　嵌入式网络无线通信技术

随着网络及通信技术的飞速发展，嵌入式系统网络间的有线通信已经难以满足目前的应用需求，人们对无线通信的要求越来越高，近距无线技术正在成为关注的焦点。目前，无线通信技术已经发展出多个方向，主要包括低功耗的蓝牙通信、高传输速率的 Wi-Fi 通信、近距离 IrDA 红外数据通信、NFC 近场通信、无线传感器网络 ZigBee 通信以及 NB-IoT 窄带物联网通信等。

10.4.1　蓝牙通信

蓝牙(Bluetooth)技术作为近距无线连接技术，可实现固定设备、移动设备和楼宇个人域网之间的短距离数据交换。它最初由电信巨头爱立信公司于 1994 年创制，当时是作为 RS-232 数据线的替代方案，目前已发展至蓝牙 5.0，在传输速率、功耗水平上均有较好的表现。

蓝牙的波段为 2400 MHz～2483.5 MHz(包括防护频带)，这是全球范围内无需取得执照(但并非无管制)的工业、科学和医疗用(ISM)波段的 2.4 GHz 短距离无线电频段。

蓝牙使用跳频技术，将传输的数据分割成数据包，通过 79 个指定的蓝牙频道分别传输数据包。每个频道的频宽为 1 MHz。蓝牙 4.0 使用 2 MHz 间距，可容纳 40 个频道。第一个频道始于 2402 MHz，每 1 MHz 一个频道，至 2480 MHz，有适配跳频(Adaptive Frequency Hopping，AFH)功能，通常每秒跳 1600 次。

蓝牙是基于数据包、有着主从架构的协议。一个主设备至多可与同一微微网中的 7 个从设备通信，所有设备共享主设备的时钟。分组交换基于主设备定义的、以 312.5 μs 为间隔运行的基础时钟。2 个时钟周期构成一个 625 μs 的槽，两个时间隙就构成了一个 1250 μs 的缝隙对。在单槽封包的简单情况下，主设备在双数槽发送信息，在单数槽接收信息，而从设备则正好相反。封包容量可长达 1、3 或 5 个时间隙，但无论是哪种情况，主设备都会从双数槽开始传输，从设备从单数槽开始传输。

由于蓝牙设备使用无线电(广播)通信系统，它们并非是以实际可见的线相连，然而准光学无线路径则必须是可行的，其射程范围如表 10.1 所示，取决于功率和类别。

表 10.1　蓝牙通信范围

类别	最大功率容量		射程范围/m
	(mW)	(dBm)	
1	100	20	0～100
2	2.5	4	0～10
3	1	0	0～1

有效射程会因传输条件、材料覆盖、生产样本变化、天线配置和电池状态等实际应用环境而改变。多数蓝牙应用是为室内环境而设计的，由于墙的衰减和信号反射造成的信号衰落，会使射程远小于蓝牙产品规定的射程范围。多数蓝牙应用是由电池供电的 2 类设备，当 2 个敏感度和发射功率都较高的 1 类设备相连接时，射程可远高于一般水平的 100 m。有些设备在开放环境中的射程能够高达 1 km 甚至更高。

蓝牙技术可以广泛应用于局域网络中的各类数据及语音设备，如 PC、拨号网络、笔记本电脑、打印机、传真机、数码相机、移动电话和高品质耳机等，实现各类设备之间随时随地进行通信。在嵌入式应用开发中，通常使用集成好的蓝牙模块，比较常用的嵌入式蓝牙模块有普通的印制在 PCB 上的 HC 系列蓝牙模块、内置天线的迷你蓝牙模块。常见形状如图 10.4 所示。

图 10.4　蓝牙芯片

蓝牙模块常见的接口有串行接口、USB 接口、数字 I/O 接口、模拟 I/O 接口、SPI 总线接口及语音接口等，只需要传输数据时，嵌入式系统应采用串行接口。如果使用 I/O 接口，则需要重新开发对应的系统软件。

10.4.2 Wi-Fi 通信

Wi-Fi(Wireless Fidelity)是无线局域网(WLAN)的一个标准，最早的无线局域网可以追溯到 20 世纪 70 年代，基于 ALOHA 协议的 UHF 无线网络连接了夏威夷岛，是现在无线局域网的一个最初版本。

主流的 Wi-Fi 标准是 802.11b(1999)、802.11g(2003)、802.11n(2009)、802.11ac(2013)和 802.11ax(2017)。它们之间是向下兼容的，旧协议的设备可以连接到新协议的 AP，新协议的设备也可以连接到旧协议的 AP，只是速率会降低。802.11g、802.11b 都是较早的标准，802.11b 最快只能到 11 Mb/s，802.11g 最快能达到 54 Mb/s。802.11n 的速率在理论上最快可以达到 600 Mb/s，802.11ac 理论上最快可以达到 6.9 Gb/s，802.11ax 理论上最快可以达到 10 Gb/s 左右，单用户速率提高不多，它的优势是在多用户、高并发场合提高传输效率。

以上速率是理论上的物理层传输速率，必须满足最大传输频道带宽下发射、接收都达到最大空间流数(多天线输入输出)，这个条件一般情况下是达不到的。另外，Wi-Fi 的速率是包含上下行的，就是上下行加起来的速率。这和有线全双工以太网还是有区别的。

2.4G 的 Wi-Fi 划分为 14 个频道，每个频道带宽为 20 MHz～22 MHz，不同的调制方式带宽稍微不同。每个频道的间隔为 5 MHz。很明显，相邻的多个频道是有干扰的，相互没有干扰的只有 1、6、11、14 或者 1、5、9、13。这也是为什么在有多个 Wi-Fi 热点的地方会上不了网，或者非常慢。现在无线路由器都有手动设置频道的功能，如果在家使用无线路由器最好设置到一个和附近的其他 Wi-Fi 信号不同的最好是间隔比较远的频道。

图 10.5 是 22 MHz 带宽的情况，802.11n 增加了支持 40 MHz 带宽。从图中可以看出，如果支持 40 MHz，可用的频道会更少，适合用在干扰比较少的场合，当然在 5 GHz 频段有更多的可用频道。802.11ac 和 802.11ax 支持更多的频道带宽，增加了 80 MHz、160 MHz。

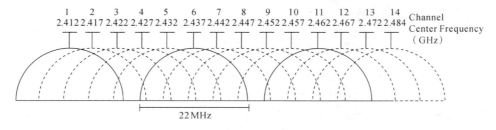

图 10.5 Wi-Fi 频带图(22 MHz)

Wi-Fi 有两种组网结构：一对多(Infrastructure 模式)和点对点(Ad-hoc 模式，也叫 IBSS 模式)。我们最常用的 Wi-Fi 是一对多结构的：一个 AP(Access Point，接入点)，多个接入设备，每一个客户将其通信报文发向 AP，然后 AP 转发所有的通信报文，这些报文可以是发往以太网的，也可以是发往无线网络的。这是一种整合以太网和无线网络架构的应用模式，无线访问节点负责频段管理及漫游等指挥工作。一个 AP 最多可连接 1024 个站点。我们用的无线路由器其实就是路由器+AP。Wi-Fi 还可以是点对点结构，比如两个笔记本可以用 Wi-Fi 直接连接起来不经过无线路由器。

常用的 Wi-Fi 加密方式有 WEP、WPA、WPA2。WEP 加密的安全性太差，基本上被淘汰了。目前 WPA2 被业界认为是最安全的加密方式。WPA 加密是 WEP 加密的改进版，包含两种方式：预共享密钥(PSK)和 Radius 密钥。其中预共享密钥(PSK)有两种密码方式：TKIP 和 AES，相比 TKIP，AES 具有更好的安全系数。WPA2 加密是 WPA 加密的升级版，建议优先选用 WPA2-PSK AES 模式。

小贴士：蓝牙与 Wi-Fi

蓝牙和 Wi-Fi 有不少类似的应用，如设置网络、打印或传输文件。Wi-Fi 主要是用于替代工作场所一般局域网接入中使用的高速线缆的，这类应用有时也称作无线局域网(WLAN)。蓝牙主要是用于便携式设备及其应用的，可以替代很多应用场景中的便携式设备的线缆，如智能家居管理等，这类应用也被称作无线个人域网(WPAN)。

Wi-Fi 和蓝牙的应用在某种程度上是互补的。Wi-Fi 通常以接入点为中心，通过接入点与路由网络形成非对称的客户机-服务器连接。而蓝牙通常是 2 个蓝牙设备间的对称连接。蓝牙适用于 2 个设备通过最简单的配置进行连接的简单应用，如耳机和遥控器的按钮，而 Wi-Fi 更适用于一些能够进行稍复杂的客户端设置和需要高速的应用中，尤其像通过存取节点接入网络。但是，蓝牙接入点确实存在，而且 Wi-Fi 的点对点连接虽然不像蓝牙一般容易，但也是可能的。

10.4.3　IrDA 红外通信

IrDA(Infrared Data Association)是红外数据组织的简称，它是一种利用红外线进行点对点通信的技术。由于红外线的波长较短，对障碍物的衍射能力差，相比于无线电波和微波，IrDA 广泛应用在长距离的无线通信之中，它更适合应用在需要短距离无线通信的场合，进行点对点的直线数据传输。红外通信有着成本低廉、连接方便、简单易用和结构紧凑的特点，因此在小型的移动设备中获得了广泛的应用。这些设备包括笔记本电脑、掌上电脑、机顶盒、游戏机、移动电话、计算器、寻呼机、仪器仪表、MP3 播放机、数码相机以及打印机之类的计算机外围设备等。

红外线是波长在 750 nm～1 mm 之间的电磁波，它的频率高于微波而低于可见光，是一种人眼看不到的光线。红外通信一般采用红外波段内的近红外线，波长在 0.75 μm～25 μm 之间。为了保证不同厂商的红外产品能够获得最佳的通信效果，红外通信协议将红外数据通信所用的光波波长的范围限定在 850 nm～900 nm 之内。

IrDA1.0 简称为 SIR(Serial Infrared)，它是一种异步的、半双工的红外通信方式。传输速率为 2400 b/s～115 200 b/s，传输范围为 1 m，传输半角度为 15°～30°。SIR 以系统的异步通信收发器(UART)为依托，通过对串行数据脉冲的波形压缩和对所接收的光信号电脉冲的波形扩展这一编码解码过程实现红外数据传输。由于受到 UART 通信速率的限制，SIR 的最高通信速率只有 115.2 kb/s，也就是大家熟知的电脑串行端口的最高速率。

1996 年，IrDA 发布了 IrDA1.1 标准，即 Fast Infrared，简称为 FIR。与 SIR 相比，由于 FIR 不再依托 UART，其最高通信速率有了质的飞跃，可达到 4 Mb/s 的水平。FIR 采用了全新的 4 PPM(Pulse Position Modulation)调制解调，即通过分析脉冲的相位来辨别所传输的数据信息，其通信原理与 SIR 是截然不同的。但因为 FIR 在 115.2 kb/s 以下的速率依旧采用 SIR 的那种编码解码过程，所以它仍可以与支持 SIR 的低速设备进行通信，只有在通信对方也支持 FIR 时，才将通信速率提升到更高水平。

继 FIR 之后，IrDA 又发布了通信速率高达 16 Mb/s 的 VFIR(Very Fast Infrared)技术，并将它作为补充纳入 IrDA1.1 标准之中。更高的通信速率使红外通信在那些需要进行大数据量传输的设备上也可以占有一席之地，而不再仅仅是连接线的替代。

10.4.4　NFC 近场通信

NFC(Near Field Communication)近场通信，是由 Philips、NOKIA 和 Sony 主推的一种类似于 RFID(非接触式射频识别)的短距离无线通信技术标准。和 RFID 不同，NFC 采用了双向的识别和连接，在 20 cm 距离内工作于 13.56 MHz 频率范围，其传输速度有 106 kb/s、212 kb/s 或者 424 kb/s 三种。

近场通信业务结合了近场通信技术和移动通信技术，实现了电子支付、身份认证、电子票务、数据交换、门禁、防伪、广告等多种功能，是移动通信领域的一种新型业务。近场通信业务改变了用户使用移动电话的方式，使用户的消费行为逐步走向电子化，建立了一种新型的用户消费和业务模式。NFC 主要有三种通信模式：仿信用卡模式、P2P 模式和读机模式。

(1) 仿信用卡模式：在仿信用卡模式下，NFC 设备用作非接触式智能卡，可在各种现有应用中使用，包括票务、门禁系统、交通、收费站和非接触式支付等，实现"移动钱包"功能。

(2) P2P 模式(点对点模式)：点对点模式允许两个启用 NFC 的设备连接并交换信息。例如，用户可以使用启用 NFC 的智能手机来设置其他设备的蓝牙或 Wi-Fi 设置参数，或者在受信任网络中调试其使用。这与 iPhone 和 Android 手机上 Bump 之类的应用交换联系方式类似，但是采用的技术不同。

(3) 读机模式：在读机模式中，近场通信设备可以读取标签，这与如今的条形码扫描工作原理最类似。例如，你可以使用手机上的应用程序扫描条形码获取其他信息。最终，近场通信将会取代条形码阅读变成更为普及的技术。

> **小贴士**：五类 NFC 的应用情境
>
> (1) 接触-通过：主要应用在会议入场、交通关卡、门禁控制和赛事门票等方面。
>
> (2) 接触-确认/支付：主要应用在手机钱包、移动和公交付费等方面。
>
> (3) 接触-连接：这种应用可以实现两个具有 NFC 功能的设备实现数据的点对点传输。
>
> (4) 接触-浏览：用户可以通过 NFC 手机了解和使用系统所能提供的功能和服务。
>
> (5) 下载-接触：通过具有 NFC 功能的终端设备，使用 GPRS/CDMA 网络接收或下载相关信息，用于门禁或支付等功能。

单片式 NFC 解决方案和全面的软件支持使得在嵌入式系统中整合 NFC 变得极其容易，这极大地促进了嵌入式系统的应用范畴。嵌入式系统可以集成更多功能而不会影响设计封装、功耗甚至项目技术，使其能应用在电子穿戴、物联网等诸多新兴领域，将会成为移动增值业务的下一个杀手级应用。

10.4.5　ZigBee 通信

ZigBee 主要应用在短距离范围之内并且数据传输速率不高的各种电子设备之间。ZigBee 名字来源于蜂群使用的赖以生存和发展的通信方式, 蜜蜂通过跳 ZigZag 形状的舞蹈来分享新发现的食物源的位置、距离和方向等信息。

ZigBee 是一种短距离、低功耗的无线通信技术, 其特点是近距离、低复杂度、自组织、低功耗、低数据速率, 主要适用于自动控制和远程控制领域, 可以嵌入各种设备。

ZigBee 协议从下到上分别为物理层(PHY)、媒体访问控制层(MAC)、网络层(NWK)、应用层(APL), 如图 10.6 所示。其中物理层和媒体访问控制层遵循 IEEE 802.15.4 标准的规定, 而应用层以应用支持层(APS)为基础, 分别支持应用对象和 ZigBee 设备对象。ZigBee 协议栈将各个层定义的协议都集合在一起, 以函数的形式实现, 用户可以直接调用。

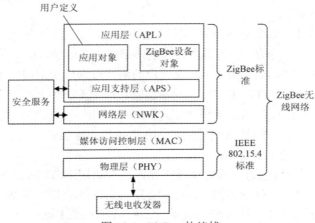

图 10.6　ZigBee 协议栈

如图 10.7 所示, ZigBee 是一个可由多达 65 000 个无线终端设备组成的无线传感器网络平台。在整个网络范围内, 每一个 ZigBee 网络终端设备之间可以相互通信, 每个网络节点间的距离可以从标准的 75 m 到几百米、几千米, 并且可通过带路由的组网方式来无限扩展。

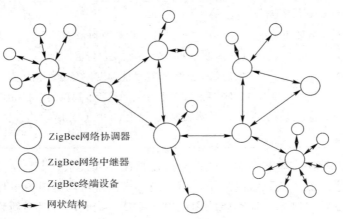

图 10.7　ZigBee 网络架构

ZigBee 协议的主要特点包括：

(1) 低功耗。在低耗电待机模式下，2 节 5 号干电池可支持 1 个节点工作 6～24 个月，甚至更长，这是 ZigBee 的突出优势。相比较，蓝牙能工作数周，Wi-Fi 可工作数小时。

(2) 低成本。通过大幅简化协议降低了对通信控制器的要求。以 8051 的 8 位微控制器测算，全功能的主节点需要 32 KB 代码，子功能节点少至 4 KB 代码，而且 ZigBee 免协议专利费。

(3) 低速率。ZigBee 工作在 20 kb/s～250 kb/s 的速率，分别提供 250 kb/s(2.4 GHz)、40 kb/s(915 MHz)和 20 kb/s(868 MHz)的原始数据吞吐率，可满足低速率传输数据的应用需求。

(4) 近距离。传输范围一般介于 10 m～100 m 之间，在增加发射功率后，亦可增加到 1 km～3 km。传输范围指的是相邻节点间的距离。如果通过路由和节点间通信的接力，则传输距离可以更远。

(5) 短时延。ZigBee 的响应速度较快，一般从睡眠状态转入工作状态只需 15 ms，节点连接进入网络只需 30 ms，进一步节省了电能。相比较，蓝牙需要 3 s～10 s，Wi-Fi 需要 3 s。

(6) 高容量。ZigBee 可采用星状、片状和网状网络结构，由一个主节点管理若干子节点，最多一个主节点可管理 254 个子节点；同时，主节点还可由上一层网络节点管理，最多可组成 65 000 个节点的大网。

(7) 高安全。ZigBee 提供了 3 级安全模式，包括无安全设定、使用 ACL 访问控制清单(Access Control List)以防止非法获取数据以及采用高级加密标准(AES 128)的对称密码，可灵活确定其安全属性。

(8) 免执照频段。使用工业科学医疗(ISM)频段：915 MHz(美国)，868 MHz(欧洲)，2.4 GHz(全球)。由于这 3 个频带物理层并不相同，各自信道带宽也不同，分别为 0.6 MHz、2 MHz 和 5 MHz，分别有 1 个、10 个和 16 个信道。采用 ZigBee 技术的产品可以在 2.4 GHz 上提供 250 kb/s(16 个信道)的传输速率，在 915 MHz 提供 40 kb/s(10 个信道)的传输速率，在 868 MHz 上提供 20 kb/s(1 个信道)的传输速率。

比较有竞争力的 ZigBee 解决方案包括 Freescale 的 MC1319X 平台、Chipcon 的 CC2530 解决方案、Ember 的 EM250ZigBee 系统晶片和 EM260 网络处理器，以及 Jennic 的 JN5121 芯片等。

10.4.6 NB-IoT 窄带物联网通信

NB-IoT，全称是 Narrow Band Internet of Things，即窄带物联网，是万物互联网络的一个重要分支。NB-IoT 构建于蜂窝网络，属于 LPWAN(低功耗广域网络)的技术之一，只消耗大约 180 kHz 的带宽，可直接部署于 GSM 网络、UMTS 网络或 LTE 网络，以降低部署成本，实现平滑升级。它适用于远距离低速率业务，而高速率业务主要使用 3G/4G 技术，中等速率业务主要使用 GPRS 技术。

从技术上说，NB-IoT 具有广覆盖、低功耗、低成本、大连接的特点，受到国内三大电信运营商和华为的大力推动。具体说来，NB-IoT 覆盖更广，它比 GSM 覆盖增强 20 dB，窄带功率谱密度提升，重传次数为 16 次。在低功耗上，其电池寿命最长可达到 10 年，这源于发射/接收时间变短，功放效率高，协议得到简化，芯片功耗降低。尤其是 DRX(不连续接收)技术的使用，让终端只在需要的时候工作。

在连接上，NB-IoT 是海量连接，每小区可达 50 KB 连接。这也表明，在同一基站下，与现有无线技术相比，NB-IoT 可以提供 50～100 倍的接入数。而在成本方面，NB-IoT 简化射频硬件、简化协议和减小基带复杂度，可以说，NB-IoT 在降低成本上花费了很多心思。

简言之，NB-IoT 非常适合使用频率不高、接收数据量不大的户外产品，比如下水道、井盖、安保、共享单车、路灯等应用场景。根据工信部 2017 年发布的《关于全面推进移动物联网(NB-IoT)建设发展的通知》要求，到 2017 年末，实现 NB-IoT 网络覆盖直辖市、省会城市等主要城市，基站规模达到 40 万个；到 2020 年，NB-IoT 网络实现全国普遍覆盖，面向室内、交通网络、地下管网等应用场景实现深度覆盖，基站规模达到 150 万个。图 10.8 为 NB-IoT 的宣传图片。

图 10.8　NB-IoT 窄带物联网

10.5　嵌入式网络协议栈

基于 TCP/IP 协议的互联网协议有很多，有的协议功能全面、架构庞大，有的协议则极致精简，追求最快的执行速度，因此在实际应用中，需要选择最适合的网络协议。通常，嵌入式系统的性能较商用 PC 机或服务器来说相对较差，且很少会出现需要吞吐大量数据的应用场景。因此，本节主要介绍当前主流的适用于嵌入式网络的协议栈和一些被广泛应用在小型嵌入式系统的网络协议，主要包括 LwIP、Contiki、embOS/IP、μC/IP、FreeRTOS-TCP和 RL-TCPnet。

10.5.1　嵌入式 TCP/IP 网络协议栈

虽然嵌入式 TCP/IP 协议栈可以实现的功能与完整的 TCP/IP 协议栈是相同的，但是由于嵌入式系统的资源限制，嵌入式协议栈的一些指标和接口等与普通的协议栈可能有所不同。例如嵌入式系统的网络协议栈结构更精简、稳定性更强等，通常又称为轻量级TCP/IP 协议栈。

以 LwIP 网络协议栈为例，嵌入式网络协议栈与整个用户系统和操作系统的关系如图 10.9 所示，它介于硬件驱动层与用户任务层之间，层与层之间的通信通过定义的统一接口来完成。

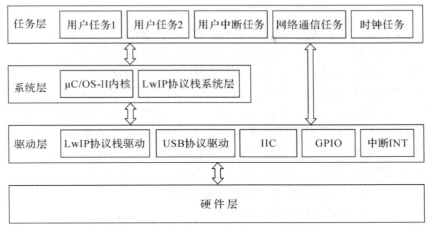

图 10.9　嵌入式网络协议栈分层关系

嵌入式网络协议栈与普通的 TCP/IP 协议栈的主要区别有以下几点：

(1) 调用接口不同。普通协议栈的套接字接口是标准的，应用软件的兼容性好，但是实现标准化接口的代码开销、处理和存储开销都是巨大的。因此，多数厂商在将标准的协议栈接口移植到嵌入式系统上的时候，都做了不同程度的修改简化，建立了高效率的专用协议栈，它们所提供的 API 与通用协议栈的 API 不一定完全一致。

(2) 可裁剪性。嵌入式协议栈多数是模块化的，如果存储器的空间有限，可以在需要时进行动态安装，并且省去了对嵌入式系统而言非必需的部分。

(3) 平台兼容性。一般协议栈与操作系统的结合紧密，大多数协议栈是在操作系统内核中实现的。协议栈的实现依赖于操作系统提供的服务，移植性较差。嵌入式协议栈的实现一般对操作系统的依赖性不大，便于移植。许多商业化的嵌入式协议栈支持多种操作系统平台。

(4) 高效率。嵌入式协议栈的实现通常占用更少的空间，需要的数据存储器更小，代码效率高，从而能降低对处理器性能的要求。

10.5.2　LwIP 网络协议栈

LwIP 是瑞典计算机科学院的 Adam Dunkels 开发的开源 TCP/IP 协议栈。LwIP 属于小型嵌入式网络协议栈，可以在无操作系统的嵌入式系统中运行。LwIP 实现的重点是在保持 TCP 协议主要功能的基础上减少对 RAM 的占用，它只需十几 KB 的 RAM 和 40 KB 左右的 ROM 就可以运行，这使 LwIP 协议栈适合在低端的嵌入式系统中使用。LwIP 协议栈主要关注的是怎样减少内存和代码，这样就可以让 LwIP 适用于资源有限的小型平台。LwIP 的特点如下：

(1) 支持的协议广泛，如 IP、ICMP、UDP、TCP、IGMP、ARP、PPPoS、PPPoE、DHCP client、DNS client、SNMP agent 等。

(2) 提供专门的内部回调接口(Raw API)，用于提高应用程序性能以及可选择的 BSD Socket API (在多线程情况下使用)。

(3) 扩展功能，通过多个网络接口进行 IP 转发、TCP 拥塞控制、RTT 估算和快速恢复或快速重传机制。

(4) 应用层的支持，可支持 HTTP server、SNTP client、SMTP client、ping、NetBIOS nameserver 等应用与服务。LwIP 在开源的小型网络协议中做得比较成功，应用案例也非常多。

LwIP 协议栈的设计采用了分层结构的思想，每一个协议都作为一个模块来实现，提供一些与其他协议的接口函数。所有的 TCP/IP 协议栈都在一个进程中，这样 TCP/IP 协议栈就和操作系统内核分开了。而应用程序既可以是单独的进程，也可以驻留在 TCP/IP 进程中，它们之间利用 ICP 机制进行通信。如果应用程序是单独的线程，可以通过操作系统的邮箱、消息队列等，与协议栈进程通信；如果应用程序驻留在协议栈进程中，则应用程序可以通过内部回调函数与协议栈进程通信。LwIP 协议栈提供了 3 种应用程序接口：

(1) 低水平的，基于内核/回调函数的 API(Raw API)。

(2) 高水平的，连续的 API(LwIP API)。

(3) BSD 风格的套接字 API(BSD socket)。

1. Raw API 应用程序接口

使用 Raw API 进行 TCP/IP 编程，可以使应用程序的代码和协议栈的代码很好地结合起来。程序的执行机制是以回调函数为基础的事件驱动的，同时回调函数也是被 TCP/IP 代码直接调用的，回调函数、数据发送函数都需要自己编写。这种方式是唯一的一种支持设备裸机运行，又可以通过网络通信完成系统功能的接口方式。裸机运行实际相当于是一个线程，而协议栈代码和应用程序代码通过先后次序处理，完成数据流转。

采用 Raw API 的最大特点是减少了任务之间的切换，只要数据来到协议栈线程，通过回调的方式就可以完成数据的处理。

2. LwIP API 应用程序接口

LwIP API 方式的编程，是基于上面的 Raw API 封装了一个 netconn 的结构，所有操作不再针对 TCP 块结构，而变成了 netconn 型的结构变量。操作都需要协议栈去处理，应用程序与协议栈通信，通过发送消息方式进行，因此这种方式会造成频繁的任务切换，速度相比 Raw API 慢了许多。

3. BSD socket 应用程序接口

BSD socket 相当于对 LwIP API 做了一层封装，而 netconn 结构中有一个变量是 socket，可方便地将 BSD socket 融入进来。BSD socket 应用程序接口方式很容易被理解，编写应用程序也较为容易，但是效率低，消耗的资源更多。

我们可以在协议栈中通过对宏定义的不同配置来决定使用哪种方式。由于 BSD socket 方式不是很成熟，Raw API 需要编写回调函数，协议栈推荐使用 LwIP API 这种方式，但是三种方式到了底层都是通过回调函数实现的。

10.5.3　Contiki 网络协议栈

Contiki 的内核以及大部分的核心功能也是由瑞典计算机科学院的 Adam Dunkels 开发

的，其源代码由 C 语言编写，并完全开源。Contiki 是一个轻量级、开放源码、多任务事件驱动的嵌入式网络操作系统，可用于内存受限的嵌入式处理器，支持在各种平台上运行。

Contiki 系统内部集成了两种类型的无线传感器网络协议栈：μIP 和 Rime。μIP 是一个小型的符合 RFC 规范的 TCP/IP 协议栈，使得 Contiki 可以直接和 Internet 通信。μIP 包含了 IPv4 和 IPv6 这两种协议版本，支持 TCPtu、UDP、ICMP 等协议，但是编译时只能二选一，不可以同时使用。Rime 是一个轻量级为低功耗无线传感器网络设计的协议栈，提供了大量的通信原语，能够实现从简单的一跳广播通信到复杂的可靠多跳数据传输等通信功能。

如图 10.10 所示，应用程序可以使用两者之一或是两者都用，也可以都不用。μIP 可以运行在 Rime 之上，Rime 也可以运行 μIP 之上。

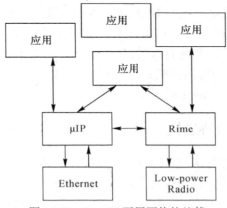

图 10.10　Contiki 两层网络协议栈

1. μIP TCP/IP 协议栈

μIP 的 TCP/IP 协议栈是为能够在对内存具有严格要求的智能设备和其他网络嵌入式设备上运行而设计的，主要用于 8 位和 16 位微控制器的小型嵌入式网络协议栈。μIP 的第一版在 2001 年 9 月发布，只有 IPv4 的通信功能，但在 2008 年思科系统扩充了 μIP 的 IPv6 功能，该 μIPv6 栈是第一个符合所有 IPv6 要求的。μIP 的代码大小是几千字节，内存占用小于 2 KB。IPv6 比 IPv4 要求略高。

μIP 是一个简单好用的嵌入式网络协议栈，易于移植且消耗的内存空间较少，非常适合学习和使用。可以肯定地说，μIP 是嵌入式以太网学习的好起点，但不一定是终点。μIP 的功能远不如 LwIP 强大，但两者并没有孰优孰劣之分。μIP 和 LwIP 的作者同为 Adam Dunkels，LwIP 发布比 μIP 早一年的时间，μIP 经过这几年的发展从 IPv4 迁移到 IPv6，最终可以适用于无线传感器网络。

Contiki 提供完整的 μIP 网络和低功耗无线网络协议栈。对于 μIP 协议栈，一个轻量级的 TCP/IP 协议栈实现了 RFC 定义的 IPv4、IPv6。μIP 很高效，只实现了协议要求的特性。例如整个协议栈只有一个 buffer，用于接收和发送数据报。μIP 支持 IPv4 和 IPv6 两个版本，其中，IPv6 还包括 6Lowpan 适配层、ROLL RPL 无线网络组网路由协议、CoRE/CoAP 应用层协议和一些简化的 Web 工具，如 Telnet、Http 和 Web 服务等。

Contiki 还实现了无线传感器网络领域知名的 MAC 和路由层协议，其中 MAC 层包括

X-MAC、CX-MAC、NullMac、ContikiMAC、CSMA/CA、LPP 等，路由层包括 AODV、RPL 等。

> **小贴士：μIP 的模块化设计**
>
> 　　μIP 是模块化设计的，相当于一个代码库，通过一系列的函数实现与底层硬件和高层应用程序的通信。对于整个系统来说，它内部的协议组是透明的，从而增加了协议的通用性。μIP 协议栈提供的接口定义在 uip.h 中，为了减少函数调用造成的额外支出，大部分接口函数是以宏命令实现的。头文件主要有 uip.h、uipopt.h、uip_arp.h、uip_arch.h，核心文件主要包括 uip_arp.c、uip.c、uip_arch.c 等。

2. Rime 协议栈

对于带宽有限或者不能运行完整 IPv6 网络栈的环境，Contiki 定制了名为 Rime 的无线网络栈。Rime 栈既支持简单操作，例如向所有邻居或指定邻居节点发送消息，也支持一些复杂机制，例如网络洪泛、多跳数据采集等。Rime 可以运行在休眠路由上以降低功耗。

Contiki 当前的定位是：开源的物联网系统，将低成本、低功耗的设备连接到网络，通过强劲的网络功能来构建复杂的无线网络。

10.5.4　embOS/IP 网络协议栈

embOS/IP 是爱特梅尔公司(Atmel Corporation)和领先的嵌入式系统中间件制造商 SEGGER 微控制器公司出品的为 AVR32 微控制器而设计的实时操作系统 embOS 的小型网络协议栈，其架构专为满足 RTOS 应用需求而设计，具有快速的多级中断控制器、内存保护单元，并支持嵌套中断(Nested Interrupts)，且已经针对速度、功能和占用空间进行优化。以 C 语言编写，使其兼容性十分强大，几乎可以用于任何 CPU 上。它是作为 embOS 实时操作系统中间件存在的。embOS/IP 的功能特性如下：

(1) 含有类似 ANSI C 中 socket.h 的头文件，如果一个应用程序是用标准 C Socket 编写的，那么使用 embOS/IP 将极其方便移植。它不仅具有标准的 Socket 接口，还支持原始的 Socket。

(2) 由 C 语言编写，程序执行效率高、性能强大且代码容量小；搭建网络过程无需配置，简单易用，在系统运行中仍能进行参数配置。

(3) 用于多任务环境的话，可以跟任何 RTOS 一起使用；支持超快性能的零数据复制。

(4) 所有函数都有非阻塞版本，连接数量仅受内存容量限制。

(5) 驱动代码支持大部分常见的设备，支持 PPP/PPPoE，支持各种上层协议，支持大部分常用 MCU 自带 MAC 和外置 MAC。

10.5.5　μC/IP 网络协议栈

μC/IP 是由 Guy Lancaster 编写的一套基于 μC/OS 且开放源码的 TCP/IP 协议栈，亦可移植到其他操作系统。μC/IP 大部分源码是从公开源码 BSD 发布站点和 KA9Q(一个基于 DOS 单任务环境运行的 TCP/IP 协议栈)移植过来的，并由美国 Micrium 公司发布。

　　μC/IP 具有如下一些特点：带身份验证和报头压缩支持的 PPP 协议，优化的单一请求/回复交互过程，支持 IP/TCP/UDP 协议，可实现的网络功能较为强大，并可裁剪。μC/IP 协议栈被设计为一个带最小化用户接口及可应用串行链路的网络模块。根据采用的 CPU、编译器和系统所需实现协议的多少，协议栈需要的代码容量空间在 30 KB～60 KB 之间。

　　μC/IP 是一个紧凑、可靠、高性能的 TCP/IP 协议栈，并具有双 IPv4 和 IPv6 支持。它引入了一个新概念：大缓冲区和小缓冲区。大缓冲区的大小与传输完整以太网帧所需的大小相同，这就是其他 TCP/IP 堆栈所做的。但是，在嵌入式系统中，传输和接收的信息量很可能不需要使用全以太网帧。在这种情况下，使用全以太网帧大小的缓冲区会浪费 RAM。μC/IP 通过定义不同数量的小型和大型缓冲区来最大化系统性能。

　　2017 年开始，Micrium 推出了傻瓜式图形开发平台 Platform Builder，全面推广 μC/OS-II 和 μC/OS-III 及其所有中间件。

10.5.6　FreeRTOS-TCP 网络协议栈

　　FreeRTOS 是一个超小型的实时操作系统内核，虽然运行所需的系统资源极小，但功能却很全面，包括任务管理、时间管理、信号量、消息队列、内存管理、记录功能、软件定时器、协程等，可基本满足较小系统的需要。由于 RTOS 需占用一定的系统资源，尤其是 RAM 资源，只有 μC/OS-II、embOS、FreeRTOS 等少数实时操作系统能在小 RAM 单片机上运行。相对 μC/OS-II、embOS 等商业操作系统，FreeRTOS 操作系统是完全免费的操作系统，具有源码公开、可移植、可裁剪、调度策略灵活的特点，可以方便地移植到各种单片机上运行，其最新版本为 10.1.0 版。

　　FreeRTOS-TCP 网络协议栈首版发布于 2016 年 1 月，基本全是按照 FreeRTOS 的套路来的，兼容性结合更加紧密，也就是说无需再使用第三方的 LwIP 网络协议栈了。FreeRTOS-TCP 提供了一个熟悉的、基于标准的 Berkeley Sockets 接口，高级用户也可以使用备用的回调接口。它的 RAM 占用是完全可扩展的，使得 FreeRTOS-TCP 同样适用于较小的低吞吐量微控制器和较大的高吞吐量微处理器。

　　FreeRTOS-TCP 同样是开源免费的，目前依然处于茁壮成长的阶段，稳定性和完善性还需要时间完善。

10.5.7　RL-TCPnet 网络协议栈

　　美国 Keil 公司的 MDK(Multimedia Development Kit)是最流行的 ARM 开发工具，作为 MDK 的 RL 库一部分的 RL-TCPnet 自然值得关注。虽然在 MDK 早期版本就已经发布 RL-TCPnet，但存在协议支持不全面和 bug 较多等问题。经过多次改进和升级，目前 MDK v4.7 已经相当稳定和好用了，MDK v5.0 更是进行了大幅度升级。在 MDK 下使用 RL-RTX+RL-TCPnet 构建应用有着得天独厚的优势。

　　作为小型的嵌入式网络协议栈，其物理层支持以太网、PPP 和 SLIP，且专为 MCU 而做，性能高，速度快。同时支持裸机或者带 OS，简单易操作，有专门的功能配置向导和专门的调试版本。

如果购买了正版 MDK Professional 软件，则免版权费。RL-TCPnet 不开源，某种程度上限制了其广泛应用。

10.5.8　嵌入式网络协议栈的选择

选择一个嵌入式网络协议栈大致可以从以下 4 个方面来考虑：

(1) 是否提供易用的底层硬件 API，即与硬件平台的无关性，是否方便移植。

(2) 协议栈需要调用的系统函数接口是否容易构造，对于应用的支持程度是否满足要求。

(3) 移植的容易程度，例如，源代码是否清晰易读，是否为移植提供便利，是否有完备的移植手册和示例等。

(4) 最关键的是占用的系统资源是否在可接受范围内，是否有可裁剪优化的空间。在完成基本网络功能的前提下，对系统资源的消耗是否符合自己的设计预期，对网络协议栈的功能定制是否方便，是否有针对项目的优化空间等。

10.6　嵌入式 Internet 的应用

10.6.1　嵌入式 Internet 的应用领域

当嵌入式设备具有网络功能时，人们可以在任意地方、任意时间、任意平台，随时浏览设备的状态，并进行控制、诊断和测试。这正符合嵌入式系统网络化和开放性的发展趋势。2017 年，5G 技术正式发布。2018 年，世界各地已经开始安装、配置 5 G 的基站。万物互联不再是一个梦想，而是触手可及的现实。当嵌入式系统结合 Internet 技术后，嵌入式系统将向着全新的嵌入式计算模型方向发展，必将催生出更多的应用场景。

目前，嵌入式 Internet 技术的常用应用领域如下：

(1) 智能交通与自动驾驶，包括交通管理、车辆导航、车流监测、车辆互联。

(2) 虚拟现实(VR)，包括 VR 购物、VR 旅游等。

(3) 智能家居与网关，将所有智能家居或非智能家居通过网关互联，实现远程控制和联动，如水、电、煤气表的远程自动抄表，安全防火、防盗系统，冰箱、空调等的网络化、智能化。

(4) 工业自动化，工业领域是嵌入式系统应用最广泛的领域之一，将嵌入式系统网络化，可以极大地提高生产效率和生产质量，引起工业领域的变革，应用范围包括各种行业的过程控制、自动化工厂控制等，如污水处理系统、发电站和电力传输系统、石油提炼和相关的贮运设施、能源控制系统、、机器人系统等。

(5) 环境工程，包括水体实时监测、土壤质量监测、实时气象监测等。

(6) 电子商务，如无人值守商店、各种 IC 卡的销售充值机、手持式收银机、自动贩卖机等。

10.6.2　智能家居系统的应用

最早的智能家居概念起于 20 世纪 80 年代，随着电子技术的提升和成熟，众多家用电器采用了电子技术和嵌入式系统。面对日益增多的家用电器，人们迫切希望出现一种智能化的家电管理系统。因此，智能家居的雏形——住宅自动化(Home Automation，HA)应运而生，它将家用电器、通信设备和安防设备这些传统上认为是独立的功能整合成一个整体。随后不久，通信与信息技术出现突破性进展，市场上出现了一些专用的商用系统，系统利用总线技术对住宅内各种家电等设备实现控制与管理。

1984 年，美国联合科技公司(United Technologies Building System)建成了全世界首栋类似于智能家居的智能型建筑，这是人们第一次见识到的建筑设备信息化、整合化的建筑物。从此以后，许多公司和机构纷纷加入搭建智能家居队列之中，比如 MIT、西门子、思科、IBM、Xerox、微软等国际巨头。

2003 年，Housing Learning & Improvement Network 发布了一种对智能家居的定义，并开展了 DTI 智能家居项目。Nektarios Papadopoulos 等提出并研究了一种连接家庭平台(CHP)和智能家居应用开发平台的架构。Dae-ManHan 和 Jae-Hun Lim 提出和研究了一种基于 ZigBee 技术的智能家居能量管理系统。

经过这些年的发展，我国的智能家居已经有了自己的特色。从最开始只能控制单一的设备，如控制灯光、远程抄表，发展到现在已经将多个控制单元融入一个系统，方便统一管理。从最开始各公司各自制定私有接口协议、开发自己私有的产品，到智能家居联盟开始着手起草通用接口和协议。从最初一些能力有限小公司的小规模投入，发展到联想集团、海尔、小米等大公司开始大力投入该领域。

在智能家居领域中，主流的系统架构主要有 C/S、B/S 两种方案，网络通信方面主要是基于以太网、ZigBee 、GPRS、Wi-Fi、电力线载波、红外、蓝牙等。

> **小贴士：**
>
> 目前较为成熟的民用智能家居解决方案有苹果公司的 HomeKit，西门子的 Home Connect，谷歌公司的 Google Home，还有国内小米公司的 MIJA，等等。智能家居快速发展的背后离不开电子元件成本的下降和人们生活水平的提高。

10.6.3　健康智能家居系统示例 1——云平台及语音交互

目前市面上基于智能手机的智能家居产品主要为远程控制技术和安防技术，利用手机远程控制家电如空调的开启和关断，而对人体的健康状况、家电健康状况及家庭节能管理的关注较少。这几方面的智能家居产品极具竞争力，对于家电的健康状况进行免打扰式网络化远程监测和故障预警有助于延长家电的全生命周期，减少环境污染。更重要的是，对于智能家居的人机交互方式而言，只采用手机或其他终端进行相应控制已不能满足用户的需求，用户渴望多种交互方式的系统，特别是语音人机交互。

图 10.11 是一个集智能交互、人体健康、家电控制、家电健康监测、环境监测、节能管理于一体的健康智能家居系统示例。该健康智能家居系统包含硬件感知层、数据传输处理层、应用层 3 个层次。

(1) 硬件感知层包括 AIUI 评估板、家居环境参数检测设备、人体生理参数检测设备、家电工作参数检测设备、家电及家电控制设备。

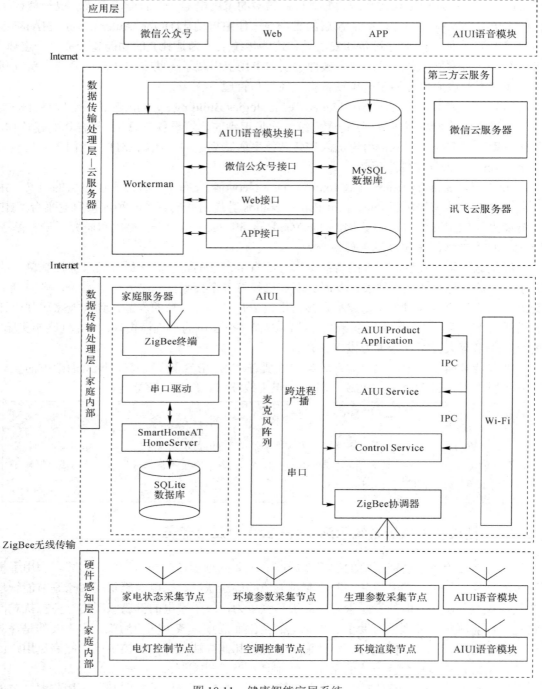

图 10.11　健康智能家居系统

(2) 数据传输处理层包括网络服务器、家庭服务器、ZigBee 协调器、ZigBee 终端。

(3) 应用层包括家庭控制中心、移动 APP 客户端、Web 客户端、微信公众号。

系统利用科大讯飞含有麦克风阵列的 AIUI 平台进行人机语音交互，采用搭载 Android 系统的 TQ210 开发板作为家庭服务器和家庭控制中心，使用 ZigBee 和低功耗单片机

MSP430 组建家庭无线局域网，使用 Ubuntu 系统作为网络服务器，并采用 Apache Web 服务器软件与 MySQL 数据库构建了整个云服务环境。基于 PHP 开发的服务端接口为各客户端(Android 客户端、Web 客户端、微信公众号、家庭服务器)提供网络服务，并为第三方机构(气象平台、电网公司、环保机构、社区医院、家电制造商等)提供数据接口。

　　系统的基本工作模式：在家庭内部，通过 AIUI 的麦克风阵列拾取用户的语音信号，然后将语音数据传送给讯飞的语音云平台进行识别，返回特定指令。与 AIUI 模块相连的 ZigBee 主节点把控制指令发给相应的子节点进行控制。此外，主节点还定时接收来自子节点如环境参数节点、人体健康参数检测子节点、家电电能及健康采集节点的数据，并且发送到租用的阿里云服务器平台，形成数据库，为后期进一步分析和闭环控制服务。该云服务器的资源对家庭用户是完全开放的，可以采取不同用户权限给第三方机构电网公司、环保机构、社区医院、家电制造商开放不同资源的模式，后期第三方可以通过该平台反馈相应信息，从而形成闭环的人体与家电健康监护及节能控制等。通过手机 APP、Web 访问与此类似，其不同之处在于初始指令获取方式不同。

10.6.4　健康智能家居系统示例 2——以安防监控为主

　　该智能家居监控系统采用 MINI2440 ARM 开发板作为主控制器，对整个家居环境进行监控，是一款具有行为识别能力的低成本、高稳定性、高安全性的智能家居监控系统，旨在为大众带来更加安全的家居环境。其总体结构分布如图 10.12 所示。整个系统主要由 4个模块构成，分别为视频接收模块、信息处理模块、信息传输模块和信息收发模块。

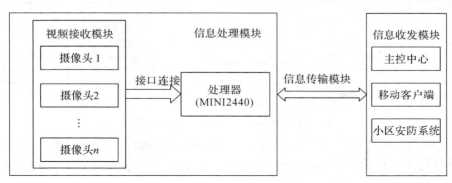

图 10.12　智能家居监控系统模块

　　(1) 视频接收模块。系统的视频接收模块由若干个摄像头组成，分别分布在家中的各个位置，用于实时拍摄各个位置的情况。该系统所用的摄像头为 USB 摄像头，视频接收模块通过接口驱动程序连接主控中心 MINI2440 开发板。

　　(2) 信息处理模块。信息处理模块主要是由 MINI2440 开发板构成的，在 ARM 开发板的硬件环境下结合 Linux 系统并在开发板上移植通用的 USB 摄像头驱动程序，使得视频接收模块接收到的视频信息可以成功显示。在主控中心运用行为识别算法对接收到的视频数据进行行为识别分析，判断视频中的行为是否存在异样，若该行为具有危险性则将判断结果通过信息传输模块传送至智能家居系统的控制中心、移动客户端和小区安防系统并启动警报装置，极大地保证了家居内人员的人身安全和户主的财产安全。

(3) 信息传输模块。本系统选择了性能稳定、功耗低、成本低的无线通信方式来进行视频信息和其他信息的传输。利用 TCP/IP 协议进行无线传输，通信范围更广、稳定性更高。TCP/IP 协议中数据的传输模块和设备之间的连接都需要符合国际以太网标准，因此信息数据在传输过程中不易受其他因素的影响，信息传送更加准确有效。

(4) 信息收发模块。信息收发模块主要包括移动客户端、智能家居系统的控制中心和小区安防系统。收发模块主要利用无线网和 TCP/IP 通信协议来成功接收处理模块发出的信息数据，然后做出相应处理，再利用传输模块传送反馈信息至信息处理模块。

与常规的智能家居监控系统有所不同，该智能家居监控系统结合了人体行为识别技术，比以往的指纹识别、语音识别以及人脸识别更加安全可靠且智能化程度更高。行为识别技术可以通过对人体行为动作的识别和分析，判断其是否存在危险性，再根据危险程度将反馈信息发送至主控中心、移动客户端和安防系统以维持家居环境的日常安全。整个系统工作呈模块化，其工作原理如图 10.13 所示。

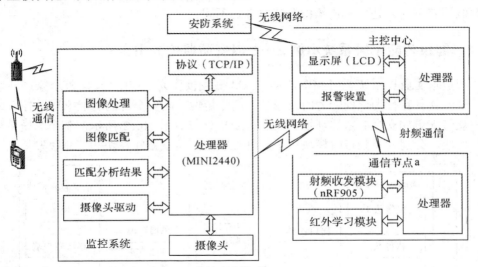

图 10.13　智能家居监控系统工作原理图

(1) 将摄像头驱动移植到监控系统的 MINI2440 开发板内，MINI2440 开发板的 USB 接口连上摄像头之后系统将驱动 USB 摄像头，开发板可以成功接收摄像头拍摄的视频图像并在其 LCD 显示屏上显示出来。

(2) 监控系统的 MINI2440 开发板接收到视频信号后将对接收到的视频信息通过行为识别技术对其进行视频的图像处理，处理完成后将视频数据中有关行为动作的数据信息与 KTH 行为数据库中的数据进行匹配分析，然后将匹配分析的结果发送至客户端。

(3) 监控系统的主控中心接收到由摄像头拍摄到的视频信号后，通过无线网络将视频信息传给移动客户端和智能家居系统的控制中心。若监控系统分析匹配后判定视频行为存在危险性，则立即将危险报警信息发送至主控中心和移动客户端，主控中心接收到危险警报后可通过界面操作启动家中的安全警报，并且将危险警报通过无线网发送至小区安防系统，通知有关安保人员。

(4) 主控中心在接收到监控系统 MINI2440 发来的信号之后，根据其类型将通过 nRF905 射频收发器利用射频技术向智能家居中的其他设备发送信号，以做出相对应的响应。若有危险分子闯入家中，主控中心将通过射频发送信号给警报装置使报警铃响起，并且将信号发送至智能门窗使其自动上锁。

(5) 若家中成员由于误操作使监控系统发送安全警报并启动报警装置，可在主控中心操作界面输入密码后按下取消报警按钮，则可取消报警，或者通过移动客户端发送信号给主控中心取消报警。

习　　题

1. 简单描述 TCP/IP 协议族的层次结构，它与 OSI 参考模型有哪些不同点。
2. 嵌入式 Internet 的接入方式有哪些？
3. Wi-Fi 通信协议有哪些特点？
4. 请列举常见的嵌入式网络协议栈。
5. 基于网络的嵌入式系统有哪些需求？
6. 数据链路层的主要协议有哪些？
7. NFC 主要有哪几种通信模式？
8. ZigBee 协议的主要特点有哪些？
9. 嵌入式网络协议栈与普通的 TCP/IP 协议栈的主要区别有哪些？

第十一章　嵌入式系统的测试、模拟与调试技术

测试和调试可以确保系统的质量。开发人员必须遵循的一条规则是：必须经过不断地测试与调试来排除一切系统错误。本章主要介绍嵌入式系统的测试基本内容、测试方法、模拟器调试技术、调试工具以及 GDB 基本调试技术等内容。

11.1　测试嵌入式系统

11.1.1　在宿主机上进行测试

在集成和测试嵌入式系统的过程中，有两个计算系统，它们具有不同的 CPU 或微控制器以及硬件体系结构。一个系统是宿主系统或宿主机，另一个是目标系统或目标机。宿主系统通常是 PC、手提式个人电脑或者工作站；目标系统是嵌入式系统的实际硬件，它处于开发阶段。

嵌入式系统含三类代码：宿主相关代码、目标无关代码和目标相关代码。图 11.1 展示了一种开发过程中的测试系统，包含宿主系统、目标系统以及中间连接的电路内置仿真器(In-Circuit Emulator，ICE)。

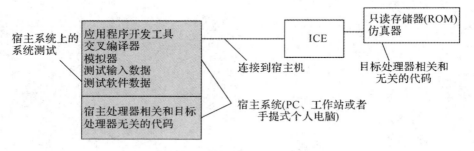

图 11.1　开发过程中的测试系统

嵌入式系统需要进行系统集成与测试，把所有的相关模块整合成一个完整的系统，这个过程中必须进行相应的测试和调试。测试的初始阶段一般在宿主机上完成。宿主机可以用来测试与设备无关的代码，还可以用来运行模拟器，如 PROTEUS 等仿真软件。

小贴士：

　　当前很多嵌入式系统软件开发还是通过 PC 机作为宿主机，通过 JTAG、UART 或 USB 接口与目标机进行通信、交互、信息收集等软件测试与调试工作。

11.1.2　可测试性的设计

嵌入式系统的开发人员需要设计硬件和软件的可测试性。硬件的可测试性意味着在设计过程中配置输入端口和输出端口，使硬件可在组装好后检测故障。开发人员要考虑软件组件的可测试性和需求。可测试性是在测试过程中可以控制和观察组件的状态和输出的程度。软件的可测试性意味着一种设计，使软件可以使用数据集测试系统或自动测试组件，该设计应该允许使用测试方法和测试资源。更高的可测试性使得测试的便利性好于较低程度的可测试性。嵌入式系统设计应该支持可测试性，满足系统验证的需要。

11.1.3　硬件检查

在 PCB 电路完成制板后，需要进行自动贴片或手动焊接元器件。因为，电路设计可能存在设计错误的问题，焊接或贴片过程中也可能存在漏焊、虚焊、错焊等各种问题，所以，我们都需要对电路板的硬件进行检查。硬件检查可以进行静态检查和动态检查。

1. 静态检查

静态检查是在不通电的情况下对线路板线路与元器件进行的检查。主要做法是参照原理图与 PCB，逐个模块检查各个元器件是否正确焊接，是否存在漏焊、虚焊等情况。同时，还需要测试线路板电源是否存在对地短路等情况。

2. 动态检查

动态检查是在通电后，通过万用表检测各个电源电压是否正常，使用示波器等硬件工具检查各类波形是否满足要求等。有时，也需要软件配合验证。

3. 最小系统法

最小系统法是测试和调试嵌入式系统问题的常用方法。硬件检查时，一般首先检测晶振、电源、主芯片与复位电路，而后逐步检测存储模块，再逐一展开检测各个外围接口与模块。

11.1.4　自测的设计

嵌入式软件和硬件测试包含诸多内容，如硬件测试可能包括目标硬件的调试、处理器的测试、外部设备的测试、存储器和闪存的测试等内容，软件测试可能包括测试 GUI、测试任务的代码、测试与其他计算机系统通信的代码、测试显示接口的代码等内容。测试不仅是测试人员的事情，亦需要开发工程师的支持。项目在实际开发过程中，开发工程师始终在应用各种软硬件测试手段验证嵌入式开发代码的质量，进行自测的设计。

测试嵌入式系统包括测试和调试嵌入式系统的硬件和软件，自测意味着对系统所有预期的功能执行测试。开发人员编写自测程序，自测程序可以测试系统的指定功能。有些测试程序会一同集成到嵌入式系统中，如打印机替换墨盒时启动自测程序打印一页测试页。

11.1.5　测试工具

用于辅助嵌入式系统测试的工具很多，如用于硬件调试的工具包括发光二极管、RS-232 串口、仿真器、万用表、信号发生器、直流稳压电源、示波器和逻辑分析仪等。除此之外，下面对几类比较有用的嵌入式系统的测试工具加以介绍和分析。

1. 内存分析工具

在嵌入式系统中，内存约束通常是有限的，内存分析工具用来处理在动态内存分配中存在的缺陷。当动态内存被错误地分配后，通常难以再现，这种失效难以追踪，使用内存分析工具可以避免这类缺陷进入功能测试阶段。目前有软件和硬件两类内存分析工具。基于软件的内存分析工具可能会对代码的性能造成很大的影响，从而严重影响实时操作。基于硬件的内存分析工具价格昂贵，而且只能在工具所限定的运行环境中使用。

2. 性能分析工具

在嵌入式系统中，程序的性能通常是非常重要的，经常会有这样的要求，如在特定时间内处理一个中断或生成具有特定定时要求的一帧。性能分析工具会提供有关的数据，可以决定如何优化软件，以获得更好的时间性能。对于大多数应用来说，大部分执行时间用在相对少量的代码上，费时的代码估计占所有软件总量的 5%～20%。性能分析工具不仅能指出哪些例程花费时间，而且与调试工具联合使用可以引导开发人员查看需要优化的特定函数，性能分析工具还可以引导开发人员发现在系统调用中存在的错误及程序结构上的缺陷。

3. GUI 测试工具

很多嵌入式应用带有某种形式的图形用户界面进行交互，有些系统性能测试根据用户输入响应时间进行。GUI 测试工具可以作为脚本工具在开发环境中运行测试用例，其功能包括对操作的记录和回放，抓取屏幕显示供以后分析和比较，设置和管理测试过程等。

4. 覆盖分析工具

在进行白盒测试时，可以使用代码覆盖分析工具追踪哪些代码被执行过，测试人员对结果数据加以总结，确定哪些代码被执行过，哪些代码被遗漏了。覆盖分析工具一般会提供功能覆盖、分支覆盖和条件覆盖的信息。

11.2　测试方法与模型

系统的测试有两种方法：白盒测试和黑盒测试。白盒测试意味着使用测试数据集或用例来测试系统的内部，在集成或单独的系统中为每个单元执行测试。测试过程会测试数据流图、控制流图、每个决策块和线程的分支中语句的覆盖面。

1. 白盒测试法

白盒测试也称结构测试或逻辑驱动测试，它是按照程序内部的结构测试程序，通过测试来检测产品内部动作是否按照设计规格说明书的规定正常进行，检验程序中的每条通路是否都能按预定要求正确工作。

这一方法是把测试对象看作一个打开的盒子，测试人员依据程序内部逻辑结构相关信息，设计或选择测试用例，对程序所有逻辑路径进行测试，通过在不同点检查程序的状态，确定实际的状态是否与预期的状态一致。

采用什么方法对软件进行测试呢？常用的软件测试方法有两大类：静态测试方法和动态测试方法。其中，软件的静态测试不要求在计算机上实际执行所测程序，主要以一些人工的模拟技术对软件进行分析和测试；而软件的动态测试是通过输入一组预先按照一定的测试准则构造的实例数据来动态运行程序，达到发现程序错误的过程。

(1) 白盒测试的方法有代码检查法、静态结构分析法、静态质量度量法、逻辑覆盖法、基本路径测试法、域测试、符号测试、Z 路径覆盖、程序变异。

(2) 白盒测试法的覆盖标准有逻辑覆盖、循环覆盖和基本路径测试，其中，逻辑覆盖包括语句覆盖、判定覆盖、条件覆盖、判定/条件覆盖、条件组合覆盖和路径覆盖。

(3) 6 种覆盖标准：语句覆盖、判定覆盖、条件覆盖、判定/条件覆盖、条件组合覆盖和路径覆盖，它们发现错误的能力由弱至强，语句覆盖每条语句至少执行一次，判定覆盖每个判定的每个分支至少执行一次，条件覆盖每个判定的每个条件应取到各种可能的值，判定/条件覆盖同时满足判定覆盖和条件覆盖，条件组合覆盖每个判定中各条件的每一种组合至少出现一次，路径覆盖使程序中每一条可能的路径至少执行一次。

(4) "白盒"法是在全面了解程序内部逻辑结构的基础上，对所有逻辑路径进行测试。"白盒"法是穷举路径测试，贯穿程序的独立路径数是天文数字。在使用这一方案时，测试者必须检查程序的内部结构，从检查程序的逻辑着手，得出测试数据。但即使每条路径都测试了，仍然可能有错误。第一，穷举路径测试不可能查出程序违反了设计规范，即程序本身是个错误的程序；第二，穷举路径测试不可能查出程序中因遗漏路径而出错的情况；第三，穷举路径测试可能发现不了一些与数据相关的错误。

嵌入式软件的测试：对于嵌入式软件的测试，一方面需要进一步考虑测试工具对嵌入式操作系统的支持能力，例如 DOS、Vxworks、Neculeus、Linux 和 Windows CE 等；另一方面还需要考虑测试工具对硬件平台的支持能力，包括是否支持所有 64/32/16 位 CPU 和 MCU，是否可以支持 PCI/VME/CPCI 总线。

2. 黑盒测试法

黑盒测试也称为功能测试，它根据系统的用途和外部特征查找缺陷，不需要了解程序的内部结构。这意味着在集成或单独的系统中通过测试数据集或用例来测试系统单元的功能。黑盒测试不考虑系统的内部层面，而考虑功能的更高层面。

(1) 黑盒测试是通过测试来检测每个功能是否都能正常使用。在测试时，把程序看作一个不能打开的黑盒子，在完全不考虑程序内部结构和内部特性的情况下，在程序接口进行测试，它只检查程序功能是否按照需求规格说明书的规定正常使用，程序是否能适当地接收输入数据而产生正确的输出信息。黑盒测试着眼于程序外部结构，不考虑内部逻辑结构，主要针对软件界面和软件功能进行测试。

(2) 黑盒测试是以用户的角度，从输入数据与输出数据的对应关系出发进行测试的。很明显，如果外部特性本身有问题或规格说明的规定有误，用黑盒测试方法是发现不了的。

(3) 黑盒测试法注重于测试软件的功能需求，主要试图发现下列几类错误：功能不正确或遗漏，界面错误，数据库访问错误，性能错误，初始化和终止错误等。

从理论上讲，黑盒测试只有采用穷举输入测试，把所有可能的输入都作为测试情况考虑，才能查出程序中所有的错误。实际上测试情况有无穷多个，不仅要测试所有合法的输入，还要对那些不合法但可能的输入进行测试。这样看来，完全测试是不可能的，所以我们要进行有针对性的测试，通过制定测试案例指导测试的实施，保证软件测试有组织、按步骤、有计划地进行。黑盒测试行为必须能够加以量化，才能真正保证软件质量，而测试用例就是将测试行为具体量化的方法之一。具体的黑盒测试用例设计方法包括等价类划分法、边界值分析法、错误推测法、因果图法、判定表驱动法、正交试验设计法、功能图法等。

3. 嵌入式系统测试模型

嵌入式系统测试有黑盒测试和白盒测试两种方法，在每一种测试方法中，测试过程可以进一步分解为静态测试和动态测试。静态测试在系统没有运行时完成，而动态测试在系统运行时完成。嵌入式系统测试可以归结为静态黑盒测试、静态白盒测试、动态黑盒测试、动态白盒测试 4 个模型，表 11.1 给出了嵌入式系统测试模型的对比分析。

表 11.1　嵌入式系统测试模型的对比分析

	黑 盒 测 试	白 盒 测 试
静态测试	通过以下手段测试产品说明： (1) 寻找高层基本问题、疏漏，即扮演顾客，研究现有指南/标准，审查和测试类似软件等。 (2) 测试低层说明，保证完整性、准确性、精确性、一致性、相关性、灵活性等	不运行程序，有计划地重新审核硬件和代码，寻找错误的过程
动态测试	需要定义软件和硬件做什么，包括： (1) 数据测试，检查用户输入输出信息。 (2) 边界条件测试，测试软件在计划的操作限制范围边界的运行情况。 (3) 内部边界测试，测试 2 的幂次和 ASCII 码表。 (4) 输入测试，测试空输入和非法输入。 (5) 状态测试，用状态参数测试软件的不同模式和模式转换。 (6) 重复测试，主要是发现内存泄漏；压力测试，"饿"软件，即低内存、低 CPU、低网速；负载测试，"喂"软件，即连接很多驱动，处理大量数据，用大量客户机连接万维网服务器等	测试运行系统，同时查看代码、图示等。基于对操作细节的了解，直接测试低层和高层操作、访问变量和内存导出镜像。查找数据引用错误、数据声明错误、计算错误、比较错误、控制流错误、子过程参数错误、输入输出错误等

11.2.1　错误跟踪

开发人员设计了错误跟踪软件，这个软件记录了系统测试期间报告的软件错误，包括更新数据库，记录有关错误的信息。

　　错误跟踪系统(BTS)是一个应用程序，在开发阶段负责追踪系统测试过程中发现的所有错误。管理软件项目的应用程序可能集成了 BTS，BTS 可以加快无错软件的开发过程。

11.2.2　单元测试

　　开发人员将软件划分为若干单元，以进行白盒测试。单元测试意味着测试程序的一个单元。一个单元可以是多任务系统中的任务、线程或进程、方法、函数、过程、例程或中断服务例程，也可能是一个类、接口或对象。

　　单元测试是开发者编写的一小段代码，用于检验被测代码的一个很小的、很明确的功能是否正确，通常而言，一个单元测试是用于判断某个特定条件(或者场景)下某个特定函数的行为。

1．单元测试的优点

　　(1) 单元测试不但会使你的工作完成得更轻松，而且会令你的设计变得更好，甚至大大减少你花在调试上面的时间。

　　(2) 提高代码质量。

　　(3) 减少 bug，快速定位 bug。

　　(4) 放心地修改、重构。

2．单元测试注意事项

　　(1) 不能只测试一条正确执行路径，要考虑到所有可能的情况。

　　(2) 要确保所有测试都能通过，避免间接损害。所谓间接损害，是指在整个系统中，当某一部分加入了新特性，或者修复了一个 bug 之后，给系统的其他部分引入了一个新的 bug(或者损害)。如果无视这种损害并且继续开发的话，那么有可能带来一个很危险的问题，最后可能会导致整个系统崩溃，并且没人能够修复。

　　(3) 如果一个函数复杂到无法单测，那就说明模块的抽象有问题。

11.2.3　回归测试

　　开发系统时，会保存测试，即开发系统的一个新版本时，会应用以前保存的测试，这就是所谓的回归测试。回归测试允许跟踪开发早期版本时发现的错误。当新版本有了新规范时，回归测试仅有助于测试旧错误。新规范版本需要跟踪修改过程中因添加新规范而产生的错误。

1．回归测试的优点

　　(1) 自动回归测试将大幅度降低系统测试、维护升级等阶段的成本。回归测试作为软件生命周期的一个组成部分，在整个软件测试过程中占有很大的工作量比重，软件开发的各个阶段都可以进行多次回归测试。

　　(2) 在渐进和快速迭代开发中，新版本的连续发布使回归测试进行得更加频繁，而在极端编程方法中，更是要求每天都进行若干次回归测试。因此，通过选择正确的回归测试策略来改进回归测试的效率和有效性是非常有意义的。

2. 回归测试的测试用例库

(1) 对于一个软件开发项目来说，项目测试组在实施测试的过程中，会将所开发的测试用例保存到"测试用例库"中，并对其进行维护和管理。当得到一个软件的基线版本时，用于基线版本测试的所有测试用例就形成了基线测试用例库。在需要进行回归测试的时候，就可以根据所选择的回归测试策略，从基线测试用例库中提取合适的测试用例组成回归测试包，通过运行回归测试包来实现回归测试。保存在基线测试用例库中的测试用例可能是自动测试脚本，也有可能是测试用例的手工实现过程。

(2) 测试用例的维护是一个不间断的过程，通常可以将软件开发的基线作为基准，维护的主要内容包括下述几个方面。

① 删除过时的测试用例。因为需求的改变，可能会使一个基线测试用例不再适合被测试系统，这些测试用例就会过时。例如，某个变量的界限发生了改变，原来针对边界值的测试就无法完成对新边界的测试。所以，在软件的每次修改后都应删除相应的过时测试用例。

② 改进不受控制的测试用例。随着软件项目的进展，测试用例库中的用例会不断增加，其中会出现一些对输入或运行状态十分敏感的测试用例，这些测试不容易重复且结果难以控制，会影响回归测试的效率，需要进行改进，使其达到可重复和可控制的要求。

③ 删除冗余的测试用例。如果存在两个或者更多个测试用例针对一组相同的输入和输出进行测试，那么这些测试用例是冗余的。冗余测试用例的存在降低了回归测试的效率，所以需要定期整理测试用例库，并将冗余的用例删除掉。

④ 增添新的测试用例。如果某个程序段、构件或关键的接口在现有的测试中没有被测试，那么应该开发新测试用例重新对其进行测试，并将新开发的测试用例合并到基线测试包中。对测试用例库的维护不仅改善了测试用例的可用性，而且也提高了测试库的可信性，同时还可以将一个基线测试用例库的效率和效用保持在一个较高的级别上。

11.2.4　选择测试用例

测试用例是一组变量、条件或测试套件，开发人员需要使用测试用例来测试一个程序、系统或程序的单元。测试用例允许测试应用程序。测试用例有两种类型：正式的和非正式的。

(1) 正式的测试用例是有正式需求的测试用例。在程序的正常操作中可接受的数据传输率和装配网络堆栈所需的时间，就构成了网络系统的正式测试用例的基础。

(2) 非正式的测试用例是没有任何正式需求的测试用例。接受类型类似的程序中正常的操作，就构成了非正式测试用例的基础。非正式测试用例的一个例子是测试交付包和数据帧的网络。

11.2.5　功能测试

功能测试(Functional Testing)是测试系统所需的功能，即列出所有功能，并逐一进行功能测试。

功能测试也称为行为测试(Behavioral Testing)，根据产品特性、操作描述和用户方案，测试一个产品的特性和可操作行为，以确定它们是否满足设计需求。本地化软件的功能测试，用于验证应用程序或网站对目标用户能否正确工作。使用适当的平台、浏览器和测试脚本，以保证目标用户的体验足够好，就像应用程序是专门为该市场开发的一样。功能测试是为了确保程序以期望的方式运行，而按功能要求对软件进行的测试，通过对一个系统的所有的特性和功能都进行测试，以确保软件符合需求和规范。

功能测试是一种黑盒测试或数据驱动测试，只需考虑需要测试的各个功能，不需要考虑整个软件的内部结构及代码。一般从软件产品的界面、架构出发，按照需求编写测试用例，输入数据在预期结果和实际结果之间进行评测，进而提出更加使产品达到用户使用的要求。

11.2.6　覆盖测试

覆盖测试即列出所有功能测试中的所有代码块、决策块或循环。功能测试的代码覆盖测试意味着找出已经测试过的、无错的代码块、决策块、循环或任务。代码覆盖的研究有助于消除特定应用程序不需要的多余代码和功能，它支持可扩展系统。

覆盖测试是衡量测试质量的一个重要指标。在对一个软件产品进行了单元测试、组装测试、集成测试以及接口测试等繁多的测试之后，我们能不能就此对软件的质量产生一定的信心，这就需要我们对测试的质量进行考察。如果测试仅覆盖了代码的一小部分，那么不管我们写了多少测试用例，也不能相信软件质量是有保证的。相反，如果测试覆盖到了软件的绝大部分代码，我们就能对软件的质量有一个合理的信心。覆盖面的度量方式有以下几种：

1. 函数覆盖

函数覆盖(Function Coverage)，就是执行到程序中的每一个函数(或副程式)。

2. 语句覆盖

语句覆盖(Statement Coverage)，又称行覆盖(Line Coverage)，包括段覆盖(Segment Coverage)、基本块覆盖(Basic Block Coverage)，这是最常用也是最常见的一种覆盖方式，就是度量被测代码中每个可执行语句是否被执行到了。这里说的是"可执行语句"，因此就不会包括像 C++ 的头文件声明、代码注释、空行等，只统计能够执行的代码被执行了多少行。需要注意的是，单独一行的花括号{}也常常被统计进去。语句覆盖常常被人指责为"最弱的覆盖"，它只管覆盖代码中的执行语句，却不考虑各种分支的组合等。假如你的上司只要求你达到语句覆盖，那么你可以省下很多工夫，但是，换来的却是测试效果不明显，很难发现更多的代码中的问题。

3. 判断覆盖

判断覆盖(Decision Coverage)，又称分支覆盖(Branch Coverage)，包括边界覆盖(All Edges Coverage)、基本路径覆盖(Basic Path Coverage)、判定路径覆盖(Decision Decision Path)，它度量程序中每一个判定的分支是否都被测试到了。这句话是需要进一步理解的，应该非常容易和下面说到的条件覆盖混淆。因此我们直接介绍第三种覆盖方式，然后和判定覆盖一起来对比，就明白两者是怎么回事了。

4．条件覆盖

条件覆盖(Condition Coverage)，就是度量判定中的每个子表达式结果 true 和 false 是否被测试到了。

5．路径覆盖

路径覆盖(Path Coverage)，又称断言覆盖(Predicate Coverage)，用于度量函数的每一个分支是否都被执行了。这句话也非常好理解，就是所有可能的分支都执行一遍，有多个分支嵌套时，需要对多个分支进行排列组合。可想而知，测试路径随着分支的数量呈指数级增加。

> **小贴士:**
>
> 1．覆盖率数据只能代表你测试过哪些代码，不能代表你是否测试好这些代码。
>
> 2．不要过于相信覆盖率数据。
>
> 3．不要只拿语句覆盖率(行覆盖率)来考核你的测试人员。
>
> 4．路径覆盖率>判断覆盖率>语句覆盖率。
>
> 5．测试人员不能盲目追求代码覆盖率，而应该想办法设计更多更好的案例，哪怕多设计出来的案例对覆盖率一点影响也没有。

11.2.7　性能测试

在系统中需要测试性能。开发人员定义了系统的性能指标，测试预期的性能是否匹配测量的结果。

1．性能测试分类

(1) 压力测试：对系统不断施加压力的测试，是通过确定一个系统的瓶颈或不能接收用户请求的性能点来获得系统能够提供的最大服务级别的测试。

(2) 负载测试：通过在被测系统上增加压力，直到性能指标达到极限(响应时间超过预定指标或者某种资源利用率达到饱和)，负载测试可以用来找到系统的处理极限，为系统调优提供依据。

(3) 并发测试：用来测试多用户同时访问系统(或模块，或数据，或做同一种业务)时是否存在性能问题。

(4) 大数据量测试：针对系统新建记录或统计查询等业务进行的大数据量测试，或针对大量存量数据而进行的性能测试。

(5) 可靠性测试：测试系统在一定压力下长时间运行是否稳定可靠，用于验证系统是否可以长时间对外提供稳定可靠的服务。

2．性能调优基础

性能测试工程师的主要任务是发现并定位性能问题，对于问题解决，通常由性能测试工程师、开发人员、系统管理员和 DBA 等来共同完成。性能调优可以从以下几个方面考虑：

(1) 应用程序代码。很多性能问题由程序代码导致，所以通过检查相关模块代码，可以确认是否有性能瓶颈。

(2) 数据库配置。数据库配置可能会导致系统运行缓慢，对于 oracle 等大型数据库，可能需要 DBA 进行正确的参数调整以提供更好的服务。

(3) 硬件设置。磁盘 I/O 速度、内存大小等都可能影响系统性能。

(4) 网络。网络负载过重会导致网络延迟或网络冲突。

(5) 操作系统配置。操作系统配置不合理也可能引发性能问题。

11.3　模拟器调试技术

11.3.1　模拟器

飞行员在驾驶飞行器或者战斗机之前，先使用飞行模拟器进行训练(飞行模拟器可能需要花费上亿美元)。

模拟器用到了目标处理器或微控制器，以及宿主处理器上的目标系统体系结构的知识。模拟器首先对代码进行交叉编译，并将代码加载到宿主系统的 RAM 中。目标系统处理器寄存的行为也会在 RAM 中进行模拟，它使用链接器和定位器将经过交叉编译的代码移植到 RAM 中，并像在实际目标系统上一样运行代码。宿主系统是 PC、手提式个人电脑或者工作站，通常工作在 Windows 下。

模拟器软件也可以模拟硬件单元，如仿真器、外围设备、网络和宿主机(PC、工作站或手提式个人电脑)上的输入/输出设备。模拟器与特定的目标系统保持独立，它在使用某种特殊处理器、微控制器或设备的系统的应用软件开发阶段非常有用，使得在宿主系统的 RAM 中就可以获得目标系统 RAM、外围设备、网络和输入/输出设备的代码期望的结果。

11.3.2　模拟器的特性

一般的模拟器大都运行在 Windows 环境的 PC 上。模拟器一般具有以下特性：

(1) 定义了用于目标系统的处理器或者处理设备系列及其不同型号。

(2) 监控执行过程进行到每一步时源代码部分的详细信息(使用标签和符号参数表示)。

(3) 提供执行过程进行到每一步时已定义目标系统中 RAM 和端口(模拟)状态的详细信息。

(4) 提供已定义系统中外围设备(模拟，假设即将连接)状态的详细信息。

(5) 提供执行过程进行到每一步或者每一个模块时寄存器的详细信息。它还监视系统响应并确定吞吐量。

(6) 显示屏上的窗口提供了以下内容：

① 已定义微控制器系统的堆栈、设备和端口(模拟)状态的详细信息。

② 执行过程中程序流程的跟踪信息。跟踪程序计数器和处理器寄存器的输出内容，它是汇编语言程序调试的重要工具。

③ 变量的输出。跟踪示波器在程序执行时，显示 X 轴上的时间和 Y 轴上所选变量的变化关系。跟踪示波器是一个工具模块，用于跟踪模块和任务随 X 轴时间的变化。也可以根据期望的时间比例规范生成一个动作列表。

(7) 在显示屏上提供帮助窗口。帮助窗口给出了鼠标光标所指的当前命令的具体含义。

(8) 当从键盘输入或者从菜单中选择模拟器命令时，监控这些命令的详细信息。

(9) 结合了用于 C 语言表达式和汇编语言助记符(表达式)的汇编器、反汇编器、用户定义的击键或者鼠标选择的宏和解释器，因此，它可以测试汇编代码。用户定义的击键宏非常有用，例如，定义击键为 1，用于提供端口 n 上的一个特定的输入字节和特定的 RAM 地址字节。

(10) 支持条件(可达 8、16 或者 32 个条件)和非条件断点。它具有指令执行确定次数之后中止代码的功能。断点和跟踪都是重要的测试和调试工具。

(11) 易于实现内部外围设备和延迟的同步。

(12) 使用抢占式 RTOS 调度程序支持高优先级任务。

(13) 模拟来自中断、定时器、端口和外围设备的输入，从而可以使用它们来测试代码。

(14) 支持网络驱动器和设备驱动器。

小贴士:

模拟器用于模拟嵌入式目标系统电路的大部分功能，包括附加存储器、外围设备和宿主系统本身的总线。它使得在某个特殊的目标系统可用之前就可以进行应用程序的开发。它还能模拟实时过程，并在宿主系统上显示输出，这些输出将会在特殊的目标处理器实际执行代码时获得。

11.3.3　模拟器的局限性

模拟器的局限性主要有以下几点:

(1) 模拟器无法解决时序问题和硬件相关问题。目标处理器的速度可能无法完全映射为宿主机处理器的速度，所以模拟器无法计算目标机上的时间响应和吞吐量。

(2) 模拟器可能不会显示共享数据的错误，因为它们仅由某些特定情形下的中断引起。

(3) 模拟器在模拟嵌入 IP 或者 ASIC 的目标系统时可能会失效。这种情况下，ASIC 或 IP 内核生产商通常会提供一种可选的调试工具。例如，用于 ARM7 或 ARM9 处理器的 ICE 可在宿主处理器和系统上模拟 ARM 的功能。

(4) 模拟器可能无法考虑到存在的内部设备。例如，目标系统可能使用了一个 Java 加速器，但是宿主系统却没有。

(5) 模拟器无法考虑可移植性的问题。例如，目标系统的 RAM 和没有流水线的处理器之间可能使用 8 位的数据总线，而宿主系统具有流水线处理器和 32 位的总线。

11.4　试验工具和目标硬件的调试

11.4.1　电路内置仿真器(ICE)

1. 电路内置仿真器的功能

(1) ICE 可以代替目标电路，为在单一系统上(而不是多目标系统)开发不同的应用程序提供更大的灵活性和便利性。图 11.2(a)和(b)分别给出了一个仿真器和一个 ICE。

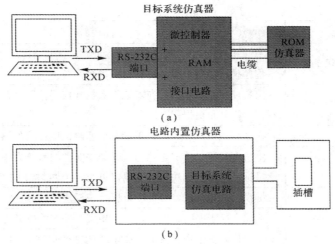

图 11.2　仿真器和 ICE

(2) ICE 是用于仿真目标系统的电路,它与特定的目标系统和处理器无关,可以在大多数目标系统的开发阶段中使用,这些目标系统将来会与特定的微控制器芯片结合。它可以独立工作,也可通过串行线连接到 PC 上工作。它是去掉了目标微处理器或微控制器的目标电路。

(3) ICE 是目标电路中微处理器的一种仿真器,宿主系统可以通过串行线连接到 ICE 进行调试。它可以使用目标电路的其余部分在开发阶段仿真不同型号的微控制器系列。

> **小贴士:**
> 在目标仿真电路中,ICE 是目标系统中微处理器或微控制器的一个仿真器。

2. 电路内置仿真器和仿真器的区别

ICE 和仿真器有何区别呢?目标系统使用由微控制器和处理器自身组成的电路。仿真器可以模拟具有扩展存储器的目标系统,并在编辑测试调试过程中具有代码下载能力。ICE 仿真处理器或微控制器,它使用另外一个带卡的电路,这个卡通过插槽和目标处理器(或电路)相连。

ICE 有许多子单元,表 11.2 将其列出并进行了解释。

表 11.2　ICE 子单元

仿真器子单元	动　　作
接口电路	接口电路将 ROM 映像下载到 EPROM 中,并将 RAM 字节从宿主系统下载到仿真器中。它使用 PC 的串口(COM RS-232C)。该电路有助于将来自 PC 的大型应用程序代码嵌入到程序存储器中。代码可以在宿主机上使用高级语言开发,例如,应用程序代码开发的设计者发现,编写庞大的应用程序比起使用仿真器上的 20 个按键输入机器码要容易得多
插槽	插入通用处理器、DSP、嵌入式处理器或者微控制器的多管脚凹凸插槽,它通过电缆(通常使用扁平电缆)和连接器与 ICE 连接
外部存储器	附加的 RAM 和 EPROM 或者 EEPROM,保证大多数目标系统及其应用程序足够使用

续表

仿真器子单元	动 作
仿真器板上的显示单元	单线 8 或者 12 字符显示器。逐个显示存储器地址中的内容，它还显示程序执行到每一步时寄存器的内容
20 键的小键盘	用户使用它可以直接在本地将数据和代码输入到存储器地址中,但这些代码必须是机器码
寄存器	在系统测试阶段，用于单步及全速测试运行的附加系统寄存器
连接器	将仿真器插入接口电路与其他一些典型的系统设备和外围设备(如用于目标系统显示模块的连接器，以及用于 PC 接口电路的连接器)连接
目标系统键盘	键盘用户输入板，等同于目标系统期望的键盘
目标系统驱动电路	例如，用于网络、发动机、电磁阀、反应堆或者打印机的驱动硬件
监控代码	监控代码位于仿真器 EPROM 或 EEPROM 中，或位于目标系统 ROM 中，可以对实际目标处理器或微控制器和目标电路进行测试和调试

3. 电路内置仿真器的组成

(1) 带有扁平电缆的仿真器容器，它延伸到目标系统的处理器或微控制器插槽上，后面会将处理器 IC 插到该插槽上，然后，就可以测试目标系统。记住，该系统对最终的嵌入式系统是一对一的复制。为避免由于电缆过长而产生的耦合电容的影响，使用的电缆必须尽可能短。仿真器容器模仿了目标系统的微控制器或者处理器。

(2) 仿真器容器串联到计算机的 COM RS-232C 端口上。通过这个端口，该容器从计算机获得下载代码，用于仿真器的计算机程序对寄存器和存储单元进行完全监控。该容器在它的基本电路和扁平电缆跳线之间存在一些卡，这些卡的相互替换使得将 ICE 用于其他型号的处理器成为可能。

嵌入 ICE 的处理器自身的特点：ARM7 和 ARM9 处理器的一个特性是都有 ICE 子单元，这有助于调试目标硬件。

ICE 或者仿真器在开发阶段结束后就不再使用。通过复制使用 ICE 开发的代码构成实际电路，该电路在和目标处理器建立连接之后，由使用的处理器、必要的存储器芯片、按键和显示单元或者其他外设组成。它工作起来应该和在开发阶段后期使用仿真器或者 ICE 完成的工作同样精确和完善。仿真器对于完成最终目标系统之前进行的系统开发非常有用。

visionICE I 是一种具有网络性能的 ICE，它结合了 10/100 Mb/s Ethernet 的连接性，使得 ICE 在局域网上也可以使用。这样做的好处是可以进行远程调试。它还可以连接到目标系统的串口。

ROM 仿真器仅仿真了 ROM，如图 11.2(a)右侧所示。目标系统通过 ROM 插槽连接，同时连接到计算机。

11.4.2 逻辑分析仪

使用了模拟器、ICE 以及 ROM 中的调试代码之后，在调试的最后阶段使用故障检测硬件诊断工具。该工具可以记录随时间变化的状态信息和随其他状态变化的状态信息。逻辑分析仪可用于这两种模式。

　　逻辑分析仪是一款功能强大的工具，它通过来自总线和端口的多个输入线路(例如，24或者 48)，可以收集多路信号，还可以记录多个总线事务(大约 128 个或者更多)。它在监视器(屏幕)上显示这些内容，用来调试实时触发条件。由于指令执行关系到参考信号，它还有助于顺序查找信号。总线信号或者时钟信号都可以作为参考信号。

　　逻辑分析仪可以很方便地调试小型嵌入式系统，这是一款比示波器的功能更强大的工具。示波器仅仅查看和检查两个线路，而逻辑分析仪是一款强大的软件工具，可以检查载有地址数据、控制位和时钟的多个线路。

　　第一种模式下，分析仪以时间函数的方式收集逻辑状态，将这些状态存储到存储器中，并在屏幕上显示。分析仪有多个输入线路(24、48 或者更多)，可以同步连续地跟踪多路信号，连接来自系统和 I/O 总线、端口和外围设备的线路，同时收集多个总线事务(大约 128个或者更多)的持续时间。稍后，它可以使用该工具在计算机显示器(屏)上显示每个线路的每个事务，也可以打印显示内容。每个输入线路的相位差也可以提供重要的信息。逻辑分析仪还可以调试实时触发条件，在执行指令时，帮助顺序查找总线信号和端口信号状态。某些特殊的逻辑分析仪还可以在需要时提供模拟测量。

　　第二种模式下，将总线连接到逻辑分析仪的探测管脚，分析仪给出所有信号在时钟沿捕获的状态。用户可以定义捕获状态的触发点，观察到非法操作码、处理器位于某个特定的开始地址或者输出了某个端口字节都可以定义为触发点。

　　例如，将分析仪设置为从地址 0x10000 开始，在第一、第二、第三、第四个等时钟沿进行测试，时钟沿可以达到 64、128 或任意多个。分析仪以十六进制的形式给出地址和数据总线的状态，并给出每个控制信号的状态。高级的逻辑分析仪还可以从观测到的地址开始跟踪指令序列，还可以跟踪从给定的地址开始的数据总线在时钟沿的状态。在运行代码时，软件工程师可以跟踪非法指令或对受保护地址的访问。

　　逻辑分析仪还可以通过连续和重复运行系统来记录断断续续产生的某些 bug。

小贴士：逻辑分析仪的局限性

　　逻辑分析仪对由于 bug 而导致的程序中止束手无策，它不能显示处理器、寄存器和存储器的内容。如果处理器使用高速缓存，那么只检查总线根本没用。在跟踪和显示期间，我们也不能像在模拟器上那样修改存储器中的内容和输入参数。这些改变的影响是不可见的。

11.5　GDB 调试技术

11.5.1　GDB 调试应用程序概述

　　GDB 是 GNU 开源组织发布的一款调试器，提供了丰富的功能。GDB 调试器不仅能调试普通的应用程序，还可以调试正在运行的进程和线程，甚至 Linux 内核。GDB 是一个开源的调试器，不仅能调试 C 语言编写的代码，还可以调试 Ada、C++、Java、Pascal 等语言编写的程序。GDB 支持 Linux、Windows 等多种平台，可以非常方便地调试各种类型的程序。不过，GDB 最大的不足是，它是个命令行的工具，对初学者来说入门比较麻烦，

尤其是用惯了 Visual C++ 之类的图形化调试器的开发人员。GDB 主要能完成 4 个方面的功能:

(1) 启动程序,可以按照自定义的要求随心所欲地运行程序。

(2) 可让被调试的程序在所指定的调试断点处停住(断点可以是条件表达式)。

(3) 当程序被停住时,可以检查此时程序中所发生的事。

(4) 可以改变程序,将一个 bug 产生的影响修正,从而测试其他 bug。

11.5.2 基本调试技术

本节通过一个实例来具体讲解 GDB 在 Linux 环境下的各种调试技术。

test.c 是一个简单的求前 n 项和的程序,首先编译生成可执行文件:

```
gcc -g test.c -o test                    (-g 选项告诉 gcc 在编译程序时加入调试信息)
```

接下来启动 GDB 调试器进行调试:

```
gdb test                    (可以加上-q 选项, 不输出它们, 如: gdb -q test)
```

1. 查看源代码

进入调试环境后可以通过 list 命令来帮助你查看代码。

```
(gdb) list                              //list 默认一次显示 10 行
#include<stdio.h>
int func(int n)
{
    int i;
    int sum=0;
    for(i=0; i<n; i++)
    {
        sum+=i;
    }
    return sum;
    (gdb)                    //直接输入回车重复上次命令, 显示接下来的 10 行
}
int main()
{
    int n;
    printf("请输入 n 的值");
    scanf("%d", &n);
    printf("1+2+..+%d=%d", n, func(n));
        return 0;
}
(gdb)
```

list 默认参数可以用 show listsize 查看，如果感觉 10 行太多或者太少，还可以用 set listsize<count>来更改。

list 还可以加上其他参数，比如：

```
list 5,10          //显示第 5 行到第 10 行的代码
list func          //显示 func 函数周围的代码，显示范围和 list 参数有关
list test.c:5,10   //显示源文件 test.c 第 5 行到第 10 行的代码(一般用于调试含多个源文件的程序)
```

GDB 还支持字符串查找：

```
search str           //从当前行开始，向前查找含 str 的字符串
reverse-search str   //从当前行开始，向后查找含 str 的字符串
```

> **小贴士：**
>
> 调试运行 GDB 一段时间后，如果你的屏幕被显示的信息占满，想清空屏幕内容，怎么办？
>
> 其实，GDB 也支持运行 Linux 命令，可以在 GDB 的提示符中，输入 shell，然后再输入你需要的命令就可以了。
>
> 例如：(gdb) shell clear

2. 断点管理

调试过程中最常用的就是断点。断点的意思是给程序代码某处做个标记，当程序运行到此处的时候就会停下来，等待用户的操作。断点通常被设置在程序出错的前面几行，当程序运行到断点以后，程序员通过单步运行程序，并且查看相关变量状态，可以定位错误。

1) 断点示例分析

例如，看了程序的代码，感觉第 6 行代码可能有点问题，现在就需要设置一个断点，让程序停在第 6 行之前。

```
(gdb) break 6
Breakpoint 1 at 0x80484c8: file test.c, line 6.
(gdb)
```

"1"说明设置的这个断点是第一个断点，断点所在内存地址为 0x80484c8，它在文件 test.c 的第 6 行。

```
(gdb) break7if n==6
Breakpoint 2 at 0x80484d1: file test.c, line 7.
(gdb)
```

这个断点的含义是，如果 n 的值为 6，则程序运行到第 7 行停止。当然，还可以直接在某个函数处设置断点，直接 break+函数名就可以了。

调试过程中需要显示设置的断点信息，可以使用 info breakpoints 命令。

```
(gdb) info breakpoints
Num     Type          Disp      Enb     dress          What
  1     breakpoint    keep       y      0x080484c8   in func at test.c:6
  2     breakpoint    keep       y      0x080484d1   in func at test.c:7
        stop only if n==6
  3     breakpoint    keep       y      0x080484c1   in func at test.c:5
(gdb)
```

其中，Num 表示断点的编号；Type 表示断点的类型，第二个断点类型还加上了条件；Disp 表示中断点在执行一次之后是否失去作用，dis 为是，keep 为不是；Enb 表示当前中断点是否有效，y 为是，n 为否；Address 表示中断点所处的内存地址；What 指出断点所处的位置。

小贴士：

　　如果不需要程序在该断点暂停时，有两种方法：一种是使断点失效，另一种是直接删除该断点。

2) 断点失效方法

```
(gdb) disable 1              //方法一，使用 disable 命令使断点失效
(gdb) info breakpoints
Num     Type          DispEnb   Address       What
1       breakpoint    keep n    0x080484c8   in func at test.c:6
2       breakpoint    keep y    0x080484d1   in func at test.c:7
        stop only if n==6
3       breakpoint    keep y    0x080484c1   in func at test.c:5
(gdb)
```

可以看到，第一个断点的 Enb 变为 n 了，表示该断点已经无效了，如果需要恢复，可以使用 enable 命令。这里需要注意的是，disable 后面的参数为断点的编号，而不是行号。

3) 断点删除方法

直接删除该断点，可以使用 clear 命令和 delete 命令。

```
(gdb) clear 6                //方法二，使用 clear 命令删除断点
已删除的断点 1
(gdb)
```

clear 命令后面的参数为设置断点的行号，clear 后面参数还可以加设置断点的函数名。

delete 命令后面的参数为断点的编号，可以一次删除多个断点，断点编号之间用空格隔开。如果 delete 后没有参数，默认删除所有断点，会给出提示选择是否操作。

```
(gdb) delete
删除所有断点吗？  (y or n)
```

3. 程序调试

```
(gdb) run                              //开始执行程序
Starting program: /home/wang/test
请输入 n 的值 10

Breakpoint 1, func (n=10) at test.c:6  //设置的第一个断点，程序在第 6 行暂停
       for(i=0;i<n;i++)
(gdb) continue                         //让程序继续运行，直到下个断点或者结束
Continuing.

Breakpoint 2, func (n=10) at test.c:8  //第二个断点设置的是 i==6 时停止
             sum+=i;
(gdb) print i                          //用 print 命令打印出 i 的值
$1 = 6
(gdb) print sum
$2 = 15
(gdb) next                             //继续执行下一条语句，只执行一条
       for(i=0;i<n;i++)
(gdb) next
             sum+=i;
(gdb) print i
$3 = 7
(gdb) continue
Continuing.
1+2+..+10=45[Inferior 1 (process 23636) exited normally]
(gdb) quit                             //退出 GDB 调试
```

小贴士：

上面出现了很多命令，这里描述这些命令的基本内容。

run：表示开始运行程序。

continue：表示程序暂停时继续运行程序的命令。

print 参数为变量名或表达式：表示打印该变量或者该表达式的值。

Whatis 参数为变量名或表达式：表示可以显示该变量或表达式的数据类型。

print 变量=值：这种形式可以给对应的变量赋值，类似的还有 set variable 变量=值，其作用和用 print 赋值相同。

next：继续执行下一条语句。类似的命令有 step，与之不同的是，当下一条语句遇到函数调用的时候，next 不会跟踪进入函数，而是继续执行下面的语句，而 step 命令则会跟踪进入函数内部。

```
(gdb) run
Starting program: /home/wang/test


Breakpoint 1, main () at test.c:16
16          scanf("%d",&n);
(gdb) next
请输入 n 的值 10
17          printf("1+2+..+%d=%d",n,func(n));
(gdb) next                      //next 命令直接执行下一行，没有进入 func 函数
18          return 0;
(gdb)


(gdb) run
Starting program: /home/wang/test


Breakpoint 1, main () at test.c:16
16          scanf("%d", &n);
(gdb) n
请输入 n 的值 10
17          printf("1+2+..+%d=%d", n, func(n));
(gdb) step                      //step 命令跟踪进入了 func 函数
func (n=10) at test.c:5
5           int sum=0;
(gdb)
```

　　还有 nexti 和 stepi 命令，是单步执行一条机器指令，比如"i=0;i<n;i++"这条语句需要输入多个 nexti 才能执行完，它们的区别和上面相同。

　　quit 命令，是退出 GDB 调试，如果调试中想要退出，可以直接输入该命令，会出现提示选择是否退出。kill 命令，是结束当前程序的调试(不会退出 GDB)。

```
(gdb) quit
A debugging session is active.

    Inferior 1 [process 32229] will be killed.

Quit anyway? (y or n)
```

11.5.3　printk 打印调试信息

　　printk()是内核提供的一个打印函数，作用是向终端打印信息，是一种最常用的 Linux 内核调试技术。通常内核使用 printk()函数打印提示信息和出错信息。在内核调试中最普遍

采用的办法是使用 printk()函数在可能出错的地方打印，帮助调试。内核使用 printk()函数而不使用 printf()函数，原因是 printf()函数是由 glibc 库提供的，Linux 内核的函数是不能依赖任何程序库的，否则制作出的映像文件就无法被加载。

printk()函数的用法与printf()函数一致，不同的是，printf()函数是可被中断的，而printk()函数不会被中断。实际使用的效果是，printk()函数输出的内容不会被其他程序打断，保证了输出的完整性。

printk()函数提供了打印内容的优先级管理，在 Linux 内核中定义了几种优先级：

```
#define KERN EMERG   "<0>"  /*紧急事件，用于系统崩溃时发出提示信息*/
#define KERN ALERT   "<1>"  /*报告消息，提示用户必须立即采取措施*/
#define KERN CRIT    "<2>"  /*临界条件，在发生严重软硬件操作失败时提示*/
#define KERN ERR     "<3>"  /*错误条件，硬件出错时打印的消息*/
#define KERN WARNING  "<4>"  /*警告条件，对潜在问题的警告消息*/
#define KERN NOTICE" "<5>"   /*公告信息*/
#define KERN INFO    "<6>" /*提示信息，通常用于打印启动过程或者某个硬件的状态*/
#define KERN DEBUG   "<7>"  /*调试消息*/
```

这几种事件按照 0～7 的顺序，优先级依次降低，用户在使用的时候可以选择合适的优先级。一般来说，0～3 级是供针对驱动和硬件设备的相关代码使用，4～7 级供针对软件的代码使用。printk()函数使用举例如下：

```
printk (KERN INFO "Kernel Information! \n")
```

该语句会在 Linux 内核的日志中加入"<6>Kernel Information!\n"字符串。查看 Linux 内核信息可以使用 dmesg 命令。

一般情况下，Linux 使用存放在/var/log 目录下的 syslog、kern.log、messages 和 DEBUG 这 4 个文件存放 printk()函数打印的内核信息。其中，syslog 和 kern.log 文件存放系统输出的变量值，messages 文件存放提示信息，DEBUG 文件仅存放 KERN_DEBUG 级别的调试信息。

习　　题

1. 除在宿主机上进行测试外，简述测试嵌入式系统还有哪些路径。
2. 嵌入式系统测试有哪些测试方法？
3. 描述白盒测试和黑盒测试的差别。
4. 衡量测试质量的重要目标有哪些？
5. 覆盖面的度量方式有哪些，并描述判断覆盖和条件覆盖。
6. 简述模拟器的优点及其局限性。
7. ICE 是什么？有何特点？与仿真器有何区别？
8. 简述逻辑分析仪的优缺点。
9. 如何用 GDB 调试一个程序？

第十二章　嵌入式系统工程与案例

随着用户需求与应用复杂度的增加，嵌入式系统工程实践的复杂度越来越高。一个完整的嵌入式系统工程不仅包括需求分析、系统设计、系统软硬件研发、测试、生产与维护等多个过程，既有软件部分，也有硬件过程，而且还包括项目管理、人员管理、绩效管理等诸多方面的内容。本章重点介绍嵌入式系统工程步骤及模型，阐述嵌入式系统工程的一般过程，并列举一个嵌入式系统工程项目的开发过程案例。

12.1　嵌入式系统工程步骤及模型

12.1.1　嵌入式系统工程步骤

为满足用户对嵌入式系统越来越高的功能与性能需求，嵌入式系统的设计与实现的复杂度越来越高。嵌入式系统的工程实践既包括项目管理、人员管理、绩效管理等诸多方面的内容(该内容不作为讨论的重点，读者可以参阅相关书籍)，也具有明显的分阶段实施过程。在理论与实践过程中，我们将嵌入式系统的工程实践过程典型地划分为需求分析、软硬件系统设计、软硬件系统研发、测试及 bug 修复、工厂生产与系统维护 6 个阶段。

1. 需求分析

嵌入式系统的需求分析是通过充分的客户沟通或市场调查，确定系统设计任务和系统设计目标，并提炼出设计规格说明书，作为正式设计指导和验收的标准。系统的需求一般分为功能性需求和非功能性需求两方面，功能性需求是系统的基本功能，如输入输出信号、操作方式等；非功能性需求包括系统性能、成本、功耗、体积、重量等因素。

2. 软硬件系统设计

嵌入式系统的系统设计包括体系结构设计和软硬件设计，并输出评估与立项等文件。体系结构设计的任务是描述系统如何实现所述的功能和非功能需求，包括对硬件、软件和执行装置的功能划分以及系统的软件、硬件选型等。一个体系结构的好坏是设计成功与否的关键。软硬件设计就是基于嵌入式体系结构，对系统的软件和硬件进行详细设计。为了缩短产品开发周期，软硬件设计往往是并行的。硬件设计就是确定嵌入式处理器的型号、外围接口及外部设备，是否有参考原理图及支撑工具等。应该说嵌入式系统设计的大部分工作都集中在软件设计上。面向对象技术、软件组件技术、模块化设计等是现代软件工程经常采用的方法。软硬件协同设计方法是目前较好的嵌入式系统设计方法。

3. 软硬件系统研发

系统研发包括硬件与软件的详细研发过程。软硬件的研发过程存在并行的情况，如硬件开发与部分应用等软件开发可以并行开展，但很多时候，软硬件开发亦是分阶段进行，前后存在关联过程，需要在前一阶段完成或部分完成的基础上，实施下一阶段的研发工作。大体上，可将系统研发分为如下几个阶段：

(1) 硬件原理图设计；

(2) PCB 设计；

(3) 调板与驱动开发；

(4) 系统移植与 BSP 开发；

(5) 应用开发。

而同一阶段的研发工作经常采用模块化并行设计，然后进行系统集成与调试。系统集成就是在估计软件、硬件无单独错误的前提下，把系统的软件、硬件按预先确定的接口集成起来进行调试，发现并改进单元设计过程中的错误。系统调试就是在发现系统中的错误时，定位和修正系统中的错误。

4. 测试及 bug 修复

系统测试的任务就是对设计好的系统进行测试，看其是否满足规格说明书中规定的功能要求，包括单元测试与集成测试等测试策略、黑盒测试与白盒测试等测试方法、性能分析与覆盖分析等测试工具。目的是发现与检测出系统潜在的问题与错误，称之为 bug，并且将这些潜在的问题或错误提交给开发人员进行修复。

5. 工厂生产

一款新产品开发(New Product Introduction，NPI)的过程具有一定的产品生命周期。产品生命周期管理(Product Lifecycle Management，PLM)将协助产品顺利开发完成，以及量产后的相关工程技术作业。PLM 大致分为 5 个阶段：Planning(产品构想阶段)，EVT(工程验证与测试阶段)，DVT(设计验证与测试阶段)，PVT(生产验证与测试阶段)，MP(量产阶段)。工厂生产嵌入式系统的新产品通常需要经历 EVT、DVT、PVT 和 MP 这 4 个生产过程。同时，开发人员需要开发相应的软硬件工具以支撑嵌入式产品的生产，例如固件下载与工厂测试工具等。

6. 系统维护

系统维护是在嵌入式系统安装完成之后进行相应的后续工作，例如用户培训、技术支持、产品升级、错误修正等，开发团队的职责一直延续到这个系统安装之后，而不是终结于产品生产完成时。

在嵌入式系统的具体设计中，工程会应用到各种项目管理工具与软硬件开发与管理工具。嵌入式系统工程各个阶段之间将按照嵌入式系统设计与开发生命周期模型中的工作程序不断地反复和修改，直至完成最终设计目标。

12.1.2 嵌入式系统开发过程模型

软件工程中，目前有一些常用的系统设计模型或方法，如瀑布设计方法、自顶向下的设计方法、自下向上的设计方法、螺旋设计方法、逐步细化设计方法和并行设计方法等。根据设计对象复杂程度的不同，可以灵活地选择不同的系统设计方法，完成软件系统工程。虽然嵌入式系统的设计方案随着应用领域的不同而不同，但是嵌入式系统的分析与设计方法也遵循软件工程的一般原则，许多成熟的分析和设计方法都可以在嵌入式领域中得到应用。

软件生命周期是"从设计软件产品开始到软件产品不能再使用为止的时间周期，典型的软件生命周期包括需求阶段、设计阶段、实现阶段、测试阶段、安装和验收阶段、运行和维护阶段"。软件的生命周期可以划分成若干个相互独立而又相互联系的阶段，每一个阶段的工作以上一个阶段工作的结果为依据并为下一个阶段的工作提供基础。

嵌入式系统的开发过程同样也包括需求分析、系统设计、系统软硬件研发、测试及 bug 修复、工厂生产与系统维护 6 个阶段，并且每个阶段都有其独有的特征和重点。嵌入式系统的开发也可以采用软件工程中常见的开发模型，如瀑布模型、螺旋模型、逐步求精模型及层次模型等。

过程模型是系统设计期间应遵循的一系列步骤，其中一些步骤可以由自动化工具完成，而另外一些只可用手工完成，下面简介几种常用的开发过程模型：

(1) 瀑布模型。瀑布模型分阶段完成开发过程。例如，需求分析阶段确定目标系统的基本特点，系统结构设计阶段将系统的功能分解为主要的构架，编码阶段主要进行程序的编写和调试，测试阶段检测错误，维护阶段负责修改代码以适应环境的变化，并改正错误、升级。各个阶段的工作和信息总是由高级的抽象到较详细的设计步骤单向流动，是一个理想的自顶向下的设计模型。

(2) 螺旋模型。螺旋模型假定要建立系统的多个版本，早期的版本是一个简单的试验模型，用于帮助设计者建立对系统的直觉和积累开发此系统的经验，随着设计的进展，会创建更加复杂的系统。在每一层设计中，设计者都会经过需求分析、结构设计、测试 3 个阶段。在后期，当构成更复杂的系统版本时，每一个阶段都会有更多的工作，并需要扩大设计的螺旋，这种逐步求精的方法使设计者可以通过一系列的设计循环加深对所开发的系统的理解。螺旋顶部的第一个循环是很小、很短的，而螺旋底部的最后的循环加入了对螺旋模型的早期循环的细节补充。

(3) 逐步求精模型。逐步求精模型是一个系统被建立多次，第一个系统被作为原型，其后逐个将系统进一步求精。当设计者对正在建造的系统的应用领域不是很熟悉时，这个方法很有意义。通过建造几个越来越复杂的系统，从而精炼系统，使设计者能检验架构和设计技术。此外，各种迭代技术也可仅被局部完成，直到系统最终完成。

(4) 层次模型。许多嵌入式系统本身是由更多的小设计组成的，完整的系统可能需要各种软件构件、硬件构件。这些部件可能由尚需设计的更小部件组成，因此从最初的完整系统设计到为个别部件的设计，设计的流程随着系统的抽象层次的变化而变化，从最高抽象层次的整体设计到中间抽象层次的详细设计，再到每个具体模块的设计，都是逐层展开的。每个流程可能由单个设计人员或设计小组来承担，每个小组可依靠其他小组的结果，各个小组从上级小组获得要求，同时上级小组依赖于各个分组设计的质量和性能。而且，流程的每个实现阶段是一个从规格说明到测试的完整流程。

虽然各种过程模型可能适用于不同的嵌入式开发过程，但瀑布模型作为一种简单直接、易于掌握过程的模型，不仅在软件开发实践中经常使用，同样在嵌入式实践中也普遍采用，如图 12.1 所示。瀑布模型可以对应到嵌入式开发的各个阶段。以下重点介绍工程实践中的瀑布模型。

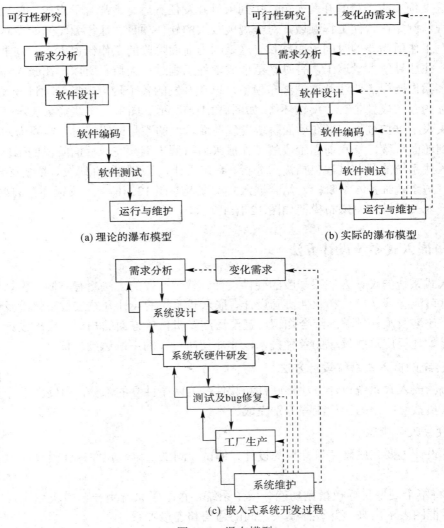

(a) 理论的瀑布模型　　　　　　　　　(b) 实际的瀑布模型

(c) 嵌入式系统开发过程

图 12.1　瀑布模型

小贴士：瀑布模型历史

　　瀑布模型是美国人 Winston Royce 在向 IEEE WESCON(Royce,Winston1970)提交的一篇名为《管理大规模软件系统的开发》的论文中首次提出的。这篇文章以他在管理大型软件项目开发时学到的经验为基础，抽象了具有深刻见解而又简洁的软件项目开发管理方法。由于这种方法是从一个阶段呈瀑布般流入下一个阶段，所以称为"瀑布模型"。瀑布模型是从时间角度对软件开发和维护的复杂问题进行分解，按软件生命周期依次划分为 6 个阶段：可行性研究、需求分析、软件设计、软件编码、软件测试、运行与维护。

　　理论的瀑布模型如图 12.1(a)所示，有两重含义：

(1) 必须等前一阶段工作完成之后，才能开始后一阶段工作。

(2) 前一阶段的输出文档是后一阶段的输入文档，只有前一阶段的输出文档正确，后一阶段的工作才能获得正确的结果。

缺乏工程实践经验的开发人员，接到项目开发任务后，常常急于求成，总想尽早开始工程过程。例如在软件工程领域，对于规模较大的软件项目，往往编码开始得越早，最终完成开发工作所需要的时间反而越长。这是因为前面阶段的工作错误太多，过早地进行软件编码，往往导致大量返工，有时甚至造成软件工程过程失败。所以，在嵌入式系统开发过程中，我们同样需要注意遵循瀑布模型，以在开发的各个阶段中指导项目开发的过程。

实际的瀑布模型带有"反馈环"，如图 12.1(b)所示。图中，实线箭头表示开发过程，虚线箭头表示维护过程。当在后面阶段发现前面阶段的不足或错误时，需要沿图中的反馈线返回到前面阶段，修正前面阶段的工作成果后再回来继续完成后面阶段的工作。

嵌入式系统的开发过程包括需求分析、系统设计、系统软硬件研发、测试及 bug 修复、工厂生产与系统维护 6 个阶段，结合嵌入式实践及参照 12.1(b)带"反馈环"的瀑布模型，对应的嵌入式系统开发瀑布模型如图 12.1(c)所示。

12.1.3　嵌入式系统设计方法

嵌入式系统的设计方法跟一般的硬件设计、软件开发的方法略有不同，包括软硬件设计，同时可能会涉及硬件和软件协同设计。嵌入式系统的设计开发过程不仅涉及软件领域的知识，还涉及硬件领域的综合知识，甚至还涉及机械等方面的知识，要求设计者必须熟悉并能自如地运用这些领域的各种技术，才能使所设计的系统达到最优。

1. 传统的嵌入式系统设计方法

传统的嵌入式系统设计方法将硬件和软件分为两个独立的部分，由硬件设计人员和软件设计人员按照拟定的设计流程分别完成。

1) 硬件设计步骤

硬件设计主要完成硬件目标板的设计、调试、测试工作，硬件目标板设计的主要步骤如下：

(1) 将整个硬件目标板根据功能分成子系统，每个子系统用一个模块完成其功能。每个模块用框图表示出来，并设计模块之间的通信和连接关系。

(2) 元器件选型，根据需要选择实现每个模块所需的主要元器件。

(3) 设计电路原理图。

(4) 给出硬件的编程参数，如存储器地址分配、输入/输出端口的地址和端口的功能等，用于软件编程。

2) 软件设计的主要步骤

(1) 软件的总体功能设计。

(2) 模块划分，将整个软件分解成一些功能相对完整的模块，并规定模块之间的通信或调用关系。

(3) 把模块分解成函数或子程序，定义函数的原型、输入/输出参数和算法，规定函数之间的接口和调用关系。

(4) 设计出错处理方案，对于无人值守或长期运行的系统，出错处理程序的设计很重要。

传统的嵌入式系统开发采用的是硬件开发和软件开发分离的方式，这种设计方法对于具体的应用系统而言，不容易获得满足综合性能指标的最佳解决方案。这种设计方法虽然也可改进软硬件性能，但由于这种改进是各自独立进行的，不仅系统的综合性能不一定能达到最佳，而且系统软硬件各自部分的修改和缺陷很容易导致系统集成出现错误。一般来说，每一个应用系统，都存在一个适合该系统的软硬件功能的最佳组合，因此，在设计嵌入式系统时，必须采用软硬件协同设计方法，从应用系统需求出发，依据一定的指导原则和分配算法对软硬件功能进行分析及合理的划分，从而使系统的整体性能、运行时间、能量耗损、存储能量达到最佳状态。

2. 协同设计方法

与传统嵌入式系统设计中软硬件分别设计不同，软硬件协同设计方法使用统一的表示形式描述软硬件，并且软硬件的划分可以选择多种方案，直到满足要求为止。

软硬件协同设计是根据系统描述和软硬件划分的结果，在已有的设计规则和既定的设计目标前提下，决定系统中软件和硬件部分以及接口的具体实现方法，并将其集成。具体地说，这一过程就是要明确系统将采用哪些硬件模块(如全定制芯片、MCU、DSP、FPGA、存储器、I/O 接口部件等)、软件模块(嵌入式操作系统、驱动程序、功能模块等)、软硬件模块之间的通信方法(如总线、共享存储器、数据通道等)以及这些模块的具体实现方法。

与传统的嵌入式系统设计方法相比，软硬件协同设计方法具有以下特点：

(1) 采用并行设计和协同设计的思想，提高了设计效率，缩短了设计周期。

(2) 采用统一的工具描述，可合理划分系统软硬件，分配系统功能，在性能、成本、功耗等方面进行权衡、折中，以获取更优化的设计。

(3) 支持多领域专家的协同开发，沟通软件设计和硬件设计，避免系统中关系密切的两部分设计过早独立。

当从系统工程的观点着手嵌入式系统体系结构设计时，可以应用若干模型来描述嵌入式系统设计的周期。一个完整的嵌入式系统工程不仅包括需求分析、系统设计、系统软硬件研发、测试、生产与维护等多个过程，还有软件部分和硬件过程，而且还包括项目管理、人员管理、绩效管理等诸多方面的内容。

12.2 嵌入式系统工程过程

12.2.1 需求分析

在需求分析阶段，需要分析客户需求，并将需求分类整理，包括功能需求、操作界面需求和应用环境需求等。嵌入式系统的用户通常不是嵌入式系统的设计人员，他们对嵌入式系统的理解十分模糊，可能对系统提出一些不切实际的期望，或者使用非专业术语表达其需求。因此，需求分析实际上并非是一件容易的事情。

系统需求分析的任务通常通过两个过程来实现。首先，从用户那里收集系统的需求描述，需求描述通常为非形式描述；然后，对需求描述进行提炼，得到系统的规格说明，这些规格说明里包含进行系统体系结构设计所需要的足够信息。

1. 需求描述阶段

在设计一个系统之前，必须清楚要设计什么。在设计的最初阶段，获取相关信息，以此来设计系统的体系结构和构件。

需求描述阶段解决用户想做什么的问题，即开发什么产品、功能是什么、有什么要求等。嵌入式系统产品的用户包括外部用户和内部用户两类，外部用户指的是把产品开发工作外包的用户，内部用户指的是提出产品开发计划的用户。

通常，需求包括功能部分和非功能部分。功能性需求是系统的基本功能，如输入/输出信号、操作方式等。非功能性需求包括系统性能、成本、功耗、体积、重量等因素。

我们必须获取系统的完整需求，包括各种功能性需求和非功能性需求。嵌入式系统的系统需求通常包括如下几个方面：

(1) 名称。每一个工程项目都有自己的名称，它是所要完成项目的总体概括。

(2) 目的。关于系统将要满足的需求的简单描述，概要地介绍所设计系统的主要特征。

(3) 输入和输出。系统的输入/输出包括数据类型、数据特性、输入/输出设备的类型等。

(4) 功能。对系统所要完成的工作的具体详细的描述，可以分析系统从输入到输出的流程，当系统接收到输入时，执行哪些动作。

(5) 性能。系统所要求处理的速度、实时性和实用性。

(6) 生产成本。任何系统的设计都要考虑到成本问题，主要是硬件构件和人员的花费，产品的价格最终会影响系统的体系结构，这就需要对最终产品的价格有一个粗略的估价。产品的生产成本包含开发成本和制造成本两部分。开发成本是一次性的，随着产量的增加，设计成本可以抵消；制造成本包括购买元器件的成本和组装加工成本。产品的销售价格主要取决于生产成本。

(7) 功耗。嵌入式系统的特点决定了有些设备是靠电池供电，靠电池供电的系统必须认真考虑功耗问题。对于那些靠电池来供电的系统以及其他一些电器来说，电源是十分重要的，电源问题在需求阶段以电池寿命的方式提出。因为顾客通常不能以瓦为单位描述允许的功率。

(8) 物理尺寸和重量。最终产品的物理特性会因为使用的领域不同而大不相同。有些系统对重量没有什么约束，如一台控制装配线的工业控制系统通常装配在一个标准尺寸的柜子里。有些则不同，如手持设备对系统的尺寸和重量就有很严格的限制。

2. 规格说明阶段

经过对问题的识别，在需求描述阶段产生了系统各方面的需求描述。对这些需求描述进行提炼可获取一组一致性的需求，然后从中整理成正式的规格说明。

规格说明作为分析结果，它是系统开发、验收和管理的依据。因此，规格说明不仅能精确地反映用户的需求和作为设计时必须明确遵循的要求，而且应该足够明晰，以便别人可以验证它是否符合系统需求并且完全满足用户的期望。规格说明不能有歧义，应该让系统的设计者明确地知道他们需要构造的是怎样的一个系统。不明确的规格说明可能使设计者遇到各种不同类型的问题。如果在某个特定的状况下的某些特性的行为在规格说明中不明确，那么设计者可能实现错误的功能。如果规格说明的全局特征是错的或者是不完整的，那么由该规格说明建造的整个系统体系结构可能就不符合实现的要求。

12.2.2　系统设计

系统设计阶段是根据系统需求分析的结果，设计出满足用户需求的嵌入式系统产品。系统设计主要包括体系结构设计、硬件平台的选择、软件平台的选择、硬件和软件的划分等。

1. 体系结构设计

体系结构描述了产品的整体构造和组成，体系结构设计主要考虑以下因素：

(1) 系统是硬实时系统还是软实时系统。

(2) 软件组成，如嵌入式操作系统、图形化人机界面、网络协议栈、库函数、驱动程序等。

(3) 主要元器件选择，包括嵌入式处理器(处理速度和字长)、存储器、输入/输出接口等。

(4) 系统的成本、尺寸和耗电量。

(5) 硬件与软件的划分。

2. 硬件平台的选择

硬件平台的选择主要是嵌入式处理器的选择，嵌入式系统的核心部件是嵌入式微处理器。在选择处理器时要考虑的主要因素有以下几点：

(1) 处理器的性能。处理器的性能取决于多个方面的因素，如处理器的时钟频率、内部寄存器的大小、指令字的长度等。对于许多需要使用处理器的嵌入式系统设计来说，目标不在于挑选速度最快的处理器，而在于选取能够满足系统各方面要求的处理器。

(2) 处理器的技术指标。目前，许多嵌入式处理器都集成了外围设备的功能，减少了芯片的数量，增强了系统的功能，降低了整个系统的开发费用。设计人员首先考虑的是，系统所要求的一些硬件能否无须过多的胶合逻辑(Glue Logic，GL)就可以连接到处理器上。其次是考虑该处理器的一些支持芯片，如 DMA 控制器、内存管理器、中断控制器、串行设备和时钟等的配套。

(3) 功耗。嵌入式微处理器最大并且增长最快的市场是手持设备、电子记事本、PDA、手机、GPS 导航器、智能家电等消费类电子产品。这些产品中选购的微处理器的典型特点是要求高性能、低功耗，这是嵌入式系统重要的特点。目前这个领域已经吸引了很多处理器的生产厂家。现在，用户可以买到一个嵌入式的微处理器，其速度很快，而它仅使用普通电池供电即可，并且价格很便宜。如果用于工业控制，则对这方面的考虑较弱。

(4) 软件支持工具。仅有一个好的处理器，没有较好的软件开发工具的支持也是不行的，因此选择合适的软件开发工具对系统的实现会起到很重要的作用。

(5) 处理器是否内置调试工具。处理器如果内置调试工具，则可大大缩短调试周期，降低调试的难度。

(6) 供应商是否提供评估板。许多处理器供应商可以提供评估板来验证其理论是否正确，决策是否得当。

3. 软件平台的选择

1) 操作系统的选择

通常，操作系统的选择与硬件配置有关，操作系统的选择主要需要考虑到以下几个方面：

(1) 操作系统本身所提供的开发工具。有些实时操作系统只支持该系统供应商的开发工具，必须向操作系统供应商获取编译器、调试器等。而有些操作系统使用广泛，且有第三方工具可用，因此，选择的余地比较大。

(2) 操作系统向硬件接口移植的难度。操作系统到硬件的移植是一个重要的问题，是关系到整个系统能否按期完工的一个关键因素。因此，要选择那些可移植程度高的操作系统，避免操作系统难以向硬件移植而带来的种种困难，加快整个系统的开发进度。

(3) 操作系统的内存要求。均衡考虑是否需要额外去购买 RAM 或 EEPRON 来迎合操作系统对内存的较大要求。

(4) 开发人员是否熟悉此操作系统及其提供的系统 API。

(5) 操作系统是否提供硬件的驱动程序，如网卡驱动程序等。

(6) 操作系统是否具有可裁剪性。

(7) 操作系统的实时性能。

2) 编程语言的选择

编程语言的选择主要考虑以下因素：

(1) 通用性。不同种类的微处理器都有自己专用的汇编语言，这使得系统编程更加困难，软件重用无法实现。而高级语言一般和具体机器的硬件结构联系较少，多数微处理器都有良好的支持，通用性较好。

(2) 可移植性程度。汇编语言和具体的微处理器密切相关，为某个微处理器设计的程序不能直接移植到另一个不同种类的微处理器上使用，移植性差。而高级语言对微处理器都是通用的，程序可以在不同的微处理器上运行，可移植性较好。

(3) 执行效率。一般来说，越是高级的语言，其编译器和开销就越大，应用程序也就越大、越慢。但单纯依靠低级语言，如汇编语言来进行应用程序的开发，带来的问题是编程复杂、开发周期长。因此，存在一个开发时间和运行性能间的权衡问题。

(4) 可维护性。低级语言，如汇编语言，其可维护性不高。高级语言程序往往是模块化设计，各个模块之间的接口是固定的。当系统出现问题时，可以很快地将问题定位到某个模块内，并尽快得到解决。另外，模块化设计也便于系统功能的扩充和升级。

3) 集成开发环境的选择

集成开发环境(Integrated Development Environment，IDE)应考虑以下因素：

(1) 系统调试器的功能。系统调试特别是远程调试是一个重要的功能。

(2) 支持库函数。许多开发系统提供大量使用的库函数和模板代码，如 C++ 编译器就带有标准的模板库，它提供了一套用于定义各种有用的集装、存储、搜索、排序对象。与选择硬件和操作系统的原则一样，除非必要，尽量采用标准的 glibc。

(3) 编译器开发商是否持续升级编译器。

(4) 连接程序是否支持所有的文件格式和符号设置。

4) 硬件调试工具的选择

好的硬件调试工具能够有效地发现系统中的大多数错误。常用的硬件调试工具有以下几种：

(1) 实时在线仿真器(In-Circuit Emulator, ICE)。用户从仿真插头向 ICE 看，ICE 应是一

个可被控制的 MCU。ICE 支持常规的调试操作，如单步运行、断点、反汇编、内存检查、源程序级的调试等。

(2) 驻留监控软件。驻留监控程序运行在目标板上，PC 端调试软件可以通过并口、串口、网口与之交互，以完成程序执行、存储器及寄存器读写、断点设置等任务。

(3) ROM 仿真器。ROM 仿真器用于插入目标上的 ROM 插座中的器件，用于仿真 ROM 芯片。可以将程序下载到 ROM 仿真器中，然后调试目标上的程序。

(4) JTAG 仿真器。通过 ARM 芯片的 JTAG 边界扫描口与 ARM 核进行通信，不占用目标板的资源，是目前使用最广泛的调试手段。

4. 硬件和软件的划分

嵌入式系统是硬件和软件的结合体。由于硬件模块的可配置、可编程以及某些软件功能的硬件化、固件化，系统的某些功能既可用软件实现，也可用硬件实现，软硬化的界限已经不是十分明显。例如，多媒体数据流的解码可以由软件完成，也可以由解压缩芯片完成。软件方法可以灵活地升级，但是需要高性能处理器来运行软件。硬件方法对处理器的要求较低，但是系统灵活性不如软件方法。

软硬件功能划分就是要确定哪些系统功能由硬件实现，哪些功能由软件实现。从理论上来说，每个应用系统都存在一个适合该软硬件功能的最佳组合。所以，如何从系统需求出发，依据一定的指导原则和分配算法对硬件/软件功能进行合理划分，从而使系统的整体性能达到最佳，是软硬件划分的目标所在。

在嵌入式系统的体系结构设计阶段，对软硬件的功能的分配要从系统功能要求和限制条件出发，依据一定的策略进行。完成软硬件功能划分之后，需要对划分结果进行评估。方法之一是性能评估，另一种方法是对软硬件综合之后的系统依据指令评估软硬件模块。重复以上过程，直到系统获得一个满意的软硬件实现为止。

12.2.3　系统软硬件研发

1. 系统硬件研发

系统硬件研发主要包括原理图设计与 PCB 板绘制，还包括硬件板验证并配合软件人员进行板子的硬件调试与驱动开发。硬件开发一般流程如下：

(1) 明确硬件需求，包括 CPU 处理能力、存储容量与 I/O 端口分配、接口电路等需求。

(2) 确定总体方案，包括寻求关键器件技术资料、技术支持途径，考虑技术可能性、可靠性以及成本，并明确开发调试工具，索取关键器件样品等。

(3) 硬件详细设计，包括绘制硬件原理图、PCB 布线图，同时完成物料清单，这是硬件设计的主要设计成果。

(4) 贴片、焊接与调试，包括领回 PCB 板及物料后手动焊接调试板，根据原理图对各个功能模块的基本硬件属性(如电压、电流、电平等)进行调测、分析与修改。

(5) 软硬件联调。硬件作为软件运行的基础，最终是提供给软件与应用使用的，因此，其功能是否能够满足需求，需要软件联调支持与确定。软硬件联调，需要软件特别是板级及驱动软件工程师的参与，软硬件联合调试验证硬件电路的正确性并反馈问题，及时修改原理图与二次布板。

(6) 产品测试、认证与结项。对产品硬件进行各种标准的测试与认证，如跌落测试、高温测试、EMC 认证等。有些情况下，需要待软件完成后，软硬件一同认证。

原理图设计、元器件封装、布局布线以及后期的硬件调试与确认的工作是硬件系统研发的主要工作内容。特别要指出的是，如第四章所述的软件规范化，硬件设计同样要求规范化，包括流程规范化，以达到保证硬件质量的要求。图 12.2 是硬件设计流程规范化的一个例子。

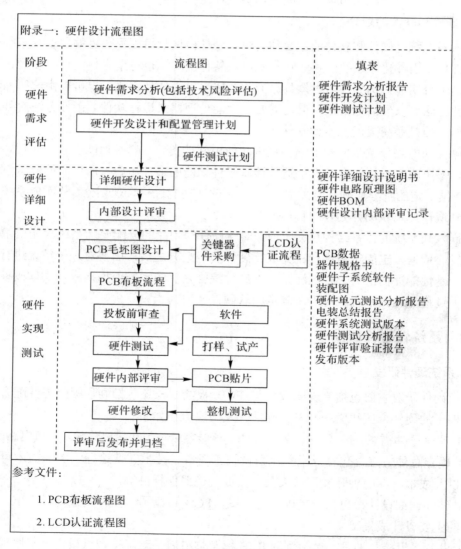

图 12.2 硬件设计规范化流程示例

2. 系统软件研发

系统软件研发主要包括开发板调试与驱动开发、BSP 开发与系统移植，还包括基于各种嵌入式系统的应用开发。

以 Windows CE(简称 WinCE)下的车载导航的嵌入式软件开发为例，图 12.3 描述了其 BSP 的开发流程。

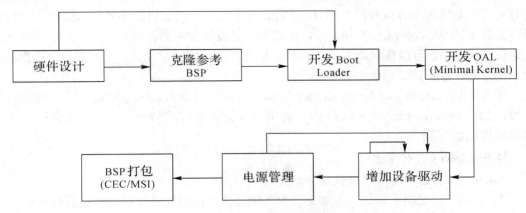

图 12.3　WinCE 车载导航 BSP 移植流程示例

1) BSP 开发过程

WinCE 下，BSP 的开发主要有 Boot Loader 的开发、OAL(OEM 抽象层，其暴露内核的接口)的开发、特定平台的设备驱动程序的开发和系统配置文件的创建与修改。

Boot Loader 的主要功能是初始化硬件和 CPU，使其能够与开发环境交互，以便设备运行镜像文件能够正常下载到设备中。除此之外，能够根据用户需求扩展 Boot Loader 的功能。

完成 Boot Loader 的开发工作后，就可以下载系统镜像文件到设备上的永久存储介质。之后，就可以开始 BSP 部分的 OAL 开发工作。OAL 的主要职责是执行 Windows CE 内核运行需要的接口函数。在开发 OAL 的过程中，有许多内容可以共享 Boot Loader 的代码。一旦 OAL 工作完成，Windows CE 最小内核就可以在新的硬件平台上运行了。

下一步，就是外围设备驱动的开发了。System on Chip (SoC)外围设备的驱动一般在移植 BSP 时就已经有一定的支持，在内核启动后，驱动开发很多都可以并行工作。

一旦设备驱动开发完成，就具有了支持新的硬件平台的 BSP。下一步很重要的工作就是代码优化和电源管理了。

电源管理是 BSP 开发的重要部分，特别是针对以电池供电为主的嵌入式设备。一切完成后，就是测试系统的每个组件。Windows CE Test Kit (CETK)提供了大量的测试工具和案例。

BSP 开发的最后阶段就是创建 Software Development Kit(SDK)，并将 BSP 打包成.msi 文件以便他人安装和使用。Windows CE 提供 SDK 创建向导来创建一个 SDK，BSP 导出向导来导出一个.msi 安装文件。

要说明的是，在上面的开发过程中，代码开发调试手段非常重要，无论是在项目起始开发阶段，还是代码优化修改阶段，甚至在产品即将或已经出产时，经常要做代码调试和 LOG 分析。如经常使用串口进行启动代码和设备驱动等低层模块的调试。Windows CE 还提供了 CELOG 等方式进行 LOG 捕获，另外，还有很多消息捕获方法，如 mdump 等，很好地利用和设计各种调试手段能够加快开发过程。

2) 内核(Kernel)启动分析

前面介绍了 BSP 开发的整个过程，当移植一个新的 BSP 时，Boot Loader 和内核相关内容的开发是一项十分重要的工作。Boot Loader 其实是一个完整的小系统，通过这个系统，可以加载调试 Windows CE 操作系统，使得异步开发更加顺利和有效。最后，当系统及其驱动调试完毕后，可以移除调 Boot Loader。而内核的开发一旦完成，内核则作为操作系统的一部分而一直存在于系统中。

很多时候，Boot Loader 和 Kernel 分享相同的启动函数。你经常可以重用此部分的函数，如在 Boot Loader 和 Kernel 中，调用有关调试接口的初始化和反初始化函数就可以调用相同的代码。

3) Windows CE 电源管理

Windows CE 的电源管理提供如下功能：

(1) 提供一种框架，在这一框架下，设备能够智能地自我控制自己的电源状态。

(2) 提供一种机制，控制设备进入挂起(Suspend)和恢复(Resume)过程的电源状态改变过程。

(3) 提供相应的电源管理模块，方便用户根据需要定制自己的电源管理。

(4) 通过 Power Off System 标准接口函数完成系统挂起和恢复过程的执行。

在 Windows CE 的电源管理模块中，在系统进入 Suspend 或 Resume 过程中，设备接收相关的通知，如进入 D3 状态(设备的一种状态)或重新回到 D0 状态(设备的另一种状态)，设备根据驱动的相应状态处理函数完成自我的电源管理。电源管理在设备、应用中扮演着中间角色，并定义系统的电源状态。

对嵌入式系统来说，OEM 厂商定义了系统的电源状态。例如，电源状态可能是打开(On)、空闲(Idle)、挂起(Suspend)和关闭(Off)。

3. 系统集成

系统集成阶段是将所有构件合并得到一个能运转的系统，当然这个阶段不仅仅是把所有的东西插在一起。在系统集成中通常可以发现错误，而好的设计则能帮助人们快速找到这些错误。为了能够快速地找到这些错误并能够准确地定位到错误的位置，可以分阶段架构整个系统并且正确运行事先准备好的程序。如果每次只是对其中的一部分模块进行查错和纠错，那么就会很容易地发现和识别这部分模块中的简单错误。只有在早期修正这些简单的错误，才能发现那些只有在系统高负荷时才能确定的、比较复杂或含混的错误，从而降低系统负担，提高整个系统的开发效率，缩短开发周期。因为嵌入式系统使用的调试工具比在桌面系统中可找到的工具有限得多，所以，要在系统集成时发现问题，需要详细地观察系统以准确地确定错误。

软硬件协同仿真是一种在硬件生产出来之前验证软硬件集成方面问题的方法。软硬件协同仿真对系统设计结果的正确性进行评估，这样系统在实现过程中不用因为发现问题而进行反复修改。

在系统的仿真验证过程中，模拟的工作环境和实际使用环境相差甚远，软硬件之间的相互作用方式及工作效果也就不同，这也难以保证系统在真实环境下工作的可靠性，因此系统仿真的有效性是有限的。

4.系统调试

系统调试是系统开发过程中必不可少的重要环节。嵌入式系统一般使用专门的调试工具进行调试。调试工具提供的调试功能包括设置断点、从主机中加载程序、显示或修改内存与处理器、从某地址开始运行、单步执行处理器、多任务调试、资源查看等功能。

不同功能的嵌入式系统，其调试环境相差很大。另外，在嵌入式系统开发中，开发主机和目标机处于不同的机器中，程序在开发主机上进行交叉开发(编辑、交叉编译、链接定位等)，然后下装到目标机(嵌入式系统)中进行运行和调试。也可以说，调试器程序运行于桌面操作系统，而被调试的程序运行于嵌入式操作系统。

目前，嵌入式系统开发过程中的调试方法和手段主要有基于主机的调试、远程调试与调试代理、ROM 仿真器、在线仿真器、背景调试模式、指令集模拟器等。

1) 基于主机的调试

虽然嵌入式系统的最终调试需要桌面计算机和目标机的配合，但是在实际开发嵌入式系统过程中，为了配合项目进度和减少开发工具的费用，也可以采取基于主机的调试方法。

由于目前开发嵌入式系统大多采用 C 语言，C 语言是标准化的可移植的语言，利用 C 语言实现的数据处理程序，完全是可移植的。因此，在开发主机上开发的函数库，调试完成后，使用嵌入式系统的交叉编译器重新编译即可用到目标机上。

对于汇编语言代码部分，可以在桌面系统上使用指令集模拟器进行调试。完成所有的调试后，再下装或写入到嵌入式系统的存储器中进行调试和运行。

在基于主机的调试中，需要考虑程序的执行时间、字长、字节排序等问题。字节排序问题指的是大开端和小开端问题，如果桌面计算机不支持大、小开端的配置，那么需要在软件移植到目标系统上之后，调试大、小开端问题。

嵌入式 Linux 开发过程中采用基于主机的调试方法进行调试。在开发嵌入式 Linux 的应用软件时，可以在 Linux 桌面计算机上进行程序编写、编译、调试，再利用嵌入式 Linux 的编译器进行编译和运行调试。

2) 远程调试与调试代理

远程调试器包括调试器与调试代理。调试器运行在开发主机中，调试代理运行在目标机中。调试器与调试代理之间通过通信技术进行连接，调试器发送调试指令，调试代理接收调试指令，控制被调试程序的执行，并向调试器返回执行的结果。

典型的远程调试器有 VxWorks 操作系统的 Tornado 调试器、VRTX 操作系统的 XRAY 调试系统。目前，一些嵌入式处理器的制造商提供了调试代理协议，有的制造商也提供了调试代理的部分代码。例如，VRTX86 操作系统提供了调试代理生成器，ARM 公司提供了称为 angel 的调试代理。

3) ROM 仿真器

ROM 仿真器利用 RAM 以及一些附属电路仿真 ROM 的功能。ROM 仿真器有两个电缆接口，一条电缆连接到开发系统或开发主机的串行口上，用于下载新的执行程序到 ROM 仿真器中；另一条电缆插在目标系统的 ROM 插座上，仿真 ROM 的功能。

ROM 仿真器的作用是为程序开发(编辑、编译、下载、调试)过程节省时间。使用 ROM 仿真器，可将目标程序用 ROM 仿真器下载到目标系统中调试运行，并根据程序运行的结果对程序进行修改，然后下载，直到调试完成后，再写到只读存储器中，成为产品或样机。

4) 在线仿真器

在线仿真器(ICE)是最直接的仿真调试方法。ICE 本身有自己的处理器和存储器，不再依赖目标系统的处理器和内存。通常，其处理器与目标处理器相同。简单地说，ICE 和目标系统通过连接器组合在一起，调试时使用 ICE 的处理器和存储器、目标板上的 1/O 端口。完成调试之后，再使用目标板上的处理器和存储器实时运行部分代码。实际上，这种调试系统的内存包括仿真内存和用户内存两部分，这两部分内存可以切换。

用户程序留在目标板内存中，而调试代理存放在 ICE 的存储器中。当运行用户程序时，ICE 处理器从目标板内存中读取指令。当调试代理控制目标板系统时，ICE 从自己的存储器中读取指令。这种安排能确保 ICE 始终保持对系统运行的控制，甚至在目标系统出错之后也是如此，并且可以保护调试代理不受目标系统破坏。

虽然 ICE 的主要优点是具有实时跟踪能力，但是它的最大不足是价格比较贵。ICE 的另一个缺点是会引起信号的完整性问题，信号的完整性问题会对目标系统产生影响。

5) 背景调试模式

背景调试模式(Background Debug Mode，BDM)是 Motorola 公司开发的调试接口。BDM 硬件在目标板上，调试器在主机上。调试器通过串行电缆与 BDM 端口连接，处理器的调试引脚连接到专用连接器上。BDM 可以实时观察软件运行，设置断点停止软件运行，运行读写寄存器、RAM、I/O 端口等。BDM 通常比 ICE 便宜，但不如 ICE 灵活。

6) 指令集模拟器

指令集模拟器(Instruction Set Simulator, ISS)在主机上运行，利用软件模拟处理器硬件，模拟的硬件包括指令系统、外部设备与输入/输出接口、中断、定时器等。用户开发的应用软件像下装到目标系统硬件上一样下装到指令集模拟器中进行调试。

有的指令集模拟器提供了对指令执行时间的模拟，这种模拟器使用的时钟有实时时钟和模拟时钟两种方式。实时时钟方式是利用 CPU 的时钟运行嵌入式处理器的指令，只模拟指令的执行结果，不模拟执行时间。模拟时钟方式是让用户可以设置模拟时钟，使之与处理器的时钟相同，这样，不仅可以模拟指令的执行结果，也可以模拟指令的执行时间和软件的执行时间，如 ARM 公司的 AXD 仿真调试器。

指令集模拟器的优点是它可以使嵌入式系统的软件和硬件的开发并发进行。应用程序在逻辑上的错误能用指令集模拟器很快地发现和纠正，甚至有些与硬件相关的故障也能被纠正。指令集模拟器的缺点是，其运行速度比真正的硬件慢很多，特别是相对于高性能的处理器而言。另外，指令集模拟器只能模拟软件的逻辑性和算法的正确性，无法模拟与时序相关的操作。总之，指令集模拟器用于验证软件的算法是比较实用的。

12.2.4　系统测试

嵌入式系统测试具有特殊意义，嵌入式系统的失效会导致严重后果，即使是非安全性系统，因为大批量生产将导致严重的经济损失。这就要求对嵌入式系统进行严格的测试、确认和验证。详细的测试知识见第 11 章的相关内容，下面仅描述工程中经常采用的测试内容。

1. 嵌入式系统的测试

如第 11 章所描述，嵌入式系统测试有黑盒测试和白盒测试两种方法。

1) 黑盒测试

黑盒测试最大的优势在于不依赖代码，而是从实际使用的角度进行测试。因为黑盒测试与需求紧密相关，需求规格说明的质量会直接影响测试的结果，黑盒测试只能限制在需求的范围进行。在进行嵌入式系统的黑盒测试时，要把系统的预期用途作为重要依据，根据需求对负载、定时、性能的要求，判断是否满足这些需求规范。典型的黑盒测试按三方面进行：

(1) 极限情况测试。测试中有意使输入通道、内存缓冲区、内存管理器等部件超载。

(2) 边界测试。向待测试模块输入边界值以及使输出产生输出范围边界的值。

(3) 异常测试。进行使系统产生异常或运行失败的测试。

在进行黑盒测试时，应当把功能测试设计成破坏性的，即要努力证明程序不能正常工作。由于黑盒测试仅仅依赖于程序需求以及其功能行为，因此可以在需求分析工作完成后马上开发黑盒测试实例。

2) 白盒测试

白盒测试一般要求测试人员对系统的结构和作用要有详细的了解，它与代码覆盖率密切相关，可以在白盒测试的同时计算出测试的代码的覆盖率，保证测试的充分性。典型的白盒测试按三方面进行：

(1) 语句测试。选择的测试实例至少执行一次程序中的每条语句。

(2) 判定或分支覆盖。选择的测试实例使每个分支至少运行一次。

(3) 条件覆盖。选择的测试实例使每个用于判定的条件具有所有可能的逻辑值。

由于白盒测试要在源代码上进行，因此只有在代码编写完成之后才能开始测试工作。白盒测试是测试方法中最重要的，可以从中看出有多少代码已经测试过，测试结果可以很准确地预测程序中有多少错误。

2. 嵌入式系统的测试策略

由于嵌入式系统日趋复杂，为提高系统竞争力，产品开发周期日趋缩短，而开发技术日新月异，硬件日益稳定，这样软件故障就尤为突出，因此，嵌入式系统的软件测试变得非常重要。相对于一般商业软件的测试，嵌入式软件测试有其自身的特点。根据嵌入式软件开发的阶段，嵌入式软件测试一般经过如下过程：

(1) 单元测试。所有单元级测试都可以在主机环境上进行，除非特别指定单元测试直接在目标环境进行。最大化主机环境进行软件测试的比例，通过尽可能小的目标单元访问所有目标指定的界面。

(2) 集成测试。软件集成也可以在主机环境上完成，在主机平台上模拟目标环境运行，当然在目标环境上重复测试是有必要的，在此级别上的确认测试将确定一些环境上的问题，例如内存定位和分配上的一些错误。

(3) 系统测试和确认测试。所有的系统测试和确认测试必须在目标环境下执行。当然在主机上开发和执行系统测试，然后一直到目标环境中重新执行是很方便的。对目标系统的依赖性会妨碍将主机环境上的系统测试移植到目标系统上，况且只有少数开发者会参与系统测试，所以有时放弃在主机环境上执行系统测试可能更方便。

确认测试最终实施的舞台必须在目标环境中，系统的确认必须在真实系统下测试，而不能在主机环境下模拟，这关系到嵌入式软件的最终使用。

12.2.5　产品生产

嵌入式电子产品的生产可能经过工程验证测试(EVT)、设计验证测试(DVT)、成熟度验证(DMT)、量产验证测试(MVT)、生产/制程验证测试(PVT)、量产(MP)等不同阶段。

1. EVT(Engineering Verification Test)工程验证测试阶段

此阶段为产品开发初期的设计验证。许多产品刚设计出来仅为工程样本，问题很多，需要把可能出现的设计问题一一修正，重点在考虑设计完整度，是否有任何规格遗漏。该测试阶段包括功能测试和安规测试，一般由 RD 对样品进行全面验证，因是样品，问题可能较多，测试可能会做 N 次。

2. DVT(Design Verification Test)设计验证测试阶段

此为研发的第 2 阶段，所有设计已全部完成，重点是找出设计问题，确保所有的设计都符合规格。由 RD 和 DQA(Design Quality Assurance)验证。此时产品基本定型。

3. DMT(Design Maturity Test)成熟度验证阶段

此阶段可与 DVT 同时进行，在主要极限条件下测试产品的 MTBF (Mean Time Between Failure)、HALT(High Accelerated Life Test)和 HASS(High Accelerated Stress Screen)等，是检验产品潜在缺陷的有效方法。

4. MVT(Mass-Production Verification Test)量产验证测试阶段

此阶段验证量产时产品的大批量一致性，由 DQA 验证。

5. PVT(Production/Process Verification Test)生产/制程验证测试阶段

此阶段要求产品设计要全数完成，所有设计验证亦要结束，最后只是要做量产前的验证，确定工厂有办法依照标准作业流程制作出当初设计的产品。

6. MP(Mass Production)量产阶段

当经过以上所有测试阶段，工厂便可将该设计进行大量生产，理论上要进入量产阶段，所有设计及生产间应该没有任何遗漏及错误，成为正式面市产品。

产品生命周期管理(Product Lifecycle Management，PLM)是协助产品顺利完成在新产品开发(New Product Introduction，NPI)以及量产后的相关工程技术执行作业规范化流程。我们大致上可以将 PLM 分为 5 个阶段：Planning(产品构想阶段)，EVT(工程验证测试阶段)，DVT(设计验证测试阶段)，PVT(生产/制程验证测试阶段)，MP(量产阶段)，但在实践中，我们通常将产品生产简化描述为 EVT、DVT、PVT 和 MP 这 4 个流程。图 12.4 是举例某产品生产从 EVT 到 MP 的规范化流程及执行作业要求。

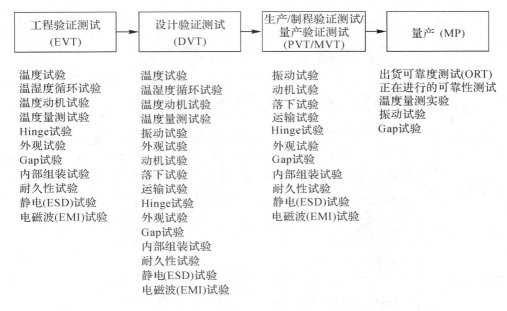

图 12.4　某产品生产规范化流程及执行作业

需要指出的是，在产品生产过程中，还伴随着各种生产工具的研发、验证与使用，如各种软硬件测试工具、固件下载工具等，以保证生产与测试过程的自动化进行。这是嵌入式开发与产品化的一个重要环节。

12.2.6　系统维护

嵌入式系统开发完成并交付用户使用后，要进行系统维护工作。系统维护阶段的任务包括用户培训、技术支持、提供技术更新、错误修正等。

在进行用户培训时，体系结构文档可以相对快速地调整以作为技术、用户和培训手册的基础。体系结构文档还可以用于产品还在使用时预测产品更新带来的影响，例如新功能、错误修正等，减轻可能的召回、故障或某些客户站点要求的应用工程师现场指导的风险。

在嵌入式系统开发过程中进行规范的设计和管理，能够在系统确认和交付之后使所需要的维护最小。但是，由于客户需求的变化，为适应需求或进一步改进、完善系统的需要，必须进行系统维护。

系统维护包括到产品交付之后在对象或者模块中进行的更改、删除和添加。表 12.1 给出了系统维护时所需的维护类型。

表 12.1　系统维护的类型

类　　型	活　　动	何时使用	何时不需要或者不可行
预防性维护	可以对系统进行周期性的检查和维护	硬件组件受到磨损，例如，一个打印设备系统需要修改其接口	对于指定必需的预防性行为时

类 型	活 动	何时使用	何时不需要或者不可行
纠正性维护	纠正在系统使用领域的特定条件下所发现的偏差	客户的产品说明书不完整和客户理解不正确都会产生纠正性维护的需求	系统工作令人满意时
适应性纠正	让系统使用新的条件而对系统进行升级	系统需要适应新的条件	复杂系统可能更加困难，或者与设计一个新系统相比适应的代价更大时
增强或者完善维护	开发小组按计划交付系统，然后发现另外一种工作效率更高的设计	开发者进行新的设计开发并使用新的工具，从而交付更好的系统	完善的过程永远不会结束，系统必须具有容错性能
系统重新设计	只交付一个永远都不能满足创新团队需求的系统。需要对先前开发的对象和组件重新进行设计	重新设计是另一种维护系统的方法	复杂系统很难重新设计

12.3　微型投影仪工程案例

嵌入式系统的开发过程，历经需求分析、系统设计、系统软硬件研发、测试及 bug 修复、工厂生产与系统维护这 6 个阶段的工作。但在项目具体实施过程中，为了保证项目按时、保质完成，针对不同项目，我们通常会有一些变化，有些内容需要更加详细地细化流程及其输出文档，有些内容需要简化流程及其输出文档，同时，项目执行过程中，我们会不同程度地应用各类工具来支持项目管理与产品开发过程，以保证项目的成功。

本节以一个微型投影仪工程项目为例，如图 12.5 所示，参照 12.2 节的基本流程，简要介绍一个嵌入式项目的开发过程。

图 12.5　微型投影仪产品

12.3.1　微型投影仪需求

如图 12.5 所示，该微型投影仪项目欲开发一款微型化、便于携带的投影仪产品，以满足家庭、个人在卧室或移动办公场合的投影需求。项目借助图示、文字与数据表格等各种方式定义产品的详细需求(外壳和模具等内容不在本书讨论之列)。

1. 界面设计与操作动作说明

(1) 主界面图示及其操作说明。主界面包括界面框架、背景界面、主界面图标及选中图标标示等，如图 12.6 所示。

界面框架分为上、下两个部分。电池显示占据上部分，类似标题栏窗口，其中电池显示在界面的右上部分。6 个操作图标占据下部分，分别是视频入口(Videos)、Source 入口(Source，如 HDMI 输入等)、图片入口(Pictures)、文件夹入口(Folder View)、音频入口(Music)和系统设置(Settings)。

背景界面如图 12.6(a)所示，是一张已经确定的荷叶背景图。主界面图标如图 12.6(b)所示，分为上下两组共 6 个图标，并会详细标示图标的位置和大小，以及文字的字体、大小和位置等。选中图标标示参见 12.6(b)中的 Source 图标，选中图标使用带高亮边框的相同图标替换原有图标。

(a) 背景界面需求

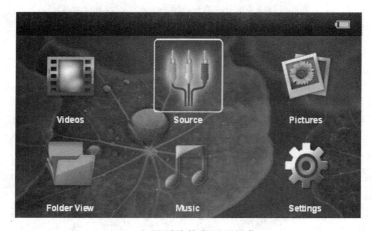

(b) 主界面总体布局及操作

图 12.6　主界面图示及其操作说明

(2) 视频子菜单图示说明及操作。如果选中主界面的第一个图标进入视频入口，涉及4 个主要界面，如图 12.7 所示，包括设备与媒体扫描、无文件提示内容、设备列表显示及操作、媒体文件显示及操作。由于本节仅展示此类需求设计，详细操作说明描述暂略。

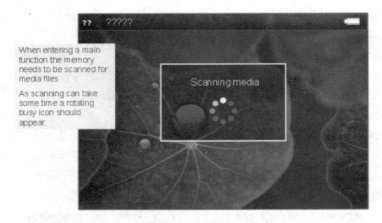

(a) 设备与媒体扫描

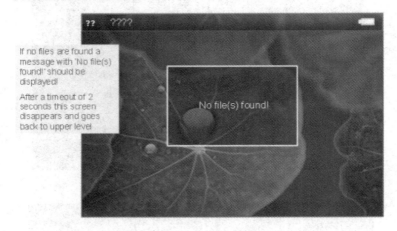

(b) 无文件提示内容

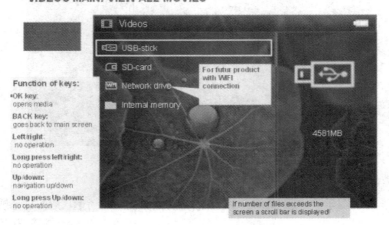

(c) 设备列表显示及操作

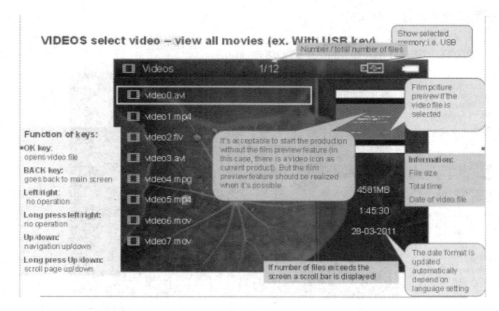

(d) 媒体文件显示及操作

图 12.7　视频子菜单进入图示与操作说明

一旦选中并播放选中的视频文件，即进入图 12.8 所示的播放界面，详细界面操作暂略。

图 12.8　视频播放图示与操作说明

(3) 其他子菜单项图示说明及操作。由于篇幅原因，我们省略了大部分其他子菜单进入的详细图示，仅列举图片缩略图展示图，如图 12.9 所示。

需求分析主要是尽量将客户的需求无歧义地说清楚，通过图示说明可以很好地达到这个效果。但仍还有一些内容，如支持的文件、图片及音视频格式等内容，图示无法说清楚，可以采用其他文件输出形式描述。

图 12.9　图片缩略图展示图示与操作说明

2. 支持文件类型与图片、音视频格式需求

可以采用 Excel 文件列表，描述支持的文件格式，如图 12.10 所示。

Type	Audio Codec	Video Codec	Extension	comments
PHOTO		JPG	.jpg	OK
		BMP	.bmp	OK
		PNG	.png	OK
		GIF	.gif	OK
		TIFF	.tiff	OK
		TIFF	.tif	OK
AUDIO	MP3		.mp3	OK
	WMA		.wma	OK
	WAV		.wav	OK
	OGG		.ogg	OK
	AAC		.aac	OK
	AACLC		.aac	OK
	AAC		.mp4	无曲目
	AAC		.m4a	OK
	FLAC		.flac	OK
	ALAC		.alac	无曲目
	APE		.ape	OK
	VOX		.vox	无曲目
	RAW		.raw	无曲目
	AIFF		.aiff	无曲目
	AU		.au	无曲目
	GSM		.gsm	无曲目

图 12.10　支持的文件格式

采用 Excel 文件列表描述的音视频及其编解码支持情况，如图 12.11 所示。

	B	C	D	E	F	G	H
1					HW limition		
2	Audio Codec	Video Codec	Extension	Min	Max	Max bitrate	comments
3		JPG	.jpg		13068x10173		OK
4		BMP	.bmp		8000x8000		OK
5		PNG	.png		8000x8000		OK
6		GIF	.gif		6300x4726		不支持
7		TIFF	.tif		8000x8000		无
8	MP3		.mp3	8 kHz	48 kHz	320 kbps	
9	WMA		.wma	8 kHz	48 kHz	320 kbps	OK
10	WAV		.wav	8 kHz	48 kHz	800 kbps	OK
11	Real Audio		.rm	8 kHz	48 kHz	256 kbps	不支持
12	OGG		.ogg	8 kHz	48 kHz	256 kbps	为OK
13	AAC		.aac	8 kHz	48 kHz	256 kbps	...
14	AAC		.mp4	8 kHz	48 kHz	256 kbps	无
15	AAC		.m4a	8 kHz	48 kHz	256 kbps	无
16	FLAC		.flac	8 kHz	48 kHz	1200 kbps	
17	ALAC		.alac	8 kHz	48 kHz	1200 kbps	无
18	APE		.ape				OK
19	PCM		--	8 kHz	96 kHz		无
20	RA		--	8 kHz	48 kHz		无
21	AMR		--	8 kHz	48 kHz		无
22		MJPEG	.avi		8192x8192	25 Mbps	OK
23		MJPEG	.mov		8192x8192	25 Mbps	OK
24	...	...	...	...	...	...	...

图 12.11 音视频及其编解码支持情况

3. 其他需求

项目需求还包括开发时间、量产时间、产品成本等需求，同样需要有相应的文件输出，这里暂略。

12.3.2 微型投影仪系统设计

根据需求及调研，图 12.12 给出了完成此微型投影仪产品的一种系统设计方案。产品的方案选择与设计并不具有唯一性，需要综合考虑项目所处的条件，如时间、环境、成本、技术成熟度及项目团队人员等情况综合作出决策。

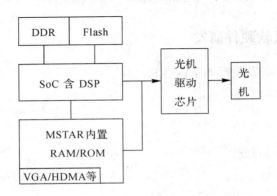

图 12.12 一种系统设计方案

经过详细的调研与分析，方案一旦确定下来，就有必要将方案进行固化。"新产品开发任务书"不仅可用于固化产品方案，而且可作为项目立项书。图 12.13 是一类项目立项文件的格式范本。

项目名称		编制		日期	
项目来源					
产品摘要					
主要技术方案					
项目分工					
项目进度里程碑					
国家法律认证及安全要求					
项目负责人		项目管理		年　月　日	
技术经理			年　月　日		
技术总监			年　月　日		

图 12.13　项目立项格式范本示例(仅格式)

12.3.3　微型投影仪软硬件研发

微型投影仪软硬件研发包括如下内容和过程：

(1) 硬件原理图设计；

(2) PCB 设计；

(3) 调板；

(4) 系统移植、驱动开发；

(5) 界面与应用开发；

(6) 测试。

微型投影仪的软、硬件研发可以同步进行。硬件研发包括的原理图设计如图 12.14 所示，PCB 设计如图 12.15 所示。一般情况下，选中的各类主要芯片都会提供相应的参考原理图与参考 PCB 图。软件设计前期可以借助各类公板或者已有的嵌入式开发板提前进行软件开发、学习与调试，一旦新开发的板子到位，即可在新开发板上进行调板、系统移植与驱动开发，并进行相应的应用开发与调试。

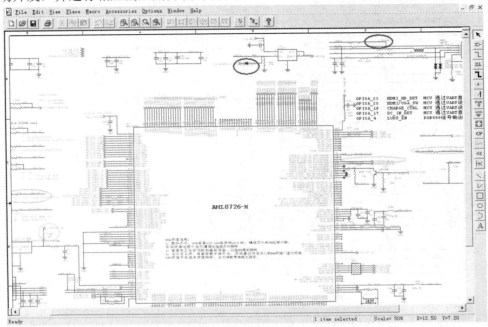

图 12.14　原理图设计图示

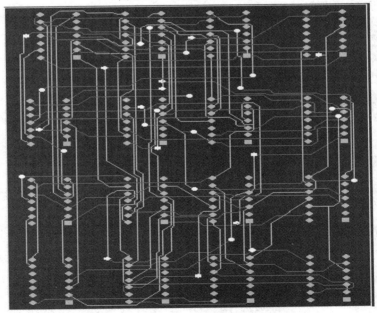

图 12.15　PCB 模拟展示

在项目开发过程中，经常需要阅读大量芯片资料等开发文档，并借助各类软硬件设计工具更好地完成项目开发工作。图 12.16 是一种主芯片的引脚说明文档，图 12.17 展示了借助 Source Insight 软件开发工具辅助项目软件代码的阅读与开发。

Apollo Function to Pad Muxing

GPIOA GPIO's

When a pad is not muxed to an internal function in the chip, the pad is connected to GPIO logic. The GPIOs for the GPIOA pads have the following structure:

The table below illustrates the registers and bits used to control the GPIOs

PAD Name	OEN Register 0xC1108030	LEVEL Register 0xC1108034	INPUT LEVEL Register 0xC1108038
GPIOA_0	Bit[0]	Bit[0]	Bit[0]
GPIOA_1	Bit[1]	Bit[1]	Bit[1]
GPIOA_2	Bit[2]	Bit[2]	Bit[2]
GPIOA_3	Bit[3]	Bit[3]	Bit[3]
GPIOA_4	Bit[4]	Bit[4]	Bit[4]
GPIOA_5	Bit[5]	Bit[5]	Bit[5]
GPIOA_6	Bit[6]	Bit[6]	Bit[6]
GPIOA_7	Bit[7]	Bit[7]	Bit[7]
GPIOA_8	Bit[8]	Bit[8]	Bit[8]
GPIOA_9	Bit[9]	Bit[9]	Bit[9]
GPIOA_10	Bit[10]	Bit[10]	Bit[10]
GPIOA_11	Bit[11]	Bit[11]	Bit[11]
GPIOA_12	Bit[12]	Bit[12]	Bit[12]
GPIOA_13	Bit[13]	Bit[13]	Bit[13]
GPIOA_14	Bit[14]	Bit[14]	Bit[14]
GPIOA_15	Bit[15]	Bit[15]	Bit[15]
GPIOA_16	Bit[16]	Bit[16]	Bit[16]
GPIOA_17	Bit[17]	Bit[17]	Bit[17]
GPIOA_18	Bit[18]	Bit[18]	Bit[18]
GPIOA_19	Bit[19]	Bit[19]	Bit[19]
GPIOA_20	Bit[20]	Bit[20]	Bit[20]
GPIOA_21	Bit[21]	Bit[21]	Bit[21]
GPIOA_22	Bit[22]	Bit[22]	Bit[22]
GPIOA_23	Bit[23]	Bit[23]	Bit[23]

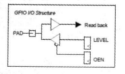

图 12.16　芯片文档与接口资料示例

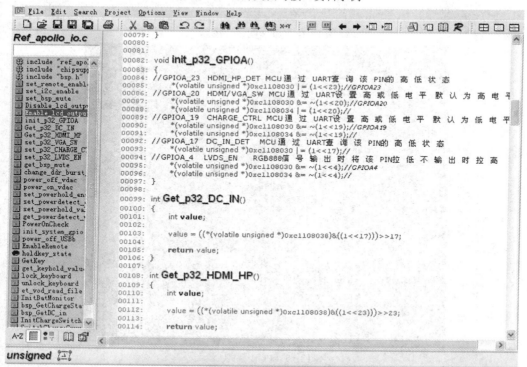

图 12.17　Source Insight 工具的使用

　　同时，不同的芯片厂商也会提供便于应用开发的各类 IDE 开发工具，如图 12.18 所示。借助此类 IDE 开发工具能够加快项目的开发过程。

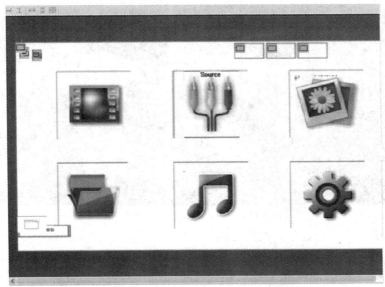

图 12.18 IDE 开发工具

12.3.4 系统测试、生产与维护

嵌入式系统开发过程中，会遇到各种软硬件问题，开发与测试人员需要维护一张完整的问题列表并标明问题的严重程度，如图 12.19 所示，以便后续的问题修复，例如，Bugzilla 亦是一个很好的 bug 记录与跟踪系统。

Bug	Content	Summary	Status	Issuer	Comments
2	hardware	The focus wheel is too tight compared to the PicoP last year.	Open	S-VAL	
5	UI Function	In the folder list, enter the Sub-menus, There is burn-in—residual patterns in the bottom of the folder list view, details can refer to the attachment.	Open	S-VAL	
8	Setting	The function Image_Wall Paper; Image_Fit Screen; Image_Projection Mode; Image_Wall Color Correction , not finished yet.	Closed	S-VAL	
9	hardware	The volume of the product is too low, when play the video, it can only hear the sound clearly from level 5~9.	Open	S-VAL	
12	Setting	The Photo Setting; Photo_Slide transition, the selections of should be"Random, xx1, xx2, xx3, xx4, xx5, xx6, xx7", yet, the product displayed "Random, videos,videos,videos"	Open	S-VAL	
14	software	After reseting, the UI stay to the language choose function, and press UP/DOWN key, the PicoP get stuck. Restart the PicoP, the background become to grey. The details can refer to the attachment. Notes: In the new EVT Sample, after reset, the UI stay to the language choose function, and then the screen flicker 3 times.	Open	S-VAL	
15	software	The Maintenace_Infomation: 1. The model name still "PPX1430" 2. The MCU Info. Is missing.	Closed	S-VAL	
16	Photo function	During the Slideshow, The position of the Option tool bar is incorrect. It should be at the bottom of the screen.	Closed	S-VAL	
20	Music function	During the Music Play, The volume adjustment no useful. both the volume adjustment on the romote control and on the PicoP device no use.	Open	S-VAL	
22	Video function	During the Video Play, could not Call-out the Quick Setting Bars	Closed	S-VAL	
23	Remote Control	The Volume in the Remote Control with Mute is no useful when play the video and music	Open	S-VAL	
24	hardware	NO Power indicator in the product.	Closed	S-VAL	
25	Source function	There is obviously electromagnetic noise when enter into the Source function.after mute the key sound, it disappear.	Closed	S-VAL	
26	Source function	After entering in the source function, press return key it did not return to the Main UI function, still stay in the Source interface.Press the return key twice then it return to the Main menu.	Closed	S-VAL	

图 12.19 软硬件维护

最后，工厂需要配合开发人员完成 EVT 工程样品验证测试；DVT 设计验证测试，包括模具测试、电子性能测试、外观测试等；PVT 小批量过程验证测试，验证新机型各功能的实现状况并进行稳定性及可靠性测试；MP 量产测试并量产等活动，如图 12.20 所示。

图 12.20　贴片机与工程生产车间

　　项目开发是一个综合各学科的综合演练，也是一个团队合作、共同完成预定目标的过程，涉及语言(中英文等)表达和沟通能力、计算机软硬件基础、软件工程与项目管理、各种工具知识和实践(如 Source Insight 等系列工具链)，以及专利、法律、认证等方方面面的内容。上述微型投影仪的开发过程仅作为一个例子，展示一个项目的大体开发过程，希望读者在掌握基本的项目开发知识的基础上，管中窥豹，在实践中不断探索和积累项目开发、管理经验，保证项目的顺利开展与实施。

习　　题

1. 简述嵌入式系统设计中 6 个阶段的主要工作。

2. 请描述理论瀑布模型及其在嵌入式系统开发中的应用。

3. 嵌入式系统的需求描述阶段和规格说明阶段的主要任务是什么？

4. 需求文档中可能出现下列情形，举一些实际的例子加以说明。

(1) 含义模糊。

(2) 描述错误。

(3) 描述不完整。

(4) 不可验证。

5. 简述嵌入式系统的体系结构设计主要考虑的因素。

6. 选择嵌入式操作系统时需要考虑哪几个方面？

7. 什么是软硬件协同设计方法？

8. 简述嵌入式系统测试中的静态测试和动态测试、单元测试与集成测试。

9. 产品生产过程中，什么是 EVT？什么是 MP？

10. 举例说明一项你所完成的嵌入式系统的设计过程。

参 考 文 献

[1] 张晨曦，韩超，沈立，等. 嵌入式系统教程[M]. 北京：清华大学出版社，2013.

[2] (美)Jean J.Labrosse. 嵌入式实时操作系统 μC/OS-II[M]. 邵贝贝，等译. 2 版. 北京：北京航空航天大学出版社，2003.

[3] 符意德，等. 嵌入式系统设计原理及应用[M]. 2 版. 北京：清华大学出版社，2010.

[4] 王田苗. 嵌入式系统设计与实例开发：基于 ARM 微处理器与 μCOS-II 实时操作系统[M]. 3 版. 北京：清华大学出版社，2008.

[5] (美)Gary McGraw. 软件安全：使安全成为软件开发必需的部分[M]. 周长发，马颖华，译. 北京：电子工业出版社，2008.

[6] 弓雷，等. ARM 嵌入式 Linux 系统开发详解[M]. 北京：清华大学出版社，2010.

[7] 韩超，魏治宇，廖文江，等. 嵌入式 Linux 上的 C 语言编程实践[M]. 北京：电子工业出版社，2009.

[8] 林锐，韩永泉. 高质量程序设计指南：C++/C 语言[M]. 3 版. 北京：电子工业出版社，2012.

[9] 梁庚，陈明，马小陆. 高质量嵌入式 Linux C 编程[M]. 北京：电子工业出版社，2015.

[10] 杨磊. 循序渐进学 Spark [M]. 北京：机械工业出版社，2017.

[11] 饶琛琳. ELK Stack 权威指南[M]. 2 版. 北京：机械工业出版社，2017.

[12] 庞建民. 编译与反编译技术实战[M]. 北京：机械工业出版社，2017.

[13] 马维华. 嵌入式系统原理及应用[M]. 3 版. 北京：北京邮电大学出版社，2017.

[14] 胡敏，黄宏程，李冲. Android 移动应用设计与开发：基于 Android Studio 开发环境[M]. 2 版. 北京：人民邮电出版社，2017.

[15] 孙亮，黄倩著. 实用机器学习[M]. 北京：人民邮电出版社，2017.

[16] (美)詹姆斯·赖因德斯，吉姆·杰弗斯，等. 高性能并行珠玑：多核和众核编程方法[M]. 张云泉，等译. 北京：机械工业出版社，2017.

[17] 宫云战，邢颖，肖庆，等. 源代码分析[M]. 北京：科学出版社，2018.

[18] 李春葆，李筱驰. 程序员面试笔试 C 语言深度解析[M]. 北京：清华大学出版社，2018.

[19] 刘冉，肖然，覃宇. 代码管理核心技术及实践[M]. 北京：电子工业出版社，2018.

[20] 李健. 编写高质量代码改善 C++程序的 150 个建议[M]. 北京：机械工业出版社，2012.

[21] 李云. 专业嵌入式软件开发：全面走向高质高效编程[M]. 北京：电子工业出版社，2012.

[22] 鄂旭，高学东，任永昌. 软件项目开发与管理[M]. 北京：清华大学出版社，2013.

[23] 何坚. 嵌入式软件开发技术[M]. 北京：科学出版社，2014.

[24] 宋磊，程钢. Linux C 编程从入门到精通[M]. 北京：人民邮电出版社, 2014.

[25] 刘洪涛，高明旭. 嵌入式操作系统：微课版. Linux 篇 [M]. 3 版. 北京：人民邮电出版社，2017.

[26] 刘洪涛，苗德行. 嵌入式 Linux C 语言程序设计基础教程：微课版[M]. 3 版. 北京：

人民邮电出版社，2017.

[27]　(美)Molly Maskrey，等. 精通 iOS 开发[M]. 周庆成，译. 北京：人民邮电出版社，2017.

[28]　(英)克里斯·西蒙兹. 嵌入式 Linux 编程[M]. 王春雷，梁洪亮，朱华，译. 北京：机械工业出版社，2017.

[29]　(美)Donis Marshall，(美)John Bruno. 我们在微软怎样开发软件：Solid Code [M]. 影印版. 北京：人民邮电出版社，2009.

[30]　(德)Kai Borgeest. 汽车电子技术：硬件、软件、系统集成和项目管理[M]. 武震宇，译. 北京：机械工业出版社，2014.

[31]　聂南. 软件项目管理配置技术[M]. 北京：清华大学出版社，2014.

[32]　刘遄. Linux 就该这么学[M]. 北京：人民邮电出版社，2017.

[33]　陈雄华，林开雄，文建国. 精通 Spring 4.x 企业应用开发实战[M]. 北京：电子工业出版社，2017.

[34]　(美) Bill Phillips, Chris Stewart, Kristin Marsicano. Android 编程权威指南[M]. 王明发，译. 3 版. 北京：人民邮电出版社，2017.

[35]　何红辉，关爱民. Android 源码设计模式解析与实战[M]. 2 版. 北京：人民邮电出版社，2017.

[36]　王承业. 创业第一年要考虑的 16 件事[M]. 上海：立信会计出版社，2017.

[37]　(美)Alfred Marcus. 技术的潜能：商业颠覆、创新与执行[M]. 李峰，张箫箫，胡晶晶，译. 北京：人民邮电出版社，2017.

[38]　刘刚，彭荣群. Protel DXP 2004 SP2 原理图与 PCB 设计[M]. 3 版. 北京：电子工业出版社，2016.

[39]　Muhammad Ali Mazidi, Janice Gillispie Mazidi, Rolin D. McKinlay. 8051 微控制器和嵌入式系统[M]. 张红英，译. 北京：机械工业出版社，2007.